Schadenfreies Bauen

Gebäudeanforderungen und
Prävention von Bauschäden

Autorin:

Ingrid Kaiser

FORUM

WISSEN,
DAS ANKOMMT.

Bibliografische Information der Deutschen Bibliothek

Die Deutsche Bibliothek verzeichnet diese Publikation in der Deutschen Nationalbibliografie; detaillierte bibliografische Daten sind im Internet über http://dnb.dnb.de abrufbar.

Mandichostraße 18
86504 Merching

Telefon: +49 (0)8233 381-123
Fax: +49 (0)8233 381-222
E-Mail: service@forum-verlag.com
Internet: www.forum-verlag.com

Hinweis: Aus Gründen der besseren Lesbarkeit und Einfachheit wird in den folgenden Texten meist die männliche Form verwendet. Die verwendeten Bezeichnungen sind als geschlechtsneutral bzw. als Oberbegriffe zu interpretieren und gelten gleichermaßen für alle Geschlechter.

Titelfoto/-illustration: © AdobeStock_709301979_AA+W
Satz: Reemers Publishing Services GmbH, 47799 Krefeld
Druck: Druckerei Joh. Walch, 86179 Augsburg
Printed in Germany

ISBN 978-3-98875-247-5 (Print-Ausgabe)

Vorwort

Willst du einen Wächter haben,
der vor Schaden wacht?
Nimm dir einen an zum Diener
namens Wohlbedacht!

Friedrich Freiherr von Logau, deutscher Dichter, 1604–1655

Bauschäden haben vielfältige Ursachen – von der Planung über die Auswahl der Bauteile und Baustoffe sowie der Ausführung bis zur Nutzung der Gebäude. Der „Diener Wohlbedacht" ist unter steigendem Termindruck, durch Material-Engpässe und steigende Komplexität von Bauprojekten – im Neubau wie im Bestand – immer schwerer zu finden. Durch die negativen Auswirkungen entstehen nicht nur teilweise massive Vermögensschäden, sondern auch gesundheitliche Beeinträchtigungen der Nutzer und der Umgebung bis hin zu Lebensgefahr, z. B. durch Gebäude-Einsturz oder Brände und Explosionen.

Kapitel 1 stellt daher die Anforderungen an Gebäude mit den bauphysikalischen, bauchemischen und naturwissenschaftlichen Vorschriften und Normen als Grundlage für schadenfreie Bauten dar. Der Schwerpunkt liegt hierbei auf dem Bautenschutz und der Standsicherheit, also den wesentlichen Schutzmaßnahmen vor Schäden, die durch Einflüsse von außen, sprich Wettereinwirkungen, Hitze, Kälte und Lärm, sowie innen, durch Lasten und Kräfte, entstehen können.

In Kapitel 2 werden die wesentlichen Schadensursachen, die vom Beginn der Planung über die Gebäudeerstellung bis zur Nutzungsphase (dem längsten Abschnitt im Lebenszyklus eines Gebäudes) entstehen, erläutert und Vermeidungsstrategien aufgezeigt. Hierbei werden daher nicht nur die Auslöser von Schäden beim Neubau berücksichtigt, sondern auch die vielfältigen Einflüsse der Nutzung des Gebäudes sowie die unterschiedlichen Abnutzungen der Gebäudeteile und -materialien in Abhängigkeit vom Errichtungszeitpunkt.

Damit sensibilisiert das vorliegende Buch Bauherren, Planer, Bauüberwacher, ausführende Unternehmen und Nutzer für Schadensquellen und gibt eine Anleitung, diese durch die Anwendung technischer Grundsätze weitgehend auszuschalten.

Ingrid Kaiser,
im November 2025

Die Autorin

Ingrid Kaiser

Ingrid Kaiser studierte Architektur mit der Vertiefungsrichtung Baubetrieb an der Gesamthochschule Essen und berufsbegleitend Wirtschaftsingenieurwesen an der Hochschule Bochum und ist als freischaffende Architektin Mitglied der Architektenkammer Bremen. Sie ist Büroinhaberin des ak architekturbüro kaiser, gegründet 1993, in Sanitz b. Rostock mit Planungs- und Bauüberwachungstätigkeiten im Wohnungs-, Büro- und Industriebau sowie nach DIN EN ISO/IEC 17024 zertifizierte und BDSF-geprüfte Sachverständige für Bauschäden und Immobilien-Wertermittlung. Des Weiteren hält sie Seminare und Vorträge zu den Themenbereichen Hochbau, Projektmanagement, Immobilienwirtschaft und Facility-Management.

Inhaltsverzeichnis

1 Allgemeine Anforderungen an Gebäude

1.1 Brandschutz

1.1.1 Begriffe

Die Schutzziele des Brandschutzes sind:

- Rettung von Menschen und Tieren
- Schutz von Nutzern und Rettungspersonal vor Feuer und Rauch
- Ermöglichen wirksamer Löscharbeiten

Der bauliche Brandschutz betrifft die Auswahl der Materialien und Ausführungsarten für die Bauteile zwischen Räumen, Nutzungseinheiten und Brandabschnitten. Der abwehrende Brandschutz legt die Anforderungen an Flucht- und Rettungswege, die Zugänglichkeit des Gebäudes und die Zufahrten/Angriffswege für die Feuerwehr sowie die Löschmittel-Verfügbarkeit fest.

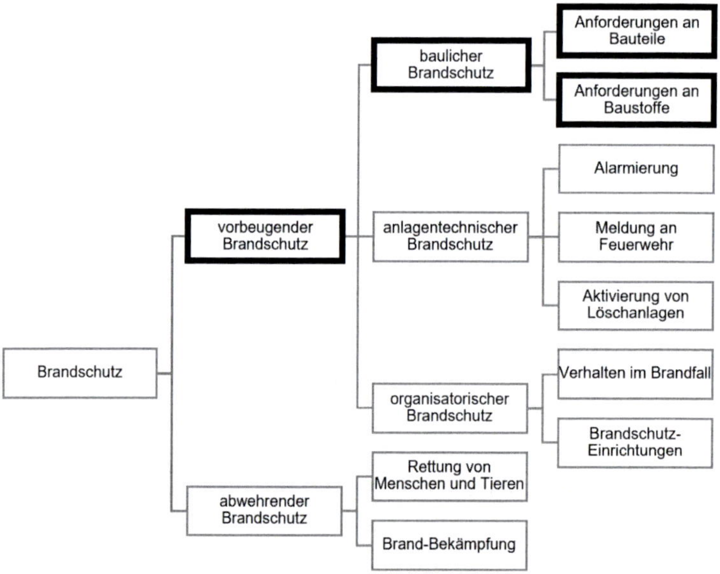

Bild 1: *Übersicht Brandschutz (Quelle: Ingrid Kaiser)*

1.1.2 Baustoffklassen

Die Baustoffklassen der Baustoffe sind z. Z. noch parallel in der nationalen Norm DIN 4102 und der europäischen Norm DIN EN 13501-1 geregelt. Die Klassifizierungen hinsichtlich der Brennbarkeit von Stoffen unterscheiden sich nur geringfügig, jedoch sind in der europäischen Norm zusätzliche Anforderungen an die Rauchentwicklung (Kurzzeichen s = smoke) und das brennende Abtropfen (Kurzzeichen d = droplets) gestellt. Die Einteilung ist wie folgt gegliedert:

- s1 – geringe Rauchentwicklung
- s2 – mittlere Rauchentwicklung
- s3 – hohe Rauchentwicklung/nicht geprüft
- d0 – kein brennendes Abtropfen im Zeitraum ≤ 600 Sekunden
- d1 – kein brennendes Abtropfen, Nachbrennzeit ≤ 10 Sekunden im Zeitraum ≤ 600 Sekunden
- d2 – keine Leistung

Tabelle 1: *Baustoffklassen (Ingrid Kaiser gem. DIN 4102 und DIN EN 13501-1)*

DIN 4102		DIN EN 13501-1			
Klasse	**Bezeichnung**	**Klasse**	**Unterklassen**		
A1	ohne brennbare Bestandteile	A1			
	mit brennbaren Bestandteilen < 1%				
A2	mit brennbaren Bestandteilen	A2	A2 – s1, d0		
B1	schwer entflammbar		A2 – s2, d0 A2 – s3, d0	A2 – s1, d1 A2 – s2, d1 A2 – s3, d1	A2 – s1, d1 A2 – s2, d1 A2 – s3, d1
		B	B – s1, d0 B – s2, d0 B – s3, d0	B – s1, d1 B – s2, d1 B – s3, d1	B – s1, d1 B – s2, d1 B – s3, d1
		C	C – s1, d0 C – s2, d0 C – s3, d0	C – s1, d1 C – s2, d1 C – s3, d1	C – s1, d1 C – s2, d1 C – s3, d1
B2	normal entflammbar	D	D – s1, d0 D – s2, d0 D – s3, d0	D – s1, d1 D – s2, d1 D – s3, d1	D – s1, d1 D – s2, d1 D – s3, d1
		E	E – d2		
B3	leicht entflammbar	F	keine Leistung		

Tabelle 2: *Exemplarische Zuordnung von Baustoffen zu den Baustoffklassen (Ingrid Kaiser gem. DIN 4102)*

A1	**A2 (Nachweis erforderlich)**	**B1**	**B2**	**B3**
• Beton • Ziegel • Naturstein • Glas • Faserbeton-Platten • Stahl • Aluminium	• Verbundbaustoffe mit organischen Bestandteilen • Gipsplatten • Mineralfaser-Stoffe	• Holzwolle-Leichtbauplatten • zementgebundene Spanplatten	• Holz + Holzwerkstoffe, d > 2 mm • genormte Dachpappen • PVC-Bodenbeläge	• Papier • Holzwolle • Baumwolle • Holz + Holzwerkstoffe, d ≤ 2 mm

1.1.3 Feuerwiderstandsklassen

Die Feuerwiderstandsklassen geben den Widerstand des gesamten Bauteils mit allen Bestandteilen gegenüber Feuer in Minuten an.

Tabelle 3: *Feuerwiderstandsklassen (Ingrid Kaiser nach DIN 4102)*

Feuerwiderstand in Minuten	**Wände, Decken, Stützen, Unterzüge, Treppen**	**Nichttragende Wände, Brüstungen**	**Lüftungsleitungen**	**Brandschutzverglasungen**[1]		**Klasse**
≥ 30	F 30	W 30	L 30	G 30	F 30	feuerhemmend
≥ 60	F 60	W 60	L 60	G 60	F 60	hochfeuerhemmend F + W
≥ 90	F 90	W 90	L 90	G 90	F 90	feuerbeständig
≥ 120	F 120	W 120	L 120	G 120	F 120	–
≥ 180	F 180	W 180				–

[1] F-Verglasungen verringern die Temperaturerhöhung durch die Wärmestrahlung des Brands zusätzlich.

Die europäische Norm DIN EN 13501-2 berücksichtigt zusätzlich die Tragfunktion der Bauteile sowie die Anordnung der jeweiligen Bauteile im Gebäude (innen/außen). Hierfür werden – ergänzend zu der Zahlenangabe (= Minuten der Widerstandsfähigkeit gegen Feuer) – verwendet:

- R – Erhalt der Tragfähigkeit
- E – Erhalt des Raumabschlusses
- I – Wärmedämmung/Einhaltung der Oberflächen-Grenztemperatur
- W – Begrenzung der Wärmestrahlung
- K – Schutz vor Entzündung
- M – Erhalt der Stoßbeanspruchung
- S – Begrenzung der Rauchdurchlässigkeit
- C – Selbstschließende Türen (Feuer-/Rauchschutz)
- P – Aufrechterhaltung der Energieversorgung
- i → o – Richtung des Feuerwiderstands: von innen nach außen
- o→ i – Richtung des Feuerwiderstands: von außen nach innen
- a → b – Richtung des Feuerwiderstands: von oben nach unten

Hieraus ergeben sich beispielhaft folgende Anforderungen:

Tabelle 4: *Feuerwiderstandsklassen (Ingrid Kaiser nach DIN 13501-2)*

baurechtliche Anforderungen	**Feuerwiderstandsklasse nach DIN EN 13501-2**	
	ohne Raumabschluss	**mit Raumabschluss**
feuerhemmend	R 30	REI 30
feuerhemmend/aus nichtbrennbaren Baustoffen	R 30	REI 30
hochfeuerhemmend/in den wesentlichen Teilen aus nichtbrennbaren Baustoffen	R 60	REI 60
brennbar/Dämmstoffe nichtbrennbar mit brandschutztechnisch wirksamer Bekleidung	R 60 K 60	REI 60 K 60

Tabelle 4: *Feuerwiderstandsklassen (Ingrid Kaiser nach DIN 13501-2)*

baurechtliche Anforderungen	Feuerwiderstandsklasse nach DIN EN 13501-2	
	ohne Raumabschluss	mit Raumabschluss
feuerbeständig/tragende und aussteifende Teile nicht brennbar	R 90	REI 90
feuerbeständig/aus nichtbrennbaren Baustoffen	R 90	REI 90

1.1.4 Brandabschnitte

Des Weiteren legen die Bauordnungen der Länder die Anforderungen an Brandabschnitte, Brandwände und Flucht- und Rettungswege fest. Grundlage für die 16 Bauordnungen ist die Musterbauordnung (MBO). Die Kernanforderung ist in § 14 festgelegt:

„Bauliche Anlagen sind so anzuordnen, zu errichten, zu ändern und instand zu halten, dass der Entstehung eines Brandes und der Ausbreitung von Feuer und Rauch (Brandausbreitung) vorgebeugt wird und bei einem Brand die Rettung von Menschen und Tieren sowie wirksame Löscharbeiten möglich sind."

§ 26 MBO nimmt auf die eben genannten Feuerwiderstandsklassen und die Feuerwiderstandsfähigkeit gem. DIN 4102 bzw. DIN EN 13501-2 Bezug. Für die einzelnen Bauteile werden die Anforderungen in Abhängigkeit von den Gebäudeklassen festgelegt. Diese sind in § 2 (3) MBO festgelegt:

Tabelle 5: *Gebäudeklassen gem. Musterbauordnung (Ingrid Kaiser)*

Gebäudeklasse	Gebäude	Höhe	Nutzungseinheiten	Fläche (Brutto-Grundfläche [BGF] außer Kellergeschosse)
1	frei stehend	7 m	≤ 2	≤ 400 m^2
	Land- und forstwirtschaftliche Nutzung, frei stehend			
2		7 m	≤ 2	≤ 400 m^2
3	sonstige	7 m		
4		13 m		≤ 400 m^2/Nutzungseinheit
5	sonstige, die nicht den Gebäudeklassen 1 bis 4 zuzuordnen sind			

Die Höhe ist definiert durch die Oberkante Fertig-Fußboden des höchstgelegenen Aufenthaltsraums i. M. über Geländehöhe. Hierbei ist es lediglich ausschlaggebend, dass im betreffenden Geschoss Aufenthaltsräume möglich sind, nicht der tatsächliche Ausbauzustand (Beispiel: Ein- oder Zweifamilienhäuser mit nicht ausgebautem Dachgeschoss, wenn hier Aufenthaltsräume gem. § 2 (5) MBO).

Darüber hinaus definiert die Musterbauordnung Sonderbauten, an die zusätzliche Brandschutz-Anforderungen gestellt werden. Hierzu gehören u. a. gem. § 2 (4):

- Hochhäuser (Höhe [wie vor] > 22 m)
- Gebäude mit ≥ 1.600 m^2 in mind. einem Geschoss
- Verkaufsstätten mit einer Grundfläche > 800 m^2
- Büro- und Verwaltungsgebäude mit einer Grundfläche > 400 m^2
- Gebäude mit Räumen, die von mehr als 100 Personen genutzt werden können
- Versammlungsstätten mit ≥ 200 Besuchern in Gebäuden
- Gaststätten mit ≥ 40 Gastplätzen in Gebäuden
- Hotels/Pensionen ≥ 12 Betten
- Krankenhäuser
- Wohnheime
- Schulen, Hochschulen u. ä.

- Justizvollzugsanstalten

Im §§ 27 ff. MBO werden die Anforderungen an den Feuerwiderstand gem. Gebäudeklassen festgelegt.

Tabelle 6: *Erforderliche Feuerwiderstandsklassen (Ingrid Kaiser nach DIN 13501-2)*

Nr.	**Bauteil**	**Gebäude-klasse**	**feuerwiderstand**
1	Tragende und aussteifende Wände, Stützen	2+3	feuerhemmend
		4	hochfeuerhemmend
		5	feuerbeständig
2	Tragende und aussteifende Wände, Stützen im KG	1+2	feuerhemmend
		2 bis 5	feuerbeständig
3	Außenwände mit Hinterlüftung/Doppelfassaden		Maßnahmen gegen Brandausbreitung
4	Trennwände zwischen Nutzungseinheiten		Wie Nr. 1
5	Trennwände zu Räumen mit Explosions- und erhöhter Brandgefahr		feuerbeständig, bis zur Rohdecke bzw. bis unter die Dachhaut
6	Brandwände		hochfeuerhemmend + nichtbrennbar
7	Decken	2+3	feuerhemmend
		4	hochfeuerhemmend
		5	feuerbeständig
	Decken im KG	1+2	feuerhemmend
		3 bis 5	feuerbeständig
8	Dächer	1 bis 5	harte Bedachung
9	Wände von notwendigen Treppenräumen	3	feuerhemmend
		4	hochfeuerhemmend
		5	feuerbeständig

Tabelle 6: *Erforderliche Feuerwiderstandsklassen (Ingrid Kaiser nach DIN 13501-2)*

Nr.	**Bauteil**	**Gebäude-klasse**	**feuerwiderstand**
10	Wände von notwendigen Fluren	3 bis 5	feuerhemmend
11	Wände von notwendigen Fluren im KG	1+2	feuerhemmend
		3 bis 5	feuerhemmend
12	Fahrschachtwände	3	feuerhemmend
		4	hochfeuerhemmend
		5	feuerbeständig

1.1.5 Brandverhalten von Baukonstruktionen

Mauerwerk erreicht mit einer Dicke von 11,5 cm i. d. R. bereits die Feuerwiderstandsdauer von F90, mit einer Dicke von 24 cm bis zu F180 (abhängig vom Material). Beton gilt ohne Nachweis als A1 und i. A. als F90 aufgrund der statischen Dimensionierung. Gleiches gilt für Stahlbeton trotz der Stahleigenschaft F0; relevant ist hier die Dicke der Betondeckung, um den Stahl vor Hitzeeinwirkung zu schützen. Schnitthölzer in Holzkonstruktionen werden in die Baustoffklasse B2 eingestuft. Im Falle eines Brandds bildet die äußere verkohlte Schicht einen Schutz gegen weiteres Abbrennen. Die Feuerwiderstandsdauer kann durch eine Vergrößerung des Querschnitts erhöht werden: pro ca. 1 cm wird die Abbranddauer um ca. 10 Minuten verlängert. Stahl ist zwar nichtbrennbar, hat aber einen Feuerwiderstand von F0, sodass zusätzliche Brandschutz-Maßnahmen erforderlich sind. Mit speziellen Anstrichen (ggf. aufschäumbar) kann F120 erreicht werden, alternativ können Beplankungen aus Gipskarton-Platten angebracht werden oder Ummantelungen aus Beton.

1.1.6 Brandabschnitte und Rauchabschnitte

Gebäudeabschlusswände und innere Brandwände als Abschluss von Brandabschnitten mit max. 40 m Abstand bzw. bei landwirtschaftlich genutzten Gebäuden mit max. 10.000 m³ sind gem. § 30 als Brandwände (s. Nr. 6, Tabelle 5) auszubilden. Sie müssen bis unter die Dachhaut geführt werden, wobei alle Hohlräume mit nichtbrennbaren Baustoffen ausgefüllt werden müssen. Sie müssen zusätzlich mechanischen Belastungen, wie sie durch herabstürzende Bauteile im Brandfall vorkommen, standhalten. Um einen Feuerüberschlag von einem Geschoss zum nächsten zu verhindern, müssen sie in allen Geschossen übereinander angeordnet werden.

Kann in Verkaufsstätten die maximale Größe von Brandabschnitten von 5.000 m² mit Sprinkleranlage nicht eingehalten werden, müssen mind. 10,00 m breite Ladenstraßen gebildet werden, Rauchwärmeabzugsanlagen (RWA) eingebaut werden und alle Elemente der Dachkonstruktion aus nichtbrennbaren Baustoffen bestehen.

Während Brandabschnitte die Ausbreitung des Brands verhindern, halten Rauchabschnitte bestimmte Bereiche für einen Zeitraum frei von Rauch, um Flucht und Rettung zu ermöglichen. Die Länge ist auf max. 30 m begrenzt, sich können sich im Gegensatz zu Brandabschnitten über mehrere Geschosse erstrecken, z. B. in notwendigen Treppenhäusern.

1.1.7 Öffnungen in Bauteilen mit Brand- oder Rauchschutz-Anforderungen

Je nachdem, ob es sich um Brand- oder Rauchabschnitte handelt, müssen Türen in diesen Bereichen entsprechend ausgebildet werden. Seit dem 01.11.2019 gilt DIN 4102-5 nach Ablauf der Koexistenzphase nicht mehr und die Bezeichnungen T30, T90, RS usw. sind nicht mehr gültig. Die DIN EN 16034 berücksichtigt demgegenüber nicht nur die Dauer des Feuerwiderstands, sondern auch die bei einem Brand entstehenden Oberflächen-Temperaturen, den Rauchdurchlass und die Anzahl der Schließzyklen.

Tabelle 7: *Kurzzeichen (Ingrid Kaiser gem. DIN 16034)*

Bauaufsichtliche Anforderungen	DIN 16034	DIN 4102-5 (außer Kraft)
dicht und selbstschließend	C5 Sa	–
rauchdicht und selbstschließend	C5 S200	RS
feuerhemmend, dicht und selbstschließend	EI2 30 C5 Sa	T30
feuerhemmend, rauchdicht und selbstschließend	EI2 90 C5 S200	T30 RS
feuerbeständig, dicht und selbstschließend	EI2 90 C5 Sa	T90
feuerbeständig, rauchdicht und selbstschließend	DI2 90 C5 S200	T90 RS

Die Bedeutung der Kurzzeichen ist wie folgt festgelegt:

- E – Raumabschluss
- I1 – Begrenzung der Oberflächentemperatur an der feuerabgekehrten Seite im Abstand von 25 mm zum Rand
- I2 – Begrenzung der Oberflächentemperatur an der feuerabgekehrten Seite im Abstand von 100 mm zum Rand

- 30, 60, 90, etc. – Feuerwiderstandsdauer in Minuten
- Schließzyklen, die die Tür absolvieren muss
  - C0 < 500 Zyklen
  - C1 ≥ 500 Zyklen
  - C2 ≥ 10.000 Zyklen
  - C3 ≥ 50.000 Zyklen
  - C4 ≥ 100.000 Zyklen
  - C5 ≥ 200.000 Zyklen
- S – Angabe zur Rauchdichtheit
  - Sa – Widerstand gegen Rauchdurchlass, Prüftemperatur 20 °C
  - S200 – Widerstand gegen Rauchdurchlass, Prüftemperatur 200 °C

Die Klassifizierungen gelten analog für Tore und Fenster in Bauteilen mit entsprechenden Anforderungen.

Häufige Problematik: Die Türen werden von den Nutzern – häufig aus Bequemlichkeit – „unterkeilt“, d. h. offen gehalten, teilweise auch durch Vorstellen von Gegenständen (in einigen Fällen: Feuerlöscher!). Bei häufigem Nutzen von Keilen kann sich die gesamte Tür verziehen, sodass die Funktion im Brand-/Rauchfall z. T. stark eingeschränkt ist. Hierbei handelt es sich um einen Schaden, der aus unsachgemäßem Gebrauch resultiert.

1.1.8 Wand- und Deckendurchführungen

Insbesondere in gewerblich genutzten Gebäuden müssen auch Leitungen durch die brandschutztechnischen Abschnitte geführt werden. Werden die Leitungen frei im Raum verlegt, müssen die Durchführungen im Übergang der raumbegrenzenden Bauteile abgeschottet werden. Für diese Abschottungen stehen unterschiedliche Ausführungsarten zur Verfügung: Brandschutz-Manschetten, Brandschutz-Mörtel, -Schäume, Mineralwolle-Platten, intumeszierende Kissen-Schotts. Bei der Anwendung müssen die erforderlichen Zulassungen/Verwendbarkeitsnachweise vorliegen.

Die größte Problematik auf der Baustelle ist immer wieder das ordnungsgemäße Schließen der Durchbrüche nach Verlegung der Leitungen.

Da häufig mehrere Gewerke ihre Leitungen durch einen Durchbruch führen, muss in den Leistungsverzeichnissen eindeutig definiert sein, wer die Schließung durchführt. In der Praxis wird sie z. B. als Pauschalposition in den Mauerarbeiten ausgeschrieben, ohne dass das entsprechende Unternehmen Kenntnis von den umfangreichen Brandschutzanforderungen hat. Im Einzelfall kann das dazu führen, dass die kalkulierten Preise für das Unternehmen nicht mehr auskömmlich sind und/oder die Arbeiten nicht fachgerecht durchgeführt werden.

Besonders im Bestandsbau wird das Schließen der Öffnungen häufig vollständig vergessen, sodass nach Verlegung der Leitungen die Öffnungen längere Zeit unverschlossen bleiben und damit der Brandschutz des i. d. R. in Nutzung befindlichen Gebäudes z. T. massiv beeinträchtigt ist.

Bild 2: *Offene Brandschottung nach Änderungsmaßnahmen (Quelle: Ingrid Kaiser)*

Bild 3: *Ordnungsgemäße Ausführung von Leitungsdurchführungen (Quelle: Ingrid Kaiser)*

1.1.9 Flucht- und Rettungswege

Im Brandfall sind zum Schutz von Menschen und Tieren Flucht- und Rettungswege sowie Angriffswege der Feuerwehr erforderlich. Fluchtwege dienen der Selbstrettung aus dem Gebäude über Flure, Treppen und Ausgänge ins Freie. Rettungswege stehen den Einsatzkräften zur Verfügung, Personen, die sich nicht selbst retten können, zu bergen. Angriffswege sind die Bewegungsflächen für die Feuerwehr, um zum Gebäude und in das Gebäude zu gelangen.

§ 33 MBO verlangt einen ersten und zweiten Rettungsweg (= Fluchtwege), um sicherzustellen, dass einer von beiden im Brandfall bzw. bei Verrauchung nutzbar ist. Der erste Rettungsweg führt über notwendige Flure und Treppen ins Freie. Letztere dürfen nicht weiter als 35 m entfernt sein, in Versammlungsstätten nicht weiter als 30 m und in Verkaufsstätten nicht weiter als 25 m, jeweils gemessen als tatsächlicher Laufweg. Der zweite Rettungsweg führt entweder ebenfalls über Treppen oder es müssen Rettungsgeräte der Feuerwehr die Fenster der jeweiligen Räume erreichen können. Dieses „Anleitern“ ist nur bis zu einer Brüstungshöhe von 8 m über Gelände möglich. Für höher gelegene Räume muss sichergestellt sein, dass die Feuerwehr über Hubrettungsgeräte oder entsprechende Leitern verfügt.

Die Technische Regel für Arbeitsstätten ASR A2.3 benennt den 1. Rettungsweg als Hauptfluchtweg, den 2. als Nebenfluchtweg und gibt zusätzlich Breiten für Fluchtwege vor:

Tabelle 8: *Mindestbreiten von Fluchtwegen gem. ASR A2.3. Ab 200 Personen können die Mindestbreiten linear interpoliert werden.(Ingrid Kaiser)*

<table>
<tr><th>Anzahl der Personen (Einzugsgebiet)</th><th>Lichte Mindestbreiten von Durchgängen und Türen [m]</th><th>Lichte Mindestbreiten von Hauptfluchtwegen [m]</th></tr>
<tr><td>≤ 5</td><td>0,80</td><td>0,90</td></tr>
<tr><td>≤ 20</td><td rowspan="2">0,90</td><td>1,00</td></tr>
<tr><td>≤ 50</td><td rowspan="3">1,20</td></tr>
<tr><td>≤ 100</td><td>1,00</td></tr>
<tr><td>≤ 200</td><td>1,05</td></tr>
<tr><td>≤ 300</td><td>1,65</td><td>1,80</td></tr>
<tr><td>≤ 400</td><td>2,25</td><td>2,40</td></tr>
</table>

Tabelle 9: *Mindestbreiten von Treppen gem. ASR A2.3. Die Werte können gem. der tatsächlichen Personen-Anzahl linear interpoliert werden. (Ingrid Kaiser)*

Anzahl der Personen (Einzugsgebiet)	Lichte Mindestbreiten von Durchgängen und Türen im Verlauf von Treppen [m]	Lichte Mindestbreiten von Treppen [m]
≤ 30	0,90	1,00
≤ 40	1,05	1,20
≤ 50	1,25	1,40
≤ 60	1,65	1,80
≤ 70	2,25	2,40

Für die Angriffswege der Feuerwehr gelten folgende erforderliche Abmessungen:

- Zu- und Durchgänge: h ≥ 2,00 m, b ≥ 1,25 m
- Türöffnungen: b ≥ 1,00 m
- Zu- und Durchfahrten: h ≥ 3,50 m, b ≥ 3,00 m

Für Feuerwehr-Zufahrten und -Umfahrten gelten folgende Mindestabmessungen:

- Zufahrten: mind. 3 m
- Zufahrten mit zwei Fahrspuren: Spurbreite je mind. 1,10 m, Abstand zwischen den Spuren 0,80 m
- Breite der Zufahrten in Kurven in Abhängigkeit vom Außenradius:

Außenradius Kurve	Fahrbahnbreite
10,50 – 12,00 m	5,00 m
≥ 12,00 – 15,00 m	4,50 m
≥ 15,00 – 20,00 m	4,00 m
≥ 20,00 – 40,00 m	3,50 m
≥ 40,00 – 70,00 m	3,20 m
≥ 70,00 – 15,00 m	3,00 m

1.2 Feuchteschutz

1.2.1 DIN-Normen

Grundlage für die Abdichtungen an und in Gebäuden sind die DIN 18195 und die Normenreihe DIN 1853X mit folgenden Inhalten:

- DIN 18195 – Abdichtung von Bauwerken – Begriffe
- DIN 18531 – Abdichtung von Dächern, Balkonen, Loggien und Laubengängen
  - Teil 1 – Anforderungen, Planungs- und Ausführungsgrundsätze
  - Teil 2 – Stoffe
  - Teil 3 – Auswahl, Ausführung und Details
  - Teil 4 – Instandhaltung
  - Teil 5 – Balkone, Loggien und Laubengänge
- DIN 18532 – Abdichtung von befahrbaren Verkehrsflächen aus Beton
  - Teil 1 – Anforderungen, Planungs- und Ausführungsgrundsätze
  - Teil 2 – Polymerbitumen-Schweißbahn + Gussasphalt
  - Teil 3 – 2 x Polymerbitumen-Bahn
  - Teil 4 – Kunststoff- oder Elastomerbahn
  - Teil 5 – Polymerbitumen-Bahn + Kunststoff- oder Elastomerbahn
  - Teil 6 – flüssig zu verarbeitende Abdichtungsstoffe
- DIN 18533 – Abdichtung von erdberührten Bauteilen
  - Teil 1 – Anforderungen, Planungs- und Ausführungsgrundsätze
  - Teil 2 – bahnenförmige Abdichtungsstoffe
  - Teil 3 – flüssig zu verarbeitende Abdichtungsstoffe
- DIN 18534 – Abdichtung von Innenräumen
  - Teil 1 – Anforderungen, Planungs- und Ausführungsgrundsätze
  - Teil 2 – bahnenförmige Abdichtungsstoffe
  - Teil 3 – flüssig zu verarbeitende Abdichtungsstoffe + Fliesen/Platten

  - Teil 4 – Gussasphalt oder Asphaltmastix
  - Teil 5 – bahnenförmige Abdichtungsstoffe + Fliesen/Platten
  - Teil 6 – plattenförmige Abdichtungsstoffe + Fliesen/Platten
- DIN 18535 – Abdichtung von Behältern und Becken
  - Teil 1 – Anforderungen, Planungs- und Ausführungsgrundsätze
  - Teil 2 – bahnenförmige Abdichtungsstoffe
  - Teil 3 – flüssig zu verarbeitende Abdichtungsstoffe

Die DIN 18531 wird ergänzt durch die Flachdach-Richtlinie des Zentralverbands des deutschen Dachdeckerhandwerks, wobei zwischen beiden Werken teilweise Widersprüche bestehen.

1.2.2 Dächer

Als nicht genutzte Dachflächen gelten gem. DIN 18521-1 solche, die nur zur Pflege, Wartung und Instandhaltung begangen werden, sowie mit extensiver Begrünung versehene. Alle begehbaren Flächen und Dachflächen mit intensiver Begrünung und Anstaubewässerung von bis zu 100 mm (höchstzulässiger Wert im Geltungsbereich der Norm) sowie mit an der Tragkonstruktion befestigten bautechnischen Anlagen, z. B. Solaranlagen, gelten als genutzte Dachflächen. Der Teil 1 der Norm enthält weiterhin Planungs- und Ausführungsgrundsätze.

Allgemein werden gem. DIN 18531-1 bei genutzten Flachdächern, z. B. Dachterrassen, zwei Ausführungsqualitäten nach den Anforderungen unterschieden. Bei der Anwendungsklasse K1 mit üblichen, d. h. Standardanforderungen wird ein Gefälle von min. 2 % empfohlen. Ein geringeres Gefälle ist möglich, wenn die Anforderungen der Klasse K2 erfüllt werden.

Die Anwendungsklasse K2 wird bei höherwertiger Nutzung oder Nutzung mit technischen Anlagen sowie bei Anforderungen an geringeren Instandhaltungsaufwand in Verbindung mit Verlängerung der Lebensdauer angesetzt. Hier ist ein Gefälle von min. 2 %, bei Kehlen von 1 %, erforderlich. Weiterhin muss die Abdichtung immer mehrlagig durchgeführt werden.

An aufgehenden Bauteilen muss die Abdichtung min. 15 cm hochgeführt werden. Ist in bestimmten Regionen mit erhöhtem Schnee-Anfall zu rechnen, empfiehlt sich eine größere Höhe. Zum Schutz vor mechanischen Beschädigungen wird die hochgeführte Abdichtung z. B. mit einem Schutzblech, das mit einer Klemmschiene befestigt wird, und einem Abdeckblech mit Tropfkante verhüllt. Allerdings muss hier sichergestellt sein, dass keine Wärmebrücke entsteht. Stöße und Anschlüsse, auch an Einbauteile, müssen mit dicht verklebten Dichtbändern hergestellt werden.

Hinsichtlich der Einwirkungen durch thermische und mechanische Einflüsse gliedert die Flachdachrichtlinie (FDR) die Beanspruchungsklassen:

Tabelle 1: *Beanspruchungsklassen gem. FDR (Ingrid Kaiser)*

Beanspruchungs-klassen	**Hohe mechanische Beanspruchung**	**mäßige mechanische Beanspruchung**
hohe thermische Beanspruchung	I A	II A
mäßige thermische Beanspruchung	I B	II B

Die FDR leitet aus dem Widerstand gegen thermische und mechanische Einwirkungen die Eigenschaftsklassen ab:

Tabelle 2: *Eigenschaftsklassen gem. FDR (Ingrid Kaiser)*

Eigenschafts-klasse	**hoher mechanischer Widerstand**	**mäßiger mechanischer Widerstand**
Widerstand gegen hohe thermische Beanspruchung	E1	E3
Widerstand gegen mäßige thermische Beanspruchung	E2	E4

Demgegenüber leitet die Norm folgende Beanspruchungsstufen ab:

Tabelle 3: *Beanspruchungsstufen (Ingrid Kaiser gem. DIN 18531)*

Beanspruchungs-stufe	**hohe mechanische Beanspruchung Stufe I**	**mäßige mechanische Beanspruchung Stufe II**
hohe thermische Beanspruchung Stufe A	IA	IIA
mäßige thermische Beanspruchung Stufe B	IB	IIB

DIN 18531-2 unterteilt die Abdichtungsmaterialien wie folgt:

- Bitumen- und Polymerbitumenbahnen mit Trägereinlagen nach DIN 13707:2013-12 bzw. Entwurf 2017-05 i. V. m. DIN SPEC 20000-201:2015-08
- Kunststoff- und Elastomerbahnen nach DIN EN 13956:2013-03 i. V. m. DIN SPEC 20000-201:2015-08
- Flüssig aufzubringende Abdichtungsstoffe (FLK) aus Polymethylmethacrylat (PMMA), ungesättigtem Polyester (UP) und Polyurethan (PUR) mit einer Einlage Europäischer Technischer Zulassung (ETA) gem. ETAG 005 „Abdichtung mit Flüssigkunststoffen"
- Asphaltmastix (MA) nach DIN EN 12970:2001-02
- Gussasphaltestrich (GA) nach DIN EN 13813:2003-01 bzw. Entwurf 2017-03

Bitumenbahnen werden unterschieden nach ihren Bestandteilen:

- Oxidationsbitumenbahnen
- Polymerbitumenbahnen
  - Elastomerbitumen (PYE)
  - Plastomerbitumen (PYO)
- Kaltselbstklebende Polymerbitumenbahnen (KSP)
- Hochwertbahnen

Eine weitere Unterteilung erfolgt nach der Art der Trägereinlage:

- Glasvlies (GV)
- Glasgewebe (G)
- Polyestervlies (PV)
- überwiegender Glasanteil (KTG)
- überwiegender Polyesteranteil (KTP)
- Metall-Kunststoff-Verbund (VCu, VAl)

Die Kunststoffbahnen werden in thermoplastische und elastomere Bahnen unterteilt. Zu den thermoplastischen gehören:

- Polyvinylchlorid (PVC)
- Ethylen-Copolymerisat-Bitumen (ECB)
- Polyisobutylen (PIB)
- Polyolefin-Legierungen (TPO/FPO)
- Ethylen-Vinyl-Acetat-Copolymer (VAE/EVA)
- Chloriertes Polyethylen (PEC)

Elastomere Kunststoffbahnen sind:

- Ethylen-Propylen-Dien-Mixture (EPDM)
- Chlorsulfoniertes Polyethylen (CSM)
- Nitril-Kautschuk (NBR)
- Butyl-Kautschuk (IIR)

Bei den flüssig zu verarbeitenden Dichtstoffen werden unterschieden:

- Kunststoffdispersionen
- Kunststoff-Zementmörtel-Kombinationen
- Reaktionsharze
  - PU-Harze
  - Epoxidharze

1.2.3 Abdichtungsaufbau

Die DIN 18195 definiert die Abdichtungsbauweise als „Anordnung der Abdichtung innerhalb der Bauwerks- bzw. Bauteilkonstruktion", die Abdichtungsbauart als „stofflicher und konstruktiver Aufbau der Abdichtung" und Abdichtungssystem als „System festgelegter Komponenten einer Abdichtungsbauart, die im eingebauten Zustand die Abdichtung ergeben".

Die Abdichtungsbahnen werden nach Anwendungstypen eingeteilt:

- DE – Bahnen für einlagige Dachabdichtung
- DO – Bahnen für die Oberlage einer mehrlagigen Dachabdichtung
- DU – Bahnen für die untere Lage einer mehrlagigen Dachabdichtung
- DZ – Bahnen für Zwischenlage bzw. zusätzliche Lage einer mehrlagigen Dachabdichtung

Aus den Beanspruchungs- und Eigenschaftsklassen ergeben sich die folgenden Einsatzbedingungen:

Tabelle 4: *Einsatzbereiche Bitumenbahnen (Ingrid Kaiser gem. DIN 18531-3)*

Anwendungs-klasse	Anwendungs-bereich	Dachgefälle	Eigenschafts-klasse
K 1	nicht genutzte Dächer	≥ 2 %	obere Lage E 1 untere Lage E 2
			obere Lage E 1 untere Lage E 4
			E 1
		< 2 %	obere Lage E 1 untere Lage E 1
	genutzte Dächer	≥ 2 %	obere Lage E 1 untere Lage E 2
		< 2 %	obere Lage E 1 untere Lage E 1
K 2	nicht genutzte Dächer	≥ 2 %	
	genutzte Dächer		

Der Eigenschaftsklasse E1 entsprechen folgende Abdichtungsstoffe:

- Polymerbitumen-Schweißbahnen mit Kombinationsträgereinlage mit überwiegendem Glas- oder Polyesteranteil
- Elastomerbitumenbahn (PYE)
- Polymerbitumen-Schweißbahn
- Kaltselbstklebende Polymer-Bitumenbahnen (KSP)
- Polymer-Bitumenbahnen für einlagige Verlegung

Tabelle 5: *Einsatzbereiche Kunststoffbahnen (Ingrid Kaiser gem. DIN 18531-3)*

Anwendungsbereich	**Gefälle**	**Dicke [mm]**	
		Polyvinylchlorid (PVC)	**thermoplastisches Polyolefin (TPO)**
nicht genutzte Dächer	≥ 2 %	1,2	1,2
	< 2 %		
genutzte Dächer	≥ 2 %		
	< 2 %		
nicht genutzte Dächer	≥ 2 %	1,5	1,5
	< 2 %		
genutzte Dächer	≥ 2 %		
	< 2 %		

Tabelle 6: *Einsatzbereiche Flüssigkunststoffe (Ingrid Kaiser gem. DIN 18531-3)*

Anwendungsbereiche	**Gefälle**	**Dicke [mm]**
nicht genutzte Dächer	≥ 2 %	1,8
	< 2 %	
genutzte Dächer	≥ 2 %	
	< 2 %	
nicht genutzte Dächer	≥ 2 %	2,1
	< 2 %	
genutzte Dächer	≥ 2 %	
	< 2 %	

Bitumen- oder Polymerbitumenbahnen müssen zweilagig ausgeführt werden. Die Beanspruchungsklasse wird mit I B angenommen, obere und untere Lage müssen der Eigenschaftsklasse E1 entsprechen.

Auf Dämmschichten wird die untere Lage mit kaltselbstklebender Polymerbitumenbahn (PYE-KTG KSP 2,8) mit kalter oder thermischer, variabler Nahtverklebung hergestellt. Die Bahnen müssen vor Feuchtigkeit, UV-Strahlung, Hitze und Frost geschützt und die Rollen stehend gelagert werden. Bei anderen Untergründen wird eine Polymerbitumen-Schweißbahn (PYE-G 200 S4) im Schweißverfahren aufgebracht. Auch diese Bahnen müssen wie vor beschrieben geschützt und gelagert werden. Während der kalten Jahreszeit müssen sie zusätzlich vor der Verarbeitung min. zwölf Stunden bei min. +5 °C gelagert werden.

Die obere Lage wird als Polymerbitumen-Schweißbahn (PYE-PV 200 S5), beschiefert, ausgeführt, die, wie die genannten Bahnen für die untere Lage, geschützt und gelagert werden müssen.

Abdichtungen mit **Kunststoffbahnen** können einlagig als verstärkte und bitumenverträgliche Polyvinylchlorid-Bahnen (PVC-P-BV-V-[PV/GG/PG-]1,5) in loser Verlegung oder mit mechanischer Befestigung ausgeführt werden. Sie können auch unter Gussasphalt verwendet werden.

Praxistipp

Die Bahnen sind nicht verträglich mit öl-, fett- und lösemittelhaltigen Stoffen, Bitumen, EPS- und XPS-Dämmstoffen sowie einigen anderen Kunststoffen, z. B. Polystyrol, und müssen entsprechend sowohl während der Lagerung als auch während und nach dem Einbau vor dem Kontakt mit diesen geschützt werden.

Flüssigkunststoffe aus Zwei-Komponenten-Polyurethan-Harz (2K-PUR) werden mit einer gesamten Trockenschicht-Dicke von min. 2,1 mm in zwei Schichten kalt verarbeitet. Dabei wird die erste Schicht auf den Untergrund aufgebracht und eine Lage Kunststoff-Faservlies mit einem Gewicht von min. 110 g/m2 eingerollt. Die zweite Schicht wird anschließend nass in nass aufgebracht. Das Faservlies muss im Randbereich min. 5 cm überlappen.

Abdichtungen mit flüssigen Abdichtungsstoffen im Verbund mit Fliesen und Platten werden i. d. R. auf Betonuntergründen ausgeführt und erfordern ein Gefälle von min. 1,5 %, empfehlenswert sind min. 2 %. Verwendet werden mineralische Dichtungsschlämmen oder Reaktionsharze. Hierbei ist es unbedingt erforderlich, die Fliesen oder Platten hohlraumfrei zu verlegen. Andernfalls kann Wasser eindringen und dann zu Frostschäden führen. Zur Verwendung kommen Polymerdispersionen (DM) mit einer Trockenschicht-Dicke von 0,5 mm, rissüberbrückende Dichtschlämmen (CM) mit einer Trockenschicht-Dicke von 2 mm oder Reaktionsharze (RM) mit einer Trockenschicht-Dicke von 1 mm.

1.2.4 Untergrundvorbereitung

Zunächst ist die Ebenheit des Untergrunds zu prüfen. Nach DIN 18202:2019-07 „Toleranzen im Hochbau" gelten folgende Toleranzen für die Ebenheit von Rohdecken:

Tabelle 7: *Grenzwerte für Ebenheitsabweichungen gem. DIN 18202, Tabelle 3 (Ingrid Kaiser)*

Messpunktabstände [m]	0,1	1	4	10	15
Stichmaße [mm]	10	15	20	25	30

Weiterhin ist eine Abreißprüfung zur Ermittlung der Oberflächenfestigkeit des Betons nach DIN EN 1542:1999-07 sinnvoll und ggf. ein Flächenausgleich mit Instandsetzungsmörtel bzw. Kratzspachtelung oder Bitumenklebemasse erforderlich.

Es dürfen keine Risse, z. B. durch Setzung oder Spannungen, Löcher oder Betonnester im Untergrund vorhanden sein, Kanten, Kehlen und Ecken müssen ausgerundet sein.

Sind die genannten Kriterien nicht erfüllt, kann/soll das ausführende Unternehmen Bedenken anmelden.

Der Untergrund muss frei von Ablagerungen wie Staub, Öle und Fetten, Mörtelresten, Chemikalien und ähnlichen Verschmutzungen sein. Weiterhin ist eine entsprechende Druckfestigkeit von ca. 25 - 50 N/mm^2 erforderlich, der Feuchtegehalt darf max. 4 % betragen.

Die Oberflächen-Festigkeit kann durch Kratz- und Saugtests geprüft werden. Entsteht beim Einritzen mit einem Messer eine Tiefe ab 0,5 mm, ist der Untergrund als weich einzustufen. Die Saugfestigkeit wird durch Aufbringen eines Wassertropfens und Zeitmessung der Standdauer des Wasserfilms gemessen. Beträgt er 15 Sekunden oder weniger, ist von einem stark saugenden Untergrund auszugehen. Daher ist in diesen Fällen eine spezifische Grundierung erforderlich, die den Haftverbund gewährleistet.

Bei starken Unebenheiten muss der Untergrund durch Strahlen oder Fräsen egalisiert werden.

Hohlstellen und Risse müssen ebenfalls beseitigt bzw. geschlossen werden. Insbesondere bei Bestandsgebäuden sind durch unzureichende Ausführung die tragenden Bauteile, insbesondere Beton-Bauteile, durch Feuchteeinflüsse bereits stark geschädigt. Ist bereits frei liegende Bewehrung erkennbar, sind vorab Betonsanierungsmaßnahmen erforderlich.

Hinweis

Alle Untersuchungen sowie die daraus resultierenden Untergrundbehandlungen sind Besondere Leistungen gem. VOB/C, DIN 18336, 4.2 und müssen gesondert vereinbart und vergütet werden. Gleichzeitig sind sie Anlass zur Bedenken-Anmeldung.

Die unterste Schicht auf einer Rohdecke ist i. d. R. bei einem klassischen unbelüfteten Flachdach (Warmdach) die Dampfsperrbahn, ggf. auf Bitumen-Voranstrich. Als Dampfsperre geeignet sind Bahnen mit einem sd-Wert ≥ 1.500 m wie z. B. Dampfsperrbahnen mit Trägereinlage aus Aluminium-Polyester-Verbundfolie, Glasgewebe-Bitumenschweißbahnen mit Trägereinlage aus Aluminiumband und Glasgewebe oder Glasvlies-Bitumenschweißbahnen mit Trägereinlage aus Aluminiumband und Glasvlies.

Auf der Dampfsperre wird die Wärmedämmung gem. DIN 4108-2:2013-02 und EnEV 2014/2016 unter Berücksichtigung des erforderlichen Brandschutzes verlegt. Sofern das erforderliche Gefälle nicht bereits durch die Unterkonstruktion, z. B. durch Gefälle-Estrich, gegeben ist, sind die Wärmedämm-Platten als Gefälledämmung erhältlich.

Auf der Wärmedämmung erfolgt die Anordnung der Dachabdichtungsbahnen, ggf. ergänzt durch ein Schutzvlies und die Auflast, bzw. der UV-Schutz durch eine Kiesschicht.

Bei allen Abdichtungsarbeiten müssen die Bauteile frostfrei sein, flüssige Abdichtungen erfordern sowohl eine Luft- wie auch Bauteiltemperatur von min. 5 °C. Werden bei entsprechend anderen Bedingungen Schutzmaßnahmen erforderlich, so sind sie als Besondere Leistungen abzurechnen.

Während der Ausführung muss die teilweise fertiggestellte Abdichtung gegen Feuchtigkeit, chemische Stoffe wie Schalungsöl, Lösungsmittel etc. und mechanische Einwirkungen z. B. beim Betreten geschützt werden. Das Abstellen von Lasten auf der Dachfläche ist nur auf entsprechenden Schutzschichten möglich.

Bitumenbahnen sind die am häufigsten verwendeten Dachdichtungsbahnen und werden meist im Schweißverfahren, d. h. durch Erhitzen der Bitumendeckschicht der Bahnen, verlegt. Der Nahtverschluss zwischen den Bahnen wird durch das seitlich austretende Bitumen gewährleistet, wobei 8 cm Naht - bzw. Stoßüberdeckung bei mehrlagiger Ausführung eingehalten werden müssen.

Polymerbitumenbahnen mit einer Klebeschicht der unteren Bitumendeckschicht können im Kaltselbstklebeverfahren verlegt werden, wobei die Stöße ebenfalls mit 8 cm Überdeckung, ggf. zur Sicherung der Dichtheit durch zusätzliche Erwärmung in diesem Bereich, ausgeführt werden. Dieses Verfahren bietet sich bei hohen Brandlasten bzw. Brandschutz-Anforderungen an.

Müssen kleinere Unebenheiten des Untergrunds ausgeglichen werden, bietet sich das schon lange eingesetzte Gießverfahren an. Hierbei wird die erwärmte Bitumenmasse auf die Dachfläche gegossen und die auf der Unterseite besandete Bitumenbahn mit 8 cm Überdeckung darauf verlegt.

Auf gedämmten Trapezblech- oder Holzkonstruktionen können Bitumenbahnen mit Trägereinlagen zur Sicherung der Ausreißfestigkeit aus Glasgewebe, Polyestervlies oder Kombinationseinlagen mit 8 cm Überdeckung auch mechanisch befestigt werden. Bei mehrlagiger Verlegung werden die oberen Lagen mit einer Nahtüberdeckung von 11 cm vollflächig aufgeschweißt und die Längs- und Quernähte zusätzlich durch Erwärmung verschlossen.

Kunststoffdachbahnen werden i. d. R. auf Leichtdächern einlagig lose verlegt und durch Auflast (Kiesschicht) gegen Windsog gesichert. Alternativ ist auch eine mechanische Befestigung oder Verklebung möglich. Sie können witterungsunabhängiger verlegt werden, haben bessere Brandschutz-Eigenschaften als Bitumenbahnen und ein geringes Flächengewicht.

Ein- und zweikomponentige (1K, 2K) Flüssigkunststoffe werden hauptsächlich bei Dächern mit vielen Durchdringungen, Aufbauten und Anschlüssen oder kleinen, schwer zugängigen Dachflächen eingesetzt. Nach der Untergrundvorbehandlung werden die Dachbereiche abgeklebt, die erste Schicht aufgebracht und nach dem Einbringen eines Vlieses aus Polyesterfasern die zweite Schicht aufgetragen.

1.2.5 Gefälle und Anschlüsse

Generell sollte das Gefälle nicht unter 2 %, in Kehlen nicht unter 1 % liegen, auch wenn bei geringer Beanspruchung eine Ausführung ohne Gefälle zulässig ist. Selbst bei 5 % Gefälle kann es durch Durchbiegungen, Verstärkungen und erforderliche Überlappungen zur Bildung von Wasserlachen kommen. In der Anwendungsklasse K 1 darf das Gefälle auch unter 2 % bzw. in Kehlen unter 1 % betragen.

Bei Balkonen, Loggien und Laubengängen kann das Gefälle 1,5 % betragen, sofern sie sich nicht über genutzten Räumen befinden.

Gem. Flachdachrichtlinie gelten generell folgende Anschlusshöhen an aufgehende Bauteile:

Tabelle 8: *Anschlusshöhen an aufgehende Bauteile (Ingrid Kaiser gem. Flachdachrichtlinie)*

Dachneigung [°]	Dachneigung [%]	Anschlusshöhe Abdichtung [cm]
≤ 5	≤ ca. 9	15
> 5	> ca. 9	10

Die Maße werden immer ab der obersten Schicht (Nutzschicht, z. B. Kies, gestelzte oder in Kies verlegte Plattenbeläge) gemessen; an Lichtkuppeln, Rohren, Schornsteinen und Türen gilt ebenfalls das Mindestmaß von 15 cm. Bei Türen kann mit zusätzlichen Maßnahmen wie bspw. vorgesetzter Entwässerungsrinne, Überdachung und seitlichem Schutz vor Schlagregen für die barrierefreie Ausbildung ein Mindestmaß von 5 cm zulässig sein. Bei Attika-Ausbildungen muss die Abdichtung min. 10 cm hochgeführt werden. Zwischen aufgehenden Bauteilen und Bodeneinläufen müssen, um Wasseransammlungen zu vermeiden, mindestens 30 cm Dachfläche liegen.

Die sorgfältige Ausführung aller Dachabdichtungsarbeiten ist die wichtigste Bedingung für funktionierende Flachdächer, sodass sich hier ein erhöhter Überwachungs- und Kontrollaufwand auszahlt.

1.2.6 Balkone

Die gängigste Ausführung ist die frei auskragende Betonplatte mit Fliesen- bzw. Plattenbelag, der im Verbund verlegt wird, wie bereits dargestellt. Zur Herstellung des Gefälles wird i. d. R. ein Gefälle-Estrich aufgebracht, auf dem die Abdichtung verlegt wird, am besten mit gleichzeitiger Funktion als Verbund-Entkopplung, um thermische Spannungen zu verhindern.

Soll die Möglichkeit gegeben sein, dass Regenwasser abfließen kann, wird auf der Abdichtung eine Verbunddrainage-Platte aus Polyethylen (PE) im Dünnbett-Mörtel verlegt. Zusätzlich Sicherheit zum Ableiten des Sickerwassers bietet eine Lastverteilungsschicht oberhalb der Flächendrainage, auf die ebenfalls eine Verbunddrainage-Platte verlegt wird.

Eine weitere Möglichkeit zur Entwässerung der Fläche bieten Stelzlager, die auch vorgefertigt erhältlich sind. Die Drainage-Platten müssen entsprechend druckstabil ausgeführt werden.

Alternativ werden die Platten auf Splitt oder Kies verlegt. Während bei der Verbund-Verlegung die Gefahr von Frostschäden besteht, kann es bei aufgeständerten Belägen mit offenen Fugen zu Verschmutzung der darunterliegenden Schichten kommen. Hieraus kann sich dann ggf. Bewuchs entwickeln, der schnellstmöglich und regelmäßig entfernt werden muss, damit die Wurzeln die Abdichtungsschicht nicht beschädigen.

Bild 1: *Mangelnde Instandhaltung, Pflege und Reinigung mit Bewuchs als Folge (Quelle: Ingrid Kaiser)*

Hinweis

Entsprechende Hinweise zu Inspektion, Wartung und Reinigung sollten den Auftraggebern/Nutzern bei Abnahme übergeben werden, um Streitigkeiten bei Mängeln während der Verjährungsfristen der Gewährleistung zu vermeiden.

Bei Bestandsbauten ohne thermische Trennung der Betonplatte kann eine zusätzliche Dämmschicht erforderlich werden.

1.2.7 Dachterrassen

Grundsätzlich entspricht der Aufbau dem von Balkonen; da sie sich i. d. R. jedoch über beheizten Flächen befinden, ist eine zusätzliche Wärmedämm-Schicht erforderlich. Hierbei ist auf der Gefälleschicht zunächst eine Dampfsperre aufzubringen, bevor die druckfeste Dämmung aus Polyurethan-Hartschaum (PUR, PIR) oder Polystyrol-Hartschaum (EPS, XPS) verlegt wird. Gleichzeitig muss die Dämmung auch den Anforderungen an den Schallschutz genügen.

Ist kein Gefälle(-Estrich) vorhanden, können die Dämmplatten als Gefälle-Platten ausgebildet werden. Bei Dachterrassen über beheizten Räumen ist eine Dämmung auf Dampfsperre erforderlich. Hierauf wird die Abdichtung aufgebracht, auf der zusätzlich eine Drainageplatte verlegt werden kann. Als Beläge werden häufig Fliesen oder Platten aus unterschiedlichen Materialien, Holz oder Beschichtungen aufgebracht.

Wie bei den Balkonen besteht auch hier die Gefahr von Bewuchs, der in diesem Fall nicht nur die Abdichtung schädigt, sondern infolge eindringende Feuchtigkeit einerseits die Dämmwirkung vermindert, andererseits zu Feuchteschäden im darunterliegenden Nutzungsbereich führt.

Bild 2: *Feuchteschäden durch Bewuchs an einer Dachterrasse (Quelle: Ingrid Kaiser)*

Bild 3: *Anschluss an aufgehende Bauteile (Quelle: Stefan Bubath, Die Zwei Bausanierungen GmbH, Falkensee)*

1.2.8 Barrierefreiheit

Die Forderung nach dem Hochführen der Abdichtung an aufgehende Bauteile mit min. 15 cm steht der Forderung nach Barrierefreiheit deutlich entgegen. Eine Reduzierung dieser Höhe auf 5 cm ist ausdrücklich vorgesehen, jedoch nur mit ergänzenden Maßnahmen zur Sicherung des Gebäudes vor Eindringen von Feuchtigkeit, insbesondere bei Schnee- und Eisbildung oder Regen mit starkem Wind.

Zu den Zusatzmaßnahmen gehört zunächst eine Überdachung mindestens des Türbereichs sowie eine seitliche senkrechte Abschottung zur Wetterseite, i. d. R. zur Westseite. Weiterhin ist eine Entwässerungsrinne im Türbereich erforderlich, um am kritischen Übergang von außen nach innen das Eindringen von Feuchte zu vermeiden.

Mit den genannten Maßnahmen ist jedoch nur eine Reduzierung des Hochführungsmaßes auf 5 cm definiert. Die DIN 18040 sieht jedoch für die Barrierefreiheit ein maximales Maß von 2 cm bei Schwellen vor. Angestrebt wird ein versatzfreier Übergang von Innen- zu Außenbelag. Diese Ausführung ist weder in der DIN 18531-5 noch in den Flachdachrichtlinien vorgesehen. Daher handelt es sich immer um Sonderkonstruktionen, die zwischen Planern, Türherstellern und ausführenden Unternehmen abgestimmt werden müssen.

Dies erfordert nicht nur eine enge Zusammenarbeit der Gewerke, sondern auch die Berücksichtigung in der Terminplanung, da alle Konstruktionselemente „Hand in Hand" ausgeführt werden müssen. Weiterhin müssen sich diesbezüglich Bauleitung und Planung – sofern nicht in einer Hand – zu Materialwahl, Einsatz der Unternehmen und zeitlichem Ablauf abstimmen.

Hinweis

Da es sich bei einer Schwellenausbildung mit einer Höhe unter 5 cm nicht um eine Ausführungsart nach den allgemein anerkannten Regeln der Technik handelt, sollte dies dem Auftraggeber entsprechend mitgeteilt und von diesem schriftlich bestätigt werden bzw. bereits im Werkvertrag vereinbart werden.

Neben den Maßnahmen für eine Schwelle mit einer Höhe von ≥ 5 cm wird bei dieser Lösung ein Tür-Verbundblech, das mit einem Anschluss an die Abdichtungsbahn versehen ist, erforderlich.

Die jeweiligen unterschiedlichen örtlichen Gegebenheiten hinsichtlich des Untergrunds, der geplanten Nutzung und den damit in Verbindung stehenden Anforderungen erfordern in jedem Einzelfall eine Prüfung der Planung und der Ausschreibungsunterlagen auf Übereinstimmung.

Besonders im Bestand zeigen sich häufig Gegebenheiten, die Änderungen der vorgesehenen Abdichtung erfordern und dem Auftraggeber entsprechend angezeigt werden müssen.

Besonderes Augenmerk ist auf die Anschlüsse an die Entwässerungseinrichtungen – innen bzw. außen liegende Rinnen oder Bodeneinläufe – zu richten. Weiterhin bedarf die Ausführung der Anschlüsse an einbindende Bauteile besonderer Überwachung durch die Bauleitung.

Problematisch sind insbesondere die Diskrepanzen zwischen Normung und Flachdachrichtlinien. Hier sind entsprechende Festlegungen bzw. Vereinbarungen in den Verträgen erforderlich.

1.2.9 Beanspruchung von Flachdächern

Die Abdichtungen sind vielfältigen Beanspruchungen ausgesetzt: Feuchtigkeit (Oberflächen-, Sickerwasser, Wasserunterläufigkeit), mechanische (Durchbiegungen, Setzung, Dehnung, Hagel etc.) und thermische Beanspruchungen, UV-Einstrahlung, bei Begrünung zusätzlich biologische Anforderungen, bei Immissionen auch chemische Belastungen. Weiterhin spielt die Windsogsicherung eine wichtige Rolle, ebenso wie die Aufnahme horizontaler Kräfte.

Neben der Auswahl der geeigneten Abdichtungsmaterialien und -systeme ist die sorgfältige Ausführung wichtigste Voraussetzung für funktionsfähige Flachdachkonstruktionen.

1.2.10 Abdichtung von erdberührten Bauteilen

Zu den Anwendungsbereichen zählt die DIN 18533 u. a.:

- Erdberührte Außenwände
- Sockel von Außenwänden
- Erdüberschüttete Decken
- Erdberührte Bodenplatten

Wichtigste Grundlage für die Ermittlung der erforderlichen Abdichtungsmaßnahmen ist der Bemessungswasserstand, der in Grundwasserstand (HGW) und Hochwasserstand (HHW) unterteilt wird. Maßgeblich für den Bemessungswasserstand ist dabei der jeweils höhere Wert. Beide Wasserstände sind vorwiegend von der Bodenart und den Witterungsverhältnissen abhängig, beeinflussen sich gegenseitig und können teilweise erheblich schwanken. Im Allgemeinen wird der Bemessungswasserstand mit Oberkante Gelände festgelegt, ein Baugrund-Gutachten gibt jedoch wesentlich genauere Informationen u. a. über die Durchlässigkeit der angetroffenen Bodenschichten.

Tabelle 9: *Wasserdurchlässigkeit von Böden analog DIN 18533 und DIN 18130 (Ingrid Kaiser)*

Betrachtung in DIN 18533	**Einstufung nach DIN 18130**	**Wasserdurchlässigkeitsbeiwert k [m/s]**	**Beispiele**
Stark wasserdurchlässig	sehr stark durchlässig	≥ 10-2	Schotter, Kiese
	stark durchlässig	10-4 ≤ k < 10-2	Grob-, Kiessande
Wenig wasserdurchlässig	durchlässig	10-6 ≤ k < 10-4	(Fein-)Sande
	schwach durchlässig	10-8 ≤ k < 10-6	Lehm
	sehr schwach durchlässig	< 10-8	Ton

Hieraus werden die Wassereinwirkungsklassen nach Bauteilen abgeleitet:

Tabelle 10: *Wassereinwirkungsklassen analog DIN 18533 (Ingrid Kaiser)*

Erdberührte Wände und Bodenplatten				**Erdüberschüttete Decken**	**Wände und Wandsockel**
gegen Bodenfeuchte und nicht drückendes Wasser		gegen drückendes Wasser		gegen nicht drückendes Wasser (Anstau-Höhe ≤ 0,10 m)	gegen Kapillar- und Haftwasser an Wänden gegen Bodenfeuchte und Spritzwasser am Sockel
W1-E		W2-E			
ohne Drainage	mit Drainage	mäßige Einwirkung ≤ 3,00 m Eindringtiefe	hohe Einwirkung > 3,00 m Eindringtiefe		
W1.1-E	W1.2-E	W2.1-E	W2.2-E	W3-E	W4-E

Für die Festlegung der Abdichtungssysteme sind zusätzlich Zuordnungen zu den Risseinwirkungs-, -überbrückungs- und Raumnutzungsklassen erforderlich. Die Risseinwirkung ergibt sich durch die Rissbreitenänderung.

Tabelle 11: *Risseinwirkungsklassen (Ingrid Kaiser analog DIN 18533)*

Max. Riss-/ Fugenweite [mm]	Max. Rissversatz [mm]	Bewertung	Klasse
0,2		gering	R1-E
0,5		mäßig	R2-E
1,0	0,5	hoch	R3-E
5,0	2	sehr hoch	R4-E

Die Rissüberbrückung hängt von der Abdichtungsbauart ab.

Tabelle 12: *Rissüberbrückungsklassen (Ingrid Kaiser analog DIN 18533[1])*

Rissüber-brückung [mm]	Max. Rissversatz [mm]	Bewertung	Klasse
≤ 0,2		gering	RÜ1-E
≤ 0,5		mäßig	RÜ2-E
≤ 1,0	0,5	hoch	RÜ3-E
≤ 5,0	2,0	sehr hoch	RÜ4-E

Tabelle 13: *Raumnutzungsklassen (Ingrid Kaiser analog DIN 18533)*

Anforderung an Trocken-heit der Raumluft	Beispiele	Klasse
gering	Garagen, Lagerräume, (offene) Werkhallen	RN1-E
üblich	Wohn-, Aufenthaltsräume, Lagerräume höherwertiger Stoffe, Produktionsbereiche	RN2-E
hoch	Rechenzentren, Bibliotheken, Kunstausstellungen, Archive	RN3-E

Bahnenförmige Abdichtungen werden analog zu DIN 18532 als Bitumendichtungsbahnen im Bürstenstreich-, Gieß-, Gieß-und-Ein-

[1] Im Normentwurf DIN E 18533-3:2023-10 wurden die Rissüberbrückungsklassen gestrichen (noch nicht in Kraft).

walz- oder Flämmverfahren, als Bitumen-Schweißbahnen oder kaltselbstklebende Bitumendichtungsbahnen sowohl auf Bodenplatten als auch auf Mauerwerk aufgebracht. Auch Kunststoffbahnen kommen entsprechend wie zu DIN 18532 beschrieben zum Einsatz.

Bei den flüssig zu verarbeitenden Stoffen kommen neben Gussasphalt und Asphaltmastix zunehmend Bitumendickbeschichtungen (PMBC, alt: KMB), flexible mineralische Dichtungsschlämmen (MDS) und Flüssigkunststoffe (FLK) zum Einsatz. Nach der Wassereinwirkungsklasse können sie wie folgt verwendet werden:

- PMBC – W1-E, W2.1-E, W3-E und W4-E (bei letzterer nicht als waagerechte Abdichtung unter bzw. in Wänden)
- MDS – W1-E (nur auf Beton) und W4-E (nur auf massiven Bauteilen)
- FLK – W3-E und W4-E

Nach der Rissüberbrückungs- und der Raumnutzungsklasse sind folgende Anwendungen möglich:

- PMBC – RÜ3 – alle RN
- MDS – RÜ1-E – RN1-E und RN2-E, im Anwendungsfall W4-E auch RN3-E
- FLK – RÜ3-E – alle RN

Noch nicht in der aktuell gültigen Normfassung enthalten sind die als Reaktiv- oder Hybrid-Abdichtung bezeichneten polymeren Dickbeschichtungen (FPD); sie sind jedoch in die DIN E 18533-3:2023-10 aufgenommen worden. Gegenüber den bisherigen Stoffen sind die FPD leichter zu verarbeiten, sie trocknen schnell (nach Hersteller-Angaben innerhalb von drei Stunden) unabhängig von Witterungseinflüssen (reaktiv), sie können bis -5 °C und auf Restfeuchte aufgebracht werden. Das Aufbringen im Spritzverfahren beschleunigt den Baufortschritt.

Für alle flüssig zu verarbeitenden Abdichtungen spielt die Schichtdicke eine wichtige Rolle. Sie ermittelt sich aus der Trocken-Schichtdicke dmin und dem Schichtdickenzuschlag d2 bei der Verarbeitung. Dieser wiederum berücksichtigt Schwankungen bei der

Verarbeitung sowie Unebenheiten im Untergrund. Damit wird die aufzubringende Schichtdicke = Nassschichtdicke entweder nach Hersteller-Angaben festgelegt oder, wenn diese fehlen, durch einen Zuschlag von 25 % auf die Trocken-Schichtdicke. Einfach vor Ort überprüft werden kann die Nassschichtdicke mit einem einfachen Messkamm.

1.2.11 Abdichtung von Innenräumen

Wie alle Normen der DIN-Reihe 1853x sind im Teil 1 die grundsätzlichen Anforderungen und damit die Planungs- und Ausführungsgrundsätze beschrieben und in den folgenden Teilen der DIN 18534 die Verwendung der jeweiligen Materialien mit ihren Einsatzgebieten und Ausführungsanforderungen. Der Geltungsbereich der Norm gilt für Räume, bei denen die maximale Anstauhöhe von Wasser 10 cm beträgt (darüber hinaus muss die DIN 18535 „Abdichtung von Behältern und Becken“ angewandt werden). I. d. R. werden Abdichtungssysteme eingesetzt, deren einzelne Komponenten aufeinander abgestimmt sind.

Keine Anwendung findet die DIN 18534 bei wasserabweisenden Belägen wie Beschichtungen und Anstriche, bei Einbau von in sich abgedichteten, vorgefertigten Duschelementen und wasserdurchlässigen Materialien wie WU-Beton.

Der Anfall von Wasser, mögliche Rissbildungen und Fugen in Tragwerk und Untergrund legen die Wahl des Abdichtungssystems fest.

Als Grundlage zur Auswahl von Materialien und deren Einbau wird zunächst die Wassereinwirkungsklasse (I als Kurzzeichen für den Innenbereich)

- W0-I – geringe Wassereinwirkung
- W1-I – mäßige Wassereinwirkung
- W2-I – hohe Wassereinwirkung
- W3-I – sehr hohe Wassereinwirkung

festgelegt.

Feuchträume bei Wohnnutzung können i. d. R. den Gruppen W0-I und W1-I, die von Sport- und Schwimmstätten und gewerblichen Nassräumen dagegen den Gruppen W2-I und W3-I zugeordnet werden. Eingeschränkt ist die Anwendung dieser DIN durch die maximale Anstauhöhe von 10 cm durch Brauch- oder Reinigungswasser. Bei größerer Anstauhöhe findet die DIN 18535:2017-07 „Abdichten von Behältern und Becken" Anwendung.

Für die Einwirkungsklasse bei Böden und Wänden W0-I und bei Wänden bis W1-I, bei denen das Eindringen von Feuchtigkeit ausgeschlossen werden kann, bzw. bei feuchteunempfindlichem Untergrund, ist die Anwendung der Norm nicht zwingend erforderlich, jedoch empfehlenswert.

Unabhängig von den Abdichtungsmaßnahmen resultieren aus den Zuordnungen zu den Einwirkungsklassen auch die Anforderungen an die Untergründe: Gips(faser)platten und -putze sind wie calciumsulfatgebundene Estriche und Holz bzw. Holzwerkstoffe als feuchteempfindliche Untergründe nur für die Gruppen W0-I und W1-I zulässig. Die als feuchteunempfindlich geltenden Untergründe Beton (auch Porenbetonplatten und Leichtbeton-Hohlwandplatten), Zementputze, -estriche, zementgebundene mineralische Bauplatten, Polystyrol-Verbundelemente, korrosionsgeschützte metallische Werkstoffe sind dagegen auch für die Gruppen W2-I und W3-I zulässig.

Tabelle 14: *Zuordnung der Wassereinwirkungsklassen nach Bauteil und Nutzung (Ingrid Kaiser analog DIN 18543-1)*

Klasse	Wand	Boden
W0-I	häusliche Bäder ohne Duschbereich	häusliche Bäder ohne Bodeneinlauf
W1-I	häusliche Bäder über Badewannen und im Duschbereich	häusliche Bäder mit Bodeneinlauf oder mit geringer Einwirkung aus dem Duschbereich
W2-I	Sportstätten und gewerbliche Betriebe im Duschbereich	Flächen mit Abläufen bzw. Rinnen, Bereiche mit bodengleichen Duschen
W3-I	Umgänge von Schwimmbecken, Sportstätten und gewerbliche Betriebe mit Duschanlagen, sonstige Flächen mit Wasseranfall in gewerblichen Betrieben, z. B. Küchen, Wäschereien, Brauereien	

Für die Klasse W0-I sind dann keine Abdichtungen erforderlich, wenn die Oberflächen wasserabweisend sind. Dies gilt auch für Bereiche der Klasse W1-I, wenn die Feuchtigkeit nicht in die jeweiligen feuchteempfindlichen Untergründe gelangen kann.

Eine weitere Klassifizierung erfolgt über die Rissklassen, die eine maximale Riss-/Fugenbreite und ggf. einen maximalen Rissversatz angeben:

Tabelle 15: *Rissklassen der Untergründe (Ingrid Kaiser gem. DIN 18534-1)*

Rissklasse/ Beanspruchung	**max. Rissbreite [mm]**	**max. Rissversatz**
R1-I – gering	ca. 0,2	-
R2-I – mäßig	ca. 0,5	-
R3-I – hoch	ca. 1,0	0,5

Diese Zuordnung berücksichtigt die mechanischen Bewegungen, die durch die Abdichtungen überbrückt werden müssen. In die Rissklasse R1-I können Stahlbeton, Mauerwerk, Estrich, Putz, geschlossene Fugen von Gips- u. Gipsfaserplatten eingeordnet werden; Mauerwerksfugen und erddruckbelastetes Mauerwerk sowie geschlossene Fugen von plattenförmigen Bekleidungen gehören zur Rissklasse R2-I, Aufstandsfugen und Materialübergänge bedingen die Rissklasse R3-I.

Nach ihrer Anordnung werden folgende Arten von Fugen unterschieden:

- F1-I – Fugen im Abdichtungsuntergrund
- F2-I – Fugen an Einbauteilen und Durchdringungen
- F3-I – Bewegungsfugen im Tragwerk

Die Fugen im Untergrund unterliegen im Bereich von Rand- und Anschlussfugen den mechanischen und thermischen Einflüssen aus der Konstruktion; Ähnliches gilt für die Fugen an Einbauteilen und Durchdringungen, während Fugen im Tragwerk (Bewegungen gem. Statik) der Klasse F3-I zugeordnet und in den Abdichtungsuntergrund übernommen werden müssen.

Werden nur die Bodenflächen abgedichtet, muss die Abdichtung im Anschluss an die Wand (auch hinter Türzargen u. Ä.) min. 5 cm hochgeführt werden.

Bei häuslichen Bädern mit Duschen muss jeweils unterschieden werden, wie diese ausgeführt werden. Ist für die Dusche eine Abtrennung vorgesehen und hat der Raum einen eigenen Bodeneinlauf, werden Wand und Boden in die Klasse W1-I eingestuft. Ist kein Einlauf vorhanden und hat die Dusche eine Duschrinne, entspricht der Bodenbereich unter der Dusche der Klasse W2-I, während bei fehlender Duschabtrennung im gleichen Fall der gesamte Bodenbereich des Bades der Klasse W2-I zugeordnet wird. In Duschbereichen mit Reihenduschen ohne Abtrennung im Sport- und gewerblichen Bereich muss die Abdichtung von Wand und Boden gem. den Anforderungen der Klasse W3-I ausgeführt werden.

Abdichtungen im Wandbereich müssen min. 20 cm über Höhe des Spritzwasserbereichs und der jeweiligen Wasserentnahmestelle hochgeführt werden. Innen- und Außenecken im Wand- und Bodenbereich werden mit speziellen vorgefertigten Dichtbändern und -manschetten ausgeführt, die nach ETAG (Europäische Technische Zulassung) oder DIBT (Deutsches Institut für Bautechnik) geprüft sein müssen.

Hinter und unter Bade- und Duschwannen muss die Abdichtung fortgeführt werden oder mit entsprechenden Dichtbändern geschützt werden. Bei Bodenabläufen, Bodenrinnen und Einbauteilen muss die Flanschbreite in den Wassereinwirkungsklassen W0-I bis W2-I min. 3 cm, bei W3-I min. 5 cm betragen.

Lassen sich Übergänge zu nicht abgedichteten Bodenflächen nicht vermeiden, sollten Schwellenanschlüsse mit min. 1 cm Höhe, ggf. mit Gefälle, ausgeführt werden; bei der Wassereinwirkungsklasse W3-I müssen im Übergang zusätzlich Entwässerungsrinnen eingebaut werden.

In Verbindung mit Belägen aus Fliesen und Platten handelt es sich um Abdichtungen im Verbund (AIV). Die Beläge dienen gleichzeitig als Schutzschicht für die Abdichtung. Hierzu zählen:

- Keramische Fliesen und Platten
- Bodenklinkerplatten
- Naturstein-Fliesen und -Platten
- Betonwerkstein
- Steinzeug-, Glas- und Porzellan-Mosaik

Teil 2 der DIN 18534 findet im Wesentlichen bei den Einwirkungsklassen W2-I und W3-I in Verbindung mit der Rissklasse R3-I Anwendung. Zu den Abdichtungsbahnen gehören:

- Bitumenbahnen
- Polymerbitumenbahnen
- Kunststoffbahnen
- Elastomerbahnen

Bei Einwirkungsklasse W2-I reicht eine Abdichtung mit einer einlagigen Bitumenbahn aus, während die Klasse W3-I eine zweilagige Abdichtung – entweder aus zwei Bitumenbahnen oder aus einer Bitumenbahn und einer weiteren Lage aus Kunststoff- oder Elastomerbahn – erfordert. Überlappungen müssen im Stoßbereich mind. 5 cm breit sein und mit systemkonformem Klebstoff wasserdicht ausgeführt werden.

Der häufigste Anwendungsfall sind geflieste Feucht- und Nassräume mit Flüssigabdichtungen; er wird in Teil 3 der Norm behandelt. Für die jeweiligen Stoffe sind Mindesttrockenschichtdicken vorgeschrieben, die bei der Klasse W3-I kontrolliert und durch Kontrolle der Verbrauchsmengen oder Messung der Nassschichtdicke dokumentiert werden müssen:

- Kunststoff-Mörtelkombinationen/rissüberbrückende mineralische Dichtungsschlämmen (CM) – mind. 2 mm
- Reaktionsharzabdichtungen (RM) – mind. 1 mm
- Polymerdispersionen (DM) – mind. 0,5 mm

Nach Erhärten der Abdichtungsschichten wird die Schichtdickenkontrolle bei Flächen ≤ 20 m^2 an min. fünf Stellen, bei größeren Flächen an min. 10 Stellen/100m^2 durchgeführt. Diese Überprüfung sollte jedoch bei CM und RM tatsächlich nur in begründeten Fällen erfolgen. Sind im allgemein bauaufsichtlichen Prüfzeugnis (abP) und der Europäischen Technischen Zulassung (ETA) unterschiedliche Werte für die Schichtdicke angegeben, ist der jeweils größere Wert anzuwenden.

Zur Sicherstellung der mindestens erforderlichen zweilagigen Abdichtung müssen Polymerdispersionen je Schicht in unterschiedlichen Farben ausgeführt werden.

Besonderes Augenmerk ist auf alle Übergänge – Boden/Wand/Decke – sowie Rohrdurchführungen und Unterputzarmaturen zu richten. Die hier auftretenden Bewegungen können nur durch entsprechende querdehnungsfähige Dichtbänder gewährleistet werden, die entsprechend sorgfältig ausgeführt werden müssen. Sie müssen min. 5 cm in das Abdichtungssystem einbinden und an den Stößen ebenfalls min. 5 cm überlappen.

Für den Einbau bodengleicher Duschen gelten besondere Vorschriften: Der Anschluss des Ablaufkörpers (Flansch) an die Dichtmanschette und damit die Abdichtung muss gewährleistet sein. Hierzu kann die Dichtmanschette oder das Dichtband bauseitig mit dem ca. 3 bis 5 cm breiten Flansch verklebt werden; der Dichtkleber muss dem System entsprechen und damit nach Herstellerangaben aufgebracht werden. Alternativ können Flansche mit werkseitiger Dichtmanschette eingebaut werden. Als dritte Möglichkeit stehen Klemmverbindungen für die Dichtmanschette zur Verfügung, die auf der Baustelle eingeclipst werden. Die vor Ort verklebten Dichtmanschetten sind bei Flanschbreiten unter 5 cm (Mindestmaß: 3 cm) nur bis zur Wassereinwirkungsklasse W2-I zulässig.

Diese Materialien sind gem. Teil 4 der Norm nur auf Untergründen aus Beton oder Zement-estrich und für die Wassereinwirkungsklasse W0-I bis zur Rissklasse R2-I zulässig. Zur Verbesserung der Abdichtungswirkung können zusätzlich Bitumenbahnen eingesetzt werden. Werden Gussasphalt und Asphaltmastix kombiniert, sind sie auch für die Widerstandsklasse W1-I und die Rissklasse R2-I zulässig.

Teil 5 der Norm behandelt die Verbundabdichtung mit Bahnen. Hier ist besonders auf die Lufttrockenheit der Untergründe zu achten: Zementestriche dürfen eine Restfeuchte von max. 2 %, beheizte Konstruktionen von max. 3 % und calciumsulfatgebundene Estriche von max. 5 % haben. Die Abdichtungs- und Entkopplungsbahnen mit einer Dicke von min. 0,2 mm sind wasserundurchlässig und rissüberbrückend und ihre Vliesbeschichtung gewährleistet den Verbund mit dem Fliesenkleber.

Gem. Teil 6 der Norm werden hier Hartschaum-Platten, EPS oder XPS, eingesetzt, die mit Glasfaser-Gewebe armiert sind. Die Platten müssen eine Gesamtdicke von min. 5 mm haben, wenn sie werkseitig mit einem bahnenförmigen Abdichtungsstoff von min. 1,5 mm versehen sind. Alternativ können EPS-Hartschaum-Platten mit min. 10 mm Gesamtdicke und min. 1,3 mm dicker mineralischer Dichtschlämme oder min. 1 mm dicker Reaktionsharzschicht verwendet werden. Als weitere Möglichkeit können XPS-Hartschaum-Platten mit einer Rohdichte von min. 30 kg/m^3 und einer Gesamtdicke von min. 10 mm eingebaut werden. Die Platten müssen im Verbund verlegt werden, Kreuzfugen sind nicht zulässig.

Zunächst muss die Zuordnung der Wassereinwirkungsklasse und des Untergrunds in feuchteempfindlich oder -unempfindlich vorgenommen werden. Im nächsten Schritt werden dem Untergrund die entsprechenden Riss- und Fugenbreiten zugeordnet. Nach Wahl der vorgesehenen Abdichtungsbauart erfolgt die Auswahl der erforderlichen Materialien bzw. der Schichtenaufbau.

Tabelle 16: *Einsatzbereiche bahnenförmiger Abdichtungen (Ingrid Kaiser)*

Rissklasse	**Wasserwiderstandsklasse**			
	W0-I	**W1-I**	**W2-I**	**W3-I**
R1-I	Bitumenbahn einlagig	Bitumenbahn einlagig	Bitumenbahn einlagig	Bitumenbahn einlagig
R2-I	Bitumenbahn einlagig	Bitumenbahn einlagig	Bitumenbahn einlagig	Bitumenbahn einlagig
R3-I	Bitumenbahn einlagig	Bitumenbahn einlagig	Bitumenbahn einlagig	Bitumenbahn zweilagig
				Bitumenbahn + Kunststoff-/ Elastomer-bahn

Tabelle 17: *Einsatzbereiche flüssiger Abdichtungsstoffe im Verbund (Ingrid Kaiser)*

Fläche	**Riss-klasse**	**Wasserwiderstandsklasse**			
		W0-I	**W1-I**	**W2-I**	**W3-I**
Wand	R1-I	CM RM DM	CM RM DM	CM RM DM	CM RM
Boden		RM CM DM	RM CM DM	RM CM	RM CM

Tabelle 18: *Einsatzbereiche flüssiger Gussasphalt und Asphaltmatrix (Ingrid Kaiser)*

Rissklasse	**Wasserwiderstandsklasse**	
	W0-I	**W1-I**
R1-I	Gussasphalt oder Asphaltmastix	Gussasphalt + Asphalt-mastix
R2-I	Gussasphalt oder Asphaltmastix	Gussasphalt + Asphalt-mastix

Tabelle 19: *Einsatzbereiche plattenförmiger Abdichtungsstoffe im Verbund (Ingrid Kaiser)*

	Wasserwiderstandsklasse		
	W0-I	**W1-I**	**W2-I**
EPS-/XPS-Hartschaum-platte d ≥ 5 mm	X	X	X
EPS-Hartschaumplatte d ≥ 10 mm	X	X	X
XPS-Hartschaumplatte d ≥ 10 mm	X	X	
XPS-Hartschaumplatte d ≥ 25 mm	X	X	X

Tabelle 20: *Einsatzbereiche bahnenförmiger Abdichtungsstoffe im Verbund (Ingrid Kaiser)*

Rissklasse	**Wasserwiderstandsklasse**			
	W0-I	**W1-I**	**W2-I**	**W3-I**
R1-I	Bitumenbahn einlagig	Bitumenbahn einlagig	Bitumenbahn einlagig	Bitumenbahn einlagig
R2-I	Bitumenbahn einlagig	Bitumenbahn einlagig	Bitumenbahn einlagig	Bitumenbahn einlagig
R3-I	Bitumenbahn einlagig	Bitumenbahn einlagig	Bitumenbahn einlagig	Bitumenbahn zweilagig
				Bitumenbahn + Kunststoff-/ Elastomerbahn

Tabelle 21: *Einsatzbereiche flüssiger Abdichtungsstoffe im Verbund (Ingrid Kaiser)*

Wasserwiderstandsklasse			
W0-I	**W1-I**	**W2-I**	**W3-I**
CM RM DM	CM RM DM	CM RM DM	CM RM
RM CM DM	RM CM DM	RM CM	RM CM

Tabelle 22: *Einsatzbereiche von Abdichtungsstoffen in den Normenbereichen (Ingrid Kaiser)*

Abdichtung	DIN 18531 Dächer	DIN 18532 Verkehrsflächen	DIN 18533 erdberührte Bauteile	DIN 18534 Innenräume	DIN 18535 Behälter, Becken
Bitumenbahnen	x	mit Schutzschicht	x	x	x
Kunststoff-, Elastomerbahnen	x	mit Schutzschicht	x	x	x
Flüssig zu verarbeitende Stoffe	x	ohne Schutzschicht	x	x	x
Kombinationen		mit Schutzschicht		x	
im Verbund mit Fliesen (AIV)	x			x	x

1.2.12 WU-Beton

Auch wenn die Bezeichnung WU = „wasserundurchlässig" lautet, trifft das nicht zu 100 % zu. Es handelt sich um einen Beton mit einem dichten Gefüge und somit einer Einschränkung der Wasser-Eindringtiefe, sodass lediglich die größtmögliche Begrenzung des Wasser-Durchtritts gewährleistet ist und nicht, dass er wasserdicht ist. Angewandt wird WU-Beton für Untergeschosse, die weitgehend im Erdreich liegen, aber auch für Dächer, bei denen auf eine zusätzliche Abdichtung verzichtet werden soll. Während bisher häufig von „Weißer Wanne" gesprochen wurde, werden in der WU-Richtlinie seit 2017 die Begriffe „WU-Wanne" und „WU-Dach" verwendet.

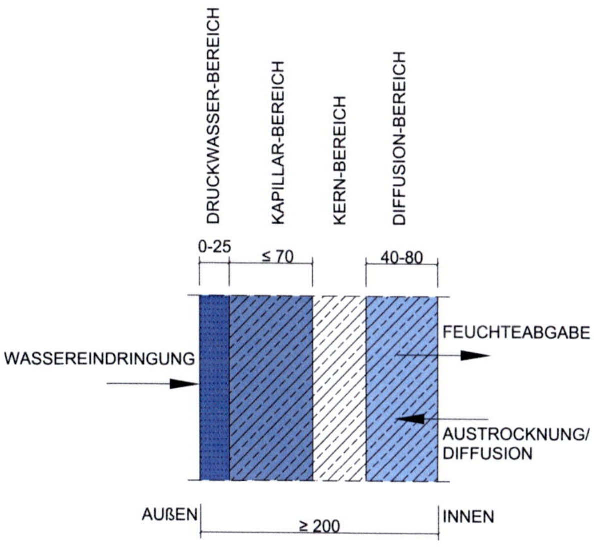

Bild 4: *Arbeitsmodell für Feuchtebedingungen im Betonquerschnitt (Quelle: Ingrid Kaiser, nach: Beddoe, R., Springenschmid, R., Feuchtetransport durch Bauteile aus Beton, 1999)*

Hieraus ergeben sich die empfohlenen Querschnitte für die jeweiligen Bauteile:

Tabelle 23: *Mindestgesamtdicken von WU-Bauteilen gem. WU-Richtlinie 2017 (Ingrid Kaiser)*

Bauteil	**Beanspruchungsklasse**	**Ausführungsarten – Dicke [mm]**		
		Ortbeton	**Elementwände/-decken mit Ortbetonergänzung**	**Fertigteile**
Wände	1	240	240 / 120[2]	200
	2	200	240[3] / 120[4]	100
Bodenplatte	1	250	-	200
	2	150	-	100
Dächer ohne Wärmedämmung	1	200	240 / 180[5]	180
Dächer mit Wärmedämmung	1	180	220 / 160[6]	160

Ist der Kernbereich ausreichend bemessen, kann davon ausgegangen werden, dass der Kapillar-Transport nicht erfolgen kann.

Ausschlaggebend für die Notwendigkeit, WU-Beton zu verwenden, ist der Bemessungswasserstand. Dieser wird im Zement-Merkblatt „Wasserundurchlässige Bauwerke aus Beton" sowie in der DAfStb[7]-Richtlinie (WU-Richtlinie, Dezember 2017) definiert: „Der höchste innerhalb der planmäßigen Nutzungsdauer zu erwartende Grundwasser-, Schichtenwasser- oder Hochwasserstand unter Berück-

[2/4/5/6] Mindestwerte für die Ortbetonergänzung

[3] Abminderung auf 200 mm bei besonderen beton- und ausführungstechnischen Maßnahmen möglich

[7] Deutscher Ausschuss für Stahlbeton e. V., Berlin

sichtigung langjähriger Beobachtungen und zu erwartender zukünftiger Gegebenheiten: der höchste planmäßige Wasserstand."

Eine detaillierte und exakte Planung unter Beteiligung der Fachingenieure, wie

- Auftraggeber
- Objektplaner, i. d. R. als Verantwortlicher und Koordinator
- Baugrund-Gutachter
- Bauphysiker
- Tragwerksplaner
- ggf. Sachkundiger Planer gem. DAfStb-Richtlinie „Schutz und Instandsetzung von Betonbauteilen"
- Bauausführende

ist bei WU-Wannen unerlässlich.

Auf Basis der Bedarfsplanung des Auftraggebers wird zunächst die Nutzungsklasse festgelegt:

- Nutzungsklasse A (NKL A)
  - kein Wasserdurchtritt in flüssiger Form
  - keine Feuchtestellen an der Oberfläche (nutzungsseitig)
  - keine wasserführenden Risse und Fugen

  Bei hochwertiger Nutzung können die Anforderungen detaillierter definiert werden, wobei die Anforderungen an das Raumklima durch entsprechende bauphysikalische Maßnahmen angepasst werden müssen.
  - Nutzungsklasse A^0 - untergeordnet, z. B. einfache Technikräume
  - Nutzungsklasse A^* - einfach, z. B. Räume zum zeitweiligen Aufenthalt von Menschen
  - Nutzungsklasse A^{**} - normal, z. B. Räume zum dauerhaften Aufenthalt von Menschen
  - Nutzungsklasse A^{***} - anspruchsvoll, z. B. Lager-/Technikräume mit feuchte-/temperaturempfindlichen Gütern
- Nutzungsklasse B (NKL B)
  - Feuchtestellen zulässig

  - Wasserdurchtritt in flüssiger Form bedingt zulässig: temporär bis zur Selbstheilung[8] wasserführende Risse zulässig (Dunkelfärbung/Wasserperlen nutzungsseitig)

Aus dem Bemessungswasserstand und geotechnischen Gegebenheiten ergeben sich die Beanspruchungsklassen:

- Beanspruchungsklasse 1 (BKL 1)
  - ständig oder zeitweise drückendes Wasser
  - WU-Dächer
- Beanspruchungsklasse 2 (BKL 2)
  - Bodenfeuchte
  - an der Wand ablaufendes Wasser

Im nächsten Schritt erfolgt die Festlegung der Bauart und der Bauteilabmessungen sowie die detaillierte Fugen-Planung. Hieraus ergeben sich unter Berücksichtigung der Ablaufplanung die Festlegung der Betonier-Abschnitte und damit der Arbeitsfugen und die Auswahl des Abdichtungssystems.

Die klassische Ausbildung der WU-Wanne erfolgt durch Ortbeton-Konstruktionen, bei denen besonderes Augenmerk auf die Arbeitsfugen und damit deren sorgfältige Planung und entsprechende Ausführung gerichtet werden muss.

Zunehmend werden (Voll-)Fertigteile, z. B. auch in Einfamilienhaus-Kellern, zur rationellen Errichtung eingesetzt. Hier liegt der Schwerpunkt der Abdichtung im Bereich der Stoßfugen.

Elementwände gelten als Halbfertigteile, da sie vorgefertigten Betonplatten, die mit Gitterträgern verbunden sind auf die Baustelle geliefert werden und vor Ort ausbetoniert werden.

Schwachstellen in jeder WU-Wannenausbildung sind Fugen, Risse und Durchführungen. Das Fugensystem muss - innen- oder außenliegend - durchgängig, also ohne Unterbrechungen, und dauerhaft

[8] „Zeitliche Verringerung des Wasserdurchtritts durch Trennrisse in Abhängigkeit von Rissbreite und Wasserdruckhöhe" (Quelle: WU-Richtlinie 2017)

wasserdicht ausgeführt werden. Hierbei greifen Planung und Ausführung sehr eng ineinander.

Während bei anderen Planungsbereichen örtlich häufig Änderungen im Bauablauf integriert werden können, muss die Fugenplanung sich einerseits an den örtlichen Gegebenheiten und Leistungskapazitäten orientieren, andererseits muss in der Umsetzung vor Ort die vorgegebene Abfolge- und Zeitplanung exakt eingehalten werden.

Die aktuelle Fassung der WU-Richtlinie stellt dazu gegenüber vorherigen Fassungen die Aufgaben und Bedeutung der Planung heraus.

Das Fugensystem muss in sich geschlossen sein, um die Wasserundurchlässigkeit zu gewährleisten. Generell wird zwischen innenliegender, d. h. im Bauteil liegender, Abdichtung und außenliegender, d. h. auf der Wasserseite liegender Abdichtung unterschieden.

Hinweis

Abweichungen im Bauablauf führen zwangsläufig zu Kompromiss-Lösungen, die ein hohes Risiko von Mängeln und Schäden beinhalten. Das bedeutet gleichzeitig, dass Änderungswünsche des Auftraggebers eindeutig auf einen bestimmten Zeitpunkt in der Planungsphase begrenzt werden müssen und in der Ausführungsphase nicht mehr berücksichtigt werden können.

Anhang A.1 - Orientierungshilfe für Zuständigkeiten (Checkliste) der WU-Richtlinie nennt für die Planung und Konstruktion der Fugen den Tragwerksplaner als Verantwortlichen und den Objektplaner und die Ausführenden als Mitwirkende, für die Detailplanung der Fugen den Objektplaner als Verantwortlichen und den Tragwerksplaner und die Ausführenden als Mitwirkende.

In Abhängigkeit vom Taktplan (Detaillierung des Terminplans mind. auf Tage, ggf. auf Stunden) unter Berücksichtigung der möglichen Tagesleistungen, inkl. Wettereinflüssen bzw. Wetterschutz-Maßnahmen, sollte die Anzahl der Arbeitsfugen möglichst gering gehalten werden.

Bei Ortbeton-Konstruktionen ist auf die Rauigkeit ebenso zu achten wie auf die Anschlussbewehrung. Bei nicht geplanten Arbeitsunterbrechungen entstehende Arbeitsfugen unterliegen denselben Bedingung wie geplante Arbeitsfugen.

Arbeitsfugen zwischen Bodenplatte und Wand werden in der Regel in der Ebene der Bodenplatte ausgeführt. Sie können auch auf einem in einem Arbeitsgang mit der Bodenplatte betonierten Sockel angeordnet werden.

Ohne zusätzliche Abdichtung können waagerechte Arbeitsfugen unter folgenden Bedingungen ausgeführt werden:

- Nutzungsklasse B
- Nutzungsklasse A bei Beanspruchungsklasse 2

Bei dieser Ausführungsart muss einen Tag nach der Betonnage der Bodenplatte das Korngerüst durch Entfernen der Zementschlämme mittels Wasserstrahl freigelegt werden, um die Verbund-Wirkung zu gewährleisten.

Die Nachbehandlung ist ausschließlich durch Feuchthalten – ohne chemische Mittel – bis zur Erreichung von 70 % der jeweiligen Festigkeit zulässig bzw. erforderlich.

Alle Verunreinigungen und Rückstände müssen vollständig entfernt und die Oberfläche leicht feucht sein, bevor das Betonieren der Wände mit einer Anschlussmischung erfolgen kann.

Bei Elementwänden ist bei der Ausbildung der Arbeits- bzw. Stoßfuge ein Aufständern von min. 3 cm erforderlich, um den Verbund sicher zu stellen. Es muss auf einer Höhe von min. 3 cm mit einer Anschlussmischung gearbeitet werden.

Werden Fertigteile oder Elementwände eingesetzt, entstehen auch hier im Anschlussbereich Boden - Wand - Decke Fugen, die als

Stoßfugen bezeichnet werden. Hier müssen insbesondere die angrenzenden Wand-Bauteile ausreichend aufgeständert werden, um ein vollflächiges Verfüllen mit Beton zu gewährleisten.

Um die Rissbildung durch Spannungen im Bauwerk zu vermeiden, werden an von Rissen bedrohten Stellen, in der Regel bei Querschnittsminimierung, entsprechende Fugen angeordnet, die die Rissbildung zum einem provozieren, zum anderen entsprechend abgedichtet werden können.

Bei größeren Gebäude-Ausdehnungen müssen Dehnfugen angeordnet werden, um Spannungen aus den Bauteilen oder Setzungen durch die Baugrund-Bedingungen aufnehmen zu können. Sie müssen also nicht nur dicht, sondern auch dehnbar sein, um unterschiedliche Verformungen zu ermöglichen.

Unbeschichtete Fugenbleche werden je zur Hälfte ihrer Breite in die zu verbindenden Bauteile eingebaut. Anschlüsse werden "auf Stoß" (ohne Überlappungen!) durch Schweißen, Kleben o. A. verbunden.

Sie dürfen bei Arbeitsfugen bei Beanspruchungsklasse 1 in Verbindung mit Nutzungsklasse A verwendet werden. Die Blechdicke beträgt ≥ 1,5 mm, die Breite ist von den Wasserdruckhöhen abhängig:

- ≤ 3,00 m Wasserdruckhöhe: b ≥ 25 cm
- Wasserdruckhöhe > 3,00 m und ≤ 10,00 m: b ≥ 30 cm
- > 10,00 m Wasserdruckhöhe: Anpassung der Breite des Fugenblechs analog zu dieser Höhe

Arbeitsfugen und Sollrissfugen können in der Beanspruchungsklasse 2 mit unbeschichteten Fugenblechen ausgeführt werden, wenn ihre Breite min. 25 cm beträgt.

Beschichtete Fugenbleche sind mit Bitumen-Butylkautschuk, mit einer Verbundfolie oder mit mineralischen bzw. quellfähigen Beschichtungen versehen. Durch die Beschichtung können sie deutlich schmaler sein als unbeschichtete, müssen aber bei Nutzungsklasse A min. 15 cm breit sein.

Wenn technische Baubestimmungen oder allgemein anerkannte Regeln der Technik nicht existieren (= nicht geregelte Bauprodukte), ist das Vorliegen eines allgemeinen bauaufsichtlichen Prüfzeugnisses (abP) erforderlich.

Grundlage hierfür ist die Muster Verwaltungsvorschrift Technische Baubestimmungen (MVV TB) und deren Umsetzung in den Bundesländern.

Die abP enthalten u. a. auch Angaben über den zulässigen Wasserdruck und weitere Bedingungen für die Ausführung.

Hinweis

Die Liste der allgemeinen bauaufsichtlichen Prüfzeugnisse ist auf der Internetseite

www.abp-fugenabdichtungen.de zu finden.

Tabelle 24: *Exemplarische Einsatzmöglichkeiten von Abdichtungen (Ingrid Kaiser, Quelle: Prof. Dr.-Ing. Rainer Hohmann, in: "Fugenabdichtung für WU-Bauwerke", Sonderdruck aus Der Bausachverständige, Heft 3/2011 und Heft 4/2011)*

Fugenmaterial		**Ortbeton**	**Fertigteile**	**Elementwände**
Arbeitsfugen				
Fugenband	innenliegend	x		(x)
	außenliegend	x		
Fugenblech	unbeschichtet	x		(x)
	beschichtet	x		X
Kombi-Arbeitsfugenband		x		X
Injektionsschlauchsysteme		x	(x)	X

Tabelle 24: *Exemplarische Einsatzmöglichkeiten von Abdichtungen (Ingrid Kaiser, Quelle: Prof. Dr.-Ing. Rainer Hohmann, in: "Fugenabdichtung für WU-Bauwerke", Sonderdruck aus Der Bausachverständige, Heft 3/2011 und Heft 4/2011)*

Fugenmaterial		**Ortbeton**	**Fertigteile**	**Elementwände**
Dichtende Fugeneinlagen		x	(x)	x
Aufgeklebtes, streifenförmiges Fugenabdichtungsband		x	x	x
		Sollrissfugen		
Dichtrohr		x		x
Sollrissfugenschiene	mit beschichtetem Fugenblech	x		x
	mit Dichtelement	x		
Aufgeklebtes, streifenförmiges Fugenabdichtungsband		x		(x)
		Dehnfugen		
Dehnfugenband	innenliegend	x		x
	außenliegend	x		
Fugenabschlussband		x		
Aufgeklebtes, streifenförmiges Fugenabdichtungsband		x	x	x
Klemmfugenband		x	x	(x)

Bei der Ausführung von WU-Bauteilen sind zusätzlich die erforderlichen Überwachungsklassen (ÜK) zu berücksichtigen:

Tabelle 25: *Bedingungen und Anforderungen an Überwachungsklassen (Ingrid Kaiser analog Zementmerkblatt B5 „Überwachen von Beton auf Baustellen")*

Bedingungen	**ÜK 1**	**ÜK 2**	**ÜK 3**
BKL 2, Bodenfeuchte, frei an der Wand ablaufendes Wasser	x		
BKL 1, ständig/ zeitweise drückendes Wasser, WU-Dächer		x	
Anforderungen			
Festigkeitsklasse	≤ C25/30	≥ C30/37	≥ C55/67
Expositionsklasse	X0, XC, XF1	XS, XD, XA, XM, ≥ XF2	-
Eigenschaften	hoher Eindringwiderstand, Bodenfeuchte	wasserundurchlässige Bauteile	-

Der Umfang der Prüfung ist wie folgt festgelegt:

Tabelle 26: *Prüfumfang (Ingrid Kaiser analog Zementmerkblatt B5 „Überwachen von Beton auf Baustellen")*

Prüfungs-umfang	**ÜK 1**	**ÜK 2**	**ÜK 3**
Konsistenz	bei Unklarheiten	• Beim Einbringen jeder Betonsorte • Bei Herstellung von Probewürfeln • Bei Unklarheiten	
Luftgehalt Frisch Beton mit Anforderung LP-Gehalt	-	• Zu Beginn jedes Betonierabschnitts • Bei Unklarheiten	
Probekörper	bei Unklarheiten	Prüfkörper • Je 300 m^3 oder • Je 3 Betoniertage	Prüfkörper • Je 50 m^3 oder • Je Betoniertag
		maßgeblich ist die größte sich ergebende Anzahl Prüfkörper	

1.2.13 Drainagen

Die DIN 18533 Abdichtung von erdberührten Bauteilen unterscheidet die Wassereinwirkungsklasse auf das Gebäude nach dem Vorhanden- oder Nichtvorhandensein einer Drainage (s. Kap. 1.2.10). Um die Außenbauteile vor Schäden durch Grundwasser, anstauendes Wasser bei wenig durchlässigen Böden (k ≤ 10-4 m/s), Hanglage oder Sicker-/Schichten-Wasser zu schützen, wird es in den Drainage-Rohren abgeleitet.

Vorab muss im Rahmen der Entwässerungsplanung geklärt werden, wie das Regenwasser baulich und wasserrechtlich abgeleitet werden kann. In vielen Gemeinden ist die Einleitung in die Kanalisation nicht zulässig, zumindest aber genehmigungsbedürftig. Bei ausreichend großen Grundstücken besteht die Möglichkeit der Versickerung auf dem Gelände. Alternativ kann das anfallende Wasser in einen nahegelegenen Vorfluter rückstausicher (evtl. Rückstauklappe erforderlich) eingeleitet werden, ggf. ist dann eine Hebeanlage erforderlich. Zeichnerisch dargestellt wird die Drainage im Entwässerungsplan.

Daraus ergeben sich gem. den örtlichen Gegebenheiten folgende Möglichkeiten zum Ableiten des Drain-Wassers:

- Ableitung – unter Berücksichtigung eines natürlichen Gefälles, ggf. sind Pumpen erforderlich
  - Vorfluter
  - Rückhalte-Becken
  - öffentliches Kanalnetz (wasserrechtliche Anordnung der zuständigen Behörde ist zu beachten)
- Versickerung auf dem Gelände
  - abhängig von der Durchlässigkeit des Bodens
  - Sickerschacht
  - Rigole
  - etc.

Im Regelfall wird die Drainage gem. DIN 4095 „Baugrund; Dränung zum Schutz baulicher Anlagen; Planung, Bemessung und Ausführung“ als Ringdrainage um das Gebäude herum verlegt.

Als Material sind gem. DIN 1187 Rohre aus weichmacherfreiem Polyvinylchlorid (PVC hart / PVC-U, „Stangenware“, blau oder orange) mit Öffnungen für den Wasserzutritt zu verwenden. Sie sind im Hinblick auf die ökologische Qualität recycelbar. Die nach wie vor im Handel erhältlichen, flexiblen Rohre („Rollenware“, gelb) sind nur für den landwirtschaftlichen Kulturbau, die Entwässerung von Sportanlagen, im Garten- und Landschaftsbau, etc. zugelassen.

Bild 5: *PVC-Rohr in Sickerschacht (Splitt 8/16) mit Vliesummantelung (Quelle: Ingrid Kaiser)*

Bild 6: *Flexibles Drainage-Rohr - nicht zulässig (Quelle: Ingrid Kaiser)*

Die Rohre mit einem Durchmesser von DN ≥ 100 müssen geradlinig mit einem Gefälle von min. 0,5 % verlegt werden, beginnend am Tiefpunkt auf vorbereitetem Planum. Um Verschiebungen während der Arbeiten zu vermeiden, werden die Rohre durch das Kies- bzw. Splittbett gesichert. Am Hochpunkt muss die Rohrsohle mind. 0,20 m unter Oberkante der Bodenplatte liegen.

Bei jedem Richtungswechsel, z. B. an Gebäude-Ecken oder -Versprüngen bzw. im Abstand von max. 20,00 m muss jeweils ein Spülschacht mit DN ≥ 300 und am Tiefpunkt zur Ableitung des Wassers bzw. im Abstand von max. 60,00 m ein Kontrollschacht mit DN ≥ 1000 angeordnet werden.

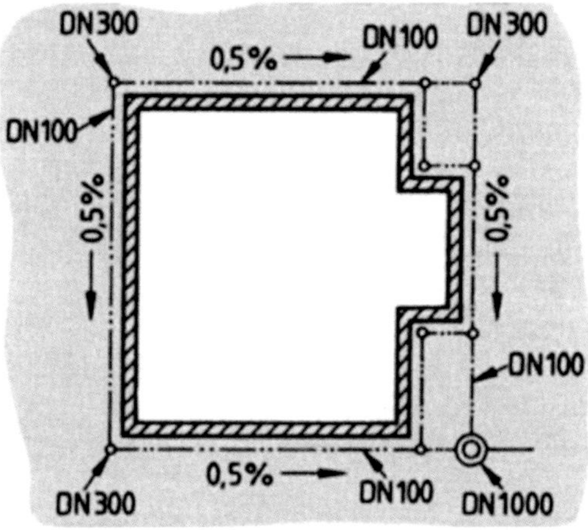

Bild 7: *Mindestabmessungen Ring-Drainage (Quelle: Wendehorst, Bautechnische Zahlentafeln, Hrsg. Ullrich Vismann, Springer Fachmedien Wiesbaden GmbH)*

Der Graben zur Verlegung der Drain-Rohre darf max. bis Unterkante Fundament ausgeführt werden und muss je nach Tiefe gegenüber der Gelände-Oberkante entsprechend gesichert werden. Um das Eindringen von Fremdstoffen in Drain-Leitungen zu vermeiden, wird das Kies- bzw. Splitt-Bett mit einem Vlies (s. Bild 1) ummantelt. Diese Filter-Schicht (Geotextil, Spinnvlies) muss die erforderliche mechanische und hydraulische Stabilität besitzen, um dauerhaft die Filter-Funktion zu gewährleisten.

Die Verfüllung oberhalb der Drainage-Leitungen und der Filter-Schicht mit Kiesfilter sollte eine Abflussspende von ≥ 0,3 l/sm^2 gewährleisten.

Wenn Wasserandrang auch von unten zu erwarten ist, wird in Höhe der kapillarbrechenden Schicht unterhalb der Bodenplatte ein Rohr mit DN ≥ 50 aus dieser mit Gefälle durch die Fundamente in die Filter-Schicht eingebaut.

Zur Sicherstellung der Entwässerungswirkung ist u. U. eine Dimensionsberechnung erforderlich. Diese ist bei Ringdrainagen nicht erforderlich bei:

- ebenem bis leicht geneigtem Gelände
- schwach durchlässigem Boden ($k = 10^{-8}$ bis 10^{-6} m/s)
- einer Einbautiefe bis zu 3,00 m
- einer Gebäudehöhe bis zu 15,00 m
- einer Gesamtlänge der Drain-Leitung bis zu 60,00 m

und unter Bodenplatten bei:

- schwach durchlässigem Boden ($k = 10^{-8}$ bis 10^{-6} m/s)
- bei einer Grundriss-Fläche bis zu 200 m^2

Drainagen müssen regelmäßig gewartet und bei Verstopfungen mit Hochdruck gespült werden; die Wartungsintervalle hängen von der örtlichen Situation und der Boden-Beschaffenheit ab, sie sollten ein Jahr nicht überschreiten. Insbesondere private Auftraggeber (Verbraucher) sollten spätestens bei der Abnahme darauf aufmerksam gemacht werden, dass die Wartung dauerhaft gesichert sein muss.

1.3 Schallschutz

1.3.1 Begriffe

Schall verbreitet sich von einer Schallquelle im Raum durch Druckschwankungen, dem Schalldruck p0 [μPa]. Hieraus leitet sich der Schalldruck-Pegel Lp [dB] ab. Zusätzlich nimmt die Frequenz des Schalls Einfluss auf die Wahrnehmung; hohe Töne werden als lauter empfunden als tiefe Töne. Diese Bewertung fließt als Korrektur in den bewerteten Schalldruck-Pegel LA [dB(A)] ein. Ausgehend von der Hörschwelle von 0 dB(A) erzeugt eine normale Unterhaltung ca. 60 dB(A), die Schmerzschwelle ist bei etwa 120 dB(A) erreicht. Als Lärm wird unangenehm empfundener Schall bezeichnet und ist damit subjektiv.

Durch im Raum befindliche Schallerzeuger breitet sich Schall durch die Luft und durch Bauteile, also in angrenzende Räume, aus und wird als Luftschall bezeichnet und für die Bauteile mit dem Bau-Schalldämm-Maß R'w [dB] angegeben. Er ist zusätzlich abhängig von den Abmessungen der raumumschließenden Bauteile, wobei die Flankenwirkung über angrenzende Bauteile berücksichtigt werden muss. Körperschall wird durch direkte Anregung, z. B. Klopfen, erzeugt und setzt sich durch die Bauteile fort. Eine Unterform ist der durch Begehen von Flächen entstehende Trittschall. Gekennzeichnet wird dieser durch den Norm-Trittschallpegel L'n,w [dB].

Übersicht der Bezeichnungen:

R'_w	bewertetes Bauschalldämm-Maß
$R'_{w,res}$	resultierendes bewertetes Bauschalldämm-Maß
$L'_{n,w}$	bewerteter Norm-Trittschallpegel
L_{AFmax}	A-bewerteter mit der Zeitbewertung „fast“ ermittelter maximaler Schalldruckpegel
L_r	Beurteilungspegel

1.3.2 Anforderungen

Die Schutzziele sind zum einen der Gesundheitsschutz (im Gebäude und von außen, z. B. Straßenlärm), zum anderen die Vertraulichkeit bei normaler Sprechweise (Verhinderung, dass gesprochenes Wort unbeabsichtigt mitgehört wird) sowie Schutz vor unzumutbaren Belästigungen. Der Mindest-Schallschutz ist in DIN 4109-1, erhöhte Anforderungen sind in DIN 4109-5 festgelegt.

Die DIN 4109 insgesamt ist wie folgt gegliedert:

- Teil 1 – Mindestanforderungen
- Teil 2 – Rechnerische Nachweise der Erfüllung der Anforderungen
- Daten für die rechnerischen Nachweise des Schallschutzes
  - Teil 31 – Rahmendokument
  - Teil 32 – Massivbau
  - Teil 33 – Holz-, Leicht- und Trockenbau
  - Teil 34 – Vorsatzkonstruktionen vor massiven Bauteilen
  - Teil 35 – Elemente, Fenster, Türen, Vorhangfassaden
  - Teil 36 – Gebäudetechnische Anlagen
- Teil 4 – Bauakustische Prüfungen

Tabelle 1: *Anforderungen in Mehrfamilienhäusern, Büro- und gemischt genutzten Gebäuden (Ingrid Kaiser gem. DIN 4109)*

Bauteil	**Schalldämm-Maß R'_w [dB]**	**Norm-Trittschallpegel $L'_{n,w}$ [dB]**
Decken	≥ 54	≤ 50
Unter nutzbaren Dachräumen	≥ 53	≤ 52
Über Kellern, Hausfluren und Treppenräumen unter Aufenthaltsräumen	≥ 52	≤ 50
Unter Hausfluren		≤ 50
Treppenläufe und -podeste		≤ 53
Wände	≥ 53	

Tabelle 1: *Anforderungen in Mehrfamilienhäusern, Büro- und gemischt genutzten Gebäuden (Ingrid Kaiser gem. DIN 4109)*

Bauteil	**Schalldämm-Maß R'_w [dB]**	**Norm-Trittschallpegel $L'_{n,w}$ [dB]**
Neben Durchfahrten	≥ 55	
Aufzugsschachtwände zu Aufenthaltsräumen	≥ 57	
Türen von Hausfluren oder Treppenräumen in geschlossenen Fluren	≥ 27	
Von Hausfluren oder Treppenräumen in Aufenthaltsräumen	≥ 37	

In Einfamilien-, Doppel- und Reihenhäusern sind die Anforderungen geringer.

Tabelle 2: *Im Teil 5 der DIN 4109 sind die erhöhten Anforderungen an den Schallschutz festgelegt:*

Bauteil	**Schalldämm-Maß R'_w [dB]**	**Norm-Trittschallpegel $L'_{n,w}$ [dB]**
Decken, unter nutzbaren Dachräumen	≥ 56	≤ 47
Wohnungstrenndecken	≥ 57	≤ 45
Treppenläufe und -podeste	≥ 57	≤ 45
Wohnungstrennwände, Treppenraumwände und Hausflurwände	≥ 56	
Wände, neben Durch-fahrten	≥ 58	
Aufzugsschachtwände zu Aufenthaltsräumen	≥ 57	
Türen und Hausflure oder Treppenräume in geschlossenen Fluren	≥ 32	

Tabelle 2: *Im Teil 5 der DIN 4109 sind die erhöhten Anforderungen an den Schallschutz festgelegt:*

Bauteil	**Schalldämm-Maß R'_w [dB]**	**Norm-Trittschallpegel $L'_{n,w}$ [dB]**
Von Hausfluren oder Treppenräumen in Aufenthaltsräumen	≥ 42	

Die Deutsche Gesellschaft für Akustik (DEGA) sieht in ihrer Empfehlung 103 „Schallschutz im Wohnungsbau" eine Skala – ähnlich den Wärmeschutz-Klassifizierungen – mit entsprechenden Grenzwerten vor:

Tabelle 3: *Schallschutzklassen, Baugebiete und Außenlärmpegel der DEGA (Ingrid Kaiser gem. DEGA-Empfehlung 103)*

Klasse	**A***	**A**	**B**	**C**	**D**	**E**	**F**
Baugebiet	**Reines Wohngebiet**	**Allgemeines Wohngebiet**		**Misch-, besonderes Wohngebiet**		**Gewerbe, urbanes Gebiet**	**Industriegebiet**
Bauteil	**R'_w [dB]**						
Decken	≥ 72	≥ 67	≥ 62	≥ 57	≥ 54	≥ 50	< 50
Wände				≥ 56	≥ 53		
Eingangstüren in Flure	≥ 40	≥ 37	≥ 32	≥ 27	≥ 22	< 22	≥ 40
Eingangstüren in Aufenthaltsräume	Nicht zulässig		≥ 42	≥ 37	≥ 32	< 32	≥ 42
Außenlärmpegel	≤ 55	56 bis 60	61 bis 65	66 bis 70	71 bis 75	≥ 76	≤ 55

Die VDI 4100 „Schallschutz von Wohnungen – Kriterien für Planung und Beurteilung" definiert in Tabelle 1 drei Schallschutz-Stufen (SSt):

Tabelle 4: *Schallschutz-Stufen und Geräusch-Wahrnehmung (Ingrid Kaiser gem. VDI 4100, Tabelle 1)*

Emission	**Wahrnehmung der Emissionen aus benachbarten Wohnungen**		
	SSt I	**SSt II**	**SSt III**
normale Sprache	im Allgemeinen nicht verstehbar	nicht verstehbar	nicht hörbar
angehobene Sprache	im Allgemeinen verstehbar	im Allgemeinen nicht verstehbar	nicht verstehbar
laute Sprache	verstehbar	im Allgemeinen verstehbar	im Allgemeinen nicht verstehbar
laute Musik	deutlich hörbar		im Allgemeinen hörbar
Gehgeräusche	im Allgemeinen störend	im Allgemeinen nicht störend	nicht störend

Die Anforderungen an die Dämm-Maße bzw. Trittschallpegel entsprechen für die SSt I denen des Mindest-Schallschutzes der DIN 4109, während für die SSt II und SSt II folgende Werte gelten:

Tabelle 5: *Grenzwerte der Schallschutz-Stufen (Ingrid Kaiser gem. VDI 4100, Tabelle 2)*

Schallschutzart	**Räume**	**Schallrichtung**	**SSt II [dB]**	**SSt III[dB]**
Luftschall	Aufenthaltsräume zu fremden Räumen	Horizontal	R'_w 59	R'_w 59
		vertikal	R'_w 60	R'_w 60
	Aufenthaltsräume zu Treppenhäusern und Fluren		R'_w 56	R'_w 59
Trittschall	Aufenthaltsräume zu fremden Räumen		$L'_{n,w}$ 46	$L'_{n,w}$ 39
	Aufenthaltsräume zu Treppenhäusern und Fluren		$L'_{n,w}$ 53	$L'_{n,w}$ 46

Für Arbeitsstätten gilt u. a. die Technische Regel für Arbeitsstätten ASR A3.7. Hier ist Lärm wie folgt definiert: „Lärm im Sinne dieser ASR ist jeder Schall, der zu einer Beeinträchtigung des Hörvermögens oder zu einer sonstigen mittelbaren oder unmittelbaren Gefährdung von Sicherheit und Gesundheit der Beschäftigten führen kann." Weiterhin werden unterschiedliche Anforderungen nach Tätigkeitsbereichen und den zugehörigen Anforderungen an Konzentration und Sprachverständlichkeit festgelegt:

- Tätigkeitskategorie I – hohe Konzentration und/oder hohe Sprachverständlichkeit – Beurteilungspegel ≤ 55 dB(A)
  - geistige Tätigkeiten mit hoher Konzentration
  - Besprechungen
  - Wissensvermittlung
  - wissenschaftliches und kreatives Arbeiten
  - Software-Entwicklung
  - ärztliche Tätigkeiten
- Tätigkeitskategorie II – mittlere Konzentration und/oder mittlere Sprachverständlichkeit Sprachverständlichkeit – Beurteilungspegel ≤ 70 dB(A)
  - allgemeine Büro- oder Produktionstätigkeiten
  - Sachbearbeitung
  - feinmotorische Tätigkeiten
  - Tätigkeiten in Mess- und Leitwarten
  - Verkauf
- Tätigkeitskategorie II – geringere Konzentration und/oder geringere Sprachverständlichkeit – Beurteilungspegel sollte so weit wie möglich reduziert werden
  - Montage- und handwerkliche Arbeiten
  - Instandsetzen und Reinigen
  - Bedienung von Bearbeitungsmaschinen
  - Lagerarbeiten

Gegen Außenlärm enthält die Sechste Allgemeine Verwaltungsvorschrift zum Bundes-Immissionsschutzgesetz (Technische Anleitung zum Schutz gegen Lärm – TA Lärm) Grenzwerte für den Beurteilungspegel.

„Der Beurteilungspegel L_r ist der aus dem Mittelungspegel L_{Aeq} des zu beurteilenden Geräusches und gegebenenfalls aus Zuschlägen gemäß dem Anhang für Ton- und Informationshaltigkeit, Impulshaltigkeit und für Tageszeiten mit erhöhter Empfindlichkeit gebildete Wert zur Kennzeichnung der mittleren Geräuschbelastung während jeder Beurteilungszeit.“

„Der Mittelungspegel L_{Aeq} ist der nach DIN 45641, Ausgabe Juni 1990, aus dem zeitlichen Verlauf des Schalldruckpegels oder mit Hilfe von Schallpegelmessern nach DIN EN 60804, Ausgabe Mai 1994, gebildete zeitliche Mittelwert des Schalldruckpegels.“

Folgende Grenzwerte gibt die TA Lärm für Baugebiete gem. § 1 Baunutzungsverordnung (BauNVO) vor:

Tabelle 6: *Beurteilungspegel L_r (Ingrid Kaiser gem. TA Lärm)*

Baugebiet	**Zusätzl. Angaben**	**Beurteilungspegel [dB(A)]**
Industriegebiete		70
Gewerbegebiete	tags	65
	nachts	50
Urbane Gebiete	tags	63
	nachts	45
Kern-, Dorf- und Mischgebiete	tags	60
	nachts	45
Allgemeine Wohn- und Kleinsiedlungsgebiete	tags	55
	nachts	40
Kurgebiete, Bereiche von Krankenhäusern und Pflegeanstalten	tags	45
	nachts	35

Unberücksichtigt bleiben kurzzeitige Geräuschspitzen, wenn sie die Grenzwerte tags um max. 30 dB(A) und nachts um max. 20 dB(A) nicht überschreiten.

1.3.3 Baustoffe und Bauteile

Grundsätzlich haben Baustoffe mit einer großen flächenbezogenen Masse und mehrschalige Bauteile mit biegeweichen und biegesteifen Schichten, wodurch die Schallschwingungen gedämpft werden, gute Schalldämm-Eigenschaften hinsichtlich des Luftschalls.

Beispiele für Schalldämm-Maße R'_w

Tabelle 7: *Ausgewählte Baustoffe für Wände (Ingrid Kaiser (Angaben Kalksandstein))*

Baustoff	**Rohdichte [kg/dm³] (= Rohdichteklasse [RDK])**	**Wanddicke [m]**	**R'_w [dB]**
Hohlblocksteine	0,8	< 0,175	44
		0,24	46
Hochlochziegel	1,2	0,175	45
		0,24	48
Beton	1,4	0,175	48
		0,24	52
Kalksandstein	1,8	0,175	51
		0,24	54

Zweischalige Konstruktionen reduzieren das in das Tragwerk eingehende Gewicht und bieten dennoch vergleichbaren bzw. besseren Schallschutz.

Tabelle 8: *Schalldämm-Maße für zweischalige Haustrennwände (Ingrid Kaiser)*

Rohdichte [kg/dm³] (=Rohdichte-klasse [RDK])	**Masse [kg/m²]**	**Wanddicke je Schicht [m] (zweischalig, beidseitig 1 cm Putz, Trennfuge (Dämm-schicht) min. 3 cm)**	**R'_w [dB]**
1,8	≥ 410	0,115	65
	≥ 490	0,15	67
	≥ 580	0,175	69
	≥ 680	0,20	71
	≥ 810	0,24	73
2,0	≥ 450	0,115	66
	≥ 530	0,15	68
	≥ 630	0,175	70
	≥ 720	0,20	72
	-	0,24	-

Bei Decken steht dagegen der Trittschallschutz im Vordergrund. Der Norm-Trittschallpegel $L_{n,w,eq}$ hängt ebenfalls von der flächenbezogenen Masse ab und wird durch das Trittschall-Verbesserungsmaß des Fußboden-Aufbaus ergänzt. Einschalige Decken erreichen abhängig vom Flächengewicht folgende Trittschallpegel $L_{n,w,eq}$:

- 200 kg/m² – 82 dB
- 300 kg/m² – 76 dB
- 400 kg/m² – 71 dB
- 500 kg/m² – 62 dB

Durch unterschiedliche Bodenbeläge können folgende Trittschall-Verbesserungsmaße erreicht werden:

- schwimmende Estriche – Λ 25 bis 35 dB
- harte Beläge (Parkett, Steinplatten und PVC) – Λ 0 bis 5 dB

- Beläge mit federnder Unterschicht (Filz, Schaumstoff, Kork) – Λ 13 bis 18 dB
- Nadelfilz-Beläge – Λ 17 bis 22 dB
- Teppich-Beläge – Λ 22 bis 30 dB

Beispielhaft ergibt sich bei einer Rohdecke mit einem Wert von R'_w von 54 dB durch einen schwimmenden Estrich eine Verbesserung auf 59 dB, durch eine zusätzliche unterseitige biegeweiche Schale eine weitere Verbesserung auf 63 dB.

1.3.4 Schall-Schluckung bzw. -Absorption

Während durch Schalldämmung die Übertragung von einem Raum in den anderen minimiert wird, dient die Schall-Schluckung dem Schallschutz innerhalb eines Raums. Hierbei spielt die Nachhall-Zeit („Echo"), ebenfalls abhängig von der Frequenz, eine entscheidende Rolle, die aussagt, wie lange es dauert, bis der Schall nicht mehr zu hören ist.

DIN 18041 legt für die Nachhall-Zeit Tmax [s] Anforderungen unter Berücksichtigung der Raumfläche zum Raumvolumen gem. folgender Raum-Nutzungen fest:

Gruppe A

A1 – Musik

A2 – Sprache/Vortrag

A3 – Unterricht/Kommunikation; Sprache/Vortrag inklusiv

A4 – Unterricht/Kommunikation inklusiv

A5 – Sport

Gruppe B

B1 – Räume ohne Aufenthaltsqualität

B2 – Räume zum kurzfristigen Verweilen

B3 – Räume zum längerfristigen Verweilen

B4 – Räume mit Bedarf an Lärmminderung und Raumkomfort

B5 – Räume mit besonderem Bedarf an Lärmminderung und Raumkomfort

Gruppe C – Räume mit geringem Erwartungsniveau

Während die Anforderungen für die Gruppe A zwingend eingehalten werden müssen, handelt es sich bei Gruppe B lediglich um Empfehlungen.

Damit der Schall nicht von den umgebenden (glatten, porenarmen) Flächen reflektiert werden kann, werden absorbierende Stoffe eingesetzt. Der Schallabsorptionsgrad α [-] gibt an, wie viel Prozent der auftreffenden Schallenergie absorbiert wird, z. B. $\alpha = 0{,}58$ bedeutet 58 % Absorption. Der bewertete Schallabsorptionsgrad αw [-] enthält Korrekturfaktoren und ist damit frequenzunabhängig.

Die DIN EN ISO 11654 legt folgende Schallabsorptionsklassen fest:

Klasse A – α = 0,90 bis 1,00

Klasse B – α = 0,80 bis 0,85

Klasse C – α = 0,60 bis 0,75

Klasse D – α = 0,30 bis 0,55

Klasse E – α = 0,15 bis 0,25

nicht klassifiziert – α = 0,00 bis 0,10

Die VDI 3755 bewertet den Schallabsorptionsgrad wie folgt:

höchst absorbierend – $\alpha_w \geq 0{,}80$

hoch absorbierend – $\alpha_w = 0{,}60$ bis 0,75

absorbierend – $\alpha_w = 0{,}30$ bis 0,55

gering absorbierend – $\alpha_w = 0{,}15$ bis 0,25

reflektierend – $\alpha_w \leq 0{,}10$

1.3.5 Schallabsorber

Porige Stoffe mit rauen Oberflächen werden als poröse Absorber bezeichnet. Die eindringenden Schallwellen dringen in die offenen Poren ein und werden an deren Wänden „abgebremst" und in Wärmeenergie umgewandelt.

Zu den so wirkenden Materialien zählen die porigen Faserplatten aus Mineral- oder Holzfasern, die als abgehängte Decken oder als frei aufgehängte Elemente im Raum wirken. Akustikschaumplatten werden ähnlich eingesetzt, hierbei muss allerdings die Brandschutz-Eignung geprüft werden.

Glatte Platten mit Lochungen oder Schlitzen werden mit Abstand zum Bauteil als Resonanzabsorber eingesetzt. Hierbei werden die Platten in Schwingung versetzt, wobei ein Teil der Schallwellen in Bewegungsenergie umgewandelt wird. Häufig werden gelochte Gipskarton-Platten oder durchbrochene Holz- bzw. Metallpaneele eingesetzt.

1.4 Wärmeschutz

1.4.1 Begriffe

Die Wärmeleitfähigkeit λ eines Baustoffs gibt an, welche Wärmemenge in Joule pro Sekunde bei einem Temperatur-Unterschied von 1 Kelvin (K) zwischen den beiden Oberflächen des Bauteils mit 1 m Dicke auf 1 m^2 Fläche hindurchgeht. Hierbei beträgt 1 J/s = 1 Watt (W), sodass sich die Einheit von W/mK für λ ergibt. Mit zunehmender Dichte, geringerer Anzahl von Poren sowie unter Feuchte-Einfluss nimmt die Wärmeleitfähigkeit zu.

Der Wärmedurchlasskoeffizent Λ mit der Einheit W/m^2K gibt die Wärmemenge an, die in Abhängigkeit von der Dicke des Bauteils durch ein Bauteil von 1 m^2 Fläche, ebenfalls bei einem Temperaturunterschied von 1 K, hindurchgeht: $\Lambda = \lambda/d$, wobei die Dicke d in m angegeben wird.

Der Kehrwert von Λ ist der Wärmedurchlasswiderstand $R = d/\lambda$ mit der Einheit m^2K/W. Bei mehrschichtigen Bauteilen ergibt sich der gesamte Wärmedurchlasswiderstand R aus der Summe der Widerstände der einzelnen Schichten mit ihrer jeweiligen Wärmeleitfähigkeit:

$R = d1/\lambda1 + d2/\lambda2 + d3/\lambda3 + \ldots + dx/\lambda x.$

Da der Wärmedurchlasswiderstand nur in festen Stoffen berechnet werden kann, sind die Werte von ruhenden Luftschichten Rg in DIN EN ISO 6946 gesondert festgelegt:

Tabelle 1: *Wärmedurchlasswiderstände von ruhenden Luftschichten (Ingrid Kaiser gem. DIN EN ISO 6946)*

<table>
<tr><th rowspan="2">Dicke der Luftschicht [mm]</th><th colspan="3">Wärmedurchlasswiderstand nach Richtung des Wärmestroms [m²K/W]</th></tr>
<tr><th>aufwärts</th><th>horizontal (bis 30° Neigung)</th><th>abwärts</th></tr>
<tr><td>5</td><td colspan="3">0,11</td></tr>
<tr><td>7</td><td colspan="3">0,13</td></tr>
<tr><td>10</td><td colspan="3">0,15</td></tr>
<tr><td>15</td><td>0,16</td><td colspan="2">0,17</td></tr>
<tr><td>25</td><td></td><td>0,18</td><td>0,19</td></tr>
<tr><td>50</td><td></td><td></td><td>0,21</td></tr>
<tr><td>100</td><td></td><td></td><td>0,22</td></tr>
<tr><td>300</td><td></td><td></td><td>0,23</td></tr>
</table>

Der Wärmeübergangswiderstand Rs [m^2K/W] gibt den Widerstand des Wärmeübergangs an die Luft an, wobei R_{si} sich auf den Übergang zur wärmeren Seite und R_{se} auf den Übergang zur kälteren Seite bezieht. Auch diese Werte sind in DIN EN ISO 6946 festgelegt, die im Wesentlichen mit $R_{si} = 0{,}13\ m^2K/W$ und $R_{se} = 0{,}04\ m^2K/W$ angesetzt werden.

Aus den bisherigen Ermittlungen ergibt sich der Wärmedurchgangswiderstand $R_T = R_{si} + R + R_{se}$ [m^2K/W]; der Kehrwert hierzu ergibt den U-Wert [W/m^2K].

1.4.2 U-Werte

Beispielberechnung Außenwand von außen nach innen:

Putz	d = 10 mm	$\lambda = 0{,}7$ W/mK	m“ = 14,0 kg/m²
Dämmung	d = 100 mm	$\lambda = 0{,}035$ W/mK	m“ = 10,9 kg/m²
Mauerwerk	d = 300 mm	$\lambda - 0{,}1$ W/mK	m“ = 120 kg/m²
Putz	d = 10 mm	$\lambda = 0{,}7$ W/mK	m“ = 14,0 kg/m²

R_T = 0,13 + 0,01/0,7 + 0,10/0,035 + 0,30/0,1 + 0,01/0,7 + 0,04 = 6,06 m²K/W

U = 1/6,06 = 0,165 W/m²K

Der U-Wert verbessert sich hierbei nicht linear zur Vergrößerung der Dämmdicke; bei der Verdoppelung der Dämmdicke (Erhöhung um 100 %) verbessert sich der U-Wert lediglich um 32 %, wobei die Verbesserung sich mit steigender Dämmdicke verringert:

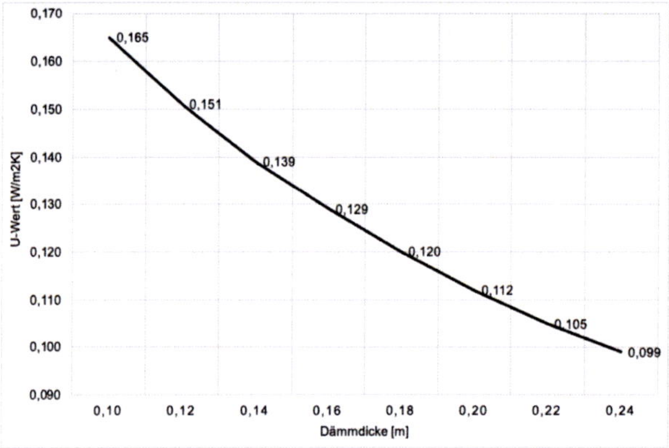

Bild 1: *Verbesserung des U-Werts in Abhängigkeit von der Dämmdicke (Quelle: Ingrid Kaiser)*

Nach dem Gebäudeenergiegesetz (GEG) gelten folgende wesentliche Grenzwerte für die U-Werte:

Tabelle 2: *U-Werte für wesentliche Bauteile von Nichtwohngebäuden (Ingrid Kaiser gem. GEG)*

Bauteile	**U-Wert max. [W/m²K]**	
	Raumtemperatur im Heizfall	
	≥ 19 °C	**12 bis < 19 °C**
Außenwände	0,28	0,35
Vorhangfassaden	1,4	1,9

Tabelle 2: *U-Werte für wesentliche Bauteile von Nichtwohngebäuden (Ingrid Kaiser gem. GEG)*

Bauteile	**U-Wert max. [W/m²K]**	
	Raumtemperatur im Heizfall	
	≥ 19 °C	**12 bis < 19 °C**
Wände gegen Erdreich, Bodenplatten, Wände und Decken gegen unbeheizte Räume	0,35	0,24
Dächer, oberste Geschossdecken zu unbeheiztem Dachraum, Abseitenwände	0,20	0,35
Glasdächer	2,7 (U_w)	
Lichtbänder	2,4 (U_w)	
Lichtkuppeln	2,7 (U_w)	
Fenster und Fenstertüren	1,3 (U_w)	1,9 (U_w)
Dachflächenfenster	1,4 (U_w)	1,9 (U_w)
Außentüren, Tore, Türen gegen unbeheizte Räume	1,8	2,9

Tabelle 3: *U-Werte für wesentliche Bauteile von Wohngebäuden bei Erstellung, Austausch oder Erneuerung (Ingrid Kaiser gem. GEG)*

Bauteile	**U-Wert max. [W/m²K]**
Außenwände	0,24
Fenster und Fenstertüren	1,3 (U_w)
Dachflächenfenster	1,4 (U_w)
Außentüren	1,8
Geneigte Dächer inkl. Gauben und Abseitenwände, oberste Geschossdecken gegen unbeheizte Räume	0,24
Flachdächer	0,20
Wände gegen Erdreich oder unbeheizte Räume, Decken von beheizten Räumen gegen Erdreich oder unbeheizte Räume	0,30
Decken von beheizten Räumen nach unten gegen Außenluft	0,24

Bei Bestandsgebäuden gelten die einzuhaltenden U-Werte bei entsprechenden Instandsetzungsmaßnahmen, die mehr als 10 % des jeweiligen Bauteils betreffen, z. B. bei Dächern und Fassaden. Bei Letzteren ist es streitig, ob bei Instandsetzung nur einer Fassadenseite alle anderen ebenso auf den aktuellen Dämmstandard gebracht werden müssen. Wird nichts am Gebäude verändert, gilt der Bestandsschutz. Dies trifft auch auf Gebäude, die unter Denkmalschutz stehen, zu.

Wer durch Kauf, Erbe oder Schenkung Eigentümer eines Gebäudes wird, muss jedoch innerhalb von zwei Jahren nach Eigentumsumschreibung sanieren. Die erforderlichen Maßnahmen beziehen sich auf die Dämmung der obersten Geschossdecke unter nicht beheiztem Dachraum und der Rohrleitungen für Heizung und Warmwasser in unbeheizten Bereichen. Ausnahmen bestehen für Ein- und Zweifamilienhäuser und Eigentumswohnungen, die bereits vor dem 01.02.2002 vom Eigentümer bewohnt wurden.

Der Verlauf der Temperaturkurve innerhalb von Außenwänden ist abhängig vom Wärmedurchgangswiderstand R_T [m^2 K/W].

$$R_T = R_{si} + \frac{d_1}{\lambda_1} + \frac{d_2}{\lambda_2} + \ldots + \frac{d_x}{\lambda_{1x}} + R_{se}$$

R_{si} – Wärmeübergangswiderstand innen [m^2 K/W] (horizontal i. d. R. 0,13)

R_{se} – Wärmeübergangswiderstand außen [m^2 K/W] (horizontal i. d. R. 0,04)

$d_{1,2,x}$ – Schichtdicke [m]

$\lambda_{1,2,x,}$ – Wärmeleitfähigkeit der Bauteilschichten [W/mK]

R_T ist gleichzusetzen mit der Temperaturdifferenz innen/außen ϑ [°C]

Beispiel Außendämmung (Standard):

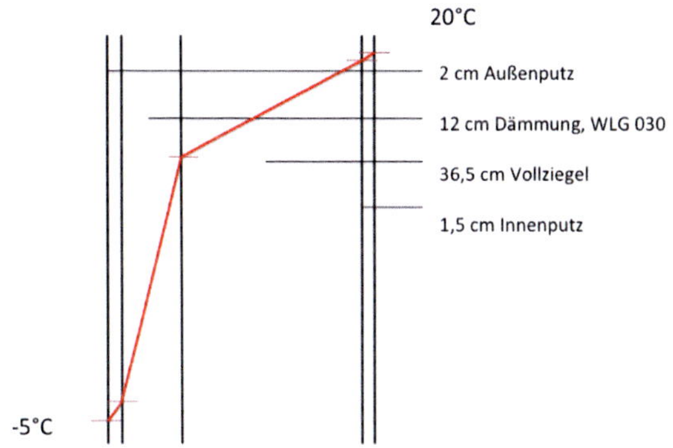

***Bild 2:** Temperaturverlauf Außendämmung (Quelle: Ingrid Kaiser)*

$$R_T = 0{,}13 + \frac{0{,}015}{0{,}35} + \frac{0{,}365}{0{,}81} + \frac{0{,}12}{0{,}03} + \frac{0{,}02}{0{,}12} + 0{,}04$$

R_T = 4,83 m² K/W ≡ $\Delta\vartheta$ = 25 °C

0,13 ≡ 25/4,83 × 0,13 = 0,7 °C

ϑ_1 = 20 - 0,7 = 19,3 °C

ϑ_2 = 19,3 - 0,2 = 19,1 °C

ϑ_3 = 19,1 - 2,3 = 16,8 °C

ϑ_4 = 16,8 - 20,7 = -3,9 °C

ϑ_5 = -3,9 - 0,9 = -4,8 °C

Beispiel Innendämmung

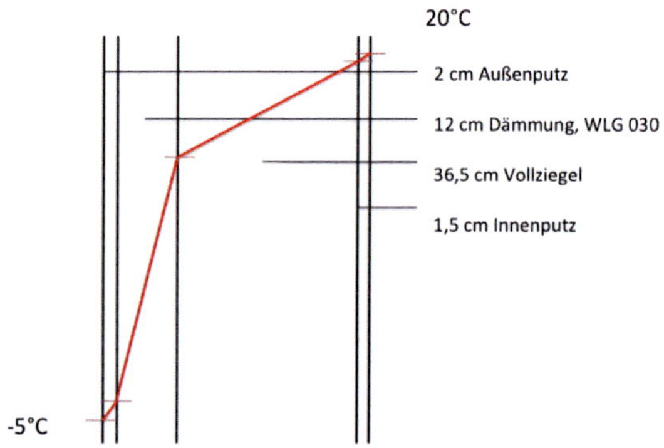

Bild 3: *Temperaturverlauf Innendämmung (Quelle: Ingrid Kaiser)*

$\vartheta_1 = 20 - 0{,}7 = 19{,}3\ °C$

$\vartheta_2 = 19{,}3 - 0{,}5 = 18{,}8\ °C$

$\vartheta_3 = 18{,}8 - 15{,}8 = 3{,}0\ °C$

$\vartheta_4 = 3{,}0 - 5{,}0 = -2{,}0\ °C$

$\vartheta_5 = -2{,}0 - 1{,}8 = -3{,}8\ °C$

1.4.3 Energie-Effizienz

Über den Wärmedurchgang durch die Gebäudehülle hinaus stellt das GEG Anforderungen an den Energiebedarf des gesamten Gebäudes. Grundlage hierfür sind folgende Verluste von der Gewinnung der Energie-Erzeuger bis zum Zur-Verfügung-Stehen der Nutzenergie.

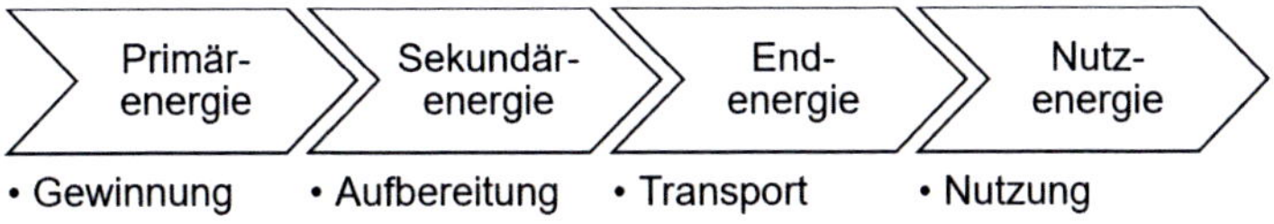

Bild 4: *Energie-Bezeichnungen auf dem „Energie-Weg“*
(Quelle: Ingrid Kaiser)

Hieraus leitet das GEG entsprechende Grenzwerte ab, die auch im Energieausweis als Gebäudeenergieeffizienzklassen dargestellt sind.

Tabelle 4: *Energieeffizienzklassen (Ingrid Kaiser gem. GEG)*

Effizienzklasse	**Endenergiebedarf oder -verbrauch [kWh/m^2a]**	**Bezeichnung (Beispiele)**
A+	< 30	Passivhaus-Neubau
A	30 bis < 50	3-Liter-Haus-Neubau
B	50 bis < 75	Neubau nach EnEV[1] 2014
C	75 bis < 100	Neubau nach EnEV 2009
D	100 bis < 130	Altbau, sehr gut saniert
E	130 bis < 160	Altbau, gut saniert, nach 2. WärmeSchV[2] 1982
F	160 bis < 200	Altbau, nicht saniert, nach 2. WärmeSchV 1982
G	200 bis < 250	Altbau, nicht saniert, nach 1. WärmeSchV 1977
H	≥ 250	Altbau, nicht saniert, schlecht oder nicht gedämmt

Da noch eine große Anzahl von Gebäuden der Klassen G und H existiert, sollen nach EU-Gebäuderichtlinie Nichtwohngebäude bis 2027 min. die Klasse F, bis 2030 min. die Klasse E und Wohngebäude bis 2030 min. die Klasse F, bis 2033 min. die Klasse E erreichen.

[1] EnEV = Energieeinsparverordnung.
[2] WärmeSchV = Wärmeschutzverordnung.

1.4.4 Mindest-Wärmeschutz gem. DIN 4108

Die DIN 4108 ist wichtige Grundlage für den winterlichen und sommerlichen Wärmeschutz. Sie gliedert sich in folgende Teile:

- DIN 4108-2 – Mindestanforderungen an den Wärmeschutz (Wärmedämmung von Bauteilen, Wärmebrücken in der Gebäudehülle)
- DIN 4108-3 – Klimabedingter Feuchteschutz
- DIN 4108-4 – Wärme- und feuchteschutztechnische Bemessungswerte
- DIN 4108-7 – Luftdichtheit von Gebäuden
- DIN/TS 4108-8 – Vermeidung von Schimmelwachstum in Wohngebäuden (Vornorm)
- DIN 4108-10 – Anwendungsbezogene Anforderungen an Wärmedämmstoffe
- DIN 4108-11 – Mindestanforderungen an die Dauerhaftigkeit von Klebeverbindungen von luftdichten Schichten
- DIN 4108 Beiblatt 2 – Wärmebrücken – Planungs- und Ausführungsbeispiele

Die Themen machen deutlich, dass der Wärmeschutz auch mit anderen Bereichen des Bautenschutzes sowie den Anforderungen an die Luftdichtheit korrespondiert.

Für die DIN 4108-2 erschien im Dezember 2024 ein Entwurf, in dem einige Begriffe neu definiert bzw. hinzugefügt wurden:

- beheizt[3] – Raumtemperaturen ≥ 19 °C
  - direkt beheizt
  - über Raumverbund beheizt
  - indirekt beheizt durch trennende Bauteile
- niedrig beheizt – Raumtemperaturen < 19 °C und ≥ 12 °C
  - wie vorher

[3] hierbei ist es unerheblich, ob die Räume kontinuierlich oder nur selten beheizt werden

- nicht beheizt = außerhalb der thermischen Hülle
- direkt beheizt

Weiterhin wird im Norm-Entwurf die Wärme-Speicherfähigkeit von schweren zu leichten Bauteilen, also die Fähigkeit Wärme bei höheren Innenraum-Temperaturen aufzunehmen, mit der flächenbezogenen Masse von 100 kg/m^2 abgegrenzt.

Weiterhin sind im Entwurf die Wärmebrücken bzw. Anforderungen an die Vermeidung von Schimmel konkretisiert worden. In diesem Zusammenhang ist auch DIN 4108 Beiblatt 2 angepasst worden.

1.4.5 Luftdichtheit

Die Luftdichtheit ist ein wichtiges Element der Energieeinsparung bei Bestandsgebäuden. Die Sanierung von Altbauten hinsichtlich des Passivhausstandards erfordert eine Reihe von Maßnahmen:

- Verbesserung der Wärmedämmung
- Vermeidung von Wärmebrücken
- Nutzung regenerativer Energien
- Optimierung solarer Wärmegewinne
- Verwendung wärmespeichernder Baustoffe
- Einsatz von Lüftungskonzepten mit Wärmerückgewinnung
- Verwendung effizienter Technischer Gebäudeausrüstung

Damit ist die Herstellung der Luftdichtheit in Verbindung mit der Wärmedämmung ein wesentlicher Bestandteil der energetischen Sanierung von Altbauten hinsichtlich des Passivhaus-Standards.

Bewährtes Mittel zur Feststellung der Luftdichtheit und damit der Lüftungswärmeverluste ist der Blower-Door-Test gem. DIN EN ISO 9972. Die „Blower-Door" wird anstelle einer Außentür eingesetzt, und im Gebäude entweder Über- oder Unterdruck gegenüber der Außenluft erzeugt. Bei einem Differenzdruck von 50 Pascal (Pa) wird die Luftwechselrate gemessen, d. h. wie oft die Innenluft durch Undichtigkeiten pro Stunde ausgetauscht wird.

Der Kennwert gibt das Verhältnis des Leckage-Volumenstroms zum beheizten Gebäudevolumen an: $n_{50} = V_{50}/V$ [h^{-1}]. Bei zusätzlichem Einsatz von künstlichem Rauch und Thermografie können undichte Stellen in der Gebäudehülle gut analysiert werden.

Bei Altbauten liegt das Ergebnis häufig bei einem Wert von n_{50} über 7 h^{-1}, wobei für Passivhäuser und KfW-40-Häuser weniger als 1/10, nämlich $n_{50} < 0{,}6\ h^{-1}$, gefordert ist. Gem. DIN 4108-7 bzw. GEG muss der Wert bei Gebäuden mit natürlicher Lüftung kleiner als 3,0 h^{-1}, bei Gebäuden mit raumlufttechnischen Anlagen kleiner als 1,5 h^{-1} und bei Einsatz von Lüftungsanlagen mit Wärmerückgewinnung kleiner als 1,0 h^{-1} sein. Wird der Leckagevolumenstrom in das Verhältnis zur Gebäudehüllfläche in der Dichtheitsebene, also im Gegensatz zur Dämmebene i. d. R. anhand der Innenmaße ermittelt, gesetzt, ergibt sich der $q_{50,build}$-Wert [$m^3/m^2/h$] $\approx n_{50}$[h^{-1}].

Aus den im Blower-Door-Test gewonnenen Erkenntnissen – insgesamt und der Ermittlung besonders großer Undichtigkeiten – kann ein erstes Grobkonzept zur Erreichung der Luftdichtheit erstellt werden. So wie die Wärmedämm-Ebene durchgängig im Gebäude verlaufen soll, muss auch die Luftdichtheit an der Innenseite der Dämmung ununterbrochen um das gesamte Gebäude herum gewährleistet sein.

In der Regel kann die Luftdichtheitsschicht gleichzeitig als Dampfsperre oder -bremse ausgebildet werden, um Durchfeuchtungen der Dämmebene zu vermeiden. Schwachstellen entstehen überall dort, wo Bauteile wie Schornsteine, (Rohr-)Leitungen, o. Ä. diese Luftdichtheitsebene durchbrechen oder ein Wechsel der Bauteile mit entsprechenden Anschlüssen wie bspw. bei Fenstern und Türen gegeben ist.

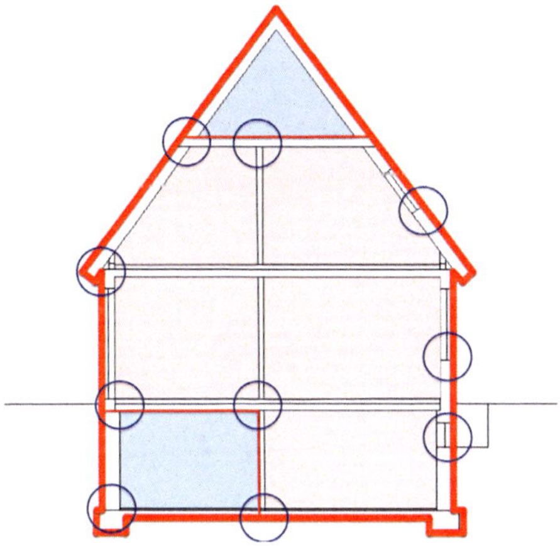

Bild 5: *Schemaschnitt durchgehende Luftdichtheitsebene und Schwachstellen (Quelle: Ingrid Kaiser)*

Grundsätzlich gilt die „Stiftregel": Für jeden Gebäudegrundriss und -schnitt muss die „rote Linie" durchgängig mit einem Stift, ohne abzusetzen, abgefahren werden können. Was im Neubau von Grund auf geplant werden kann, lässt sich im Bestand häufig schwieriger umsetzen, dennoch können auch hier bei gründlicher Planung und sorgfältiger Ausführung entsprechende Dichtheitswerte erzielt werden. Insbesondere wenn die Gebäudehülle weitgehend neu gedämmt wird, kann sowohl die Wärmedämm- als auch die Luftdichtheitsebene unterbrechungsfrei festgelegt werden.

Möglichst wenig Versprünge und einfach auszuführende Anschlussdetails, weitgehend geschlossene Flächen aus luftdichten Materialien und eine geringe Anzahl von Durchdringungen der Luftdichtheitsebene sind die Grundprinzipien bei der Planung der höchstmöglichen Luftdichtheit.

Die zur Verwendung kommenden Materialien und deren Anschlüsse müssen folgende Anforderungen erfüllen:

- Feuchtigkeitsbeständigkeit
- Oxidationsbeständigkeit

- UV-Beständigkeit
- Reißfestigkeit
- Aufnahmefähigkeit von Baubewegungen durch
  - feuchtebedingte Längenänderungen
  - temperaturbedingte Längenänderungen
  - Gebäudesetzungen
  - sonstige Bauteilverformungen

Bei den flächigen Bauteilen gelten folgende Baustoffe als luftdicht:

- Beton
- Innenputz
- Platten aus
  - Gipsfaser und Gipskarton
  - Faserzement
  - harten Holzwerkstoffen, z. B. OSB
- Polyethylen-(PE) und Polypropylen-(PP) Folien
- Bitumenbahnen
- Papierwerkstoffe

Folien und Bahnen müssen hierbei möglichst dampfdicht sein. Grundlage ist der Wert der flächenbezogenen Luftdurchlässigkeit $q_{50,mat}$ [$m^3/m^2/h$] der jeweiligen Baustoffe, der das Zehnfache von $q_{50,build}$ betragen soll, also: $q_{50,build}$ [$m^3/m^2/h$] = $10.q_{50,mat}$ [$m^3/m^2/h$], wobei $q_{50,mat} < 0,1$ $m^3/m^2/h$ bei Passivhäusern entsprechend $q_{50,mat} < 0,06$ $m^3/m^2/h$ sein soll.

Tabelle 5: *Luftdurchlässigkeit gängiger Materialien (Ingrid Kaiser)*

Material	Luftdurchlässigkeit [$m^3/m^2/h$]
Hartschaumplatte	0,003 – 1,1
Holz (geschlossene Flächen)	0,0003
Hartfaserplatte	0,001 – 0,003
Sperrholz	0,004 – 0,02
Spanplatten, MDF	0,05 – 0,22
Gipskartonplatte	0,002 – 0,03

Tabelle 5: *Luftdurchlässigkeit gängiger Materialien (Ingrid Kaiser)*

Material	Luftdurchlässigkeit [m³/m²/h]
Baupappe	0,01 – 3
PE-Folie 0,1 mm	0,0015
Bitumenpappe	0,008 – 0,02
Ziegel, KS-Stein	0,001 – 0,05
Porenbeton, Bimsbeton u. Ä.	0,06 – 0,35
Kalkputz	0,02 – 0,6
Kalk-Zement-Putz	0,002 – 0,05
Zementputz	0,001 – 0,002

Wände aus Mauerwerk sind aufgrund der Mörtelfugen nicht luftdicht, sodass sie verputzt oder bekleidet werden müssen. Letzteres gilt auch für gemauerte Schornsteine oder solche aus Mantelsteinen sowie für Mauerkronen, insbesondere bei der Verwendung von Hochlochziegeln. Weist der Altputz Mängel auf, müssen diese unbedingt behoben werden.

Auch nicht sichtbare Mauerwerksbereiche, wie bspw. von Abseiten oder hinter Vorwandinstallationen, müssen durchgängig verputzt werden. Neben Innenputz, der von der Rohdecke auf den Rohfußboden reichen sollte, kommen auch die Plattenwerkstoffe zum Einsatz.

Hierbei ist auf den luftdichten Verschluss der Fugen durch Folien oder Klebebänder zu achten. Gleiches muss bei Löchern, die zum Einfüllen von Einblasdämmung hergestellt wurden, berücksichtigt werden.

Beim Holz-Leichtbau müssen die Stöße der Platten durch Spezialklebebänder oder formschlüssige Verbindungen mit Gummidichtungen hergestellt werden.

Beim Dach ist es entscheidend, in welcher Ebene die Dämmung angebracht wird: Je nachdem, ob es sich um Zwischensparren-, Aufsparren-Dämmung oder eine Kombination handelt, liegt die Luftdichtheitsebene auf oder unter den Sparren. Da die zimmermannsmäßige Holzkonstruktion dem Quellen und Schwinden des Baustoffs Holz ausgesetzt ist, müssen die Folien an der Unterseite der Dämmung an allen Anschlusspunkten so ausgebildet werden, dass sie die Bewegungen ohne Reißen bewältigen. Dies geschieht i. d. R. durch Schlaufenbildung. Wird die luftdichte Folie mit Klammern angebracht, darf sie nicht durchgeschlagen werden und nicht ausgerissen sein. Im Zweifelsfall müssen die entsprechenden Stellen mit geeignetem Klebeband gesichert werden.

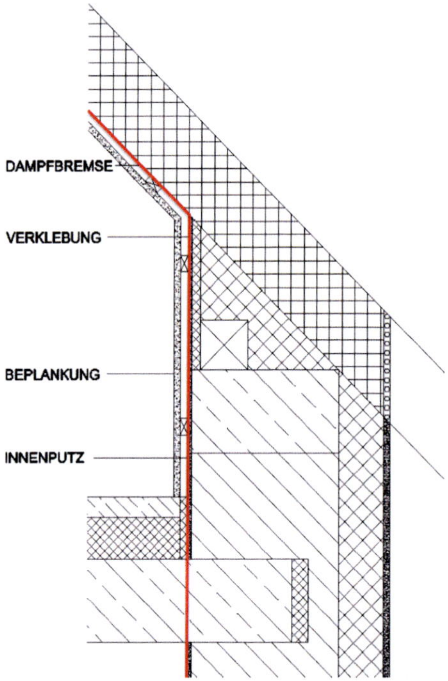

Bild 6: *Luftdichtheitsanschluss Drempel (Quelle: Ingrid Kaiser)*

Ist der Dachbereich unbeheizt, muss neben der inzwischen verpflichtenden Dämmung der obersten Geschossdecke insbesondere der Zugang, i. d. R. durch einklappbare Bodentreppen, luftdicht ausgeführt werden.

Der Anschluss der luftdichten Ebene zum nicht beheizten Keller liegt in der Kellerdecke und muss besonders beim Zugang berücksichtigt werden, d. h., die Tür zum Kellerabgang muss entsprechend abgedichtet und gedämmt werden, sie muss also den Ansprüchen an eine Außentür entsprechen.

Gibt es einen außen liegenden Zugang zum unbeheizten Keller, kann es sinnvoll sein, den innerhalb des Hauses befindlichen mit entsprechenden Baustoffen zu verschließen. Ist dies nicht möglich, muss die umlaufende Türflügel- und Schwellendichtung luftdicht ausgeführt werden.

Der Übergang von Wänden zum Dach erfordert sowohl bei Außen- wie bei Innenwänden – beim Übergang zum nicht beheizten Dachraum – besondere Maßnahmen zur Erstellung der Luftdichtheit. Häufig stellt hier die Durchgängigkeit der Luftdichtheitsebene das größte Problem dar.

Während Decken aus Stahlbeton als hinreichend luftdicht angesehen werden können, müssen Holzbalkendecken im Anschluss an die Außenwände bzw. bei Durchdringung der luftdichten Hülle, besonders im Denkmalschutz, genauer betrachtet werden. Risse im Holz und Feuchteschäden vermindern die Luftdichtheit deutlich und müssen demzufolge geschlossen werden. Durchdringungen der Außenwände müssen mit entsprechenden Klebebändern o. Ä. abgedichtet werden.

Beim Anschluss der Fenster und Türen liegt die Dichtheitsebene zum einen im Innenputz, zum anderen an der Innenoberfläche des Rahmens, d. h., hier ist der luftdichte Übergang zu gewährleisten. Dichtanschlussbänder aus Polypropylen- oder Polyethylenvlies mit Spezialmembran können hierzu eingesetzt werden.

Auf den Rahmen befestigte Anputzleisten können anschließend im Laibungsbereich eingeputzt werden. Diese Anschlüsse müssen Bewegungen durch unterschiedliche thermische Ausdehnungen sowie die mechanische Belastung beim Öffnen und Schließen der Fenster aufnehmen können.

Eine weitere Anschlussmöglichkeit bieten Putzschienen, durch die eine Fuge gebildet und mit dauerelastischer Fugenmasse geschlossen wird.

Sowohl bei Außentüren als auch raumhohen Fenstern ist der untere Anschluss im Schwellenbereich ein Schwachpunkt. Insbesondere bei Haustüren wird i. d. R. ein tritt- und formstabiles Schwellenprofil eingebaut, das zudem thermisch getrennt ist, um die Dämmwirkung zu gewährleisten.

Häufig wird dem Eingangsbereich ein Windfang vorgesetzt, der jedoch nur bedingt die Luftdichtheit gewährleisten kann. Hier wird der Unterschied zwischen Luft- und Winddichtheit besonders deutlich. Winddichtheit stellt den Witterungsschutz dar, Luftdichtheit gewährleistet den Wärme- und damit Feuchteschutz.

Bei Einbau einer Windfangtür kann diese äußere Tür ohne besondere Anforderungen ausgebildet werden, wenn der Windfang unbeheizt ist, während die „innere“ Tür die Anforderungen an die Luftdichtheit erfüllen muss. Das bedeutet gleichzeitig, dass an dieser Stelle die Dichtheitsebene im Schnitt wie im Grundriss verspringt.

Auch wenn sie bei der Montage von Fenstern und Türen immer wieder eingesetzt werden, sind Bauschäume generell nicht luftdicht, u. a. weil sie auf Dauer keine Quell- und Schwindbewegungen aufnehmen können.

Rollläden selbst stellen weniger eine Schwachstelle der Luftdichtheitsebene dar, da sie sich i. d. R. außerhalb der Luftdichtheitsebene befinden. Kritisch sind dagegen die Betätigungseinheiten, die bei elektrischem Antrieb und Kurbelwelle die Luftdichtheit gewährleisten.

1.4.6 Ausführung

Wärmedämmung, ausreichende Lüftung und Luftdichtheit müssen sich gegenseitig ergänzen. Neben der Festlegung der Reihenfolge der einzelnen energetischen Sanierungsmaßnahmen ist die Überwachung der Ausführung wesentlicher Bestandteil der Qualitätssicherung.

Insbesondere Dichtmassen und Klebeverbindungen bergen eine große Anzahl an Risiken. Kleber bestehen aus Spezialkautschuk, einkomponentigen Spezialpolymeren, modifizierten Acrylat-Polymer-Dispersionen oder Zwei-Komponenten-Reaktionsklebstoffen. Sie werden bei Unebenheiten des Untergrunds und Leckagen eingesetzt. Wichtig ist hierbei, dass sie dauerhaft Bewegungen des Bauwerks standhalten und jederzeit überprüft werden können.

Erneute Messungen mit dem Blower-Door-Test sind jeweils für die einzelnen Gewerke nach Fertigstellung der luftdichten Ebene erforderlich, bevor weitere Verkleidungen o. Ä. angebracht werden, ebenso wie nach der kompletten Fertigstellung der Sanierung.

Ist aufgrund des Bauablaufs keine Luftdichtheitsprüfung nach Abschluss der einzelnen Gewerke möglich, weil die Luftdichtheitsebene noch nicht vollständig erstellt wurde, ist mindestens eine Inaugenscheinnahme der ausgeführten Arbeiten erforderlich.

So wie die Wärmedämm-Ebene durchgängig im Gebäude verlaufen soll, muss auch die Luftdichtheit an der Innenseite der Dämmung ununterbrochen um das gesamte Gebäude herum gewährleistet sein.

In der Regel kann die Luftdichtheitsschicht gleichzeitig als Dampfsperre oder -bremse ausgebildet werden, um Durchfeuchtungen der Dämmebene zu vermeiden. Schwachstellen entstehen überall dort, wo Bauteile diese Luftdichtheitsebene durchbrechen oder ein Wechsel der Bauteile mit entsprechenden Anschlüssen wie bei Fenstern und Türen gegeben ist.

Grundsätzlich gilt, dass der Dampfdiffusionswiderstand von innen nach außen abnehmen muss. Beim Anschluss der Fenster und Türen liegt die Dichtheitsebene zum einen im Innenputz, zum anderen an der Innenoberfläche des Rahmens, d. h., hier ist der luftdichte Übergang zu gewährleisten. Dichtanschlussbänder aus Polypropylen- oder Polyethylenvlies mit Spezialmembran können hierzu eingesetzt werden.

Auf den Rahmen befestigte Anputzleisten können anschließend im Laibungsbereich eingeputzt werden. Diese Anschlüsse müssen Bewegungen durch unterschiedliche thermische Ausdehnungen sowie die mechanische Belastung beim Öffnen und Schließen der Fenster aufnehmen können.

Bild 7: *Rohbaumontage Fenster im Bestand bei Innendämmung (Quelle: Ingrid Kaiser)*

Sowohl bei Außentüren als auch raumhohen Fenstern ist der untere Anschluss im Schwellenbereich ein Schwachpunkt. Insbesondere bei Haustüren wird i. d. R. ein tritt- und formstabiles Schwellenprofil eingebaut, das zudem thermisch getrennt ist, um die Dämmwirkung zu gewährleisten.

Es werden drei Ebenen mit unterschiedlichen Funktionen unterschieden:

- Äußere Ebene – Witterungsschutz
  - Schlagregendichtheit
  - Winddichtheit
- Mittlere Ebene (Funktionsebene) – Wärme-/Schallschutz – i. d. R. Befestigungsebene
- Innere Ebene – Luftdichtheit
  - Dampfdiffusions-Bremse
  - Anschluss an Luftdichtheitsebene

1.4.7 Dokumentation

Da gerade bei der Herstellung der Luftdichtheitsebene Schnittstellen zu mehreren Gewerken entstehen, ist die lückenlose Dokumentation aller Einbau-Gegebenheiten unabdingbar. Neben den klassischen Angaben im Bautagebuch sollten folgende Punkte festgehalten werden:

- vorliegende Planungsunterlagen (Wandaufbau, Fenster-Profile, Anschluss-Details)
- Innen-, Außen-, Bauteil-, Lagerbereich-Temperaturen
- Luftfeuchtigkeit innen und außen
- Materialien und Fertigstellungsgrad aller drei Fensterebenen
- Beschreibung bzw. Foto-Dokumentation der Untergründe
- Zusätzlich erforderliche Leistungen
- Hersteller- und Fabrikatangaben zu Fensterprofilen, verwendeten Untergrund-Bearbeitungen, Dichtmitteln und dem Abdichtungssystem
- Beschreibung bzw. Foto-Dokumentation der ausgeführten Arbeiten

1.4.8 Prüfung der Luftdichtheit

Gem. § 26 GEG sind Anforderungen an die Prüfverfahren wie an die Ergebnisse gestellt. Hierbei ist die Anwendung der DIN EN ISO 9972 Anhang NA verpflichtend.

Dabei müssen die Messungen bei Neubauten vor Fertigstellung sowohl mit Über- als auch mit Unterdruck durchgeführt werden und die Höchstwerte bei beiden Messarten eingehalten werden:

Tabelle 6: *Volumenstrom-Obergrenzen bei Bezugsdruckdifferenz 50 Pa. (Ingrid Kaiser nach § 26 GEG)*

beheiztes/gekühltes Luftvolumen des Gebäudes	≤ 1.500 m³		> 1.500 m³	
raumlufttechnische Anlagen	ja	nein	ja	nein
max. zul. Luftwechsel	1,5-fach	3-fach	2,5-fach	4-fach

An die Messreihen werden weitere Anforderungen gestellt:

- Ermittlung der natürlichen Druckdifferenz vor und nach der Messreihe
- mindestens 5 Messpunkte
- Abstand der einzelnen Messpunkte nicht mehr als 10 Pascal
- größte Druckdifferenz mindestens 50 Pascal
- kleinste Druckdifferenz 10 Pa oder 5x natürliche Druckdifferenz, je nachdem, welcher Wert höher ist

Hinweis

Die Messungen/Überprüfungen dienen nicht nur der Einhaltung der geforderten Werte, sondern dokumentieren gleichzeitig die mangelfrei erstellte Bauleistung.

1.4.9 Wärmebrücken

Grundsätzlich gilt es, die Gebäudehülle homogen, d. h. mit gleichmäßiger Wärmedämmwirkung auszubilden. Alle Anschlusspunkte der verschiedenen Bauteile (Abbildung 1), insbesondere bei unterschiedlicher Materialauswahl und/oder unterschiedlichen Stärken, stellen ebenso wie Durchdringungen der Dämmebene Schwachpunkte dar. Als Planungsgrundsatz gilt die umlaufende, nicht verspringende Mittelachse der Dämmebene (z. B. Übergang Außenwanddämmung in Dachdämmung geneigtes Dach, Fensteranschluss zu Dämmebene Fassade etc.) sowie möglichst wenig Wechsel von beheizten zu unbeheizten Bereichen.

Kompakte Gebäude-Geometrien mit möglichst wenigen Versprüngen sowohl in vertikaler wie auch in horizontaler Richtung mit einem geringen A/Ve-Verhältnis, d. h. mit der kleinstmöglichen wärmeübertragenden Umfassungsfläche im Verhältnis zum beheizbaren Gebäudevolumen, gewährleisten geringe Transmissionswärmeverluste. Im Vergleich zu einem quadratischen Grundriss erhöht sich bspw. die Hüllfläche eines L-förmigen Gebäudes mit gleicher Grundfläche um ca. 25 %.

Neben der Erhöhung des Energiebedarfs bewirken Wärmebrücken durch Verringerung der Oberflächentemperaturen in diesen Bereichen die Gefahr der Feuchtigkeitsbildung (Kondensat). Durch die so entstehenden Feuchteschäden ist die Bausubstanz gefährdet, wie auch durch Schimmelbildung die Gesundheit der Nutzer betroffen.

Materialbedingte Wärmebrücken entstehen durch unterschiedliche Baustoffe innerhalb eines Bauteils, z. B. Stahl- oder Stahlbetonstützen innerhalb einer Mauerwerkswand, auf einer Außenwand aufliegende Stahlbetondecke, Fensterstürze, Fenster- und Außentüranschlüsse, Ringanker, Rollladenkästen, dämmschichtunterbrechende Innenwände oder Anschlüsse von Außenwänden an die Dachkonstruktion.

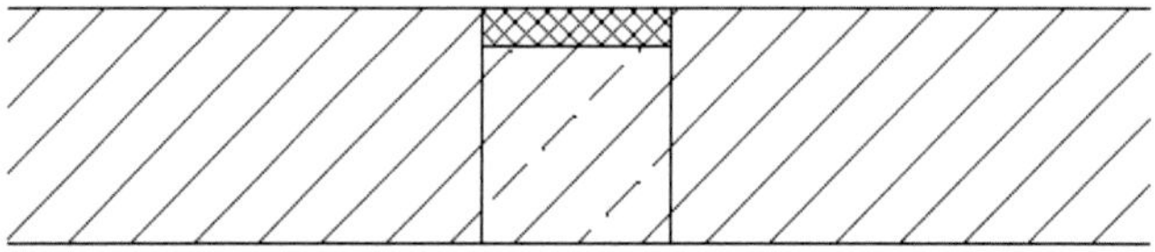

MW, d = 24 cm, λ = 0,23 W/mK   STB, 20/20 cm, λ = 2,1 W/mK

***Bild 8:** Beispiel: Vermeidung materialbedingter Wärmebrücken (statisch erforderliche Stahlbetonstütze im tragenden Außenmauerwerk (Quelle: Ingrid Kaiser)*

Um gleiche U-Werte der Außenwand zu erreichen, ist wegen der unterschiedlichen Wärmedurchlasswiderstände eine zusätzliche Dämmung erforderlich. Bei einer vorhandenen Dicke von 4 cm ermittelt sich die erforderliche Wärmeleitfähigkeitsgruppe der Dämmung wie folgt:

$$R_{MW} = \frac{0,24}{0,23} = R_{STB} = \frac{0,20}{2,1} + \frac{0,04}{\lambda_{DÄMM}}$$

$$\Rightarrow \lambda_{DÄMM} = 0,042 \frac{m^2K}{W}$$

$$\Rightarrow WLG040$$

Nicht berücksichtigt ist bei dieser vereinfachten Berechnung der Verlauf lateraler (seitlich abfließender) Wärmeströme.

Werden die Querschnitte der Außenhülle an bestimmten Stellen verringert, wie bspw. häufig in Bestandsbauten durch Heizkörpernischen, so werden sie als **konstruktionsbedingte Wärmebrücken** bezeichnet. Auch Schwächungen des Querschnitts, z. B. durch in der Konstruktion verlaufende Regenfallrohre oder andere Installationsleitungen, zählen zu dieser Art, die oft Überschneidungen mit materialbedingten Wärmebrücken aufweist.

Sind die erwärmten Innenflächen geringer als die Außenflächen, handelt es sich um **geometrische Wärmebrücken**, wie z. B. bei Außenecken der Außenwände. Diese Wärmebrücken lassen sich natürlich nicht vollständig vermeiden, durch den Verzicht auf Vor- und Rücksprünge in der Fassade jedoch verringern.

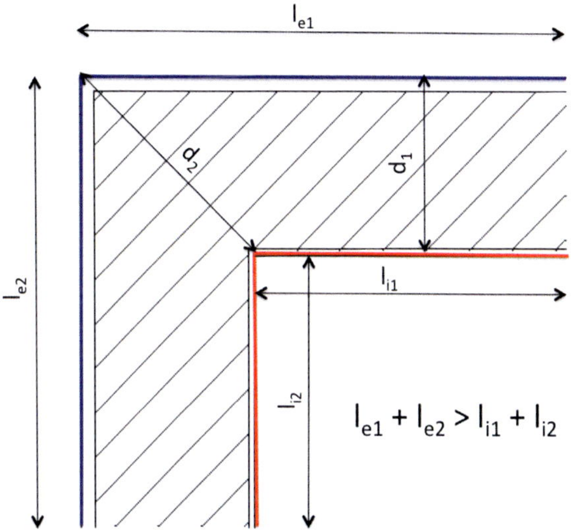

***Bild 9:** Beispiel einer geometrischen Wärmebrücke*
(Quelle: Ingrid Kaiser)

Ursache für diese Wärmebrücke sind die unterschiedlichen Wärmedurchlasswiderstände im ungestörten Wandbereich und im Verlauf von Innen- zu Außenecke:

Beispiel: MW, d = 24 cm, λ = 0,81 W/mK $\rightarrow$

$$R = \frac{0,24}{0,81} = 0,296 \frac{m^2K}{W}$$

d2 (diagonal) = $\sqrt{2} \cdot 0,24$ = 0,34 m $\rightarrow$ R = 0,419 m^2K/W.

Nach der Form entstehen linienförmige Wärmebrücken, wenn durchlaufende Bauteile die Außenhaut durchdringen. Das klassische Beispiel hierfür ist bei Bestandsbauten die durchlaufende Deckenplatte als Balkonplatte oder Vordach. Ein ebenfalls klassischer Fall dieser Kategorie ist der Anschluss der Fenster an die

Fassadenkonstruktion, z. B. an ein Wärmedämm-Verbundsystem. Auch auf der tragenden Wand aufliegende Decken zählen zu diesen Wärmebrücken.

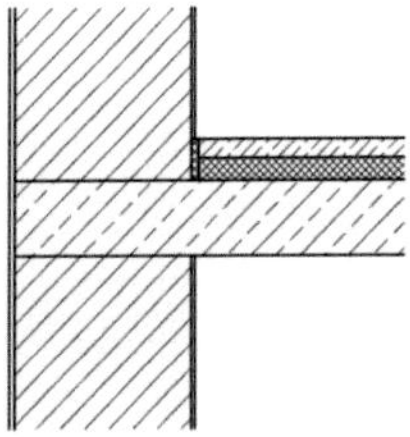

Bild 10: *Beispiel einer linienförmigen Wärmebrücke (Quelle: Ingrid Kaiser)*

Punktuelle Wärmebrücken treten überall dort auf, wo an einzelnen Stellen die Dämmebene durchdrungen wird. Diese Problematik tritt i. d. R. bei Fassadenkonstruktionen auf, die mit dem tragenden Außenmauerwerk verbunden werden müssen, wie Mauerwerksanker bei Verblendmauerwerk, Dübel für Wärmedämmverbundsystem, Konsolanker bei vorgehängten Fassaden etc. Für übliche Verbindungsmittel (Nägel, Schrauben, Drahtanker u. Ä.) muss kein Nachweis geführt werden.

Treffen geometrische Wärmebrücken auf ein drittes Bauteil, wie bei Gebäudeecken die Geschossdecke, entstehenden **dreidimensionale Wärmebrücken**.

Häufig vernachlässigt werden **konvektive Wärmebrücken**. Sie entstehen zum einen durch Undichtigkeiten der Gebäudehülle, sodass Wärme durch Mitführung in der Luft nach außen gelangt. Sind Dampfsperren oder Luftdichtheitsschichten nicht durchgängig angeordnet, entstehen nicht nur Lüftungswärmeverluste, sondern auch Tauwasserausfall durch Abkühlen der Raumluft.

Zum anderen muss bei der Anordnung der Heizquellen die Durchströmung mit warmer Luft im Raum (Konvektion) gewährleistet sein. Diese ist z. B. bei sehr breiten Fensterbänken oberhalb von Heizkörpern z. T. stark eingeschränkt.

Der längenbezogene Wärmedurchgangskoeffizient [W/mK] wird wie folgt ermittelt:

$$\varphi = L_{2D} - \sum_{j=1}^{Nj} U_j \cdot l_j$$

mit:

L_{2D} thermischer Leitwert aus 2-D-Berechnung [W/mK] gem. DIN EN ISO 10211

N_j Anzahl von 2-D-Bauteilen

U_j Wärmedurchgangskoeffizient eines trennenden 1-D-Bauteils [W/m^{2}K]

l_j Länge, für die U_j gilt [m]

Bilanzierungen sind jedoch nicht nur nach DIN 4108, sondern auch nach DIN 18599 und dem Passivhaus-Projektierungspaket (PHPP) möglich, die allerdings unterschiedliche Systemgrenzen festlegen. Bspw. muss der unterschiedliche Bezugspunkt Oberkante Rohdecke bzw. Unterkante Dämmung berücksichtigt werden. Dies wird durch die folgende Berechnung berücksichtigt:

$\varphi_{OKR} = \varphi_{UKD} + \Delta l \cdot U$ [W/mK]

mit Δl [m] = Differenz zwischen OKR und UKD.

Die Formel für den punktförmigen Wärmedurchgangskoeffizienten [W/mK] lautet:

$$\chi = L_{3D} - \sum_{i=1}^{N_i} U_i \cdot A_i - \sum_{j=1}^{N_j} \varphi_j \cdot l_j$$

mit:

L_{3D} thermischer Leitwert aus 3-D-Berechnung [W/mK] gem. DIN EN ISO 10211

N_i Anzahl von 1-D-Bauteilen

U_i Wärmedurchgangskoeffizient eines trennenden 1-D-Bauteils [W/m^{2}K]

A_i Fläche, für die U_i gilt [m^2]

N_j Anzahl von 2-D-Bauteilen

φ_j längenbezogener Wärme-Durchgangskoeffizient gem. DIN 4108 Beiblatt 2 [W/m²K]

l_j Länge, über die φ_j gilt [m]

Aus diesen Berechnungen werden die Wärmeverluste durch Wärmebrücken [W/m²K] ermittelt:

$$H_{WB} = \Sigma F_j \cdot \psi_j \cdot l_j + \Sigma F_k \cdot \chi_k$$

Der Temperatur-Korrekturfaktor f_x [-] bzw. F_j und F_k berücksichtigt Temperaturdifferenzen der angrenzenden Räume; er beträgt 1,0 bei Außenbauteilen gegen Außenluft, für andere Bauteile ist er < 1,0 und wird Tabelle 3 der DIN V 4108-6:2003-06 entnommen. Damit ergeben sich die Transmissionswärmeverluste [W/K]:

$$H_T = (f_x \times \cdot U \times A) + H_{WB}$$

Beim **Neubau** ist der Spielraum der Planung wesentlich größer als bei Bestandsbauten. Werden hier alle Risiken der Wärmeverluste und damit der Tauwasserbildung und in Folge Feuchteschäden berücksichtigt, kann wesentlicher Einfluss auf den Energiebedarf des Gebäudes genommen werden.

Zur Vermeidung konvektiver Wärmebrücken ist die Luftdichtheit ein entscheidender Faktor. Wird für die Luftwechselrate bei 50 Pa Druckdifferenz ein Wert von < 0,6 h^{-1} erreicht, entspricht die Konstruktion dem Passivhaus-Standard.

Neben DIN 4108 Beiblatt 2 geben zahlreiche Wärmebrückenkataloge von Baustoff-Herstellern wertvolle Hinweise.

Bei Gebäudeecken (geometrischen Wärmebrücken) ist ein Wechsel der Materialien mit unterschiedlichen Wärmeleitfähigkeiten zu vermeiden bzw. mit zusätzlichen Dämm-Maßnahmen zu versehen, da es hier zur Überlagerung mit materialbedingten Wärmebrücken kommt.

Ähnlich sind lineare Wärmebrücken zu betrachten. Hierzu gehören im Wesentlichen in die Außenwände einbindende Massivdecken und Übergänge der Bodenplatte in den Sockelbereich. Im letzten Fall sind die Höhenlagen sowie Unterkellerung bzw. Nichtunterkellerung und die Beheizungsart der Räume (Keller beheizt/nicht beheizt) zu berücksichtigen.

Fenster und Fensteranschlüsse bilden sowohl in horizontaler wie auch vertikaler Richtung immer Schwachstellen in der wärmedämmenden Gebäudehülle. Hier ist neben der Durchgängigkeit der Dämmebene ebenso auf die Luftdichtheit und insbesondere die erforderliche Feuchtigkeitsabdichtung zu achten, damit eine Durchfeuchtung der Dämmung vermieden wird.

Vorhangfassaden erfordern eine Befestigung an der Tragkonstruktion des Gebäudes, wodurch zwangsläufig punktförmige Wärmedurchgangskoeffizienten entstehen. Insbesondere Stahl hat eine hohe Wärmeleitfähigkeit, sodass die Auswahl der Befestigungselemente entscheidend zur Verringerung von Wärmebrücken beiträgt.

Bei **Bestandsgebäuden** sind im unsanierten Zustand häufig nur geringe Wärmebrückenanteile vorhanden, da die gesamte Konstruktion nicht nach Wärmeschutz-Kriterien ausgerichtet ist. Erfolgt eine energetische Sanierung einzelner Bauteile, kann sich der Wärmebrückenanteil massiv erhöhen, wenn die Anschlusspunkte außer Acht gelassen werden. Werden bspw. Dach- und Fassadendämmung verbessert und neue Fenster eingebaut, auskragende Balkonplatten ohne thermische Trennung und die Einbauebene der Fenster jedoch beibehalten und die Sockeldämmung vernachlässigt, kann sich der Wärmebrückenanteil durchaus auf 25 % und ggf. wesentlich mehr erhöhen. Wärmebrückenoptimierung gehört also stets zur energetischen Sanierung von Bestandsbauten.

Auskragende Balkonplatten ohne thermische Trennung können im Extremfall nur abgebrochen und durch vorgesetzte Konstruktionen ersetzt werden. Hier sind jedoch bei der Befestigung an der Fassade wiederum die entsprechenden punktförmigen Wärmebrücken zu berücksichtigen.

Werden bei Fassadensanierungen entweder die Fenster gar nicht ausgetauscht oder in gleicher Ebene (im Bereich des tragenden Mauerwerks, ggf. Anschlag) wieder eingebaut, entsteht durch die fehlende Dämmung in den Laibungen eine Unterbrechung der durchgängigen Dämmebene der Außenhaut. An diesen Stellen kann die Temperatur weit unter die Taupunkttemperatur von 12,6 °C sinken und somit zu Feuchte und letztlich zu Schimmelbildung führen.

Auch die Sockeldämmung reduziert die Wärmebrücken maßgeblich. Je nach Höhenlage des Erdgeschoss-Fußbodens sollte sie min. 80 cm nach unten geführt werden.

Ein weiterer Schwachpunkt sind Attiken von Flachdächern. Auch hier gilt das Prinzip des „Rundherum-Einpackens“ mit Dämmung.

Rollladenkästen in Bestandsbauten sollten bei Fensteraustausch in jedem Fall stillgelegt werden, da in den meisten Fällen eine ausreichende nachträgliche Dämmung nicht möglich ist, und ggf. durch Vorsatzjalousien ersetzt werden.

Mit Hinweis auf den Mindestwärmeschutz gem. DIN 4108 lässt das GEG einen pauschalierten Wärmebrückenzuschlag zu. Dieser beträgt im Regelfall für die gesamte wärmeübertragende Umfassungsfläche 0,10 W/m^{2}K auf die vorhandenen Wärmedurchgangskoeffizienten (einfache Methode).

Bei innen liegender Dämmung der Außenwände und einbindenden Massivdecken erhöht sich der Zuschlag auf 0,15 W/m^{2}K (einfache Methode).

DIN 4108 Beiblatt 2 umfasst über 350 Details zu Wärmebrücken; wird die Gleichwertigkeit des jeweiligen Details mit diesen „Musterlösungen” nachgewiesen, kann ein reduzierter Wärmebrückenzuschlag von 0,10 W/m^{2}K ohne Nachweis angesetzt werden. Der Wärmebrückenzuschlag beträgt 0,05 W/m^{2}K bei überwiegender Übereinstimmung gem. Kategorie A und bei überwiegender Übereinstimmung mit Kategorie B 0,03 W/m^{2}K (vereinfachte Methode).

Bei der Ermittlung der tatsächlichen Wärmebrücken ergeben sich häufig Wärmebrücken-Werte von ≤ 0,02 W/m²K (detaillierte Methode). Dies gilt sowohl für Wohn- wie für Nichtwohngebäude.

Im Folgenden wird anhand einer auf der Außenwand aufliegenden Stahlbetondecke unter verschiedenen Konditionen, die sowohl den Neubau als auch das Bauen im Bestand berücksichtigen, der Einfluss teilweise auf den ersten Blick geringfügig erscheinender Varianten dargestellt.

Für Fall A bis D gelten die Innentemperatur von 20 °C, die Außentemperatur von -5 °C und eine lichte Raumhöhe von 2,50 m.

Die Wärmeflussdichte [W/m²K] stellt die Wärmemenge [Ws], auf den Querschnitt des Bauteils [m²] bezogen, über die Zeit [s] dar. In der grafischen Darstellung geben Länge und Farbe der Vektoren den Wert der Wärmeleistung pro Flächeneinheit an, die in Pfeilrichtung fließt. Die Wärmeflussdichte ist proportional zum U-Wert:

$$U \approx \frac{q}{\Delta\Theta}\left[W/m^2K\right]$$

Fall A

OKFF = + 2,76 m

Wandaufbau: Außenputz, d = 1,5 cm, λ = 0,87 W/mK, Mauerwerk, d = 49 cm, λ = 0,81 W/mK, Innenputz, d = 1 cm, λ = 0,87 W/mK

Deckenaufbau: Stahlbetondecke, d = 18 cm, λ = 2,10 W/mK, Dämmung, d = 4 cm, λ = 0,04 W/mK, Estrich, d = 4 cm, λ = 2,10 W/mK

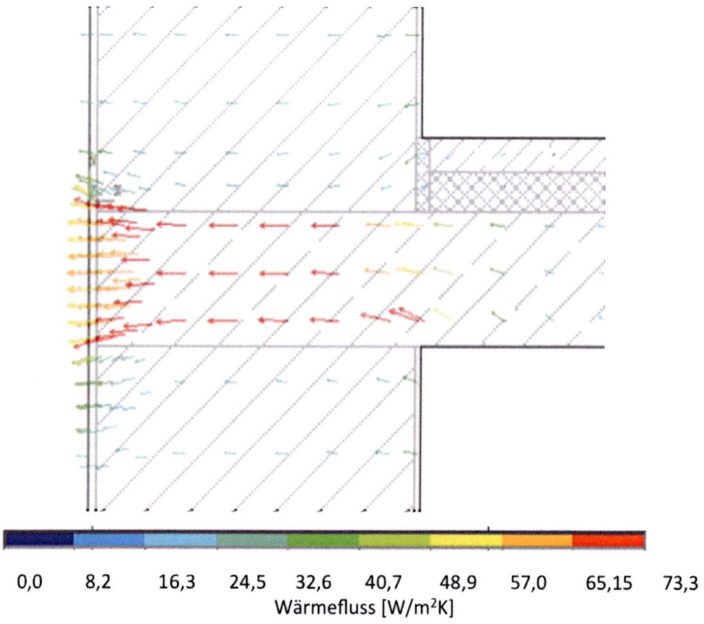

Bild 11: *Wärmeflussdichte Fall A (Quelle: Dr. Norbert Götschmann (FEM-Berechnung und Darstellung))*

Die roten Vektoren in Bild 4 im Bereich der Betondecke weisen gem. Skala eine Flussdichte auf, die größer ist als 65 W/m². Im Wandbereich ohne Wärmebrücke liegt der Wert zwischen 16 und 30 W/m², im Deckenbereich im Mittel bei 33 W/m². Durch die laterale Wärmeleitung verteilt sich die Wärme im Außenputz gleichmäßiger und deshalb ist das Maximum der Wärmeflussdichte an der Außenfläche kleiner als 60 W/m² (s. Abb. 13).

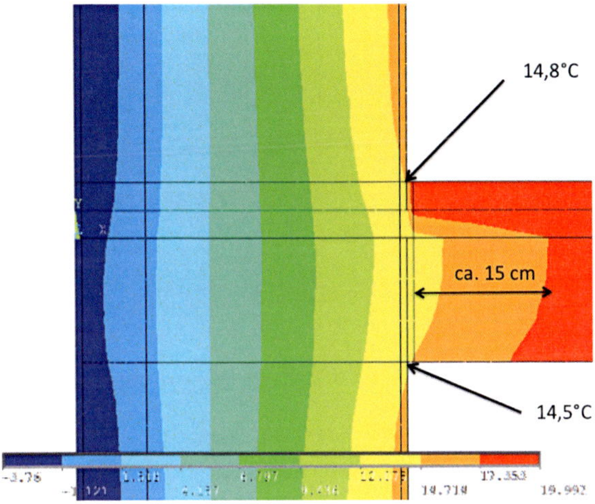

Bild 12: *Temperaturverlauf Fall A (Quelle: Dr. Norbert Götschmann (FEM-Berechnung und Darstellung))*

Im Temperaturverlauf zeigt sich die Gefahr der geringen Oberflächentemperaturen im Anschluss des Deckenaufbaus an die Außenwand, insbesondere an der Unterkante der Stahlbetonecke. In der Berechnung wurden Innentemperaturen von 20 °C angesetzt; aus der Nutzung resultierende geringere Temperaturen führen hier zur Erreichung oder sogar Unterschreitung der Taupunkttemperatur von 12,6 °C.

Fall B

OKFF = + 2,76 m

Wandaufbau: Wärmedämmputz, d = 3 cm, λ = 0,065 W/mK, Mauerwerk, d = 49 cm, λ = 0,81 W/mK, Innenputz, d = 1 cm, λ = 0,87 W/mK

Deckenaufbau: Stahlbetondecke, d = 18 cm, λ = 2,10 W/mK, Dämmung, d = 4 cm, λ = 0,04 W/mK, Estrich, d = 4 cm, λ = 2,10 W/mK

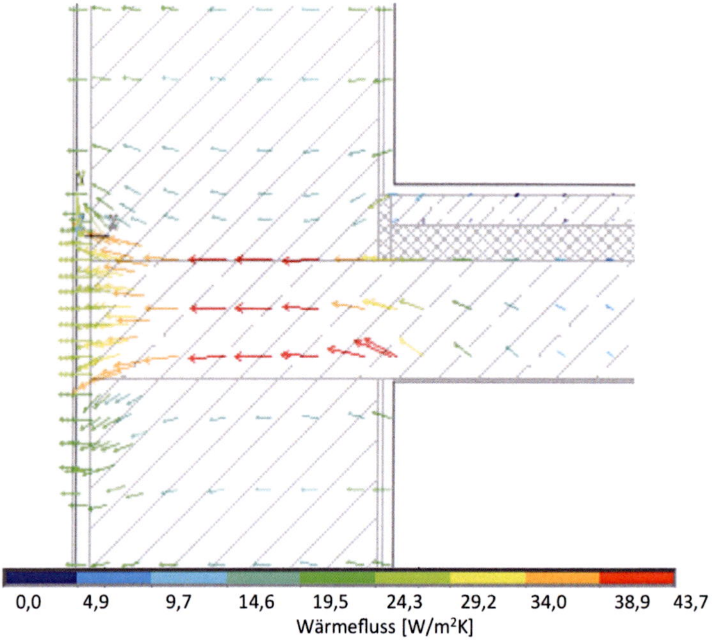

Bild 13: *Wärmeflussdichte Fall B (Quelle: Dr. Norbert Götschmann (FEM-Berechnung und Darstellung))*

Wird der normale Außenputz durch 3 cm Wärmedämmputz ersetzt, wird die Wärmeflussdichte auf 20 W/m² i. M. reduziert.

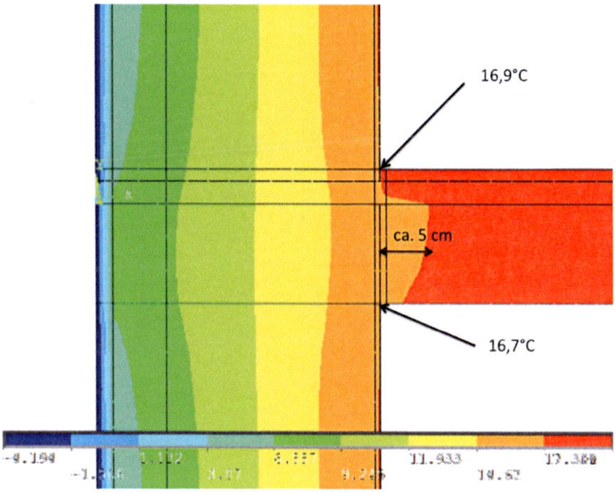

Bild 14: *Temperaturverlauf Fall B (Quelle: Dr. Norbert Götschmann (FEM-Berechnung und Darstellung))*

Durch die Verringerung der durchschnittlichen Wärmeflussdichte erhöhen sich die Temperaturen an den Anschlusspunkten des Deckenaufbaus an die Außenwand um ca. 2 °C.

Fall C

OKFF = + 2,80 m

Wandaufbau: Außenputz, d = 1,5 cm, λ = 0,87 W/mK, Mauerwerk, d = 49 cm, λ = 0,81 W/mK, Innenputz, d = 1 cm, λ = 0,87 W/mK

Deckenaufbau: Stahlbetondecke, d = 18 cm, λ = 2,10 W/mK, Dämmung, d = 8 cm, λ = 0,04 W/mK, Estrich, d = 4 cm, λ = 2,10 W/mK

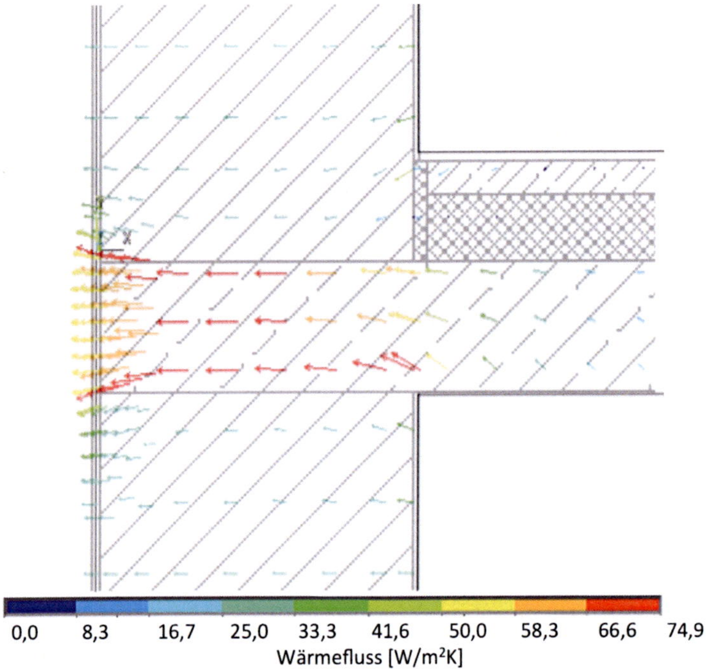

***Bild 15:** Wärmeflussdichte Fall C (Quelle: Dr. Norbert Götschmann (FEM-Berechnung und Darstellung))*

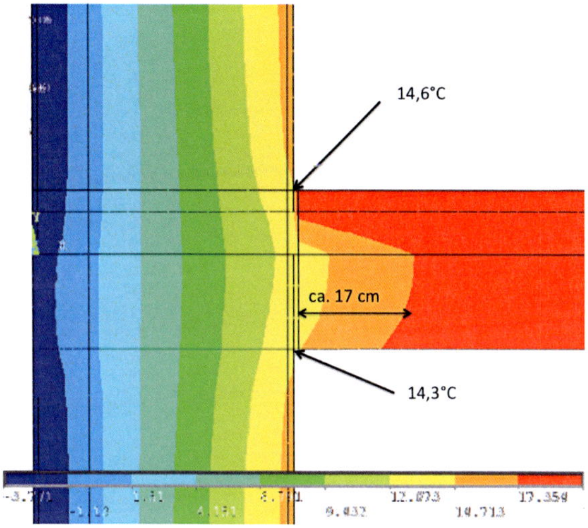

Bild 16: *Temperaturverlauf Fall C (Quelle: Dr. Norbert Götschmann (FEM-Berechnung und Darstellung))*

Die Vergrößerung der Dämmschicht im schwimmenden Estrich im Vergleich zu Fall A bringt hingegen keine wesentliche Verbesserung des Wärmeflusses, im Gegenteil verringern sich die innenseitigen Oberflächentemperaturen sowie die Temperatur innerhalb der Decke.

Fall D

OKFF = + 2,80 m

Wandaufbau: Außenputz, d = 1,5 cm, λ = 0,87 W/mK, Dämmung, d = 10 cm, λ = 0,04 W/mK, Mauerwerk, d = 36,5 cm, λ = 0,81 W/mK, Innenputz, d = 1 cm, λ = 0,87 W/mK

Deckenaufbau: Stahlbetondecke, d = 18 cm, λ = 2,10 W/mK, Dämmung, d = 8 cm, λ = 0,04 W/mK, Estrich, d = 4 cm, λ = 2,10 W/mK

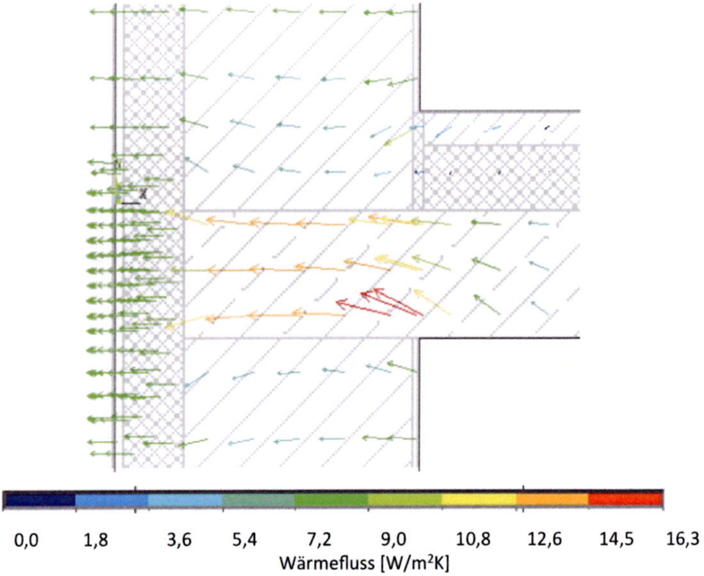

Bild 17: *Wärmeflussdichte Fall D (Quelle: Dr. Norbert Götschmann (FEM-Berechnung und Darstellung))*

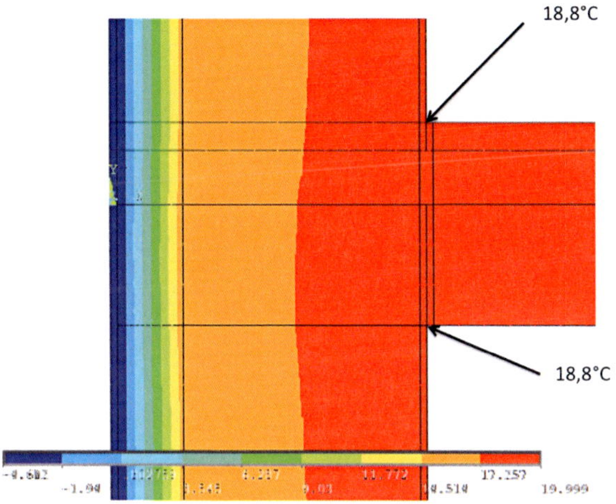

Bild 18: *Temperaturverlauf Fall D (Quelle: Dr. Norbert Götschmann (FEM-Berechnung und Darstellung))*

Hier wird deutlich, dass durch die umlaufende Wärmedämmung die Verlustleistungsdichte gering ist (ca. 8 W/m²).

Der Vergleich der Varianten zeigt auf, wie die Wärmeflussdichte den Umfang der Wärmebrücken beeinflusst.

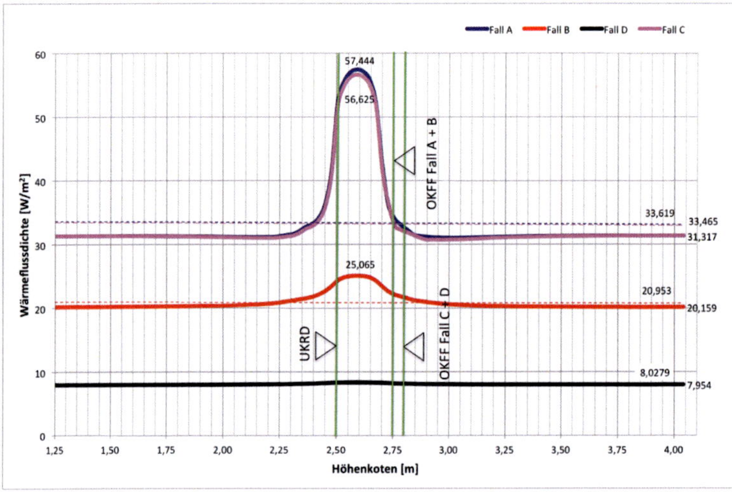

Bild 19: *Wärmeflussdichte im Vergleich (Quelle: Dr. Norbert Götschmann (FEM-Berechnung und Darstellung))*

Relevant ist besonders die Oberflächentemperatur an den Innenseiten, auch im Hinblick auf den Anschluss an den Gebäudeecken, wo die dritte Dimension Einfluss nimmt.

Nicht nur die rein planerisch-konstruktive Betrachtung von Wärmebrücken, sondern insbesondere die rechnerische Berücksichtigung wirken sich u. U. stark auf die Energieeffizienz eines Gebäudes wie auch die feuchtetechnischen Konsequenzen – im Extremfall Schimmelbefall – aus und können fallweise eine Verringerung von Dämmstärken, d. h. Kosteneinsparung und Flächengewinn, zur Folge haben.

1.4.10 Feuchteschutz

Wärmeschutzmaßnahmen müssen insbesondere bei Innendämmung immer in Verbindung mit dem Feuchteschutz betrachtet werden.

Die Feuchteschutzberechnungen erfolgen nach DIN 4108-3, die inzwischen durch die Weiterentwicklung der Innendämmsysteme bei vielen Bauphysikern als überholt gilt.

Der Verschiebung des Taupunkts und der dadurch entstehenden Feuchtigkeit im Bauteil wirken die Innendämmsysteme auf unterschiedliche Art entgegen.

Kondensatverhindernde Innendämmung wirkt der Tauwasserbildung durch diffusionsdichte Schichten entgegen. Hierzu sind dampfdichte Dämmstoffe erforderlich. Allerdings besteht keine Möglichkeit der Austrocknung zur Innenseite.

Kondensatbegrenzende Systeme schränken die Tauwasserbildung durch Diffusionshemmung ein. In Kauf genommen werden unkritische Feuchteeinträge durch kühle Außentemperaturen, die bei warmen Außentemperaturen entsprechend verdunsten können.

Durch Einsatz diffusionsoffener bzw. kapillaraktiver Baustoffe wirkt die Innendämmung kondensattolerierend. Um die Austrocknung in beiden Richtungen zu ermöglichen, ist auf eine exakte Ausführung nach Herstellerangaben zu achten. Anfallende Feuchte wird kapillar an die Innenseite der Außenwand zurücktransportiert, sodass die relative Luftfeuchte im Raum reguliert wird.

Diffusionsoffene Materialien nehmen Feuchtigkeit auf, sie haben einen geringeren Widerstand gegen den Dampfdruck, können aber dennoch luftdicht sein (Beispiel: Innenputz).

Die Einteilung der Baustoffe nach ihrer Diffusionsdichtheit erfolgt durch die wasserdampfdiffusionsäquivalenten Luftschichtdicken s_d [m], die der Bauteilschicht eine Luftschicht mit gleichem Wasserdampf-Diffusionswiderstand gegenüberstellen:

diffusionsoffen	$s_d \leq 0{,}5$ m
diffusionshemmend	$0{,}5 \text{ m} < s_d < 1.500$ m
diffusionsdicht	$s_d \geq 1.500$ m

Ermittelt wird s_d aus der Wasserdampf-Diffusions-Widerstandszahl des Baustoffs und seiner Schichtdicke:

$$s_d = \mu\ [-] \times d\ [m]$$

Eine 2 mm dicke PE-Folie hat beispielsweise mit einem s_d-Wert von 20,00 m einen ungefähr zehnmal größeren Widerstand als ein 1,5 cm dicker Kalkputz mit 0,23 m.

Der mittlere Wassergehalt einer Außenwand beträgt ohne Schlagregenbelastung ca. 2 bis 3 kg/m², bei Einbau einer Dampfbremse (diffusionshemmende Schicht) ca. 1 kg/m². Fällt Schlagregen an, erhöhen sich die Werte ohne Dampfbremse auf ca. 7 – 8 kg/m², mit Dampfbremse auf ca. 6 kg/m².

Der Schlagregenschutz ist damit ebenfalls ein wesentlicher Bestandteil der energetischen Sanierung. Bei Sichtmauerwerk kann er, besonders an Nord- bis Westfassaden, durch eine wasserabweisende Oberflächenbehandlung, bei sonstigem Mauerwerk durch eine entsprechende intakte Putzschicht gewährleistet werden.

Weiterhin sind bei der Innendämmung die entstehenden Wärmebrücken durch einbindende Wände und Decken zu berücksichtigen bzw. ebenfalls zu dämmen (Flankendämmung, Dämmkeile etc.).

Als Grundlage zum Nachweis des Mindestwärmeschutzes nach DIN 4108-2 dient der Oberflächentemperaturfaktor:

$$f_{Rsi} = \frac{(\theta_{si} - \theta_e)}{(\theta_i - \theta_e)} \leq 0,7$$

Θ_{si} – Innenoberflächentemperatur

Θ_e – Außenlufttemperatur

Θ_i – Innenlufttemperatur

Bei einem Oberflächentemperaturfaktor von 0,7 liegt die Innenoberflächentemperatur bei 12,6 °C, wobei eine relative Luftfeuchte von 80 % erreicht wird. Oberhalb dieses Feuchtewerts ist mit Schimmelpilzbildung zu rechnen.

Weiterhin ist besonderes Augenmerk auf die Laibungsdämmung (Transmissionswärmeverluste) und den Anschluss an die Fenster zu richten. Durch die Verschiebung der Mittelachse der Wandkonstruktion muss ggf. die Einbauebene der Fenster ebenfalls verschoben werden, was im Rahmen des Denkmalschutzes häufig problematisch ist.

1.4.11 Hygrothermie

Gem. DIN EN 15026 können hygrothermische Simulationen durchgeführt werden. Hierbei werden alle Faktoren der Feuchteentstehung berücksichtigt:

- Äußere Einflüsse
  - Raum- und Außenlufttemperatur
  - Raum- und Außenluftfeuchte
  - Wind und Niederschlag
  - Sonneneinstrahlung
- Innere Einflüsse
  - Wärmespeicherung und -leitung
  - zeitweilige Strahlungswärme (Sonneneinstrahlung)
  - Feuchtespeicherung und -transport

Diese Simulation wird alternativ zum Glaser-Verfahren (DIN 4108) angewandt, da hier alle Wärme- und Feuchteverhältnisse sowie ihre gegenseitigen Einflüsse berücksichtigt werden. Hierdurch können die Feuchteeinträge ebenso wie die Trocknungsbedingungen ermittelt werden.

1.4.12 Übersicht Dämmstoffe

Tabelle 7: *Eigenschaften gängiger Wärmedämm-Materialien (Ingrid Kaiser)*

Dämmstoff	Eigenschaften allgemein	Wärmeleitfähigkeit λ W/(mK)	Brand-verhalten
Glaswolle	- Schallschutz-geeignet - resistent gegen Schimmel, Fäulnis und Ungeziefer	0,030 bis 0,040	A1, A2
Steinwolle	- Resistenz gegen Fäulnis, Ungeziefer und Schimmel - unverrottbar - leicht zu verarbeiten (Staubmaske verwenden!) - diffusionsoffen - deponiefähig - sehr feuchtigkeitsempfindlich - nicht kompostierbar	0,030 bis 0,040	A1, A2
EPS	- einfach zu verarbeiten - feuchtebeständig - unverrottbar - resistent gegen Ungeziefer - starke Rauchbildung bei Brand - nicht UV-beständig - relativ diffusionsdicht	0,020 bis 0,040	B1, B2
Holzfasern	- guter Schallschutz - gute Wärmespeicherung - diffusionsoffen - Schadstoffabgabe bei bitumierten Platten	0,040 bis 0,055	B2

Tabelle 7: *Eigenschaften gängiger Wärmedämm-Materialien (Ingrid Kaiser)*

Dämmstoff	Eigenschaften allgemein	Wärmeleitfähigkeit λ W/(mK)	Brand-verhalten
Kork	- diffusionsoffen - schädlingsresistent - gute Schalldämmung - gute Wärmespeicherfähigkeit - sehr belastbar - unempfindlich gegen Feuchtigkeit - alterungsbeständig - verrottungsresistent - fäulnisresistent - nicht kompostierbar - unterliegt Setzungen	0,045	(B2)
Kokosfasern	- bruch- und reißfest - hochelastisch - guter Schallschutz - diffusionsoffen - resistent gegen Verrottung - feuchtigkeitsausgleichend und feuchtebeständig - fäulnissicher - formbeständig - elektrostatisch nicht aufladbar	0,045	B2
Baumwolle	- elastisch - leicht zu verarbeiten - nicht feuchtebeständig - nicht sehr schimmelpilzresistent	0,040 bis 0,54	B1, B2
(Bläh-)Perlit	- unverrottbar - leicht - feuchtigkeitsregulierend - als verdichtete Schüttung hoch belastbar - gute Rieselfähigkeit - hoch temperaturbeständig	0,050 bis 0,055	A1

Tabelle 7: *Eigenschaften gängiger Wärmedämm-Materialien (Ingrid Kaiser)*

Dämmstoff	Eigenschaften allgemein	Wärmeleitfähigkeit λ W/(mK)	Brandverhalten
Blähton	- beständig gegen Feuchte und Frost - Feuchtigkeits- und Wärmespeicherfähigkeit - diffusionsoffen - guter Schallschutz - verrottungssicher und schädlingsresistent - wenig Schimmelpilzresistenz	0,07 bis 0,16	A1
Silikatschaum	- hydrophob, brand- und verrottungsbeständig	0,034 bis 0,070	A1, A2

1.5 Standsicherheit

Gem. § 3 Musterbauordnung (MBO) sind Eigentümer von baulichen Anlagen verpflichtet, diese „*so anzuordnen, zu errichten, zu ändern und instand zu halten, dass die öffentliche Sicherheit und Ordnung, insbesondere Leben, Gesundheit und die natürlichen Lebensgrundlagen, nicht gefährdet werden; …*“. Im Weiteren wird auf die Verordnung (EU) Nr. 305/2011, Anhang I „Grundanforderungen an Bauwerke“, verwiesen. Hierin steht die Standsicherheit an erster Stelle:

„… 1. Mechanische Festigkeit und Standsicherheit

Das Bauwerk muss derart entworfen und ausgeführt sein, dass die während der Errichtung und Nutzung möglichen Einwirkungen keines der nachstehenden Ereignisse zur Folge haben:

a) *Einsturz des gesamten Bauwerks oder eines Teils*
b) *größere Verformungen in unzulässigem Umfang*
c) *Beschädigungen anderer Teile des Bauwerks oder Einrichtungen und Ausstattungen infolge zu großer Verformungen der tragenden Baukonstruktion*
d) *Beschädigungen durch ein Ereignis in einem zur ursprünglichen Ursache unverhältnismäßig großen Ausmaß. …“*

1.5.1 Einwirkende Lasten

Zu den ständigen Lasten zählen zunächst die **Eigenlasten**. Als ständige Last muss die Gewichtskraft (Masse x Erdbeschleunigung ≈ 9,81 m/s^2) aller Bauteile berücksichtigt werden. Sie bildet die Grundlagen für die statische Berechnung aller Lasten am leer stehenden Gebäude, von oben nach unten, zur Abtragung der Lasten auf den Baugrund. Hierzu wird für alle Bauteile und deren unterschiedliche Schichten die Druckskraft in kN/m^2 aus Tabellen ermittelt und für jedes Bauteil addiert.

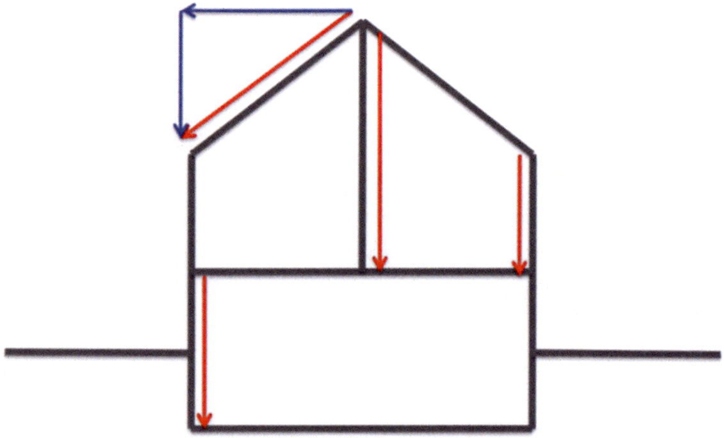

Bild 1: *Eigen- und Schneelasten (Quelle: Ingrid Kaiser)*

Hinzu kommen die sich aus der Nutzung ergebenden **Nutzlasten** (früher Verkehrslasten), die durch den jeweiligen Gebrauch des Gebäudes entstehen. Hierzu zählen zunächst alle Einrichtungsgegenstände, weiterhin die Gewichtskraft der Nutzer als sog. ruhende Lasten. Maschinen, Fahrzeuge, Gabelstaplerbetrieb, Hoch- und Schwerlastregale etc. müssen gesondert berücksichtigt werden. Gehen bspw. von Maschinen durch ihren Betrieb Schwingungen aus, gehen sie mit entsprechenden Beiwerten als dynamische Lasten in die Berechnung ein. Horizontale Lasten treten insbesondere durch Fahrzeuge auf; die hier einzukalkulierenden Anpralllasten müssen, z. B. in Parkhäusern, durch Schutzmaßnahmen am gefährdeten Bauteil abgefangen werden können.

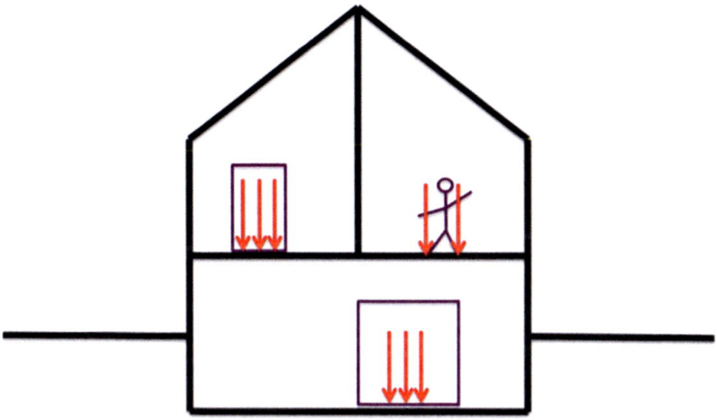

Bild 2: *Nutzlasten (Quelle: Ingrid Kaiser)*

Tabelle 1: *Verkürzte Darstellung der Nutzlasten (Ingrid Kaiser gem. EC 1, DIN EN 1991-1-1)*

Kategorie	**Nutzung**	**Nutzlast (lotrecht, gleichmäßig verteilt) [kN/m²]**
A	Spitzböden (begehbar, nicht nutzbar), Wohn- und Aufenthaltsräume	1,0 bis 2,0
B	Büro-, Arbeitsflächen, Flure	2,0 bis 5,0
C	Versammlungsräume	3,0 bis 5,0
D	Verkaufsräume	
E	Fabriken, Werkstätten, Lagerräume, Ställe	5,0 bis 7,5
T	Treppen inkl. Podeste	3,0 bis 7,5
Z	Zugänge, Podeste, Balkone u. Ä.	4,0

Wind- und Schneelasten sind witterungsbedingte Lasten und damit regional unterschiedlich, daher existieren für Deutschland Windzonen- und Schneelastzonenkarten.

Für die Windlast sind vier Zonen festgelegt; zusätzlich müssen die Windgeschwindigkeit und der Geschwindigkeitsdruck nach der topografischen Lage berücksichtigt werden. Hierzu stehen vier Geländekategorien zur Verfügung, die die Rauigkeit der Landschaft berücksichtigen. Je mehr freie Fläche zur Verfügung steht, desto höher die Windgeschwindigkeit.

Geländekategorien für die Bemessung der Windlast in Deutschland:

- Geländekategorie I: offene See, Seen mit min. 5 km freier Fläche in Windrichtung, glattes flaches Land ohne Hindernisse
- Geländekategorie II: Gelände mit Hecken, einzelnen Gehöften, Häusern oder Bäumen, z. B. landwirtschaftliche Gebiete
- Geländekategorie III: Vorstädte, Industrie- oder Gewerbegebiete, Wälder
- Geländekategorie IV: Stadtgebiete, bei denen min. 15 % der Fläche mit Gebäuden bebaut sind, deren mittlere Höhe 15 m überschreitet

Entsteht auf der Windseite Druck, so ergibt sich auf der dem Wind abgewandten Seite Sogwirkung, da durch den Unterdruck Luft aus dem Gebäude gesaugt wird.

Für Schneelasten spielt neben den deutschen Schneelastzonen die Geländehöhe über Normal-Null eine Rolle, da Schneefälle in höheren Regionen früher und ausdauernder einsetzen und länger andauern. Abhängig von den Witterungsverhältnissen und der Topografie besteht weiterhin die Gefahr, dass Bauteile vereisen.

Versprünge und Aufkantungen der waagerechten oder geneigten Gebäudeflächen sind höheren Anforderungen ausgesetzt, da sich hier durch Verwehungen größere Schnee- und damit auch Eismengen ansammeln können.

Eine besondere Gefahr für die Verkehrssicherheit bilden Schneeüberhänge am Dachrand, die bei Vereisung oder zunächst einsetzendem Tauwetter mit anschließend erneutem Frost z. T. große und schwere Eiszapfen bilden, die durch ihr Gewicht zu einem bestimmten Zeitpunkt abbrechen können.

Erdlasten sind naturgemäß die Kellerwände ausgesetzt, die die entstehenden Biegespannungen aufnehmen müssen. Das gesamte Gebäude kann aber auch durch Auftrieb des Bodens gefährdet sein. Auftrieb entsteht in Zusammenhang mit Wasser im Boden, entweder durch Grundwasser oder durch starke Regenfälle. Besonders in Moorgebieten macht die Bodeneigenschaft besondere Gründungsmaßnahmen erforderlich.

Die Lastverteilung erfolgt je nach Einwirkung auf die Bauteile auf unterschiedliche Art. Bei den anfallenden Lasten werden **Flächenlasten, Streckenlasten und Punktlasten** unterschieden. Flächenlast entsteht z. B. durch Beläge auf Flachdächern und Decken, die gleichmäßig auf die gesamte Fläche einwirken. Streckenlasten gehen von Wänden aus, die auf Decken aufstehen, während Punktlasten eine möglicherweise hohe Last – z. B. durch eine Stütze mit weiteren Lasten von oben – auf einem relativ geringen Querschnitt auf die darunterliegende Decke ausüben. Gleiches gilt für Ausstattungsgegenstände wie Regale mit hohen Lasten auf Einzelfüßen.

1.5.2 Einwirkende Kräfte

Auf Bauteile einwirkende Kräfte bewirken zunächst Spannungen, die dann zu Verformungen und nach Erreichen der Festigkeit des jeweiligen Baustoffs zum Bruch führen.

Dehnung bei Zugkraft und Stauchung bei Druckkraft und ihre Auswirkungen, z. B. Beulen, hängen von der Elastizität bzw. Plastizität der Baustoffe ab. Elastische Baustoffe gehen nach Beendigung der Belastungen in die ursprüngliche Form zurück, plastische dagegen bleiben dauerhaft verformt. Sprödigkeit bzw. Zähigkeit geben Aufschluss über die Bruchneigung von Baustoffen.

Balken, Decken, Stürze und Träger werden durch senkrechte Lasten auf Biegung beansprucht. Hierbei entstehen auf der Oberseite – Einwirkungsseite der Last – Druckkräfte, auf der Unterseite Zugkräfte. Zusätzlich wirken auf diese Bauteile Schubkräfte, besonders wenn sie aus mehreren Lagen bestehen, die sich dann gegeneinander verschieben können.

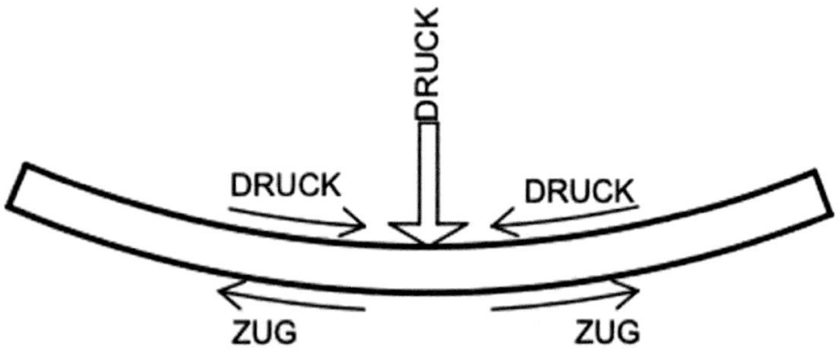

Bild 3: *Biegung (Quelle: Ingrid Kaiser)*

Knickbeanspruchung sind schlanke Bauteile wie Pfeiler und Stützen bei senkrechter Lasteinwirkung ausgesetzt. Die Knickfestigkeit ist vom Baustoff, dem Querschnitt, der Art der Lagerung und der Knicklänge abhängig.

Auf Verbindungsteile waagerechter Bauteile mit senkrechtem Lastanfall wirken Scherkräfte senkrecht auf die Längsachse des Bauteils.

Wirkt eine Drehkraft auf ein Bauteil, entsteht ein Drehmoment senkrecht zur Längsachse. Hierdurch entsteht Torsionsbeanspruchung.

Bei waagerecht auf Wände oder Stützen einwirkenden Kräften besteht entweder die Gefahr des Kippens oder des Gleitens. Sobald die angreifende Kraft und damit das Kippmoment größer ist als das Standmoment, kann das Bauteil nicht standhalten. Ähnlich ist die Auswirkung des Gleitens, wobei hier der kraftschlüssige Verbund mit den darüber- und darunterliegenden Bauteilen eine zusätzliche Rolle spielt.

1.5.3 Tragelemente und -systeme

Auch wenn häufig von der „Statik" gesprochen wird, ist diese nur Teilbereich der physikalischen Bedingungen.

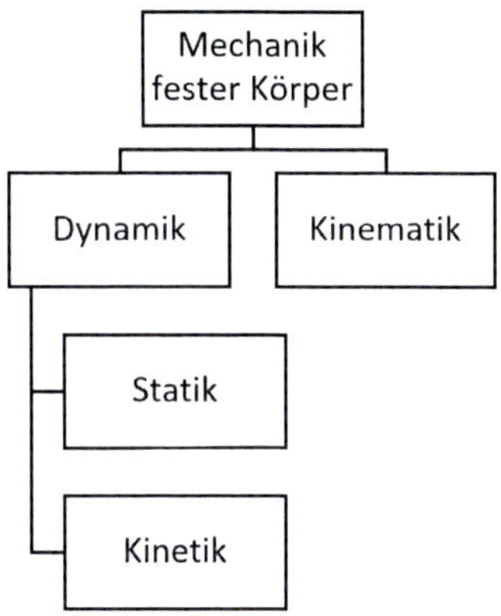

Bild 4: *Systematik der Lehre von Kräften und Bewegung (Quelle: Ingrid Kaiser)*

Unter Dynamik wird die Lehre von den Kräften verstanden, wobei die Statik die Lehre vom Gleichgewicht der Kräfte und die Kinetik die Lehre von der Bewegung unter Kraft-Einfluss ist. Die Kinematik hingegen ist als Lehre von den Bewegungen definiert.

Grundsätzlich werden folgende Elemente und Systeme unterschieden:

- Nach der Geometrie und Belastung
  - Flächentragwerke – Seitenlängen wesentlich größer als die Dicke
    - Scheibe – Belastung in ihrer Ebene
    - Platte/Schale (gekrümmte Platte) – Belastung senkrecht zur Achse
    - Faltwerk – starr miteinander verbundene Scheiben oder Platten

  - Stabtragwerke
    - Stab – Zug- und Druckbelastung in Achsrichtung
    - Balken/Bogen (= gekrümmter Balken) – Belastung quer zur Achse und Biegerichtung
    - Rahmen – biegesteif miteinander verbundene Stäbe und Balken
    - Fachwerk – mit reibungsfreien Gelenken verbundene Stäbe und Balken
- Nach der Lage
  - Tragwerke in der Ebene
  - Tragwerke im Raum

Flächentragwerke finden sich im klassischen Massivbau im Zusammenspiel von flächigen Tragkonstruktionen wie Wänden und Decken, Stab- und Balkentragwerke beispielsweise im Fachwerk und Skelettbau.

1.5.4 Baugrund – Kostengruppe 310 gem. DIN 276

Alle Lasten aus dem Gebäude werden über die Gründung in den Baugrund abgeleitet, der unterschiedlich tragfähig sein kann. Bauwerke aller Art belasten den Baugrund, die jeweilige Bodenpressung muss vom vorhandenen Baugrund aufgenommen werden können. Baugrund ist gewachsener Boden aus nichtbindigen Böden (Kiese, Sande, Steine), bindigen Böden (Lehm, Ton, Mergel) oder organischen Böden (Schlamm, Torf), Fels als dichtes, festgelagertes Gestein oder leichter Fels, geschütteter Boden als unverdichtete oder verdichtete Schüttung.

Nach dem zum Lösen erforderlichen Arbeitsaufwand wurden bis 2015 gem. DIN 18300 die Boden- und Felsarten in sieben Klassen eingeteilt:

Tabelle 2: *Bodenklassen (Ingrid Kaiser gem. DIN 18300 alt [außer Kraft!])*

Bodenklasse	Bezeichnung	Beispiele
1	Oberboden	Humus mit Bodenlebewesen, Kies, Sand, Schluff, Ton
2	fließende Bodenarten	flüssig, breiig, wasserhaltend
3	leicht lösbare Bodenarten	nichtbindig, schwachbindig, Sand, Kies, Sand-Kies-Gemisch
4	mittelschwer lösbare Bodenarten	bindig; gemischter Sand, Kies, Schluff, Ton
5	schwer lösbare Bodenarten	wie Klasse 3 + 4, jedoch größere Korngrößen, plastische Tone, weich, halbfest
6	leicht lösbarer Fels u. Ä.	mineralisch gebundener Fels, stark klüftig, brüchig, weich, verwittert
7	schwer lösbarer Fels	Fels mit hoher Festigkeit, wenig klüftig, wenig verwittert

Die seit 2015 geltende DIN 18300 geht über die Eigenschaften hinsichtlich des Lösens der Böden beim Aushub hinaus und unterscheidet zunächst nach nicht einheitlich definierten Untergruppen zu den beiden Obergruppen A und B (Homogenbereiche), die jeweils für den vorgefundenen Boden differenziert werden. Im nächsten Schritt werden die Bodeneigenschaften individuell hinsichtlich geplanter Baumaßnahmen unterteilt:

- BA – Bohrarbeiten
- DA – Düsenstrahlarbeiten
- EA – Erdarbeiten
- HBA – Horizontalspülarbeiten
- LA – Landschaftsbauarbeiten
- NA – Nassbaggerarbeiten
- RA – Ramm-, Rüttel- und Pressarbeiten
- RVA – Rohrvortriebsarbeiten
- SA – Schlitzwandarbeiten
- UA – Untertagebauarbeiten

Die physikalischen Eigenschaften der Böden hängen hauptsächlich von der Korngröße ab. Bei bindigen Böden ist die Tragfähigkeit vom Wassergehalt abhängig. Höhere Wassergehalte vermindern die Tragfähigkeit; sie ist abhängig von der inneren Reibung: Je höher die innere Reibung, desto höher die Tragfähigkeit. Bindige Böden setzen sich langsam, aber um große Setzungsbeträge. Nichtbindige Böden setzen sich schnell und nur wenig, sie sind kapillar und deshalb frostgefährdet. Saubere nichtbindige Bodenarten dagegen sind frostsicher.

Über die Gründung werden die gesamten Lasten aus dem Gebäude und der Nutzung auf den Baugrund übertragen. Hierdurch wird der Boden zusammengedrückt und verformt sich, das Gebäude senkt sich damit ab. Ist diese Setzung gleichmäßig, entsteht keine Gefährdung; bei ungleichmäßigen Setzungen durch unterschiedliche Baugrundschichten werden Setzungsrisse hervorgerufen, die im Extremfall zu Schäden am gesamten Gebäude führen. Vor Beginn jeder Baumaßnahme sollte der Baugrund erkundet werden, das Baugrundrisiko trägt immer der Bauherr! Grundlage für die Beurteilung des Baugrunds können zunächst vergleichende Beobachtungen und Kartenwerke sein, ergänzt durch örtliche Schürfe und Bohrungen.

Durch Abtreppung von Schürfgruben ist das Erkennen der Schichten und deren Bodenarten durch In-Augenschein-Nahme möglich. Diese Baugrunduntersuchung ist i. d. R. bis zu einer Tiefe von 6 m wirtschaftlich. Ist eine Bodenuntersuchung im Grundwasserbereich oder in größeren Tiefen erforderlich, werden Probebohrungen durchgeführt. Durch Sondierungen wird die Lagerungsdichte des Bodens und damit auch die Bodenart ermittelt. Sie werden meist in Verbindung mit anderen Verfahren eingesetzt. Je nach Umgebungsvariablen, z. B. bei Wasserläufen, muss der Abstand der Aufschlüsse sehr eng, beispielsweise 5,00 m, gewählt werden, während der übliche Abstand, je nach Größe der zu bebauenden Fläche, bis ca. 25,00 m beträgt.

Ist der Baugrund insgesamt nicht tragfähig, wird zunächst die Möglichkeit des Bodenaustauschs untersucht; hierbei werden die nicht tragfähigen Schichten entfernt und durch tragfähige, z. B. Kies, ersetzt. Der Boden kann auch durch Verringerung des Porenanteils mittels Rüttel- oder Fallgeräten verdichtet werden. Alternativ können die Poren durch Einbringen von Injektionen (Mörtel, Pasten, Emulsionen u. Ä.) unter Druck geschlossen werden. Sind die genannten Maßnahmen bei nicht tragfähigem Baugrund nicht sinnvoll/möglich, sind an Stelle der klassischen Flachgründung (Einzelfundamente, Streifenfundamente, Bodenplatten) Pfahlgründungen o. ä. Maßnahmen erforderlich. Wird z. B. aus Kosteneinsparungsgründen auf ein Baugrundgutachten verzichtet, drohen zum einen bei Beginn der Aushub-Arbeiten mit Erkennen von nicht ausreichend tragfähigem Baugrund z. T. extreme Bauzeit-Verzögerungen, zum anderen ohne Erkennung von Gefahren aus dem Baugrund kurz- oder längerfristige Setzungen von Teilen des Gebäudes bis hin zum Extrem-Fall des Einsturzes. Gleichzeitig werden bei der Baugrund-Untersuchung eventuelle Kontaminationen („Altlasten“) des Bodens festgestellt.

Neben der Tragfähigkeit des Baugrunds als Grundlage für die statische Berechnung für das Gebäude liefert das Gutachten auch Hinweise zu den Wasserverhältnissen auf dem Grundstück. Hierzu gehören der Grundwasserspiegel und die Versickerungsfähigkeit des Bodens. Sind beispielsweise wasserundurchlässige Schichten vorhanden, kann bei Starkregen das Niederschlagswasser nicht versickern, staut sich an der Geländeoberfläche und schädigt den Sockelbereich bzw. dringt in das Gebäude ein. Dementsprechend sind die erforderlichen Abdichtungsmaßnahmen erforderlich (siehe Kapitel 1.2 Feuchteschutz). Gleichzeitig müssen während der Bauzeit entsprechende Wasserhaltungsmaßnahmen ergriffen werden.

1.5.5 Gründung – Kostengruppe 320 gem. DIN 276

Die Gründung oder Fundamentierung von Gebäuden kann wie folgt unterteilt werden:

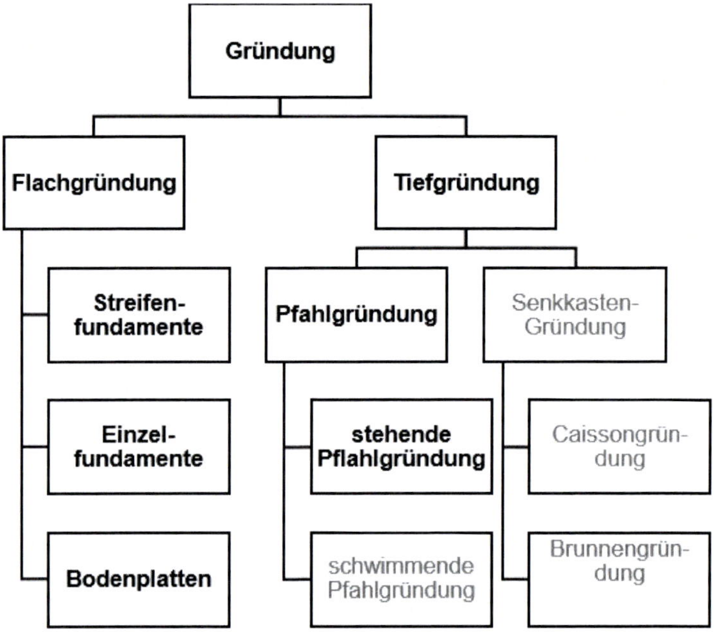

Bild 5: *Gründungsarten (Quelle: Ingrid Kaiser)*

Nach Einstufung des Bauvorhabens nach DIN 1054 in die Geotechnischen Kategorien (GK) erfolgt die Festlegung der erforderlichen Gründung.

Tabelle 3: *Geotechnische Kategorien (Ingrid Kaiser gem. DIN 1054)*

GK	Bauwerk	Baugrund	Grundwasser
1	geringe Lasten, setzungs-unempfindlich	einfach, bekannt	ohne Einfluss
2	durchschnittliche Lasten und Verformungen	durchschnittlich	kontrollierbar
3	hohe Lasten, setzungsgefährdete Tragkonstruktion	schwierig, nicht bekannt	mit Einwirkung

Zum einen ergibt sich die Dimensionierung aus den Lasten, die auf die Gründung wirken, zum anderen aus der Tagfähigkeit des Baugrunds. Je nach Lastanforderungen werden die Flachgründungen aus unbewehrtem oder bewehrtem Beton ausgeführt.

Aus der Anforderung an eine frostfreie Gründung ergibt sich das Mindestmaß für die Unterkante von Fundamenten unter Geländeoberkante von generell 0,80 m; in den Mittelgebirgen und den Alpen bzw. am Alpenrand kann die Frostgrenze jedoch bis zu 1,20 m liegen. Informationen hierzu geben das Baugrundgutachten oder örtliche Bauämter. Gleiches gilt für die Bemessung von Einzelfundamenten (Bewehrung meist erforderlich) und Frostschürzen (unbewehrt) bei einer Gründung mittels Bodenplatte.

Die Breite von **Streifenfundamenten** ist abhängig von der anfallenden Last und der zulässigen Bodenpressung (Sohlwiderstand) des jeweiligen Baugrunds:

$$A_{erf} = \frac{F}{\sigma_{R,d}} \left[m^2 \right]$$

A_{erf} – erforderliche Fundamentfläche
F – Krafteinwirkung/Last [kN]
$\sigma_{R,d}$ – Sohlwiderstand [kN/m^2]

Bindige Böden haben den geringsten Sohlwiderstand über nicht bindige Böden bis zu Fels mit dem höchsten Sohlwiderstand. Unabhängig von der Anforderung an die Frostfreiheit muss bei der Fundamenthöhe der seitliche Überstand der einwirkenden Last mit h ≥ 2 x Überstand e (Randabstand des Fundaments zur aufgehenden Wand) berücksichtigt werden.

Einzelfundamente unter lastabtragenden Stützen werden häufig als Köcherfundamente ausgebildet, d. h., sie haben mittig eine konische, nach unten verjüngte Aussparung, in die z. B. Beton-Fertigteil- oder Stahl-Stützen eingesetzt, ausgerichtet und mit Vergussmörtel mit entsprechender Betongüte verbunden werden. Einzelfundamente sollten möglichst quadratisch und mit einer gleichmäßigen Dicke bzw. abgetreppt ausgeführt werden. Als Faustformel für die Seitenlänge gilt

$$a = \sqrt{\frac{F}{\sigma}}\left[m^2\right]$$

Für die Dicke (zusätzlich zur Berücksichtigung der Frostfreiheit) d ≈ 0,3 x a [m].

Boden- bzw. Sohl-/Fundamentplatten aus Stahlbeton werden bei ungünstig tragfähigem Baugrund ausgebildet, um die Lasten großflächig auf den Baugrund ableiten zu können. Die Wannengründung ist eine Spezialform, die bei Wassereinwirkung, z. B. durch Grundwasser, zu berücksichtigen ist (siehe Kapitel 1.6.1).

Bei der stehenden **Pfahlgründung** werden die Lasten über Ortbeton- oder Fertigteil-Pfähle bis in die tieferen, tragenden Schichten des Baugrunds abgeleitet. Ortbeton-Pfähle (Bohrpfähle) werden mittels eines Stahlrohrs mit einem Durchmesser ≤ 2,50 m und ≤ 50,00 m Tiefe vor Ort betoniert. Das Stahlrohr dient der Standort-Sicherung und wird anschließend wieder gezogen. Fertigteil-Pfähle aus Stahl- oder Spannbeton, Stahl oder Holz werden in ein Bohrloch eingelassen oder eingerammt.

Schwimmende Pfahlgründungen und Senkkasten-Gründungen sind extrem aufwendig und werden nur bei besonders schwierigen Baugrund-Situationen durchgeführt.

1.6 Baustoffe für tragende Baukonstruktionen

1.6.1 Beton und Stahlbeton

Betone werden zunächst nach ihrer Rohdichte, die vorwiegend von den Gesteinskörnungen abhängt, unterteilt:

Leichtbeton	0,8 bis 2,0 t/m^3
Normalbeton	2,0 bis 2,6 t/m^3
Schwerbeton	≥ 2,6 t/m^3

Weiterhin erfolgt eine Einstufung nach Druckfestigkeitsklassen. Für Normal- (C) und Schwerbeton (HC) sind diese Klassen gem. DIN EN 206 abgestuft von C(HC) 8/10 bis C(HC) 100/115 festgelegt. Der erste Wert gibt die charakteristische Mindestdruckfestigkeit [N/mm^2] von Probewürfeln mit einer Kantenlänge von 0,15 m, der zweite Wert dies von zylindrischen Prüfkörpern mit einem Durchmesser von 0,15 m und einer Länge von 0,30 m nach 28 Tagen Wasserlagerung an. Die Druckfestigkeitsklassen von Leichtbeton reichen von LC8/9 bis LC80/88 nach gleichen Kriterien.

Ab der Druckfestigkeitsklasse C55/67 handelt es sich um hochfesten Beton bzw. ab LC55/60 um hochfesten Leichtbeton, für die Verwendung von C90/105 und C100/115 sowie LC70/77 und LC80/88 ist eine allgemeine bauaufsichtliche (abZ) oder eine Zustimmung im Einzelfall (ZiE) erforderlich. Beide Bedingungen sind in den Bauordnungen der Bundesländer geregelt.

Je nach örtlichen Einflüssen auf die Beton-Bauteile inkl. Bewehrung gelten nach DIN 1045 für die jeweiligen Expositionsklassen Anforderungen an die Druckfestigkeit, den Mindestzementgehalt und den Wasser-Zement-Wert (w/z-Wert = Verhältnis von Zugabewasser zu Bindemittel).

***Tabelle 1:** Expositionsklassen Beton (Ingrid Kaiser gem. DIN EN 206-1/ DIN 1045-2)*

Expositionsklassen	**Umgebungsbedingungen**	**Beispiele**	**Mindestdruckfestigkeitsklasse**	**Mindestzementgehalt [kg/m³]**	**Maximaler w/z-Wert**
X0: Kein Korrosions- oder Angriffsrisiko					
Bauteile ohne Bewehrung oder eingebettetes Metall in nicht Beton angreifender Umgebung					
X0	Beton ohne Bewehrung und alle Umgebungsbedingungen außer XF, XA, XM	Füllbeton, Sauberkeitsschichten etc. Fundamente ohne Bewehrung ohne Frost, Innenbauteile ohne Bewehrung	C8/10 C12/15	-	-
XC: Bewehrungskorrosion durch Karbonatisierung					
Beton, der Bewehrung oder anderes eingebettetes Metall enthält und Luft sowie Feuchtigkeit ausgesetzt ist					
XC1	trocken oder ständig nass	Bauteile in Innenräumen mit üblicher Luftfeuchte, Beton, der ständig unter Wasser ist	C16/20	240	0,75
XC2	nass, selten trocken	Teile von Wasserbehältern, Gründungsbauteile	C16/20		
XC3	mäßige Feuchte	Bauteile, zu denen die Außenluft häufig oder ständig Zugang hat, z. B. offene Hallen, Innenräume mit hoher Luftfeuchtigkeit, Dachflächen mit flächiger Abdichtung, Verkehrsflächen mit flächiger unterlaufsicherer Abdichtung	C20/25	260	0,65

Tabelle 1: *Expositionsklassen Beton (Ingrid Kaiser gem. DIN EN 206-1/ DIN 1045-2)*

Expositionsklassen	Umgebungsbedingungen	Beispiele	Mindestdruckfestigkeitsklasse	Mindestzementgehalt [kg/m³]	Maximaler w/z-Wert
XC4	wechselnd nass und trocken	Außenbauteile mit direkter Beregnung	C25/30	280	0,60
XD: Bewehrungskorrosion durch Chloride, ausgenommen Meerwasser					
Beton, der Bewehrung oder anderes eingebettetes Metall enthält und Chlorid-haltigem Wasser, einschließlich Taumitteln, ausgenommen Meerwasser, ausgesetzt ist					
XD1	mäßige Feuchte	mäßig feuchte Bauteile im Sprühnebelbereich von Verkehrsflächen, Einzelgaragen, befahrene Verkehrsflächen mit vollflächigem Oberflächenschutz	C30/37	300	0,55
XD2	nass, selten trocken	Solebäder, Bauteile, die Chlorid-haltigen Industrieabwässern ausgesetzt sind	C35/45		0,50
XD3	wechselnd nass und trocken	Teile von Brücken mit häufiger Spritzwasserbeanspruchung, Fahrbahndecken, befahrene Verkehrsflächen mit rissvermeidenden Bauweisen ohne Oberflächenschutz oder ohne Abdichtung, befahrene Verkehrsflächen mit dauerhaftem lokalem Schutz vor Rissen (mit zus. Maßnahmen)	C35/45	320	0,45

Tabelle 1: *Expositionsklassen Beton (Ingrid Kaiser gem. DIN EN 206-1/ DIN 1045-2)*

Expositionsklassen	**Umgebungsbedingungen**	**Beispiele**	**Mindestdruckfestigkeitsklasse**	**Mindestzementgehalt [kg/m³]**	**Maximaler w/z-Wert**
XS: Bewehrungskorrosion durch Chloride aus Meerwasser					
Beton, der Bewehrung oder anderes eingebettetes Metall enthält und Chloriden aus Meerwasser oder salzhaltiger Seeluft ausgesetzt ist					
XS1	salzhaltige Luft, aber kein unmittelbarer Kontakt mit Meerwasser	Außenbauteile in Küstennähe	C30/37	300	0,55
XS2	unter Wasser	ständig unter Wasser liegende Bauteile in Hafenanlagen	C35/45	320	0,50
XS3	Tidebereiche, Spritzwasser- und Sprühnebelbereiche	Kaimauern in Hafenanlagen	C35/45		0,45
XF: Betonangriff durch Frost mit und ohne Taumittel					
Durchfeuchteter Beton, der einem erheblichen Angriff durch Frost-Tau-Wechsel ausgesetzt ist					
XF1	mäßige Wassersättigung, ohne Taumittel	Außenbauteile	C25/30	280	0,60
XF2	Mäßige Wassersättigung, mit Taumitteln	Bauteile im Sprühnebel- oder Spritzwasserbereich von taumittelbehandelten Verkehrsflächen (soweit nicht XF4), Betonbauteile im Sprühnebelbereich von Meerwasser	C35/45 C25/30 (LP)	320 300	0,50 0,55

Tabelle 1: *Expositionsklassen Beton (Ingrid Kaiser gem. DIN EN 206-1/ DIN 1045-2)*

Expositionsklassen	**Umgebungsbedingungen**	**Beispiele**	**Mindestdruckfestigkeitsklasse**	**Mindestzementgehalt [kg/m³]**	**Maximaler w/z-Wert**
XF3	hohe Wassersättigung, ohne Taumittel	offene Wasserbehälter, Bauteile in der Wasserwechselzone von Süßwasser	C35/45 C25/30 (LP)	320 300	0,50 0,55
XF4	hohe Wassersättigung, mit Taumitteln	mit Taumitteln behandelte Verkehrsflächen, überwiegend horizontale Bauteile im Spritzwasserbereich von taumittelbehandelten Verkehrsflächen, Betonschutzwände, Räumerlaufbahnen von Kläranlagen, Meerwasserbauteile in der Wasserwechselzone	C30/37 (LP)	320	0,50
XA: Betonangriff durch aggressive chemische Umgebung					
Beton, der chemischen Angriffen durch natürliche Böden, Grundwasser, Meerwasser oder Abwasser ausgesetzt ist					
XA1	chemisch schwach angegriffene Umgebung	Behälter von Kläranlagen, Güllebehälter	C25/30	280	0,60

***Tabelle 1:** Expositionsklassen Beton (Ingrid Kaiser gem. DIN EN 206-1/ DIN 1045-2)*

Expositionsklassen	**Umgebungsbedingungen**	**Beispiele**	**Mindestdruckfestigkeitsklasse**	**Mindestzementgehalt [kg/m³]**	**Maximaler w/z-Wert**
XA2	chemisch mäßig angreifende Umgebung und Meeresbauwerke	Betonbauteile, die mit Meerwasser in Berührung kommen, Bauteile in Beton angreifenden Böden	C35/45	320	0,50
XA3	chemisch stark angreifende Umgebung (Schutzmaßnahmen i. d. R. erforderlich)	Industrieabwasseranlagen mit chemisch angreifenden Abwässern, Futtertische in der Landwirtschaft, Kühltürme mit Rauchgasableitung	C35/45		0,45
XM: Betonangriff durch Verschleißbeanspruchung					
Beton, der einer erheblichen mechanischen Beanspruchung ausgesetzt ist					
XM1	mäßige Verschleißbeanspruchung	tragende und aussteifende Industrieböden mit Beanspruchung durch luftbereifte Fahrzeuge	C30/37	300	0,55
XM2	starke Verschleißbeanspruchung	tragende und aussteifende Industrieböden mit Beanspruchung durch luft- oder vollgummibereifte Gabelstapler	C35/45 C30/37 (+ Oberflächenbehandlung)	320 300	0,45 0,55

Tabelle 1: *Expositionsklassen Beton (Ingrid Kaiser gem. DIN EN 206-1/ DIN 1045-2)*

Expositionsklassen	**Umgebungsbedingungen**	**Beispiele**	**Mindestdruckfestigkeitsklasse**	**Mindestzementgehalt [kg/m³]**	**Maximaler w/z-Wert**
XM3	sehr starke Verschleißbeanspruchung	tragende oder aussteifende Industrieböden mit Beanspruchung durch elastomer- oder stahlrollenbereifte Gabelstapler, mit Kettenfahrzeugen häufig befahrene Oberflächen, Wasserbauwerke in geschiebebelasteten Gewässern, z. B. Tosbecken	C35/45 (Hartstoffe bauseitig)	320	0,45

Daneben müssen die Feuchtigkeitseinflüsse berücksichtigt werden, da Feuchte und Alkali-empfindliche Kieselsäure der Gesteinskörnungen reagiert und zu Rissbildung und Abplatzungen führen kann:

Tabelle 2: *Feuchtigkeitsklassen Beton (Ingrid Kaiser gem. DIN EN 206-1/ DIN 1045-2/Alkali-Richtlinie)*

Betonkorrosion infolge Alkali-Kieselsäure-Reaktion			
Feuchtigkeitsklasse	**Bezeichnung**	**Umgebungsbedingungen**	**Beispiele**
WO	trocken	Beton, der nach normaler Nachbehandlung nicht länger feucht und nach Austrocknen während der Nutzung weitgehend trocken bleibt	Innenbauteile Außenbauteile ohne Einwirkung von Niederschlags-, Oberflächenwasser, Bodenfeuchte

Tabelle 2: *Feuchtigkeitsklassen Beton (Ingrid Kaiser gem. DIN EN 206-1/ DIN 1045-2/Alkali-Richtlinie)*

Betonkorrosion infolge Alkali-Kieselsäure-Reaktion			
Feuchtigkeits-klasse	**Bezeichnung**	**Umgebungs-bedingungen**	**Beispiele**
WF	feucht	Beton, der während der Nutzung häufig oder für längere Zeit feucht ist	ungeschützte Außenbauteile, Innenbauteile in Feuchträumen
WA	feucht + Alkalizufuhr von außen	Beton wie WF, der häufig oder für längere Zeit Alkalizufuhr ausgesetzt ist	Betonbauteile mit Meerwasser-, Tausalz-Einwirkung

Stahlbeton als Verbundbaustoff aus Beton und Bewehrung hat sich bewährt, da durch die Bewehrung die Zugkräfte aufgenommen, die Druckfestigkeit erhöht und die Rissbildung verringert werden. Der Beton nimmt die Druckkräfte auf, gewährleistet den Brandschutz und schützt die Bewehrung vor Korrosion. Damit Letzteres sichergestellt ist, muss die Dicke der Betondeckung folgende Maße einhalten:

Tabelle 3: *Betondeckung in Abhängigkeit von den Expositionsklassen (Ingrid Kaiser gem. DIN EN 1991-1-1/DIN EN 1991-11-1/NA)*

Expositionsklasse	**Mindestmaß c_{min} [mm]**	**Nennmaß c_{nom} [mm]**
XC1	10	20
XC2	20	35
XC3		
XC4	25	40
XD1	40	55
XD2		
XD3		
XS1		
XS2		
XS3		

Ein Spezial-Fall der Betonanwendung ist die Ausführung im Bereich von Wasserangriff, z. B. Grundwasser, als **wasserundurchlässiger Beton** (WU-Beton). An die Beton-Rezeptur für „Wasserundurchlässige Bauwerke" stellt insbesondere die WU-Richtlinie hohe Anforderungen. Fugen und deren Ausbildung sind, neben Rissbildung, dabei immer Schwachstellen, die eine enge Zusammenarbeit zwischen Auftraggebern, Objektplanern, Fachingenieuren und Bauleitern – vor und während der Ausführung – erfordern. Wesentliche Grundlage für Planung und Ausführung ist die WU-Richtlinie des Deutschen Ausschusses für Stahlbeton e. V. (DAfStb).

Auf Basis der Bedarfsplanung des Auftraggebers wird zunächst die Nutzungsklasse festgelegt:

Nutzungsklasse A (NKL A)

- kein Wasserdurchtritt in flüssiger Form
- keine Feuchtestellen an der Oberfläche (nutzungsseitig)
- keine wasserführenden Risse und Fugen

Bei hochwertiger Nutzung können die Anforderungen detaillierter definiert werden, wobei die Anforderungen an das Raumklima durch entsprechende bauphysikalische Maßnahmen angepasst werden müssen.

- Nutzungsklasse A0 – untergeordnet, z. B. einfache Technikräume
- Nutzungsklasse A* – einfach, z. B. Räume zum zeitweiligen Aufenthalt von Menschen
- Nutzungsklasse A** – normal, z. B. Räume zum dauerhaften Aufenthalt von Menschen
- Nutzungsklasse A*** - anspruchsvoll, z. B. Lager-/Technikräume mit feuchte-/temperaturempfindlichen Gütern
- Nutzungsklasse B (NKL B)
  - Feuchtestellen zulässig

- Wasserdurchtritt in flüssiger Form bedingt zulässig: temporär bis zur Selbstheilung[1] wasserführende Risse zulässig (Dunkelfärbung/Wasserperlen nutzungsseitig)

Aus dem Bemessungswasserstand und geotechnischen Gegebenheiten ergeben sich die Beanspruchungsklassen:

- Beanspruchungsklasse 1 (BKL 1)
  - ständig oder zeitweise drückendes Wasser
  - WU-Dächer
- Beanspruchungsklasse 2 (BKL 2)
  - Bodenfeuchte
  - an der Wand ablaufendes Wasser

Im nächsten Schritt erfolgen die Festlegung der Bauart und der Bauteilabmessungen sowie die detaillierte Fugen-Planung. Hieraus ergeben sich unter Berücksichtigung der Ablaufplanung die Festlegung der Betonier-Abschnitte und damit der Arbeitsfugen und die Auswahl des Abdichtungssystems.

Die klassische Ausbildung der Weißen Wanne erfolgt durch Ortbeton-Konstruktionen, bei denen besonderes Augenmerk auf die Arbeitsfugen und damit deren sorgfältige Planung und entsprechende Ausführung gerichtet werden muss.

Zunehmend werden (Voll-)Fertigteile, z. B. auch in Einfamilienhaus-Kellern, zur rationellen Errichtung eingesetzt. Elementwände gelten als Halbfertigteile, da die vorgefertigten Betonplatten, die mit Gitterträgern verbunden sind, auf die Baustelle geliefert werden und vor Ort ausbetoniert werden.

Das Fugensystem muss – innen oder außen liegend – durchgängig, also ohne Unterbrechungen, und dauerhaft wasserdicht ausgeführt werden. Hierbei greifen Planung und Ausführung sehr eng ineinander. Während bei anderen Planungsbereichen örtlich häufig Änderungen im Bauablauf integriert werden können, muss die Fugenplanung sich einerseits an den örtlichen Gegebenheiten und

[1] "Zeitliche Verringerung des Wasserdurchtritts durch Trennrisse in Abhängigkeit von Rissbreite und Wasserdruckhöhe" (Quelle: WU-Richtlinie).

Leistungskapazitäten orientieren, andererseits muss in der Umsetzung vor Ort die vorgegebene Abfolge- und Zeitplanung exakt eingehalten werden. Das Fugensystem muss in sich geschlossen sein, um die Wasserundurchlässigkeit zu gewährleisten. Generell wird unterschieden zwischen innen liegender, d. h. im Bauteil liegender Abdichtung, und außen liegender, d. h. auf der Wasserseite liegender Abdichtung.

1.6.2 Mauerwerk aus künstlichen Steinen

Mauerwerk wird im tragenden System hauptsächlich für Wände und Stützen verwendet und muss dementsprechend tragfähig sein, d. h. Druck- und Zugkräfte, Schubbeanspruchung aus Querkräften und Biegemomente aufnehmen. Die Aufnahme der Druckkräfte ist zum einen vom Steinmaterial (Steindruckfestigkeitsklasse (SFK) 2 bis 60 N/mm^2), zum anderen von der Mörtelklasse (M1 bis M20 N/mm^2) abhängig und ergibt die Mauerwerk-Druckfestigkeit f_k. Bei den Mörtelarten wird unterteilt in Normalmörtel (NM), Leichtmörtel (LM) und Dünnbettmörtel (DM).

Tabelle 4: *Mauerwerk-Druckfestigkeit mit Normalmörtel (Ingrid Kaiser gem. DIN 1053/DIN EN 998-2)*

SFK [N/mm^2] Vollziegel, Kalksand-Vollsteine, Blocksteine	Mörtelgruppe/-klasse			
	Druckfestigkeit N/mm^2			
	NM I / M2,5	NM Ia / M5	NM II / M10	NM IIa / M20
2	-	-	-	-
4	2,8	3,2	3,5	4,0
6	3,6	4,0	4,5	5,0
8	4,2	4,7	5,3	5,9
10	4,8	5,4	6,0	6,8
12	5,4	6,0	6,7	7,5
16	6,4	7,1	8,0	8,9
20	7,2	8,1	9,1	10,1
28	8,8	9,9	11,0	12,4

Tabelle 4: *Mauerwerk-Druckfestigkeit mit Normalmörtel (Ingrid Kaiser gem. DIN 1053/DIN EN 998-2)*

SFK [N/mm²] Vollziegel, Kalksand-Vollsteine, Blocksteine	**Mörtelgruppe/-klasse Druckfestigkeit N/mm²**			
	NM I / M2,5	**NM Ia / M5**	**NM II / M10**	**NM IIa / M20**
36	10,2	11,4	12,7	14,3
48			15,1	16,9
60				

Tabelle 5: *Mauerwerk-Druckfestigkeit mit Leichtmörtel (Ingrid Kaiser gem. DIN 1053/DIN EN 998-2)*

SFK [N/mm²] Mauerziegel	**Mörtelgruppe/-klasse Druckfestigkeit N/mm²**	
	LM 21 / M5	**LM 36 / M5**
2	1,4	
4	2,3	
6	3,0	
8	3,6	

Tabelle 6: *Mauerwerk-Druckfestigkeit mit Dünnbettmörtel (Ingrid Kaiser gem. DIN 1053 / DIN EN 998-2)*

SFK [N/mm²] Porenbeton	**Druckfestigkeit N/mm² Mörtelklasse M10**
2	1,8
4	3,0
6	4,1
8	5,1

Die Fugendicke ist bei der Lagerfuge (waagerecht) abhängig von den Angaben der Maßordnung im Hochbau und beträgt i. d. R. 12 mm bei Normalmörtel. Da zunehmend großformatige Steine mit Versetzgeräten und im Dünnbett, 1 bis 3 mm Dicke, verwendet werden, spielt die Maßordnung kaum noch eine Rolle. Eine Ausnahme bildet Sichtmauerwerk, bei dem die Fugenstruktur sichtbar bleibt. Die Stoßfugen werden i. d. R. mit einer Dicke von 10 mm ausgeführt. Da die Druckfestigkeit des Mörtels geringer ist als die des Mauersteins, muss hier zusätzlich das Überbindemaß berücksichtigt werden, damit die Drucklasten gleichmäßig nach unten verteilt werden können. Das Überbindemaß ist der waagerechte Abstand der Stoßfugen in der übereinanderliegenden Mauerwerksschicht. Optimal ist es, wenn sie mittig über dem darunterliegenden Stein liegt, also das Überbindemaß lol 0,5 x Steinlänge beträgt. Das Überbindemaß ist im Regelfall in Abhängigkeit von der Steinhöhe mit 0,4 x Steinhöhe festgelegt, wobei Mindestmaße zulässig sind:

Tabelle 7: *Mindestüberbindemaße*
(Ingrid Kaiser gem. DIN EN 1996-1.1/NA)

Steinhöhe [m]	Mindestüberbindemaß [m]
< 0,113	≥ 0,045
0,113/0,123	≥ 0,05
0,248	≥ 12,5
0,623	

Damit Wände als tragende Wände in der Konstruktion angesetzt werden können, müssen sie min. 0,115 m dick sein. Aussteifende Wände, die der Knickaussteifung tragender Wände dienen, müssen eine Länge von min. 20 % der lichten Rohbau-Höhe des jeweiligen Raums und eine Dicke von min. 33 % der auszusteifenden Wand, min. jedoch 0,115 m, haben. Mauerpfeiler müssen für eine tragende Funktion einen Querschnitt von min. 0,04 m^2 haben, sodass sich gem. üblicher Mauermaße Abmessungen von z. B. 0,175 x 0,24 m oder 0,115 x 0,365 m ergeben.

In alle Außenwände und in die Querwände, die als vertikale Scheiben der Abtragung horizontaler Lasten (z. B. Wind) dienen, sind Ringanker zu legen, wenn min. eines der folgenden Kriterien zutrifft:

- bei Bauten, die mehr als zwei Vollgeschosse haben oder länger als 18 m sind;
- bei Wänden mit vielen oder besonders großen Öffnungen, besonders dann, wenn die Summe der Öffnungsbreiten 60 % der

Wandlänge übersteigt, oder bei Fensterbreiten, die mehr als 2/3 der Geschosshöhe betragen und deren Breitenaddition 40 % der Wandlänge übersteigt;
- wenn die Baugrundverhältnisse es erfordern.

Die Ringanker sind in jeder Deckenlage oder unmittelbar darunter anzubringen. Sie können aus Stahlbeton, bewehrtem Mauerwerk, Stahl oder Holz ausgebildet werden und müssen unter Gebrauchslast eine Zugkraft von 30 kN aufnehmen können. In Gebäuden, in denen der Ringanker nicht durchgehend ausgebildet werden kann, ist die Ringankerwirkung auf andere Weise sicherzustellen.

Werden Decken ohne Scheibenwirkung verwendet oder aus Gründen der Formänderung der Dachdecke Gleitschichten unter den Deckenauflagern angeordnet, so ist die horizontale Aussteifung der Wände durch Ringbalken oder statisch gleichwertige Maßnahmen sicherzustellen.

Die Ringbalken und ihre Anschlüsse an die aussteifenden Wände sind für eine horizontale Last von 1/100 der vertikalen Last der Wände und gegebenenfalls zusätzlich aus der Windlast zu bemessen. Bei der Bemessung von Ringbalken unter Gleitschichten sind außerdem Zugkräfte zu berücksichtigen, die den verbleibenden Reibungskräften entsprechen.

1.6.3 Holz und Holzwerkstoffe

Der Holzbau wurde in den letzten Jahrzehnten hauptsächlich für geneigte Dächer als zimmermannsmäßige Tragkonstruktion verwandt, gewinnt aber u. a. im Rahmen der Nachhaltigkeit zunehmend an Bedeutung. Der Baustoff Holz als Naturbaustoff hat je nach Art des Holzes und der jeweiligen Feuchte-Einflüsse sehr unterschiedliche Eigenschaften hinsichtlich Rohdichte, Härte, Festigkeit und Dauerhaftigkeit. Für tragende Bauteile werden hauptsächlich Fichte und Tanne und teilweise auch Kiefer und Douglasie verwandt. Die weiteren europäischen wie auch die außereuropäischen Hölzer finden vorwiegend im Innenausbau Verwendung.

Die Dichte von Holz ist bei allen Holzarten mit ca. 1,56 kg/dm^3 gleich, während die Rohdichte nach Holzart und Feuchtegehalt, auch innerhalb eines Holz-Bauteils, sehr unterschiedlich sein kann. Diese hat Einfluss auf die Elastizität, die Festigkeit und das Wärmedämm-Vermögen. Fichte/Tanne haben im lufttrockenen Zustand (≤ 20 % Feuchtegehalt) eine Rohdichte von ca. 0,43 bis 0,47 kg/dm^3, Kiefer von ca. 0,49 bis 0,52 kg/dm^3. Pro 1 % der Feuchteänderung schwindet das Holz i. M. um ca. 0,18 % in radialer und um ca. 0,35 % in tangentialer Richtung; das Schwindmaß in Faserrichtung (axial) ist dagegen zu vernachlässigen.

Da Holz ein natürlich gewachsener Baustoff ist, sind Unregelmäßigkeiten unvermeidlich. Daher erfolgt zunächst eine visuelle Sortierung (nach Augenschein) bzw. eine maschinelle Sortierung hinsichtlich Rissen, Verfärbungen, Krümmungen und Schädlingen. Nach der visuellen Sortierung werden nach DIN 4074-1 für Kanthölzer, Bohlen und Latten die Klassen S 7 – geringe Tragfähigkeit, S 10 – übliche Tragfähigkeit und S13 – überdurchschnittliche Tragfähigkeit unterschieden. Aus den maschinellen Sortierklassen nach DIN 4074-1 C 16 M bis C 40 M werden die Festigkeitsklassen nach DIN EN 338 abgeleitet: C 16, C 24, C 30, C 35 und C 40. Eine Besonderheit des Baustoffs Holz ist die unterschiedliche Festigkeit und Steifigkeit parallel zur Faser gegenüber derjenigen senkrecht zur Faser.

Tabelle 8: *Festigkeit und Steifigkeit für Nadelvollholz (Ingrid Kaiser gem. DIN 1995, DIN EN 338)*

Klasse	C 18	C 24	C 30	C 35	C 40
			[N/mm^2]		
Biegung	18	24	30	35	40
Zug	11	14	18	21	24
⊥					
Zug II			0,4		
Druck	18	21	23	25	26
⊥					
Druck II	2,2	2,5	2,7	2,8	2,9

Tabelle 8: *Festigkeit und Steifigkeit für Nadelvollholz (Ingrid Kaiser gem. DIN 1995, DIN EN 338)*

Klasse	C 18	C 24	C 30	C 35	C 40
E-Modul ⊥	300	370	400	430	470
E-Modul II	9.000	11.000	12.000	13.000	14.000

Mit zunehmender Holzfeuchte sowie größer werdendem Winkel zwischen Lasteinwirkung und Faserrichtung nimmt die Festigkeit ab.

Für tragende Konstruktionen aus Bauschnittholz und für tragende Elemente des Rahmen- und Tafelbaus muss min. die Festigkeitsklasse C 24 gem. DIN EN 338, für Brettschichtholz min. die Festigkeitsklasse GL 24 h gem. DIN 14080 verwendet werden.

Die Dauerfestigkeit hinsichtlich Druck- und Zugspannung nimmt logarithmisch ab, sodass sie nach ca. zehn Jahren noch 60 % der Kurzzeitfestigkeit erreicht.

Die Dauerfestigkeit gegen äußere Einflüsse wie mechanische Abnutzung, chemische Angriffe und Witterungseinfluss ist von der Holzart, der Rohdichte und der Härte abhängig.

Nach den Einsatzgebieten werden nach DIN 1995-1-1 folgende Nutzungsklassen unterschieden:

- NK 1 – Trockenbereich: beheizte Innenräume ≥ 20 °C, Luftfeuchte i. M. ≤ 65 %
- NK 2 – Feuchtbereich: überdachte, offene Bauwerke ≥ 20 °C, Luftfeuchte i. M. ≤ 85 %
- NK 3 – Außenbereich, frei der Witterung ausgesetzt

Der natürliche Wuchs bedingt auch Holzfehler, vorwiegend Harzgallen, Äste, Verfärbung und Risse, die sich auf die Festigkeit und/ oder das optische Erscheinungsbild auswirken können.

Folgende Holzfehler sind bei Kanthölzern und hauptsächlich in Faserrichtung belasteten Brettern und Bohlen aus Nadelholz nach DIN 4074-1 zulässig:

Tabelle 9: *Zulässige Holzfehler bei Nadelhölzern (Ingrid Kaiser gem. DIN 4074-1)*

	Sortierklassen		
Merkmale	S 7	S 10	S 13
Ästigkeit	3/5	2/5	1/5
Faserneigung zur Achse	≤ 16 %	≤ 12 %	≤ 7 %
Jahrringbreite	≤ 6 mm		≤ 4 mm
Krümmung	≤ 12 mm	≤ 8 mm	
Verdrehung	2 mm/25 mm Breite	1 mm/25 mm Breite	
Befall mit Bläuepilzen (Bläue)	zulässig		

Die Ästigkeit bezieht sich auf das Verhältnis der Astgröße im Verhältnis zu Höhe bzw. Breite des Bauteils, wobei der jeweils ungünstigere Wert gewählt werden muss. Auch die Zulässigkeit von Schwindrissen wird als Verhältniszahl angegeben: Risstiefe im Querschnitt zur entsprechenden Querschnittsseite. Die Krümmung wird durch den Messwert [mm] an der größten Krümmungsstelle bezogen auf eine Länge des Bauteils von 2,00 m angegeben. Fraßgänge von Frischholzinsekten sind bis zu 2 mm Durchmesser zulässig.

Generell bietet Holz sowohl einen guten winterlichen als auch sommerlichen Wärmeschutz. Die Wärme-Speicherfähigkeit ist mit 1260 kJ/m^3K ca. 40-mal höher als die von Polyurethan und ca. 60-mal höher als die von Polystyrol.

Zimmermannsmäßige Holzverbindungen (ohne Befestigungsmittel) rücken aufgrund des hohen zeitlichen Aufwands (Lohnkosten) immer mehr in den Hintergrund. Auch bei klassischen Dachkonstruktionen werden i. d. R. Verbindungsmittel aus feuerverzinktem Stahlblech oder Edelstahl verwendet, die eine bauaufsichtliche Zulassung (baZ) benötigen, z. B. Balkenschuhe, Winkelbeschläge,

Nagelplatten, Sparren-Pfetten-Anker etc. Im konstruktiven Holzbau kommen Stabdübel- und Bolzenverbindungen zum Einsatz. Hierbei werden unterschiedliche Konstruktionsarten unterschieden. Der Holzrahmenbau wird im Geschossbau als flexibles System eingesetzt. Die Rahmen können individuell bzw. in bestimmten Rastermaßen vorgefertigt und dann in kurzer Zeit auf der Baustelle montiert werden. Die Rahmen werden dabei mit Dämmstoffen ausgefüllt und innen meist mit Grobspanplatten (OSB-Platten) oder Gipsfaserplatten, außen mit Holzfaserplatten mit gewünschter Fassadengestaltung beplankt.

Einen noch höheren Vorfertigungsgrad bietet der Holzmassivbau, bei dem Wand-, Decken- und Dachbauplatten im Werk erstellt und dann vor Ort montiert werden. Verwendet werden neben tragenden Holzbauteilen auch Holzwerkstoffe. Die Platten bilden zum einen das Tragwerk, zum anderen fungieren sie als raumbildendes Element.

Der Holzständerbau (Holzskelettbau) basiert auf dem klassischen Fachwerk-System aus Pfosten, Riegeln und diagonalen Streben. Die Gefache können, angelehnt an alte Bauweisen, mit Lehmziegeln ausgemauert, aber auch mit transluzenten Materialien ausgefüllt werden, da sie keine Tragfunktion übernehmen. Alternativ können sie von außen mit allen Fassaden-Systemen versehen werden.

1.6.4 Stahl

Unlegierter Stahl besteht nur aus Eisen und Kohlenstoff, legierter enthält weitere Metalle, die die Eigenschaften des Stahls verbessern. Das endgültige Produkt wird aus Stahlblöcken (Brammen) gewalzt.

Stahl wird zum einen für Tragkonstruktionen verwendet, zum anderen dient er als Bewehrung von Betonen. Hierfür werden alternativ auch Glas- und Stahlfasern bzw. verstärkte Kunststoffe verwendet.

Im Industriebau werden Gebäude in Stahlfachwerk-Bauweise aus gewalzten Profilen erstellt. Die Gefache werden mit Mauerziegeln,

Kalksandsteinen oder Hüttensteinen im DF, NF oder 2 DF mit Zementmörtel ausgemauert. Meist ordnet man die Ausfachung zwischen die Flansche der Stützen und Riegel an. Sie wird verfugt oder verputzt.

Statt der Ausfachung mit kleinformatigen Steinen können auch 3,00 bis 6,00 m lange und 62,5 cm breite Wandplatten aus Porenbeton zwischen die Flansche der Stützen versetzt werden.

Auch wenn Stahlbau-Konstruktionen Lasten gut aufnehmen können, haben sie den Nachteil, dass bei entsprechenden Anforderungen zusätzliche Brandschutz-Maßnahmen ergriffen werden müssen. Hierzu werden i. d. R. Mineralfaser- und Vermiculite-Putze oder Gipskarton-Verkleidungen eingesetzt. Um die Zerstörung des Brandschutzes, z. B. durch Flurförder-Fahrzeuge, zu vermeiden, wird im Industriebau häufig der untere Bereich bis ca. 1,50 m einbetoniert. Bei der Außenluft ausgesetzten Bauteilen ist zum Korrosionsschutz Feuerverzinkung erforderlich.

Die Verbindungen, Verbindungsmittel und Umformungen, die z. T. nur vor dem Feuerverzinken ausgeführt werden dürfen, werden nach folgenden Oberbegriffen unterschieden:

- Fügen
  - Schrauben
  - Nieten
  - Schweißen (hierzu sind je nach statischen Anforderungen besondere Nachweise der ausführenden Unternehmen erforderlich)
- Trennen
  - Schneiden
  - Sägen
  - Bohren
  - Feilen
- Umformen
  - Biegen
  - Walzen
  - Ziehen

Die Konstruktionen sind i. d. R. als Skelettbau ausgeführt – Stützen und Träger –, die häufig mit Trapezblechen als Fassaden und Dachdeckungen bekleidet werden. Bei beheizten Räumen werden Sandwich-Elemente aus Trapezblech mit einem Kern aus Polyiso-Hartschaum (PIR) oder Polyurethan-Hartschaum (PUR) verwendet. Ähnlich wie beim Holzbau sind auch Rahmen-Konstruktionen oder Fachwerke möglich.

1.7 Vertiefende Anforderungen an Gebäude gemäß VDI 6200

1.7.1 Wiederkehrende Bauwerksprüfungen

Über die Anforderungen an die Standsicherheit gem. MBO und Verordnung (EU) Nr. 305/2011 (Bauproduktenverordnung), Anhang I (siehe Kapitel 1.5) hinaus hat die Konferenz der für Städtebau, Bau- und Wohnungswesen zuständigen Minister und Senatoren der Länder (Bauministerkonferenz) bereits 2006 „Hinweise für die Überprüfung der Standsicherheit von baulichen Anlagen durch den Eigentümer/Verfügungsberechtigten" erarbeitet. Vertiefend hat der Verein Deutscher Ingenieure (VDI) 2010 die VDI 6200 „Standsicherheit von Bauwerken – Regelmäßige Überprüfung" veröffentlicht. Beide Werke beziehen sich auf Planung, Errichtung und Nutzung der Bauwerke bzw. erforderliche Überprüfungsarten/-intervalle.

Anzuwenden sind die Hinweise der Bauministerkonferenz auf zwei Kategorien von Bauwerken, sie empfehlen sich jedoch auch für alle anderen Gebäude.

***Tabelle 1:** Anwendungsbereich nach Gefährdungspotenzial und Schadensfolgen (Ingrid Kaiser gem. „Überprüfung Standsicherheit", Bauministerkonferenz)*

Kategorien	Gebäudetypen/exponierte Bauteile	Beispiele
1	Versammlungsstätten > 5.000 Personen (s. a. Versammlungsstättenverordnung (VStättV))	Stadien
2	Bauliche Anlagen, Höhe H > 60,00 m	Fernsehtürme, Hochhäuser
	Stützweiten > 12,00 m und/oder Auskragungen > 6,00 m, großflächige Überdachungen	Hallenbäder, Einkaufsmärkte, Mehrzweck-, Sport-, Eislauf-, Reit-, Tennis-, Passagierabfertigungs-, Pausen-, Produktionshallen, Kinos, Theater, Schulen
	exponierte Bauteile mit besonderem Gefährdungspotenzial	große Vordächer, angehängte Balkone, vorgehängte Fassaden, Kuppeln

Die Arten der Überprüfung durch die jeweiligen Personenkreise und die Intervalle sowie die Dokumentation der Prüfungen werden in der VDI 6200 modifiziert und konkretisiert.

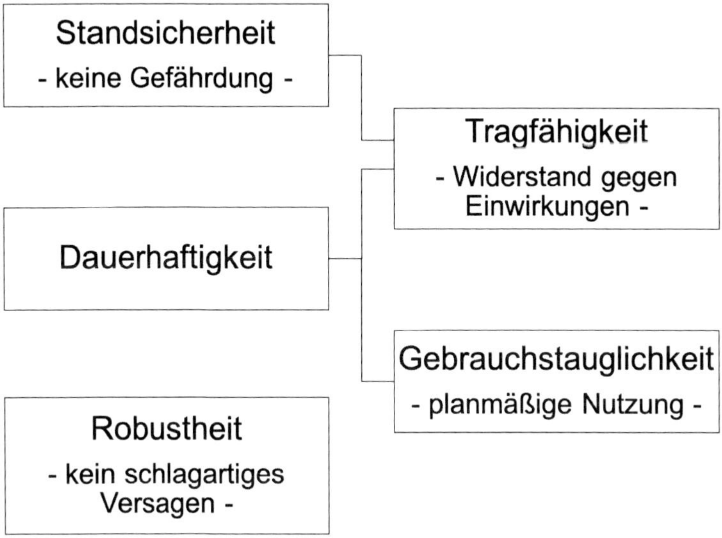

***Bild 1:** Anforderungen an Gebäude (Quelle: Ingrid Kaiser gem. VDI 6200)*

Zunächst wird die **Standsicherheit** wie folgt definiert: „Standsicherheit ist die Eigenschaft eines Bauwerks oder einzelner Bauteile, derart tragfähig zu sein, dass keine Gefährdung der öffentlichen Sicherheit und Ordnung unter Beachtung des Sicherheitsniveaus besteht." Und weiter die **Tragfähigkeit**: „Tragfähigkeit ist die Eigenschaft eines Bauwerks oder einzelner Bauteile, allen auftretenden Einwirkungen zu widerstehen, denen sie während der Errichtungs- und Nutzungsdauer planmäßig standhalten sollen." (Siehe Kapitel 1.5)

Weitere Kriterien sind die **Gebrauchstauglichkeit**, d. h., das Bauwerk hat die für die Nutzung erforderlichen Eigenschaften, die **Dauerhaftigkeit**, also der Erhalt der Tragfähigkeit und Gebrauchstauglichkeit während der gesamten Nutzungszeit. Die Anforderung an die **Robustheit** ist erfüllt, wenn das Tragwerk oder Teile davon nicht plötzlich ohne Ankündigung versagen, sondern sich Einschränkungen zuvor durch Rissbildungen, Verformungen etc. andeuten.

Tabelle 2: *Robustheitsklassen (Ingrid Kaiser gem. VDI 6200)*

Robustheitsklasse	Tragwerk-Beispiele	System-Beispiele
RC 1	statisch bestimmte Tragwerke ohne Systemreserven	Einfeldträger
	Fertigteilkonstruktionen ohne redundante[1] Verbindungen	stützenstabilisierte Hallentragwerke ohne Kopplungen
	imperfektionsempfindliche[2] Systeme	schlanke Schalentragwerke
	Tragwerke mit sprödem Verformungsverhalten	Tragwerke aus Glas, mit Gussbauteilen
RC 2	statisch unbestimmte Konstruktionen mit Systemreserven	Durchlaufträger, eingeschossige Rahmenkonstruktionen
	elastisch-plastisches Tragverhalten	Stahlkonstruktionen
RC 3	Konstruktionen mit großer Systemredundanz	mehrgeschossige Rahmenkonstruktionen
	Tragwerksverhalten und/oder Konstruktionen mit großen plastischen Systemreserven	vielfach statisch unbestimmte Systeme
	fehlerunempfindliche Systeme	seilverspannte Konstruktionen überschüttete Bogentragwerke

1 Redundanz = Höhere Anzahl funktionsfähiger Komponenten vorhanden als tragsicherheitstechnisch erforderlich.

2 Versagen ohne Vorankündigung (= Duktilität).

Tabelle 2: *Robustheitsklassen (Ingrid Kaiser gem. VDI 6200)*

Robustheits-klasse	Tragwerk-Beispiele	System-Beispiele
RC 4	Tragwerke, bei denen alternativ berücksichtigte Gefährdungs-szenarien und Versagensana-lysen ausreichende Robustheit zeigen	Bemessung für Stützenaus-fall, Bemessung auf Lastfall Flugzeugabsturz

Auf Basis des von der Bauministerkonferenz definierten Anwendungsbereichs unterscheidet die VDI 6200 Schadensfolgeklassen. Die Folgen eines Schadensereignisses werden wie folgt definiert:

- Hohe Folgen
  - Schäden an Leben und Gesundheit für sehr viele Menschen
  - Große Umweltschäden
- Mittlere Folgen
  - Schäden an Leben und Gesundheit für viele Menschen
  - Spürbare Umweltschäden
- Mittlere Folgen
  - Risiken für einzelne Menschen
  - Geringe Umweltschäden
  - Sach- und Vermögensschäden

Tabelle 3: *Schadensfolgeklassen (Ingrid Kaiser gem. VDI 6200)*

Schadens-folgeklasse	Merk-male	Gebäudetypen/ exponierte Bau-teile u. a.	Beispiele
CC 3	hohe Folgen	insbesondere: Versammlungs-stätten > 5.000 Personen	Stadien, Kongresshallen, Mehrzweckarenen

Tabelle 3: *Schadensfolgeklassen (Ingrid Kaiser gem. VDI 6200)*

Schadens-folgeklasse	Merk-male	Gebäudetypen/ exponierte Bau-teile u. a.	Beispiele
CC 2	mittlere Folgen	Bauliche Anlagen, Höhe H > 60,00 m	Fernsehtürme, Hochhäuser
		Stützweiten > 12,00 m und/ oder Auskragungen > 6,00 m, groß-flächige Über-dachungen	Bürogebäude, Industrie- und Gewerbebauten, Kraftwerke, Produktionsstätten, Bahn-hofs- und Flughafengebäude, Hallenbäder, Einkaufsmärkte, Museen, Krankenhäuser, Kinos, Theater, Schulen, Diskotheken, Sporthallen aller Art, z. B. für Eislauf, Reiten, Tennis, Radfahren, Leicht-athletik
		exponierte Bauteile mit besonderem Gefährdungspo-tenzial	große Vordächer, angehäng-te Balkone, vorgehängte Fassaden, Kuppeln
CC 1	geringe Folgen	robuste und erfahrungsgemäß unkritische Bau-werke, Stützweiten < 6,00 m	Ein- und Mehrfamilienhäuser
		Gebäude mit nur vorübergehendem Aufenthalt einzelner Menschen	landwirtschaftlich genutzte Gebäude

Die regelmäßigen Prüfungen werden von verschiedenen Personenkreisen, an die entsprechende Anforderungen gestellt werden, in unterschiedlichen Zeitabständen in Abhängigkeit von den Schadensfolgeklassen durchgeführt. Zunächst führt der Eigentümer im Rahmen der Betreiberverantwortung Begehungen durch und nimmt augenscheinliche Mängel oder Schäden auf. Diese betreffen vor allem:

- Tragwerkszustand (siehe Kapitel 1.5 und 1.6)
  - Verformungen
  - Risse
  - Durchfeuchtungen
  - Korrosion
- äußere und zustandsbedingte Veränderungen (siehe Kapitel 1.1 bis 1.4)
  - Witterungseinflüsse
  - bauphysikalische Unzulänglichkeiten

Diese Begehungen sollen für die Schadensfolgeklasse CC 3 alle ein bis zwei Jahre, für CC 2 alle zwei bis drei Jahre und für CC 1 alle drei bis fünf Jahre durchgeführt werden.

Im nächsten Schritt erfolgt die eingehende **Überprüfung** durch eine fachkundige Person, ebenfalls durch In-Augenschein-Nahme. Bauingenieure und Architekten mit min. fünf Jahren Berufserfahrung in der Aufstellung von Standsicherheitsnachweisen, technischer Bauleitung u. Ä. oder min. drei Jahren Erfahrung in der Überprüfung gleichartiger Baukonstruktionen gelten als **fachkundige Personen**. Anhang D der VDI 6200 listet exemplarisch Schadensindizien aus Veränderungen am Gebäude, die sich häufig aus der Änderung der Nutzung und/oder Umbauten ergeben, an Bauarten (z. B. Betonkonstruktionen, Mauerwerkskonstruktion etc.) und Baukonstruktionen (z. B. Dächer, Decken etc.) auf.

Diese Überprüfung/Inspektion wird für die Schadensfolgeklasse CC 3 alle zwei bis drei Jahre durchgeführt, für CC 2 alle vier bis fünf Jahre und für CC 1 nach Erfordernis, d. h. entsprechend der jeweiligen Gegebenheiten und des Bauzustands.

Die dritte Stufe stellt die **eingehende Prüfung** durch eine besonders fachkundige Person dar. Die Eignung als **besonders fachkundige Person** erfordert min. zehn Jahre Berufserfahrung in der Aufstellung von Standsicherheitsnachweisen, der technischen Bauleitung o. Ä., min. davon in der Aufstellung von Standsicherheitsnachweisen und min. ein Jahr in der technischen Bauleitung sowie spezifische Erfahrung in der jeweiligen Fachrichtung – Massivbau, Metallbau, Holzbau – des Gebäudes sowie Prüfingenieure oder mit einer Eintragung in die entsprechende Liste einer Ingenieurkammer.

Bei dieser handnahen Prüfung handelt es sich um umfangreiche Untersuchung der Bausubstanz durch zerstörungsfreie, zerstörungsarme und zerstörende Prüfungen und Auswertung der Materialprüfungen im Labor. Weiterhin können aufgrund der Ergebnisse zusätzlich Standsicherheitsnachweise erforderlich werden.

Die Intervalle der eingehenden Prüfung liegen bei der Schadensfolgeklasse CC 3 alle drei bis fünf Jahre, bei CC 2 und CC 1 nach Erfordernis, d. h. entsprechend der jeweiligen Gegebenheiten und des Bauzustands.

Hinweis

Wurden noch keine wiederkehrenden Bauwerksprüfungen durchgeführt, bildet die eingehende Prüfung den Start für die folgenden, sich zyklisch wiederholenden, weiteren Überprüfungen.

Eine Bewertung der vorgefundenen Mängel und Schäden sieht die VDI 6200 nicht vor, diese bleibt dem jeweiligen Begutachter vorbehalten.

1.7.2 Auswertung und Dokumentation von Überprüfungen

Das Bauwerksbuch bildet als Bestandsdokumentation einen Kernbereich der VDI 6200 durch die Sammlung aller gebäudespezifischen Unterlagen und die Dokumentation der durchgeführten Überprüfungen. Anhang B der VDI 6200 enthält ein Muster für die Gliederung des Bauwerksbuchs. Grundlage bilden alle Bestandsunterlagen wie die Baugenehmigung, die statische Berechnung und ausführungsrelevante Planunterlagen.

Ebenfalls dokumentiert werden sollten alle baulichen und nutzungsspezifischen Änderungen sowie außergewöhnliche Einflüsse von außen, z. B. extreme Witterungseinflüsse (starker Schneefall, Sturm, Hochwasser etc.), Veränderungen im Baugrund (Bautätigkeiten in direkter Umgebung, Veränderungen des Grundwasserstands etc.), Brand und nicht planmäßige Lasteinwirkungen. Letztere treten häufig in Produktionsbereichen durch Aufstellung oder Umsetzung von Maschinen, ggf. mit dynamischen Lasten, auf, die nicht innerbetrieblich abgestimmt wurden. Nach solchen Einwirkungen sollte auch außerhalb der vorgesehenen Zyklen eine Überprüfung durchgeführt und dokumentiert werden.

1.7.3 Sanierungsfahrpläne

Aus der jeweiligen Überprüfung müssen entsprechende Maßnahmen-Pläne erstellt werden, um Gefahren zu vermeiden. Zur Sicherung bzw. Wiederherstellung der Eigenschaften von Gebäuden werden drei unterschiedliche Strategien benannt:

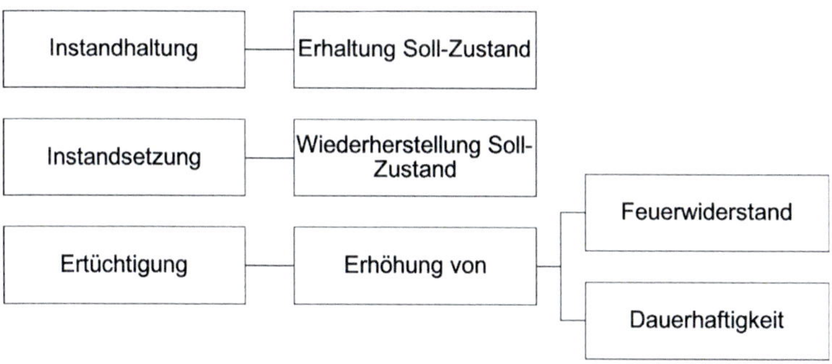

Bild 2: *Maßnahmen zur Erhaltung der geforderten Eigenschaften (Quelle: Ingrid Kaiser gem. VDI 6200)*

Die VDI 6200 sieht keine Klassifizierung der Mängel und Schäden vor, die jedoch von vielen Gutachtern als sinnvoll angesehen wird. Alternativ wird unterschiedliche Software zu diesem Thema angewandt. Eine einfache Alternative ist eine eigene Entwicklung, die im Folgenden dargestellt wird.

Begehungsdatum		01.06.24												
Schaden	Schadensumfang	Standsi-cherheit	Dauer-haftigkeit	Robustheit	Gefahrenklasse			Prio		Schadensbeseitigung		fällig	Bearbeitungs-stand	Bemerkungen
		1,4	2,2	3,1	2,5					Beginn	Ende			
abc	klein	1	3	3	↑	2,2	potenziell	3	1-4 J.	02.06.23	10.06.23	30.05.28	erledigt	
def	mittel	4	2	3	↓	4,0	dringend	1	sofort	03.06.22		15.06.24	in Bearbeitung	
ghi	groß	4	3	3	↓	4,0	dringend	1	sofort			15.06.24	überfällig	
jkl	mittel	1	2	4	↓	4,0	dringend	1	sofort	03.06.22	04.10.22	15.06.24	erledigt	
mno	mittel	1	3	3	↗	2,3	potenziell	3	1-4 J.			30.05.28		
pqr	groß	1	3	4	↓	4,0	dringend	1	sofort	20.01.23	31.01.23	15.06.24	erledigt	
stu	klein	3	3	3	↘	2,9	real	3	1-4 J.	02.06.23	10.06.23	30.05.28	erledigt	
vwx	mittel	1	1	3	↑	1,7	keine	4	5-10 J			29.05.34		

Bild 3: *Beispiel Schadensbewertung (Quelle: Ingrid Kaiser)*

Aus der Bewertung des Schadensumfangs je festgestelltem Schaden und einer Bewertung (Schulnoten-System) in den Kategorien Standsicherheit, Dauerhaftigkeit und Robustheit ergibt sich die Gefahrenklasse und damit die Priorität und Fälligkeit für die Beseitigung. Gleichzeitig können die Eigentümer/Betreiber den Stand der Bearbeitung eingeben und einen Überblick über die Fälligkeit erhalten.

1.7.4 Vorgehensweise beim Neubau

Während bei Bestandsgebäuden die erste Erstellung des Bauwerksbuchs häufig aufgrund fehlender/unvollständiger Unterlagen schwierig ist, können bei Neubauten alle Dokumente von Beginn an in die Systematik der Dokumentation eingeordnet werden. In der Praxis wird dies bisher eher selten umgesetzt. Insbesondere die Zugänglichkeit und Kontrollmöglichkeit beanspruchter Bauteile im Gebäude werden häufig vernachlässigt. Der Bautenschutz (siehe Kapitel 1.1 bis 1.4) sollte nicht nur sach- und fachgerecht geplant, sondern auch ausgeführt werden, da insbesondere die Hüll- und Schutzfunktion der Gebäudehülle dem Schutz der Bauteile dient.

Dem Eigentümer und damit i. d. R. den von ihm beauftragten Objekt- und Fachplanern, insbesondere Tragwerksplanern, obliegen damit entsprechende Pflichten hinsichtlich der Festlegung von erforderlichen Instandhaltungsmaßnahmen und der Dokumentation aller Veränderungen am Gebäude.

1.8 Regelmäßige Begehungen und Inspektionen

Während die VDI 6200 die Prüfungen hinsichtlich Standsicherheit, Dauerhaftigkeit und Robustheit in den Vordergrund stellt, sind regelmäßige Überprüfungen des Gesamtzustands von Gebäuden und Außenanlagen zur Werterhaltung empfehlenswert. Je eher beginnende Schäden erkannt werden, desto einfacher und damit wirtschaftlicher können sie beseitigt und Folgeschäden vermieden werden.

Im ersten Schritt werden Sicht- und Funktionsprüfungen durchgeführt, bei denen bereits hinreichend Hinweise auf Schäden gewonnen werden können. Besonders bei älteren Gebäuden, bei welchen längere Zeit keine Begehungen stattgefunden haben, müssen zum einen die Überprüfungen besonders intensiv durchgeführt werden, zum anderen Bestandsunterlagen zusammengestellt werden. Eventuell können Unterlagen auch aus den Bauarchiven der Gemeinden hinzugezogen werden. Häufig liegen keine bzw. keine aktuellen Pläne vor; in diesem Fall ist es hilfreich, wenn ein örtliches Aufmaß und die Erstellung von bemaßten Grundrissen (mit aktueller Nutzung der jeweiligen Räume) und Schnitten durchgeführt werden. In den Plänen können dann auch die aufgefundenen Schäden verortet, d. h. zeichnerisch dargestellt werden.

Zur Vorbereitung der Begehung werden zunächst die Objektdaten erfasst, die Folgendes enthalten sollten:

- Anschrift
- Eigentümer/Objektverantwortlicher und Nutzer
- Nutzungsart, ggf. frühere Nutzungen
- Ursprüngliches Baujahr und Baujahre von Veränderungen
  - Um- und Anbauten
  - Modernisierungen und energetische Sanierungen
  - Nutzungsänderungen

- Angaben zur Gebäude-Größe
  - Bruttogrundfläche
  - Nutz-/Wohnfläche
  - Bruttorauminhalt
- Ggf. Besonderheiten des Objekts, z. B. Leerstände
- Begutachtungsdatum und Begutachter

Als Checkliste für die Begehung können Listen der einzelnen Bauteile analog DIN 276 „Kosten von Hochbauten“ dienen, die im Weiteren dann auch Grundlage einer Kostenermittlung erforderlicher Maßnahmen sind. Weiterhin ist ein Schadenkataster hilfreich, das bspw. folgende Elemente enthält:

Tabelle 1: *Teil 1 Exemplarisches Schadenkataster (Ingrid Kaiser)*

Schadenkataster Gebäude: XYZ				
Schadens-beschreibung	Lage			
	außen/innen	Himm els-richtung	Geschoss	Raum-bezeichnung
Stufenrisse im Sichtmauer-werk	Außen	SO	3.-5. OG	
Schimmel-bildung	innen		DG	Dachboden

Die Begehung selbst wird anhand der Checkliste und nach einem gleichbleibenden Schema durchgeführt, z. B. von außen nach innen und von oben nach unten. Zur späteren Orientierung und der jeweils aufgenommenen Fotos wird zunächst das gesamte Gebäude von der Eingangsseite aus aufgenommen und dann im Uhrzeigersinn das Gebäude umlaufen. Anschließend erfolgt die Begehung von der höchstgelegenen zugänglichen Ebene, ebenfalls im Uhrzeigersinn.

Bei geneigten Dächern ist von hier aus in der Regel über Fensteröffnungen ein Blick auf die Dachflächen möglich, bei Flachdächern ggf. über einen Dachausstieg. In anderen Fällen sind Flachdächer durch Steigleitern erreichbar.

Hinweis

Bei Ausstiegen auf die Dachfläche müssen die erforderlichen Sicherungsmaßnahmen berücksichtigt werden, damit sich die Begutachtenden nicht in Gefahr begeben:

- Persönliche Schutzausrüstung gegen Absturz (PSAgA)
- Gewährleistung, dass Sekuranten (Anschlagpunkte) vorhanden und funktionsfähig sind
- u. U. Nachweis der Höhentauglichkeit der Begutachtenden

Häufig werden inzwischen Drohnen zur Befliegung der Dachflächen eingesetzt; hier sind die einschlägigen Vorschriften für den Einsatz zu beachten.

Hilfreich bei der Begehung der einzelnen Ebenen sind Fotos von Fluchtwegplänen oder sonstige Angaben zum jeweiligen Geschoss, bevor die einzelnen Räume begangen werden. Sind an den einzelnen Räumen Raumnummern oder -bezeichnungen angebracht, unterstützen Fotos davon ebenfalls die spätere Orientierung bzw. Zuordnung der Fotos zur Lage. Unterstützend können auch Video-Aufnahmen mit Sprach-Aufzeichnung zu den jeweiligen Schadensfällen herangezogen werden.

Darüber hinaus sollten die Nutzer kontinuierlich dafür sensibilisiert werden, Schadensquellen und entstehende Beschädigungen den Eigentümern bzw. Objektverantwortlichen mitzuteilen. Sind die Nutzer Mieter, sind sie rechtlich gem. BGB dazu verpflichtet (§ 536c BGB).

Zur weiteren Auswertung werden die Fotos der jeweils vorgefundenen Schäden im Schadenkataster zugeordnet:

Tabelle 2: *Teil 2 Exemplarisches Schadenkataster mit Verweisen auf aufgenommene Bilder (Ingrid Kaiser)*

Schadenskataster Gebäude XYZ					
Schaden-beschrei-bung	**Lage**				
	außen/ innen	**Himmels-richtung**	**Geschoss**	**Raumbe-zeichnung**	**Bild**
Stufenrisse im Sicht-mauerwerk	außen	SO	3.-5. OG		01_Risse. jpg 02_Risse. jpg
Schimmel-bildung	Innen		DG	Dachbo-den	03_Schim-mel.jpg

Im nächsten Schritt wird die Bewertung der festgestellten Schäden im entsprechend erweiterten Schadenkataster vorgenommen. Dieser Bewertung liegt das Prinzip der Risiko-Analyse zugrunde. Die Beurteilung von Risiken basiert auf der Gewichtung bzw. Einschätzung von Eintrittswahrscheinlichkeit und Auswirkungsintensität in der Zukunft eintretender Ereignisse.

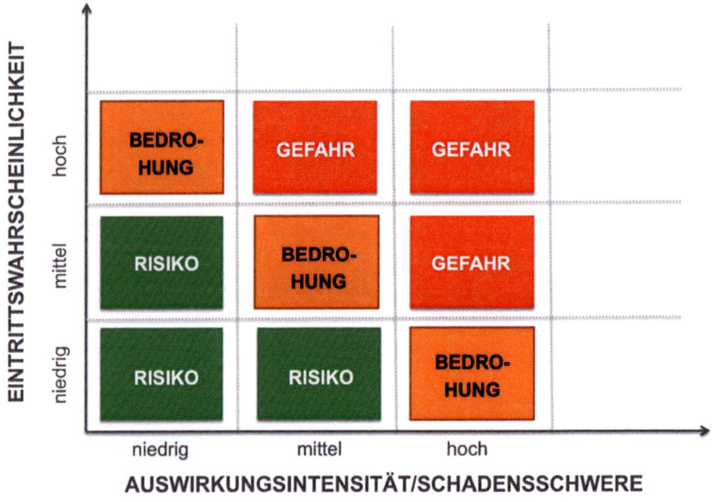

Bild 1: *Systematik der Risiko-Bewertung (Quelle: Ingrid Kaiser)*

Beispiel: Defektes Dach mit augenscheinlich eingeschränkter Tragfähigkeit

Bild 2: *Durchfeuchtung und Schäden am Auflager Dachkonstruktionen (Quelle: Ingrid Kaiser)*

Ansatz der Bewertung des Risikos:

- Auflager geschädigt
- Feuchteeinflüsse durch mangelnde Dichtheit der Dachdeckung (unzureichende Abdichtung)

Risikobewertung[1]

Tabelle 3: *Beispiel Risikobewertung (Ingrid Kaiser)*

Risiko-Faktor	Eintrittswahrscheinlichkeit	Auswirkungsintensität	Auswertung
Einsturz der Dachkonstruktion	Mittel	Hoch	→ Gefahr
Durchfeuchtung des gesamten Gebäudes	hoch	hoch	→ Gefahr

Das Schadenkataster wird mit der Zuordnung und diesen Einschätzungen nach dem „Ampel-Prinzip" erweitert:

Tabelle 4: *Teil 3 Exemplarisches Schadenkataster (Ingrid Kaiser)*

	Schadenskataster Gebäude: XYZ						
Kostengruppe		**...**	**In Ordnung**	**Schaden**	**Gefahr**	**nicht vorhanden**	**nicht bewertbar[2]**
331	Tragende Außenwände	...		X			
361	Dachkonstruktionen	...			X		

Zur weiteren Bearbeitung (Teil 4 Schadenkataster) wird eine Priorisierung vorgenommen, daraus Terminierungen abgeleitet (analog Kap. 1.7, Bild 3), die erforderlichen Maßnahmen beschrieben und Intervalle nachfolgender Begehungen nach Beseitigung festgelegt. Sollten bei der Begehung akute Gefahren bzw. Gefährdungen festgestellt werden, müssen sie als Sofort-Maßnahmen unmittelbar an die Verantwortlichen zur Beseitigung weitergeleitet oder entsprechende Schutz-Maßnahmen, z. B. Absperrungen, Abstützungen o. Ä., vorgenommen werden.

---

[1] Die Einschätzungen sind exemplarisch gewählt und können in vergleichbaren Konstellationen abweichen.

[2] z.B. nicht zugänglich

Hinweis

Anfang 2025 wurde der Norm-Entwurf zur DIN 94681 „Verkehrssicherheitsüberprüfung für Wohngebäude – Regelmäßige Prüfroutinen im Rahmen von Sichtprüfungen und Zustandsbewertungen, Grundlagen und Prüflisten“ veröffentlicht, jedoch im Mai 2025 auf Druck von Institutionen und Gremien wieder zurückgezogen. Der Norm-Entwurf ist ähnlich wie beschrieben aufgebaut, die hier dargestellten Vorgehensweisen können daher auch zur Prüfung der Verkehrssicherheit in allen Arten von Gebäuden angewandt werden. WICHTIG: Die Verkehrssicherungspflicht ist eine gesetzliche Anforderung an Eigentümer, abgeleitet aus dem Grundgesetz, Art. 14 (2) und dem Bürgerlichen Gesetzbuch, § 823 (1).

1.9 Bedeutung der allgemeinen Regeln der Technik

Die allgemein anerkannten Regeln der Technik (a. a. R. d. T., a. R. d. T., aRdT) werden als „Richtschnur" für technisch richtiges Planen und Bauen herangezogen (s. Kap. 2.1.1.). Spätestens seit der Diskussion um den Gebäudetyp E (E = einfach, experimentell) zur schnelleren und kostengünstigeren Schaffung von Wohnraum wird die absolute Gültigkeit jedoch in letzter Zeit infrage gestellt. Das Bundesministerium für Justiz (BMJ) beschränkt im November 2024 in seinem Informationspapier „Das Gebäudetyp-E-Gesetz" ausdrücklich Abweichungen von den anerkannten Regeln der Technik auf fachkundige Auftraggeber, also solche, die die fachlichen Kenntnisse zur Beurteilung besitzen. Für gewerbliche und öffentliche wie auch private Bauherren (Verbraucher), die nicht über die entsprechende Sachkenntnis verfügen, besteht dagegen eine Aufklärungspflicht. Dem schließt sich das Bundesministerium für Wohnen, Stadtentwicklung und Bauwesen (BMWSB) in seiner „Leitlinie und Prozessempfehlung – Einfaches Bauen Gebäudetyp E", ebenfalls im November 2024, an.

Die Anwendung der anerkannten Regeln der Technik geht auf eine Entscheidung des Reichsgerichts aus dem Jahr 1910 nach dem Rechtsstand von 1871 (§ 330 StGB) zurück, wonach sie sich in der Anwendung bewährt haben und von Fachleuten als richtig und praktisch nutzbar angesehen werden.

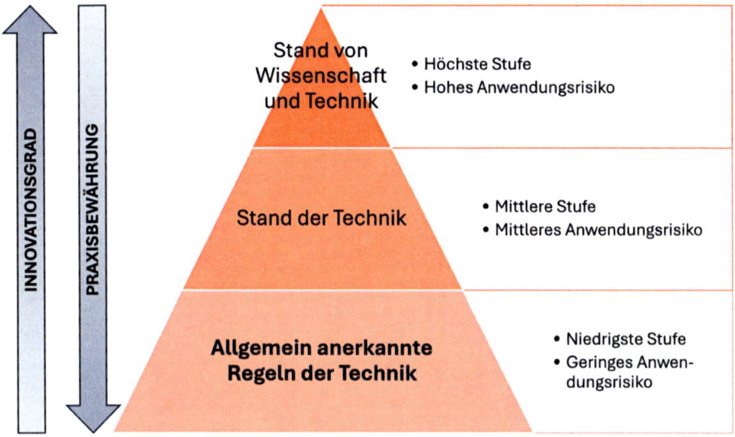

Bild 1: *Technologiestufen (Quelle: Ingrid Kaiser)*

Zu den anerkannten Regeln der Technik gehören u. a.:

- Normen (nationale, europäische und internationale)
- Vorschriften, Richtlinien (Verband Deutscher Elektrotechniker e. V. – VDE, Verein Deutscher Ingenieure – VDI, Verband Deutscher Maschinen- und Anlagenbau – VDMA etc.)
- Einheitliche technische Baubestimmungen (ETB)
- Technische Regeln für Arbeitsstätten (ASR)
- Herstellerrichtlinien zur Verarbeitung von Baustoffen
- mündlich überlieferte Regeln (z. B. im Zimmerer-Handwerk)

Grundsätzlich sind diese Regeln einerseits lediglich Empfehlungen, andererseits wird davon ausgegangen, dass bei ihrer Einhaltung alle Leistungspflichten der Planer und Ausführenden erfüllt sind. Jedoch steht dem der Innovationsaspekt entgegen, der für die Weiterentwicklung des Bauens erforderlich ist. Im Umkehrschluss ist es gängige Rechtsprechung, dass es sich um einen Mangel handelt, wenn der geschuldete Erfolg auch bei Einhaltung aller Regeln nicht erreicht wird, es sei denn, Auftraggeber und Auftragnehmer haben ausdrücklich etwas anderes vereinbart.

Im ersten Schritt ist es hilfreich, die jeweiligen Regeln hinsichtlich von Schutzzielen, soweit sie nicht über gesetzliche Vorschriften geregelt sind, wie:

- Standsicherheit
- Brandschutz
- gesunde Lebens- und Arbeitsverhältnisse
- Barrierefreiheit
- Umweltschutz

zu untersuchen. Diese einzuhalten ist zur Vermeidung von Schäden auch an den Gebäuden unabdingbar. Allerdings existieren eine ganze Reihe von Regeln, die Komfort- und Ausstattungsstandards beschreiben, hierzu werden immer wieder die Anzahl der erforderlichen Steckdosen, Raumhöhen (z. B. in den ASR, für Aufenthaltsräume jedoch in den Bauordnungen der Länder festgelegt), Minimierung der Deckenstärken mit Reduzierung des Schallschutzes, Raumtemperaturen in Bädern von Wohnungen von 24 °C etc. genannt.

Die bisherigen Betrachtungen bezogen sich lediglich auf die aktuelle Situation und damit auf Neubauten. Bei Betrachtung des Gebäudebestands entstehen jedoch andere Blickwinkel:

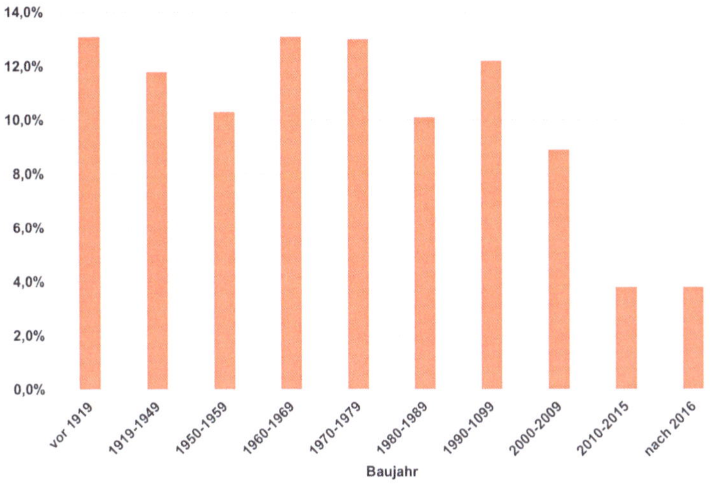

Bild 2: *Anteil der Gebäude mit Wohnnutzung nach Baujahr (Quelle: Ingrid Kaiser gem. Zensusdatenbank, mit Erhebung v. 15.05.2022)*

Hieraus ergibt sich für diese Gebäudeart ein mittleres Alter von knapp 50 Jahren, also mit einer Restnutzungsdauer von ca. 30 Jahren. Instandhaltungs- und Instandsetzungsmaßnahmen sind nicht erfasst. Trotz dieser lückenhaften Datenlage kann davon ausgegangen werden, dass min. 30 % der Bestandsgebäude nicht den aktuellen Anforderungen der anerkannten Regeln der Technik entsprechen, ohne dass gravierende Schäden aufgetreten sind.

Die zwingende Anwendung der anerkannten Regeln der Technik bleibt dabei spannend und sicher auch kontrovers. Vorrangig wird sie sich auf Neubauten und Um- und Erweiterungsbauten beziehen. Dazu hat das Deutsche Institut für Normung 2024 die Civey GmbH, Berlin, mit einer Befragung von ca. 300 Fachleuten (nicht näher definiert!) zur Bedeutung von DIN-Normen beauftragt.

Danach konnten sich 21,3 % vorstellen, ganz ohne DIN-Normen zu bauen, gegenüber 69,0 %, die das nicht für möglich hielten. Dem gegenüber schätzen 40,6 % als Ursache für gestiegene Baukosten die Anforderungen durch Baunormen an[1].

[1] Die Umfrage kann unter https://www.din.de/resource/blob/1180260/d21467855367bb65e44e221c82b6eca0/baukampagne-umfrage-data.pdf heruntergeladen werden.

2 Häufige Ursachen von Bauschäden an Baukonstruktionen

Begriffsdefinitionen

Generell wird ein (Bau-)Schaden als Verschlechterung des Zustands durch ein schädigendes Ereignis definiert. Umgangssprachlich wird der Bauschaden häufig mit einem Baumangel, der nur eine Ursache für einen Bauschaden ist, gleichgesetzt. Juristen sprechen von Schäden häufig ausschließlich im Zusammenhang mit finanziellen Verlusten (Schadensersatz), Baufachleute teilweise auch von irreparablen Beeinträchtigungen, d. h. solchen, die nur mit einem unverhältnismäßig hohen Aufwand beseitigt werden können, z. B. nicht bis in das Fundament durchgehende Schalldämmung zwischen zwei Gebäuden. Tatsächlich sind Bauschäden auf folgende Ursachen, die sich überlagern und damit steigern können, zurückzuführen:

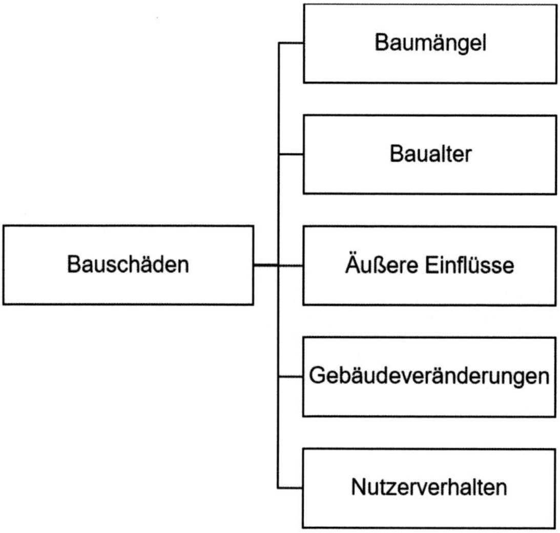

Bild 1: *Ursachen für Bauschäden (Quelle: Ingrid Kaiser)*

Die Verteilung der Bauschäden nach dem Auslöser zeigt deutlich, dass fast die Hälfte auf die konstruktiven Teile des Gebäudes entfallen, gefolgt von ca. einem Drittel (inkl. Wasserschäden) durch Feuchte:

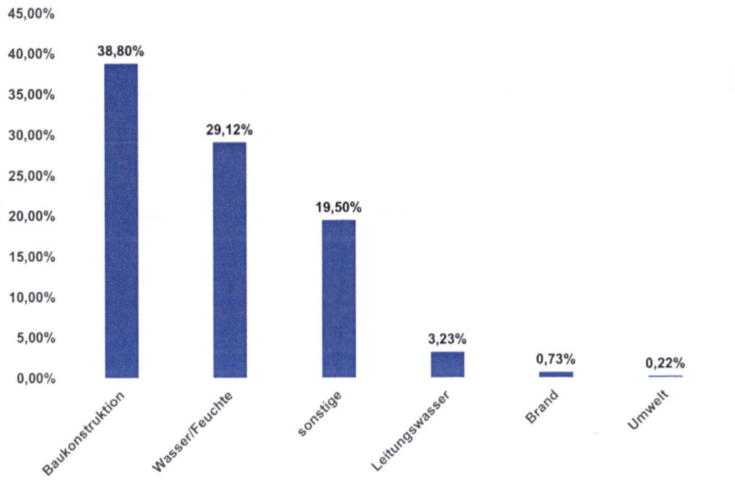

Bild 2: *Schadensursachen nach Auslöser 2018–2022 (Quelle: Ingrid Kaiser gem. VHV[1]-Bauschadenbericht Hochbau 2013–2024)*

Nach den Schadenstellen macht der größte Anteil Schäden aus, von denen mehrere Bauteile betroffen sind. Dies ist auf das Übergreifen von Schäden an Anschlüssen und Übergängen der einzelnen Elemente zurückzuführen. Damit sind insgesamt ebenfalls knapp die Hälfte (46,7 %) der Schäden an den konstruktiven Bauteilen aufgetreten.

1 VHV Allgemeine Versicherung AG, Hannover.

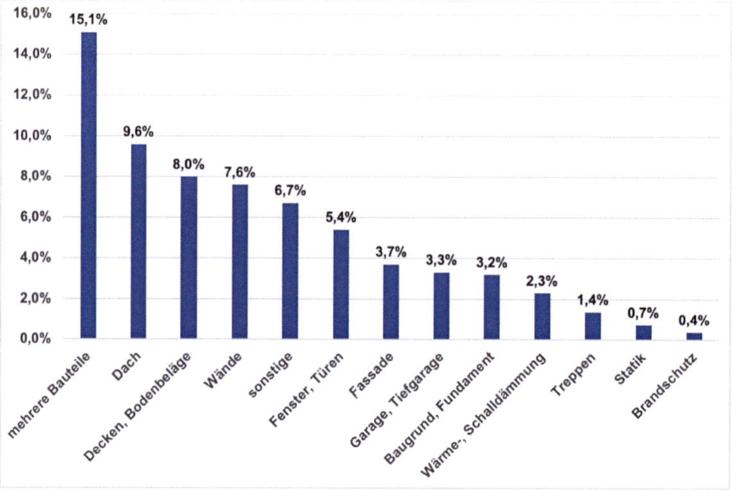

***Bild 3:** Schadensursachen nach Schadenstellen 2002 bis 2021 (Quelle: Ingrid Kaiser gem. Entwicklung der Bauschäden und Bauschadenkosten – Update 2022, im Auftrag des Bauherren-Schutzbundes e.V.)*

2.1 Baumängel und Baufehler

Mangelhaft ausgeführte Leistungen sind häufige Ursache für daraus entstehende Schäden, insbesondere wenn sie zunächst nicht erkannt und beseitigt werden. Die Auswirkungen als Schäden zeigen sich dann häufig erst in der Nutzungsphase.

2.1.1 Planungsfehler

Gemäß Günter Wöhe[1] ist „Planung die gedankliche Vorwegnahme von Handeln", d. h., mit der Planung wird der Grundstein für die Umsetzung eines Bauprojekts gelegt. Damit kommt den Objekt- und Fachplanern nicht nur die Verantwortung einer fehler-, mangel- und letztlich schadenfreien Planung zu, sondern auch die Beratungs- und Informationspflicht gegenüber dem Auftraggeber.

Exkurs: Honorarordnung für Architekten und Ingenieure (HOAI)

Entsprechend § 631 (2) BGB gehören zum Werkvertragsrecht nicht nur die klassischen Bauleistungen, sondern auch die Planungs- und Überwachungsleistungen.

§ 631 Vertragstypische Pflichten beim Werkvertrag

(1) Durch den Werkvertrag wird der Unternehmer zur Herstellung des versprochenen Werkes, der Besteller zur Entrichtung der vereinbarten Vergütung verpflichtet.

(2) Gegenstand des Werkvertrags kann sowohl die Herstellung oder Veränderung einer Sache als auch ein anderer durch Arbeit oder Dienstleistung herbeizuführender Erfolg sein.

Mit Inkrafttreten des neuen Werkvertragsrecht zum 01.01.2019 wurde zur Festlegung der Vertragspflichten der neue Paragraph 650p ergänzt:

1 Deutscher Wirtschaftswissenschaftler, 1924 bis 2007.

§ 650p Vertragstypische Pflichten aus Architekten- und Ingenieurverträgen

(1) Durch einen Architekten- oder Ingenieurvertrag wird der Unternehmer verpflichtet, die Leistungen zu erbringen, die nach dem jeweiligen Stand der Planung und Ausführung des Bauwerks oder der Außenanlage erforderlich sind, um die zwischen den Parteien vereinbarten Planungs- und Überwachungsziele zu erreichen.

(2) Soweit wesentliche Planungs- und Überwachungsziele noch nicht vereinbart sind, hat der Unternehmer zunächst eine Planungsgrundlage zur Ermittlung dieser Ziele zu erstellen. Er legt dem Besteller die Planungsgrundlage zusammen mit einer Kosteneinschätzung für das Vorhaben zur Zustimmung vor.

Alle weiteren Regeln des Werkvertragsrechts hinsichtlich Mängeln, Abnahmen, Verjährungsfristen der Gewährleistung, Zahlungen etc. sind auf Architekten- und Ingenieurleistungen sinngemäß anzuwenden.

Auch wenn die HOAI im Wesentlichen der Ermittlung des Honorars dient, enthält sie ergänzend die Leistungen, die bei Beauftragung vereinbart und damit vom Planer geschuldet werden.

Die Teile 2 bis 4 beschreiben die konkrete Anwendung der Vorschriften auf die jeweiligen Leistungsbereiche und die zugehörigen Honorartabellen für die Grundleistungen:

- Flächenplanung
- Landschaftsplanung
- Objektplanung
  - Gebäude und Innenräume
  - Freianlagen
- Ingenieurbauwerke
- Verkehrsanlagen
- Fachplanung
  - Tragwerksplanung
  - Technische Ausrüstung

Dem Objektplaner obliegt die Empfehlung zur Einschaltung von Fachplanern gegenüber dem Auftraggeber ebenso wie die Integration der von ihnen erstellten Planungsleistungen in die eigene

Objektplanung. Diese umfasst gemäß HOAI folgende Leistungsphasen (LPH):

- LPH 1 – Grundlagenermittlung
- LPH 2 – Vorplanung
- LPH 3 – Entwurfsplanung
- LPH 4 – Genehmigungsplanung
- LPH 5 – Ausführungsplanung
- LPH 6 – Vorbereitung der Vergabe
- LPH 7 – Mitwirkung bei der Vergabe
- LPH 8 – Objektüberwachung – Bauüberwachung und Dokumentation
- LPH 9 – Objektbetreuung

In Anlage 10.1 HOAI sind die zu erbringenden Leistungen für jede Leistungsphase für die Planungs- und Überwachungsleistungen inkl. Termin- und Kostenplanung und -überwachung detailliert beschrieben.

Für die Fachplaner gelten in den entsprechenden Teilen der HOAI analoge Anforderungen.

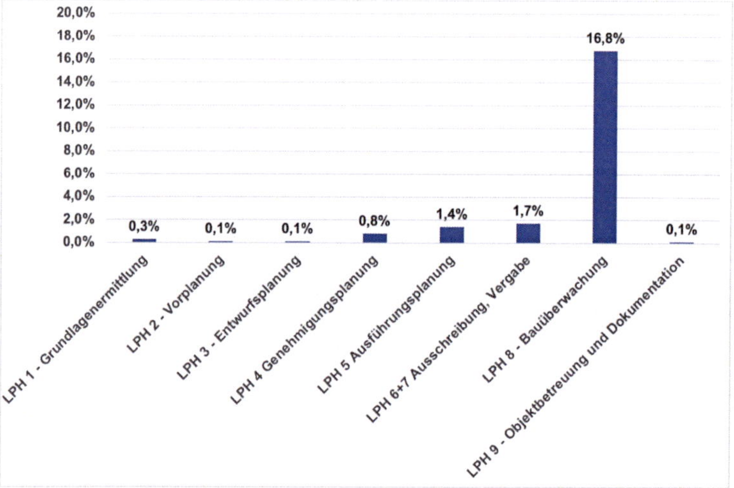

***Bild 1:** Analyse der Schadensursachen 2002-2021 (Quelle: Ingrid Kaiser gem. Entwicklung der Bauschäden und Bauschadenkosten – Update 2022, im Auftrag des Bauherren-Schutzbundes e.V.)*

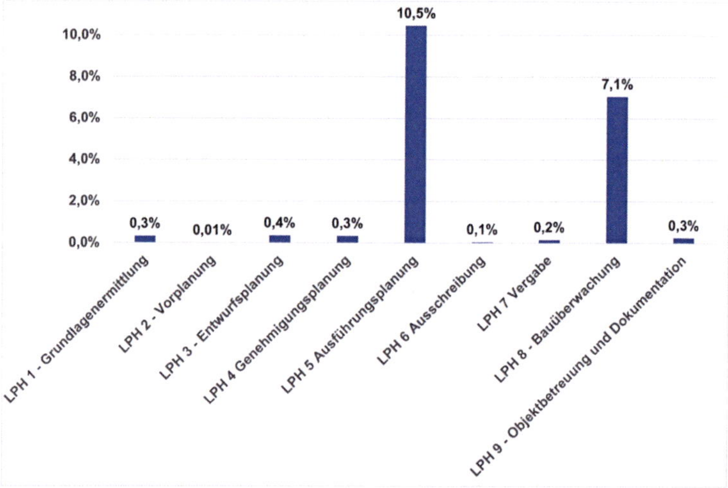

***Bild 2:** Schadenursachen 2018-2022 (Quelle: Ingrid Kaiser gem. VHV-Bauschadenbericht Hochbau 2018-2022)*

Die unterschiedliche Gewichtung resultiert zum einen aus den jeweils betrachteten Zeiträumen, zum anderen aus verschiedenen Datengrundlagen (ausführende Unternehmen <-> Architekten und Ingenieure) und Vergleichszahlen.

Planungsfehler können auf fehlerhaften oder fehlenden Annahmen, Nichtberücksichtigung der Nutzeranforderungen und/oder unzureichender Berücksichtigung der allgemein anerkannten Regeln der Technik (a. a. R. d. T.) beruhen. Zu den Annahmen zählen beim Neubau insbesondere der Baugrund inkl. der jeweiligen Wasserverhältnisse (siehe Kapitel 1.5.4).

Bild 3: *Zu tief angeordnete Bodenplatte/Wasserstand nach Starkregen nicht berücksichtigt (Quelle: Ingrid Kaiser)*

Im Bestand, bei geplanten Umbaumaßnahmen, steht die Tragfähigkeit im Vordergrund. Oft sind die Bestandsunterlagen lückenhaft oder fehlen ganz. Werden hier nur „Annahmen" getroffen, besteht im Extremfall Einsturzgefahr, mindestens entstehen Risse und Verformungen. Hier ist eine eingehende Prüfung gem. VDI 6200 (siehe Kapitel 1.7.1) dringend empfehlenswert.

Die Nichtberücksichtigung der Nutzeranforderungen betrifft in der Regel die Wahl der Baumaterialien. Beispiel: Wahl eines textilen Bodenbelags in stark frequentierten Bereichen. Auch die Grundriss-Gestaltung kann fehlerhaft sein und damit am Bedarf vorbeigehen, beispielsweise im Geschoss-Wohnungsbau die Anzahl von Ein-, Zwei- und Mehrraum-Wohnungen. Dies führt nicht zu einem Bauschaden, sondern ggf. zu einem pekuniären Schaden durch erschwerte Vermarktung.

Viele Bauschäden entstehen durch die Nichteinhaltung der allgemein anerkannten Regeln der Technik. Dieser Begriff (= unbestimmter Rechtsbegriff!) wird häufig kontrovers interpretiert; außerdem existieren verwandte Begriffe wie Stand der Technik oder Stand von Wissenschaft und Technik. Die allgemein anerkannten Regeln der Technik werden i. A. definiert als Regeln (DIN-Normen, Richtlinien und Regeln von Fachverbänden etc.), die wissenschaftlich untermauert sind und sich in der Baupraxis bewährt haben.

Besonders im Bereich der Bauphysik bzw. des Bautenschutzes (siehe Kapitel 1.1.2 bis 1.1.4) sind Planungsfehler anzutreffen, wobei die Feuchteschäden einen Großteil ausmachen. Durch entstehende oder eindringende Feuchte werden die tragenden Baukonstruktionen nachhaltig geschädigt, insbesondere wenn die Durchfeuchtung zunächst nicht bemerkt wird. Weiterhin wirkt sich die Feuchte auf den Wärmeschutz aus, sodass die Planung der Feuchteabdichtung immer im Zusammenhang mit weiteren bauphysikalischen Gegebenheiten gesehen werden muss.

Nicht nur fehlerhafte, sondern insbesondere fehlende Planung führt zu Mängeln und letztlich Schäden. Beispielsweise wird bei Ein- und Zweifamilienhäusern oder bei energetischer Sanierung häufig auf eine Ausführungsplanung komplett verzichtet bzw. nach den Entwurfsplänen gebaut. Auch eine fehlende Detailplanung – besonders bei komplizierten Bauteil-Anschlüssen/-Übergängen – führt immer wieder zu Ausführungsfehlern und damit zu Bauschäden. Dies gilt auch für Widersprüche zwischen Plan- und Ausschreibungsunterlagen.

2.1.2 Ausführungs- und Materialfehler

In der Ausführung der erforderlichen Arbeiten ist generell dann von einem Mangel die Rede, wenn das Bau-Ist nicht dem Bau-Soll entspricht. Dies ist immer dann der Fall, wenn die vertragliche Leistung nicht erbracht wird und/oder die Ausführung nicht den allgemein anerkannten Regeln der Technik entspricht. Insgesamt sind Ausführungs- und Materialfehler zu ca. mind. einem Drittel Ursache für Bauschäden. Eine Chance, Bauschäden aus mangelhafter Ausführung zu vermeiden, besteht in der Früherkennung, d. h. während der Ausführung, spätestens jedoch während der Verjährungsfrist der Gewährleistung. Besonders in der Ausführungsphase können erkannte Mängel beseitigt und Folgeschäden ausgeschlossen werden.

Zu den häufigsten Ursachen für Schäden zählen Feuchte-Einflüsse. Im Gründungs- und Sockelbereich muss die Abdichtung an die Feuchteverhältnisse im Boden sowie Niederschlagseinflüsse angepasst werden (siehe Kapitel 1.2). Kritisch sind auch im Bereich der Feuchte-Abdichtung immer Anschlüsse und Übergänge an den unterschiedlichen Bauteilen, die sorgfältig ausgeführt werden müssen.

***Bild 4:** Unzureichende Sockelabdichtung (Quelle: Ingrid Kaiser)*

Ein weiterer kritischer Punkt sind Leckagen an Leitungen. Diese entstehen durch falsche Materialwahl oder unzureichend ausgeführte Anschlüsse.

***Bild 5:** Fehlender Anschluss bei Fallrohr führt zu Durchfeuchtung der Fassade (Quelle: Ingrid Kaiser)*

Im Neubau und bei umfangreichen Sanierungs- und/oder Modernisierungsmaßnahmen entstehen durch Verwendung von Beton, Estrich, Mörtel, Putz, Tapezierarbeiten und Anstriche hohe Feuchtekonzentrationen; beim Neubau eines Einfamilienhauses beispielsweise fallen zwischen 10.000 und 20.000 l Wasser an. Aufgrund des hohen Termindrucks bei vielen Bauvorhaben werden erforderliche Trocknungszeiten häufig nicht eingehalten, die Gebäudehülle wird inkl. Fenstereinbau zu früh geschlossen, die Nutzung beginnt möglichst schnell nach Fertigstellung. Durch Möblierung und Ausstattung, ggf. gepaart mit unzureichendem Lüftungsverhalten, kann die Feuchtigkeit nur eingeschränkt an die Luft abgegeben werden. Eine weitere Ursache für Baufeuchte sind zu hohe Feuchteanteile der eingebauten Stoffe oder mangelhafter Schutz vor Witterung bei der Lagerung.

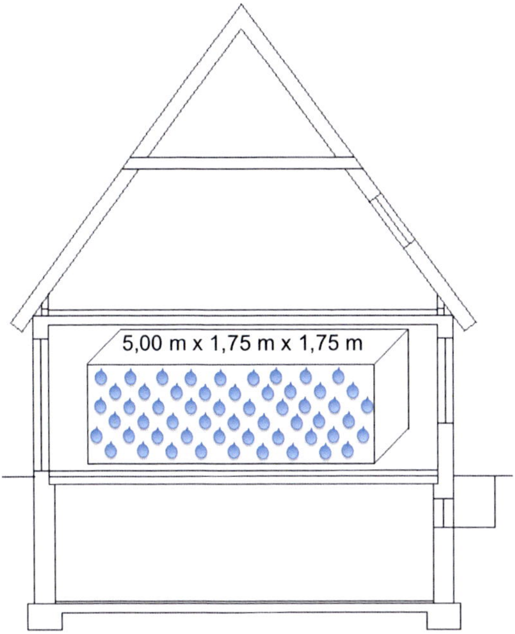

Bild 6: *Wasservolumen des durchschnittlichen Feuchtegehalts im Neubau eines Einfamilienhauses (Quelle: Ingrid Kaiser)*

Auch an Dächern treten häufig Feuchteschäden aufgrund unzureichender Ausführung der Abdichtungen wie der Dampfsperren und daraus resultierender Durchfeuchtung der Dämmung auf. Auch ein zu hoher Feuchtegehalt der Holz-Dachkonstruktion (siehe Kapitel 1.6.3.) führt hier zu Bauschäden.

Die Abdichtungen an Flachdächern sind vielfältigen Beanspruchungen ausgesetzt: Feuchtigkeit (Oberflächen-, Sickerwasser, Wasserunterläufigkeit), mechanische (Durchbiegungen, Setzung, Dehnung, Hagel etc.) und thermische Beanspruchungen, UV-Einstrahlung, bei Begrünung zusätzlich biologische Anforderungen, bei Immissionen auch chemische Belastungen. Weiterhin spielt die Windsogsicherung eine wichtige Rolle, ebenso wie die Aufnahme horizontaler Kräfte.

Risse werden durch Längenänderungen oder Winkelverdrehungen verursacht, die dem Baustoff durch innere oder äußere Kräfte aufgezwungen werden, sobald die dadurch hervorgerufenen Spannungen zusammen mit den statischen Spannungen und den Eigenspannungen den für den jeweiligen Bauteil gegebenen Grenzwert übersteigen.

Als von außen einwirkende Ursachen für Spannungsänderungen in einem Bauwerk kommen im Besonderen in Betracht:

- Temperatur- und Feuchtigkeitsänderung
- lastabhängige Verformungen
- Setzungen des tragenden Untergrunds und Grundwasserspiegelschwankungen
- aufgezwungene Bewegungen angrenzender Bauteile
- sowie Erschütterungen

Materialmäßig sind dabei die spezifischen Ausdehnungskoeffizienten bei Temperatur- bzw. Feuchteänderung maßgeblich. Beispielsweise ergeben sich unvermeidbare Temperaturänderungen durch die Witterung (Sonneneinstrahlung) und durch die Nutzung (Heizung). Die stärkste Sonneneinstrahlung erhalten südseitige Fassaden, wobei die Oberflächentemperatur um bis zu 8 °C/Minute auf bis zu 70 °C im Sommer zunehmen kann, während im Winter Außentemperaturen von -20 °C durchaus möglich sind. Dabei bleiben die Innentemperaturen mit 15 bis 20 °C praktisch konstant. Herstellungsbedingt entstehen etwa Schwundrisse bei der Errichtung von längeren Bauteilen. Asymmetrisch angeordnete Baumassen können in darunter gelegenen Bauteilen ebenso wie auch Setzungsvorgänge Rissbildung verursachen.

Erschütterungen bewirken dynamische Spannungen, deren Größe eine Funktion der Erschütterung und der Ausbreitungsgeschwindigkeit der Erschütterungswelle bildet. Letztere hängt im Allgemeinen nur vom Wellentypus (Druck-, Scher-, Oberflächenwelle etc.) und den elastischen Materialeigenschaften ab. In plattenförmigen Bauwerksteilen (Wände, Decken etc.) treten vor allem Biegewellen auf, deren Ausbreitungsgeschwindigkeit davon abweichend von der Biegesteifigkeit und der Schwingungsfrequenz abhängt; sie ist immer deutlich kleiner als die von Raumwellen im gleichen Material.

Risse in Außen- und Innenwänden sind ebenfalls ein häufig auftretender Bauschaden, der auf mangelhafter Ausführung des Mauerwerks beruht (siehe Kapitel 1.6.2). Auch die falsche Auswahl der jeweiligen Mauersteine führt zu solchen Schäden.

Weitere Gewerke und deren ordnungsgemäße Ausführung

Wärmedämm-Verbundsysteme (WDVS) werden seit vielen Jahren als wärmedämmende Fassade sowohl im Neubau wie im Bestand eingesetzt. Grundlage für die Ausführung sind die DIN 55699 „Anwendung und Verarbeitung von außenseitigen Wärmedämm-Verbundsystemen mit Dämmstoffen aus expandiertem Polystyrol-Hartschaum (EPS) oder Mineralwolle (MW)" sowie DIN EN 13499 „Wärmedämmstoffe für Gebäude – Außenseitige Wärmedämm-Verbundsysteme aus expandiertem Polystyrol – Spezifikation" und DIN EN 13500 „Wärmedämmstoffe für Gebäude – Außenseitige Wärmedämm-Verbundsysteme aus Mineralwolle – Spezifikation". Mitgeltende Normen: DIN EN 13163 „Wärmedämmstoffe für Gebäude – Werkmäßig hergestellte Produkte aus expandiertem Polystyrol (EPS) – Spezifikation" und DIN 13162 „Wärmedämmstoffe für Gebäude – Werkmäßig hergestellte Produkte aus Mineralwolle (MW) – Spezifikation". Zunehmend werden für die Dämmung auch Polyurethan-(PUR-)Schaumplatten und insbesondere natürliche Materialien, wie Holz, Zellulose, Kork, etc., verwendet.

Vor Anbringung des WDVS muss der Untergrund generell sauber, trocken und tragfähig sein. Besonders bei Bestandsbauten ist die Untergrundprüfung sorgfältig durchzuführen; hierzu gehören bei Feststellung von Rissen die Analyse und ggf. Beseitigung der Ursachen.

Zeigen sich beim Untergrund bspw. Ausblühungen, ist der Untergrund sehr glatt oder handelt es sich um Mischmauerwerk mit unterschiedlichen Saugeigenschaften, kann das ausführende Unternehmen Bedenken anmelden. Dies gilt ebenso bei größeren Unebenheiten, als die DIN 18202:2013-04 „Toleranzen im Hochbau

– Bauwerke“ zulässt, und bei nicht ausreichender Tragfähigkeit zur Befestigung des WDVS.

Die Art der Befestigung hängt vom Untergrund, von der Oberflächenbeschaffenheit des tragenden Untergrunds und dem Flächengewicht des WDVS ab. Die allgemeinen bauaufsichtlichen Zulassungen (abZ) unterscheiden folgende Systeme:

- Typ I geklebt, Polystyrol-Hartschaum
- Typ II Schienenbefestigung
- Typ III geklebt und gedübelt
- Typ IV geklebt, Mineralwolle

Die Verklebung ist bis zu einem Flächengewicht von 10 kg/m^2 zulässig; normalerweise erfolgt sie im Wulst-Punkt-Verfahren mit einem Flächenanteil von min. 40 %, abhängig vom gewählten System. Bei sehr glatten Untergründen und/oder dünnen EPS-Dämmungen ist eine vollflächige Verklebung mit Zahntraufel erforderlich.

Bei höherem Flächengewicht (> 10 kg/m^2) muss die Dämmung gedübelt werden. Bei größeren Unebenheiten des Untergrunds oder geringer Haftzugfestigkeit (Bestandsgebäude) ist eine zusätzliche Verdübelung sinnvoll. Hierbei ist auf eine geringe Wärmebrückenwirkung der Dübel zu achten.

Bei sehr großen Unebenheiten des Untergrunds erfolgt die Befestigung durch angedübelte Schienensysteme, in die die Dämmung mit Nut eingestellt wird.

Werden die Dämmplatten eines WDVS mechanisch über (Teller-) Dübel befestigt, stellen diese punktuellen Durchdringungen Wärmebrücken dar. Durch die höhere Temperatur an diesen Stellen trocknet der Putz schneller als in den anderen Flächen, sodass es zu den typischen hellen Flecken in der Fassadenfläche kommt. Zur Vermeidung dieser punktförmigen Wärmebrücken werden im Allgemeinen Kunststoffdübel mit geringer Wärmeleitfähigkeit verwandt.

Bild 7: *WDVS mit unzureichend wärmedämmenden Dübeln (Quelle: Ingrid Kaiser)*

Die äußere Schicht des WDVS besteht aus einem armierten Unterputz und dem Oberputz, der als Kunstharz- oder Silikonharzputz (organisch) und Silikat- oder Kalk-Zement-Putz (mineralisch) ausgeführt werden kann.

Unterputze werden nach verschiedenen Kriterien unterschieden:

- Schichtdicke
  - Dünnschicht, d = ca. 2 – 3 mm
  - Mittelschicht, d = ca. 3 – 6 mm
  - Dickschicht, d = ca. 6 – 10 mm
- Baustoffe
  - organisch (Dünnschicht)
  - mineralisch (Normal- oder Dickschicht)

Bei der Verwendung von mineralischen Oberputzen auf organischem Unterputz und umgekehrt ist jeweils eine Grundierung als Zwischenanstrich erforderlich. Zur Oberflächengestaltung stehen unterschiedliche Strukturen wie Reibe-, Kratz-, Glatt- und Modellierputz zur Verfügung.

Zum Schutz des Oberputzes kann zusätzlich ein Schlussanstrich aufgebracht werden, der durch Verringerung der Porigkeit der Oberfläche Staub- und Schmutzablagerungen verringert. Je nach Standort und Klima verhindern algizide und/oder fungizide Bestandteile des Anstrichs Algen- und Pilzbefall.

Nach den verwendeten Bindemitteln werden folgende **Estrich-Arten** unterschieden gemäß DIN EN 13813:

- Zement-Estrich (CT)
- Calciumsulfat-Estrich (CA)
- Kunstharz-Estrich (SR)
- Magnesia-Estrich (MA)
- Gussasphalt-Estrich (AS)

Am häufigsten verwendet werden Zement-Estriche; sie sind für nahezu alle Nutzungsarten verwendbar, auch im Außenbereich. Verwendet wird i. d. R. Portlandzement CEM I 32,5 R oder CEM I 42,5 R mit Sanden der Korngruppe 0/4 und 0/8, bei 5 cm Nenndicke auch 0/16. Das Größtkorn soll generell bei einer Estrich-Nenndicke bis 4 cm max. 8 mm und bei einer Nenndicke ab 4 cm max. 16 mm betragen.

Durch Zugabe von Fließmitteln und Stabilisatoren entsteht Fließestrich, der sich leichter verarbeiten lässt und selbstnivellierend ist. Außerdem ist er schneller begeh- und belastbar.

Zementgebundene Hartstoff-Estriche (Industrie-Estriche) entstehen durch Zugabe von harten Stoffen wie bspw. Korund und werden häufig im Industriebau, in Parkbauten o. Ä. eingebaut. Gem. DIN 18560-7 unterliegen sie unterschiedlichen mechanischen Beanspruchungsgruppen:

- I (schwer) – Befahren mit Stahl- oder Polyamid-Bereifung; Schleifen und Kollern von Metallteilen etc.
- II (mittel) – Befahren mit Urethan- oder Gummi-Bereifung; Schleifen und Kollern von Holz, Papierrollen oder Kunststoffteilen etc.
- II (leicht) – Befahren mit Elastik- oder Luftreifen; Montage auf Tischen etc.

Werden als Gesteinskörnungen, mit einem Größtkorn von 16 mm, Marmor, Kalkstein oder Dolomit oder für höhere Belastungen Granitsplitt oder Flusskies verwendet, entsteht nach dem Schleifen der erhärteten Schicht Terrazzo, ein bereits in der Antike verwendeter Boden, der bis zu den 60er-Jahren des vergangenen Jahrhunderts häufig verwendet wurde und jetzt wieder häufiger eingebaut wird. Im Gegensatz zum ähnlichen Beton-Werkstein wird er auf der Baustelle fugenlos erstellt und zählt damit zu den Estrichen.

Ein aktueller Trend sind geschliffene Estriche ohne weitere Beläge. Je nach Anzahl der Schleifgänge und der Feinheit der Schleifstufen entstehen unterschiedliche Oberflächen-Bilder bis hin zu Terrazzo-ähnlichen.

Bei Calciumsulfat-Estrichen wird als Bindemittel Anhydrit, das aus Gipsstein, dem durch Brennen das Kristallwasser entzogen wird, besteht, verwendet. Dieser Estrich ist sehr schwindarm, sodass Rissbildung nur selten auftritt. Allerdings ist er hitze- und feuchtigkeitsempfindlich und kann nur in trockenen Innenräumen eingesetzt werden, ggf. müssen Abdichtungen und/oder Dampfsperren vorgesehen werden. Auch bei dieser Estrichart können Fließmittel zugesetzt werden, es entsteht Calciumsulfat-Fließestrich (CAF).

Mit synthetischen Reaktionsharzen, wie Epoxidharen (EP), Polyurethanen (PUR), Polymethylmethacrylaten (PMMA) oder ungesättigten Polyesterharzen (UP) als Bindemittel mit Gesteinskörnungen aus Quarzsanden oder Korund, entstehen Kunstharz-Estriche. Sie sind – abhängig von der Bauteil- und Umgebungstemperatur – schnell begeh- und belastbar und haben eine hohe Festigkeit und einen hohen Widerstand gegen Verschleiß, Feuchte und viele Chemikalien, außerdem sind sie schwindarm. Allerdings ist die

Verlegung relativ aufwendig und es können hierbei giftige Dämpfe entstehen.

Magnesia-Estrich kann auf nahezu allen Untergründen eingebaut werden, im feuchten Zustand darf er jedoch keinen Kontakt zu Metallen haben, sodass alle Metall-Konstruktionen beim Einbau von Magnesia-Estrich entsprechend geschützt werden müssen. Da er früher häufig als Steinholz-Estrich auf Holzbalken-Decken verlegt wurde, wird er heute häufig bei Instandsetzungen von Bestandsbauten verwendet.

Die Bestandteile der Gussasphalt-Estriche – Bitumen, Kalkstein oder Quarzsand und Gesteinskörnung – werden bei Temperaturen zwischen ca. 200 und 250 °C gemischt und eingebracht. Der große Vorteil sind Belegreife bereits nach einem Tag, die thermoplastischen Eigenschaften durch die Beifügung von Bitumen und die geringe Einbaudicke ab 2,5 cm. Zu beachten ist bei der Verarbeitung, dass die erforderliche Temperatur des Gemischs bis zum Einbauort gehalten werden muss.

Estriche können gemäß DIN 18560 als Verbundestriche (V) direkt auf den Untergrund, in der Regel die Betonplatte/-decke, aufgebracht werden. Sie werden vorwiegend im Industriebau bei hoher mechanischer Beanspruchung als Hartestriche mit oder ohne Belag bzw. Beschichtung eingesetzt. Der Untergrund muss sauber und frei von losen Bestandteilen, Ölen, Gips-, Mörtel- und Farbresten und Nachbehandlungsmitteln etc. sein, bevor die Haftbrücke abschnittsweise aufgebracht wird.

Sind größere Unebenheiten auszugleichen als gem. DIN 18202 (Toleranzen im Hochbau) oder Untergrund-Vorbereitungen durch Kugelstrahlen, Hochdruckstrahlen o. Ä. erforderlich, sind sie als Besondere Leistungen gesondert zu vereinbaren und zu vergüten. Bei der anschließenden Estrich-Verlegung muss auf eine einheitliche Dicke (2 bis 5 cm) und gleichmäßiges Verdichten geachtet werden.

Estriche auf Trennschicht (T) gewährleisten die Entkopplung des Estrichs von der Deckenplatte, sodass eine spannungsfreie Bewegung möglich ist. Hierzu müssen umlaufend an den Wandanschlüssen Randstreifen vorgesehen werden.

Die Trennschicht aus Bitumen-Papier, Polyethylen-Folien oder Rohglas-Vliesbahnen muss bei Zement-, Kunstharz- und Magnesia-Estrich zweilagig ausgeführt werden. Ist eine Feuchtigkeitsabdichtung erforderlich, kann eine der beiden Lagen als Abdichtung gegen aufsteigende Feuchtigkeit vorgesehen werden.

Estriche auf Dämmschichten (= schwimmende Estriche, S) gewährleisten sowohl den Schall- als auch den Wärmeschutz, wobei die Estrich-Schicht selbst die Aufgabe der Lastverteilung übernimmt. Weiterhin darf der Estrich zur Vermeidung von Schallübertragungen an keiner Stelle Kontakt zu aufgehenden Bauteilen haben. Der Randstreifen ist in ausreichender Höhe vorzusehen, bis zur Oberkante des späteren Belags.

Eine Sonderform der Estriche auf Dämmschichten sind die Heizestriche (Fußboden-Heizung, H, S-H). Nach Lage der Heizelemente als Warmwasser-Rohrsysteme oder Elektro-Systeme werden folgende Bauarten unterschieden:

- Bauart A – Heizelement in der Estrichschicht (Nassverlegung)
- Bauart B – Heizelement in der Dämmschicht
  (spezielle, profilierte Elemente, Trockenverlegung)
- Bauart C – Heizelement in einer Ausgleichsschicht
  (Ausgleichsestrich, Nassverlegung)

***Tabelle 1:** Richtwerte Estrich-Nenndicken nach Konstruktion und Bindemitteln (Ingrid Kaiser gemäß DIN 18560)*

	Verbund-estrich	**Estrich auf Trennschicht**[2]	**Estrich auf Dämmung**[3]
CT (Zement-Estrich)	≤ 5 cm	3,5 bis ≥ 7 cm	4 bis ≥ 7,5 cm
CA (Calciumsulfat-Estrich)		3,5 bis 7 cm	3,5 bis ≥ 7,5 cm
SR (Kunstharz-Estrich)		3 bis ≥ 4,5 cm	3 bis ≥ 6 cm
MA (Magnesia-Estrich)		3,5 bis ≥ 7 cm	3,5 bis ≥ 7,5 cm
AS (Gussasphalt-Estrich)	≤ 4 cm	2 bis ≥ 3,5 cm	2,5 bis ≥ 4 cm

Weitere Einflüsse auf die Estrich-Nenndicke nehmen die Festigkeitsklasse, der Durchmesser des Größtkorns sowie Anforderungen an den Frostwiderstand bei Einbau im Freien.

Bei Heizestrichen können dieselben Werte zugrunde gelegt werden, besser sollten die o. g. Nenndicken als Rohrüberdeckung gewählt werden. Empfohlen wird eine Überdeckung von min. 4,5 cm, bei Bauart A wird die Estrich-Nenndicke um den Außendurchmesser der Rohre erhöht.

Bei Nenndicken > 8 cm greifen betontechnologische Grundsätze, sodass die Bemessung und Ausführung als Betonplatte gem. DIN EN 1992 erfolgen.

Sind größere Unebenheiten auszugleichen als gem. DIN 18202 (Toleranzen im Hochbau) oder Untergrund-Vorbereitungen durch Kugelstrahlen, Hochdruckstrahlen o. Ä. erforderlich, sind sie als Besondere Leistungen gesondert zu vereinbaren und zu vergüten. Bei

[2] Abhängig von den Einzel- und Flächenlasten.
[3] Abhängig von den Einzel- und Flächenlasten.

der anschließenden Estrich-Verlegung muss auf eine einheitliche Dicke (2 bis 5 cm) und gleichmäßiges Verdichten geachtet werden.

Risse sind allgemein im Hochbau häufig anzutreffende Schadens- und Mängelerscheinungen und treten insbesondere bei Zement-Estrichen häufig auf. Bei diesen und auch bei Calciumsulfat-Estrichen sind sie häufig auf eine ungenügende Estrich-Festigkeit, zu geringe oder unterschiedliche Dicken oder eine zu schnelle Austrocknung zurückzuführen.

Haarrisse, auch als Krakelee-Risse bezeichnet, sind gekennzeichnet durch eine sehr geringe Tiefe und kleine Maschenweite. Da hierdurch die Gebrauchstauglichkeit nicht beeinträchtigt wird, liegt hierbei kein Mangel vor. Ähnlich zu betrachten sind Netzrisse mit größerer Maschenweite, sofern die Tragfähigkeit nicht beeinträchtigt ist. Beide Rissarten entstehen durch zu schnelles Austrocknen und/oder Auskühlen kurz nach dem Einbau, dem mit Nachbehandlungsmaßnahmen entgegengewirkt werden kann.

Werden die Randstreifen zu aufgehenden Bauteilen unzureichend ausgeführt, z. B. durch Mörtel-Einschlüsse, wird die Ausdehnungsmöglichkeit behindert. Gleichzeitig kommt es zur Schalldämm-Reduzierung, die einen erheblichen Mangel darstellt.

Auch die Umgebungsbedingungen spielen eine nicht unerhebliche Rolle bei der Vermeidung von Mängeln. Das Gebäude sollte komplett geschlossen sein und die Einbau-Temperatur 5 °C, bei Magnesia-Estrich 10 °C, nicht unterschreiten. Auch bei Temperaturen über 25 °C müssen entsprechende Nachbehandlungsmaßnahmen analog zu den Betonarbeiten vorgenommen werden.

Bewegungsfugen sind je nach individuellen Gegebenheiten und Materialart des Estrichs besonders bei Zement- und Calciumsulfat-Estrichen, abhängig davon, ob die Räume beheizt oder unbeheizt sind, ebenfalls zu beachten.

Tabelle 2: *Fugenanordnung in Estrichen (Ingrid Kaiser)*

	Zement-Estrich		**Calciumsulfat-Estrich**	
	beheizt	**unbeheizt**	**beheizt**	**unbeheizt**
Seitenläge ca.	6,50 m	8,00 m	10,00 m	20,00 m
Feldgröße ca.	40 m^2	60 m^2	100 m^2	

Hinweis

Immer noch taucht auf Baustellen die Frage der Gewerke-Reihenfolge auf bzw. sie wird nicht eingehalten:

Die Estricharbeiten werden **nach** den Putzarbeiten ausgeführt!

Bei zweilagiger Dämmung muss die festere Dämmschicht, d. h. diejenige mit der geringeren Eindrückbarkeit, oben liegen. Werden die Dämmschichten zweilagig verlegt, muss auf den Versatz der Stöße geachtet werden.

Vor dem Verlegen der Bodenbeläge wird die Belegreife durch Feuchtemessung ermittelt. Die zerstörungsfreie Prüfung erfolgt mit elektrischen Verfahren, die auf Messung der Leitfähigkeit, die bei höheren Wassergehalten steigt, basiert. Für die CM-Methode und die Darrmethode müssen Estrichproben entnommen werden. Bei der CM-Methode wird der Wassergehalt nach Beimischung von Calciumcarbid durch den Druckanstieg ermittelt. Die Darrmethode wird bei Calciumsulfat-Estrichen bei einer Temperatur von 40 °C und bei Zementestrichen von 105 °C durchgeführt. Der Wassergehalt darf bei CT-Estrichen nicht mehr als 2 CM-% bzw. bei Verlegung von dampfdurchlässigen textilen Belägen oder keramischen und Steinbelägen im Dickbett nicht mehr als 3 CM-%, bei CAF-Estrichen nicht mehr als 0,5 CM-% bzw. bei dampfdurchlässigen textilen Belägen nicht mehr als 1 CM-% betragen.

Die nichttextilen Beläge werden in elastische und Hart-Böden unterteilt. Elastische Böden wie Polyvinylchlorid- (PVC-), Elastomer- und Linoleum-Beläge sind in der Regel mit einer Beschichtung als Oberflächenschutz versehen. Während PVC und Elastomere aus künstlichen Materialien bestehen, ist Linoleum ein Naturprodukt aus Leinöl, Harzen und Holzmehl auf einer Trägerschicht aus Jute. Dadurch ist Linoleum im Gegensatz zu den anderen elastischen Belägen kaum alkalibeständig.

Mineralische Beläge werden in natürliche und künstliche sowie keramische Beläge unterteilt. Zu den natürlichen Steinen zählen kalkhaltige wie Kalkstein, Marmor und Travertin, zu den siliziumhaltigen Granit, Schiefer und Sandstein.

Keramische Beläge werden nach dem Formen und Trocknen bei hohen Temperaturen gebrannt. Am häufigsten werden Steinzeugfliesen, glasiert oder unglasiert, verwendet. Terrakottafliesen, auch als Cotto bezeichnet, sind offenporige, unglasierte Steingutfliesen.

Holz ist generell empfindlich gegenüber Feuchtigkeit, Versiegelungen bestehen aus ein-, zwei- oder dreikomponentigen Acrylaten, bei mehreren Komponenten zusätzlich aus Härtern und gegebenenfalls UV-Schutz. Versiegelungen machen den Boden relativ unempfindlich gegenüber mechanischen Beschädigungen wie Kratzern o. Ä. Zunehmend wird auf die chemische Oberflächenbehandlung verzichtet und die werden geölt und gewachst, wodurch die Oberfläche in der Regel weniger resistent gegen Feuchtigkeit und Abnutzung ist. Holzböden werden unterteilt in: Parkett, Dielen und Holzpflaster.

Textile Beläge unterscheiden sich zum einen durch die Materialfasern, zum anderen durch das Pol-Material (tierisch, pflanzlich, synthetisch) und die Pol-Form (Noppen, Schlingen). Weiterhin gibt es drei Arten der Herstellung: Tufting, Webverfahren und Nadelvlies. Auch die Verlegung spielt eine entscheidende Rolle; hier wird unterschieden in lose Verlegung, häufig auf vorhandenen glatten Untergründen, und solchen mit Klebstoffen und Spachtelmassen

Für die Beläge existieren unterschiedliche gestalterische und der Nutzung entsprechende Anforderungen:

Nutzungsklassen Bodenbeläge gem. DIN EN ISO 10874:

- Nutzungsklasse 2x – Private Räume
  - Nutzungsklasse 21 – geringe Nutzung
  - Nutzungsklasse 22 – mittlere Nutzung
  - Nutzungsklasse 23 – intensive Nutzung
- Nutzungsklasse 3x – öffentliche und gewerbliche Nutzung
  - Nutzungsklasse 31 – geringe/zeitweilige Nutzung
  - Nutzungsklasse 32 – mittelstarke Nutzung
  - Nutzungsklasse 33 – starke Nutzung
  - Nutzungsklasse 34 – sehr starke Nutzung
- Nutzungsklasse 4x – Leichtindustrie
  - Nutzungsklasse 41 – überwiegend sitzende Tätigkeiten, gelegentliche Nutzung durch leichte Fahrzeuge
  - Nutzungsklasse 42 – überwiegend stehende Tätigkeiten, Nutzung durch Fahrzeuge
  - Nutzungsklasse 43 – starke Nutzung, andere Bereiche

Abriebklassen:

- Fliesen
  - Abriebklasse 1 – sehr leichte Beanspruchung, kratzempfindlich, wenig abriebfest
  - Abriebklasse 2 – leichte Beanspruchung
  - Abriebklasse 3 – mittlere Beanspruchung
  - Abriebklasse 4 – stärkere Beanspruchung
  - Abriebklasse 5 – starke Beanspruchung

Rutschhemmung:

- R 9 – geringer Haftreibwert, trittsicher, Neigungswinkel 7 bis 10°
- R 10 – normaler Haftreibwert, trittsicher, Neigungswinkel 11 bis 19°
- R 11 – erhöhter Haftreibwert, trittsicher, Neigungswinkel 20 bis 27°
- R 12 – hoher Haftreibwert, trittsicher, Neigungswinkel 28 bis 35°
- R 13 – sehr hoher Haftreibwert, trittsicher, Neigungswinkel > 35°

2.1.3 Überwachungsfehler

Die in den vorhergehenden Bereichen Planung und Ausführung dargestellten Ursachen für Bauschäden können – wenigstens zum Teil – mit einer guten Bauüberwachung eliminiert werden. Im Gegenzug können in der Überwachung (zusätzliche) Fehler auftreten, die das Schadenspotenzial vergrößern. Im besten Fall wird die Planung überprüft, Fehler bzw. Fehlerhaftes aufgedeckt und nachgebessert. Gleichzeitig gewährleisten regelmäßige und ausreichende (!) Prüfung und Überwachung der vor Ort durchgeführten Leistungen auf Übereinstimmung mit der (korrekten) Planung und allen anderen Anforderungen ein mangelfreies Bauwerk. Hierzu gehört eine lückenlose und eindeutige Dokumentation in Wort und Bild zu den jeweils ausgeführten Arbeiten und der Umgebungsparameter (Witterung, andere auf der Baustelle tätige Unternehmen, besondere Vorkommnisse etc. = klassisches Bautagebuch).

Wie Bild 1 und 2 darstellen nimmt die Bauüberwachung einen hohen Anteil an der Schaden-Verursachung ein. In Gerichtsprozessen taucht häufig die Frage auf, welche Gewerke bzw. hierzu gehörende Aufgaben besonders überwachungsbedürftig sind bzw. wie oft der Bauüberwacher sich auf der Baustelle von der mangelfreien Ausführung überzeugen muss. Ein eindeutiges Schema bzw. eine eindeutige Handlungsanleitung können hieraus jedoch nicht abgeleitet werden, da jeweils im Einzelfall entschieden wird.

2.1.4 Überschneidungen der Verantwortlichkeit für Baumängel

Selten gibt es den einen Grund für das Entstehen von Baumängeln und daraus resultierende Schäden. Ist beispielsweise im Extrem-Fall die Planung mangelhaft, das jeweilige Unternehmen setzt sie 1:1 um und die Bauüberwachung stellt dies nicht fest, sind alle drei Beteiligten in der Verantwortung. Viele Auftraggeber beauftragen daher zusätzlich einen externen Projektsteuerer als Baubegleitung zur Qualitätskontrolle:

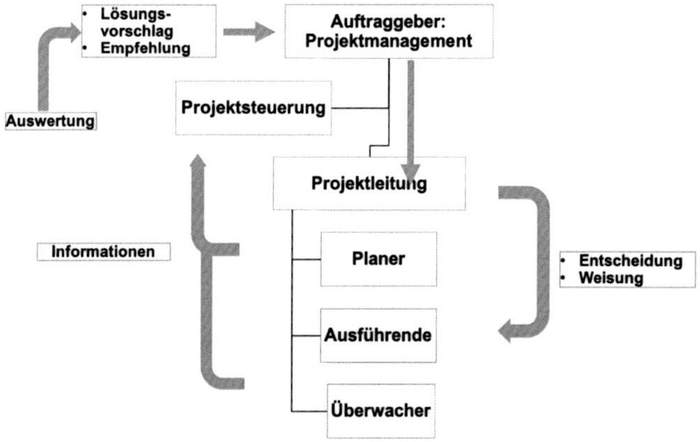

Bild 8: *Einschaltung Projektsteuerung (Quelle: Ingrid Kaiser)*

Während der Auftraggeber – durch seine Projektleitung (intern) – Weisungen aufgrund von eigenen Entscheidungen an die Planer und Ausführenden weitergibt, sammelt der externe Projektsteuerer alle Informationen aus dem Planungs- und Bauablauf und wertet sie aus. Hieraus entwickelt er Strategien, auf deren Basis er den Auftraggeber hinsichtlich Lösungsmöglichkeiten beraten kann.

Durch die Darstellung in Bild 8 wird auch die Wichtigkeit von Kommunikation und Information deutlich. Dokumentation ist hierbei die Basis für das Zur-Verfügung-Stehen von Informationen, die an alle Beteiligten weitergegeben werden. Sind die Informationen unzureichend und/oder ist die Kommunikation zwischen den Beteiligten gestört, sind Mängel vorprogrammiert. Termindruck und Komplexität der Bauvorhaben, etwa durch die zunehmende Zahl von Vorschriften, verschärfen die Gefahr unzureichender Kommunikation.

Beispiel: Gerade im Bestandsbau treten auf der Baustelle Gegebenheiten auf, die nicht in die Planung eingeflossen sind. Durch den Zeitdruck wird direkt vor Ort entschieden, welche Lösung umgesetzt wird. Wird diese Information nicht an die Planenden weitergegeben, hat das zum einen zur Folge, dass bei Fertigstellung die vorhandenen Planunterlagen nicht dem tatsächlich Gebauten entsprechen, zum anderen kann nicht ausreichend überprüft werden, welche Konsequenzen die Änderung auf andere Abläufe, Anforderungen etc. hat. Ist umgekehrt die Planung zeitlich verzögert, fehlen erforderliche Informationen auf der Baustelle, Lösungen werden „auf Zuruf" umgesetzt, die Planung verkommt zur „baubegleitenden Planung".

Erfolgreich ist ein Projekt immer dann, wenn die vom Auftraggeber vorgegebenen Projektziele unter Einhaltung des Budgets und der Ressourcen zum vorgegebenen Termin mit der erwarteten Qualität und Funktion erreicht wurden. Voraussetzungen hierfür sind:

- Eindeutige, konkrete Formulierung von Zielen und Standards (Qualität)
- Klare Vereinbarungen von Zuständigkeiten, Aufgabenbereichen und Leistungsabgrenzungen (Schnittstellen!)
- Festlegung von Dokumentationsstruktur und Informationsfluss
- Risiko-Analyse
- Projektgliederung (Projektstrukturplan und Projektablaufplan)
- Termin-, Kosten- und Ressourcen-Planung
- Engmaschiges Controlling

Das Controlling wird in vielen Unternehmen lediglich auf den finanziellen Bereich bezogen, geht jedoch gerade bei Bauprojekten weit darüber hinaus. Auch eine Übersetzung mit „Kontrolle" trifft nicht den Kern, sondern ist ebenfalls nur ein Teilbereich.

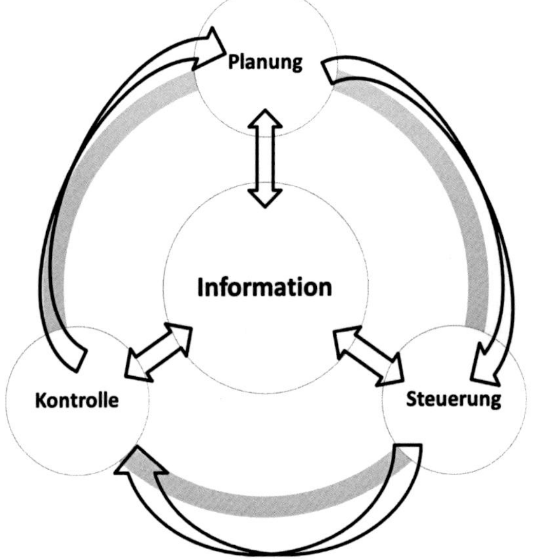

Bild 9: *Controlling-Kreislauf (Quelle: Ingrid Kaiser)*

Mit bzw. vor der Planung erfolgt die Zielsetzung, die regelmäßigen Kontrollen stellen den jeweiligen Soll-Ist-Vergleich dar, aus dem bei Abweichungen Gegensteuerungsmaßnahmen abgeleitet werden. Alle aus den Aktionen gewonnenen Informationen bilden die Grundlage für die Dokumentation.

2.2 Baualter und Abnutzung

2.2.1 Lebens- und Nutzungsdauer von Gebäuden

Die Lebensdauer von Gebäuden unterscheidet sich von der Nutzungsdauer insoweit, als die technische Lebensdauer wesentlich länger sein kann als die wirtschaftliche Nutzungsdauer. Beide Zeiträume können durch entsprechende Maßnahmen wesentlich verlängert werden. Historische Gebäude z. B. sind seit Jahrhunderten erhalten. Hier spielt die Instandhaltung (s. u.) die größte Rolle. Sobald die Kosten für die Instandsetzung den Wiederbeschaffungswert (WBW = Neuerstellung) überschreiten, ist das Ende der Lebensdauer erreicht. Bei der wirtschaftlichen Nutzungsdauer sind Modernisierungen und Anpassungen an aktuelle Anforderungen erforderlich, damit das Gebäude wirtschaftlich rentabel genutzt werden kann. Die Wirtschaftlichkeit resultiert hierbei aus dem Aufwand für die Modernisierung im Vergleich zu den erzielbaren Erträgen.

Gem. Anlage 22 zu § 185 (3) S. 3 und § 190 (6) S. 1+2 Bewertungsgesetz (BewG) sind folgende Gesamtnutzungsdauern nach Nutzungsarten festgelegt:

Tabelle 1: *Gesamtnutzungsdauer (Ingrid Kaiser gem. BewG)*

Nutzungsart	Nutzungsdauer
Ein- und Zweifamilienhäuser	80 Jahre
Mietwohnungsgrundstücke, Mehrfamilienhäuser	80 Jahre
Wohnungseigentum	80 Jahre
Gemischt genutzte Grundstücke (Wohnhäuser mit Mischnutzung)	80 Jahre
Museen, Theater, Sakralbauten, Friedhofsgebäude	70 Jahre
Bürogebäude/Verwaltungsgebäude	60 Jahre
Banken und ähnliche Geschäftshäuser	60 Jahre

***Tabelle 1:** Gesamtnutzungsdauer (Ingrid Kaiser gem. BewG)*

Nutzungsart	Nutzungsdauer
Einzelgaragen/Mehrfachgaragen	60 Jahre
Kindergärten (Kindertagesstätten), allgemeinbildende und berufsbildende Schulen, Hochschulen, Sonderschulen	50 Jahre
Wohnheime/Internate, Alten-/Pflegeheime	50 Jahre
Kauf-/Warenhäuser	50 Jahre
Krankenhäuser, Kliniken, Tageskliniken, Ärztehäuser	40 Jahre
Gemeindezentren, Saalbauten, Veranstaltungsgebäude, Vereinsheime	40 Jahre
Beherbergungsstätten, Hotels, Verpflegungseinrichtungen	40 Jahre
Sport-/Tennishallen, Freizeitbäder/Kur- und Heilbäder	40 Jahre
Tief-, Hoch- und Nutzfahrzeuggaragen als Einzelbauwerke, Carports	40 Jahre
Betriebs-/Werkstätten, Industrie-/Produktionsgebäude	40 Jahre
Lager-/Versandgebäude	40 Jahre
Verbrauchermärkte, Autohäuser	30 Jahre
Reithallen, ehemalige landwirtschaftliche Mehrzweckhallen, Scheunen u. Ä.	30 Jahre

Ähnlich stellen sich die Nutzungsdauern gem. Anlage 1 zu § 12 (5) S. 1 nach der Immobilienwertermittlungsverordnung (ImmoWertV) dar:

***Tabelle 2:** Gesamtnutzungsdauer von baulichen Anlagen (Ingrid Kaiser gem. ImmoWertV)*

Art der baulichen Anlage	Gesamtnutzungsdauer
Frei stehende Ein- und Zweifamilienhäuser, Doppelhäuser, Reihenhäuser	80 Jahre
Mehrfamilienhäuser	80 Jahre

Tabelle 2: *Gesamtnutzungsdauer von baulichen Anlagen (Ingrid Kaiser gem. ImmoWertV)*

Art der baulichen Anlage	**Gesamtnutzungsdauer**
Wohnhäuser mit Mischnutzung	80 Jahre
Geschäftshäuser	60 Jahre
Bürogebäude, Banken	60 Jahre
Gemeindezentren, Saalbauten, Veranstaltungsgebäude	40 Jahre
Kindergärten, Schulen	50 Jahre
Wohnheime, Alten- und Pflegeheime	50 Jahre
Krankenhäuser, Tageskliniken	40 Jahre
Beherbergungsstätten, Verpflegungseinrichtungen	40 Jahre
Sporthallen, Freizeitbäder, Heilbäder	40 Jahre
Verbrauchermärkte, Autohäuser	30 Jahre
Kauf- und Warenhäuser	50 Jahre
Einzelgaragen	60 Jahre
Tief- und Hochgaragen als Einzelbauwerk	40 Jahre
Betriebs- und Werkstätten, Produktionsgebäude	40 Jahre
Lager- und Versandgebäude	40 Jahre
Landwirtschaftliche Betriebsgebäude	30 Jahre

Auf Basis dieser Werte werden die Nutzungsdauern der einzelnen Bauteile auf eine durchschnittliche Lebensdauer von 50 Jahren bezogen. Hierzu hat das Bundesministerium für Wohnen, Stadtentwicklung und Bauwesen mit Stand 2017 Nutzungsdauern von Bauteilen analog DIN 276 herausgegeben:

Tabelle 3: *Nutzungsdauer Bauteile (Ingrid Kaiser gem. BNB)*

3. Ebene DIN 276	Bezeichnung	Nutzungsdauer
320 Gründung		≥ 50 Jahre
326 Bauwerks-abdichtung	Abdichtung gegen nichtdrückendes Wasser	35 Jahre
331 Tragende Außenwände		≥ 50 Jahre
333 Außenstützen		≥ 50 Jahre
334 Außentüren und -fenster	Standardtüren: Laubholz	≥ 50 Jahre
	Standardtüren: Metall	≥ 50 Jahre
	Standardtüren: Holzwerkstoff	40 Jahre
	Standardtüren: Kunststoff	40 Jahre
	Standardtüren: Nadelholz	35 Jahre
	Brandschutztüren	≥ 50 Jahre
	Sondertüren: Schallschutztüren, Glastüren	≥ 50 Jahre
	Sondertüren: Automatiktüren	20 Jahre
	Sondertüren, Schiebetüren, Rotationstüren	30 Jahre
	Fenster (Rahmen und Flügel): Aluminium, Aluminium-Holz-Komposit, Aluminium-Kunststoff-Komposit, Laubholz behandelt, Stahl	≥ 50 Jahre
	Fenster (Rahmen und Flügel): Kunststoff, Nadelholz behandelt	40 Jahre
	Beschläge: einfache Beschläge, Schiebebeschläge	30 Jahre
	Beschläge: Drehkippbeschläge, Schwingflügelbeschläge, Hebedrehkippbeschläge	25 Jahre
	Türschlösser, Türanschlagdämpfer, Panikverschlüsse	25 Jahre
	Türschließer	20 Jahre

Tabelle 3: *Nutzungsdauer Bauteile (Ingrid Kaiser gem. BNB)*

3. Ebene DIN 276	Bezeichnung	Nutzungsdauer
	Türantriebe	15 Jahre
	Verglasung: Sicherheits-Isolierglas, 3-Scheiben-Wärmeschutz-Isolierglas, 2-Scheiben-Wärmeschutz-Isolierglas, Brandschutz-Isolierglas, Schallschutz-Isolierglas, angriffhemmendes Isolierglas, Sonnenschutz-Isolierglas	30 Jahre
	Dichtungsprofile	20 Jahre
	Dichtstoffe	12 Jahre
	Rollläden	40 Jahre
335 Außenwandbekleidungen, außen	Abdichtungen erdberührt, gegen drückendes Wasser: Dichtungsbahnen	≥ 50 Jahre
	Abdichtungen erdberührt, gegen drückendes Wasser: Bentonit	40 Jahre
	Abdichtungen erdberührt: Konstruktionen aus wasserundurchlässigem Beton	≥ 50 Jahre
	Abdichtungen erdberührt, gegen nichtdrückendes Wasser: Dichtungsbahnen aus Bitumen, Spachtelmasse	40 Jahre
	Abdichtungen erdberührt, gegen nichtdrückendes Wasser: Beschichtungen und Anstriche	30 Jahre
	Abdichtungen erdberührt nachträglich: Querschnittsabdichtung gegen aufsteigende Feuchtigkeit durch mechanische Injektion	40 Jahre
	Abdichtungen erdberührt nachträglich: Vergelung, Schleierinjektion	20 Jahre
	Abdichtungen erdberührt: Abdichtungsschutz aus Schutzmauern (Beton, Ziegel, Hartbrandklinker)	≥ 50 Jahre

Tabelle 3: *Nutzungsdauer Bauteile (Ingrid Kaiser gem. BNB)*

3. Ebene DIN 276	Bezeichnung	Nutzungsdauer
	Abdichtungen erdberührt: Abdichtungsschutz aus Hartschaumplatten (Polystyrol), Noppenbahnen (Polyethylen, Polypropylen), Wellplatten faserverstärkt auf Zementbasis	40 Jahre
	Abdichtungen erdberührt: Abdichtungsschutz aus Granulatmatten, Wellplatten	30 Jahre
	Wärmedämmung erdberührter Bauteile: Perimeterdämmung (Schaumglas)	≥ 50 Jahre
	Wärmedämmung erdberührter Bauteile: Perimeterdämmung (extrudiertes Polystyrol)	40 Jahre
335 Außenwandbekleidungen, außen	Außenanstriche, mineralischer Untergrund: Dispersionsfarbe, Dispersions-Silikatfarbe, Weißzementfarbe, Kunststoffbeschichtungen auf Beton, Silikonharzfarbe, Silikatfarbe, Polymerisatharzfarben	15 Jahre
	Außenanstriche, mineralischer Untergrund: Kalkfarbe	8 Jahre
	Außenanstriche, mineralischer Untergrund: Imprägnierung auf Mauerwerk	15 Jahre
	Außenanstriche, mineralischer Untergrund: Lasur	15 Jahre
	Holzschutzanstriche, außen: Holzlacke	8 Jahre
	Holzschutzanstriche, außen: Holzlasuren	4 Jahre
	Holzschutzanstriche, außen: Holzöle/-wachse	2 Jahre
	Graffiti-Schutz: kurzfristige wirksame Produkte (auf Zuckerbasis)	1 Jahre
	Graffiti-Schutz: semipermanente Systeme (Hydrophobierung mit „Opferschicht")	10 Jahre

Tabelle 3: *Nutzungsdauer Bauteile (Ingrid Kaiser gem. BNB)*

3. Ebene DIN 276	Bezeichnung	Nutzungsdauer
	Graffiti-Schutz: permanente Systeme (dickschichtig)	20 Jahre
	Putz auf monolithischer Tragschicht: hochhydraulischer Kalkmörtel, Mörtel mit Putz- und Mauerbinder, Kalkzementmörtel, Zementmörtel mit Zusatz von Luftkalk, Zementmörtel, Luftkalkmörtel, hydraulischer Kalkmörtel, Wasserkalkmörtel	45 Jahre
	Putz auf monolithischer Tragschicht: Sanierputzsysteme, mineralische Leichtputzsysteme auf porosierter Tragschicht	40 Jahre
	Putz auf monolithischer Tragschicht: Silikatputze, Silikonharzputze, Kunstharzputze	30 Jahre
	Putz auf Wärmedämmung: mineralische Putzsysteme, silikatische Putzsysteme, Kunstharzputzsysteme, Silikonharzputzsysteme	30 Jahre
	Mauerwerk, Bekleidungen: Klinker, Kalksandstein, Sichtbeton, Platten, Stein	≥ 50 Jahre
	Verfugungsmassen	30 Jahre
	Bekleidungen: harte Belagsmaterialien auf Wärmedämmung	30 Jahre
	Dämmschicht als Kerndämmung: Mineralwolledämmplatten, Polyurethandämmplatten, Polystyrol, Blähschiefergranulat, Blähglasgranulat, Blähtongranulat	≥ 50 Jahre
	Dämmschicht hinter Vorsatzschale hinter-lüftet: Mineralschaumplatten, Schaumglasplatten	≥ 50 Jahre
	Dämmschicht hinter Vorsatzschale: Vakuumdämmpaneele	30 Jahre

Tabelle 3: *Nutzungsdauer Bauteile (Ingrid Kaiser gem. BNB)*

3. Ebene DIN 276	Bezeichnung	Nutzungsdauer
	Wärmedämmverbundsystem: Mineralwolledämmplatten, Polystyroldämmplatten, Polyurethandämmplatten, Holzfaserdämmplatten, Holzwolleleichtbauplatten, Korkplatten	40 Jahre
	Wärmedämmverbundsystem transparent	20 Jahre
	Holzbekleidung: Nadelholz behandelt, Laubholz, Holzwerkstoff-Systeme	40 Jahre
	Holzbekleidung: Nadelholz unbehandelt	30 Jahre
	Holzbekleidung: Holzschindeln	≥ 50 Jahre
	Metallbekleidungen: Zink, Kupfer, Aluminium eloxiert, Aluminium lackiert, Stahl nicht rostend	≥ 50 Jahre
	Metallbekleidungen: Stahl galvanisch verzinkt	40 Jahre
	Vorsatzschale hinterlüftet: Kupferblech	≥ 50 Jahre
	Vorsatzschale hinterlüftet: Zink, Stahl nicht rostend	45 Jahre
	Vorsatzschale hinterlüftet: korrosionsreduzierter Stahl, Stahl galvanisch verzinkt und beschichtet	30 Jahre
	Vorsatzschale hinterlüftet: Aluminium-Verbundplatten	≥ 50 Jahre
	Vorsatzschale hinterlüftet: Glas	≥ 50 Jahre
	Kunststoffstegplatten transparent: Acrylglasplatten	40 Jahre
	Kunststoffstegplatten transparent: Polycarbonatplatten	30 Jahre
	Vorsatzschale hinterlüftet: faserverstärkte Harzkompositplatten	30 Jahre

Tabelle 3: *Nutzungsdauer Bauteile (Ingrid Kaiser gem. BNB)*

3. Ebene DIN 276	Bezeichnung	Nutzungsdauer
	Wandbekleidungen (Systeme): Kunststoff, Mehrschichtleichtbauplatten	40 Jahre
	Vorsatzschale: Fugen- und Kompriband, Verfugung, Dehnungsfuge, Profil	40 Jahre
	Vorsatzschale: Unterkonstruktion	≥ 50 Jahre
336 Außenwandbekleidungen, innen	Bekleidung Dämmplatten: Mineralschaumdämmplatten, Calciumsilikatplatten	≥ 50 Jahre
338 Sonnenschutz	Jalousien: Kunststoff, Aluminium	25 Jahre
	Markisen	15 Jahre
	Sonnenschutz, feststehend: Aluminium	≥ 50 Jahre
339 Außenwände, Sonstiges	Balkone	
	frei stehende Konstruktion: Mauerwerk, Stahlbeton, Stahl nicht rostend, Stahl feuerverzinkt (stückverzinkt), Aluminium beschichtet, Laubholz, Kunststoff-Komposit	≥ 50 Jahre
	frei stehende Konstruktion: Nadelholz, behandelt	45 Jahre
	Brüstung: Stahlgitterkonstruktion feuerverzinkt (stückverzinkt), Glas, Mauerwerk, Stahlbeton	≥ 50 Jahre
	Brüstung aus Holzkonstruktion	30 Jahre
	Brüstungsbekleidung aus Aluminiumplatten, Glasplatten	≥ 50 Jahre
341 Tragende Innenwände		≥ 50 Jahre
342 Nichttragende Innenwände		≥ 50 Jahre
343 Innenstützen		≥ 50 Jahre

Tabelle 3: *Nutzungsdauer Bauteile (Ingrid Kaiser gem. BNB)*

3. Ebene DIN 276	Bezeichnung	Nutzungsdauer
344 Innentüren und -fenster	Standardtüren: Holztüren, Holzwerkstofftüren, Aluminiumtüren, Kunststofftüren, Holzwerkstofftüren, Stahltüren und Stahltüren rostfrei	≥ 50 Jahre
	Sondertüren: Glastüren, Rauchschutztüren, Schallschutztüren	≥ 50 Jahre
	Brandschutztüren	≥ 50 Jahre
	Sondertüren: Feuchtraumtüren	40 Jahre
	Sondertüren: Schiebetüren, Rotationstüren	30 Jahre
	Sondertüren: Automatiktüren	20 Jahre
	Tore: Brandschutztore	30 Jahre
	Innenfenster	≥ 50 Jahre
	Beschläge: einfache Beschläge	≥ 50 Jahre
	Beschläge: Schwingflügelbeschläge, Falttürbeschläge, Schiebebeschläge, Drehkippbeschläge, Hebedrehkippbeschläge	30 Jahre
	Türschließer, Türschlösser, Fensterschlösser	30 Jahre
	Panikverschlüsse	25 Jahre
	Türantriebe	15 Jahre
	Türanschlagdämpfer	20 Jahre
	Fenster- und Türenverglasung: Einfachverglasung	≥ 50 Jahre
	Fenster- und Türenverglasung: angriffhemmendes Isolierglas, Sicherheits-Isolierglas, Brandschutz-Isolierglas, Schallschutz-Isolierglas	40 Jahre
	Dichtungsprofile	30 Jahre
	Dichtstoffe	20 Jahre

Tabelle 3: *Nutzungsdauer Bauteile (Ingrid Kaiser gem. BNB)*

3. Ebene DIN 276	Bezeichnung	Nutzungsdauer
345 Innenwand-bekleidungen	Innenanstriche: Nassabriebklasse 1	15 Jahre
	Innenanstriche: Nassabriebklasse 2	10 Jahre
	Innenanstriche: Nassabriebklasse ≥ 3	5 Jahre
	Innenanstriche: Lasur	18 Jahre
	Standard-Innenputze: Gipsputz, Anhydritputz, Kalkputz, Kalkgipsputz, Kalkzementputz, Kunstharzputz, Lehmputz	≥ 50 Jahre
	mineralische Deckputze: Zementputz, Trasskalkputz, Trasszementputz	≥ 50 Jahre
	Spezialputze: Sanierputz/-Systeme	15 Jahre
	Spezialputze: Akustikputz, Strahlenschutzputz	≥ 50 Jahre
	Putzprofile: Kunststoff, Stahl, Glasfaser	≥ 50 Jahre
	Putzträger: Stahldrahtnetz, Rippenstreckmetall, Kunststoffgewebe	≥ 50 Jahre
	Bekleidungen: Holz, Holzwerkstoff und Mehrschichtleichtbauplatten, Aluminium, Stahl, Kupfer, Zink, Naturstein, Kunststein, keramische Fliesen und Platten, Feinsteinzeug, Steinzeug, Steingut und Spaltplatten, Glasmosaik	≥ 50 Jahre
	Bekleidungen (Systeme): Gipskartonplatten, Gipskartonverbundplatten	≥ 50 Jahre
	Bekleidungen: Kunststoff (PVC, PE, PP)	40 Jahre
	Bekleidungen: Sonderkonstruktionen aus Glas	≥ 50 Jahre
	Spezial-Bekleidungen: Brandschutz, Schallschutz, Wärmeschutz (Innendämmung), feuchteresistente Bekleidungen	≥ 50 Jahre

Tabelle 3: *Nutzungsdauer Bauteile (Ingrid Kaiser gem. BNB)*

3. Ebene DIN 276	Bezeichnung	Nutzungsdauer
	Tapeten: Papier, Kunststoff, Tapeten nicht überstreichbar, Tapeten überstreichbar	10 Jahre
	Tapeten: Textil, Webstoff	15 Jahre
346 Elementierte Innenwände	Sanitärtrennwände: Toilettentrennwände, Urinaltrennwände	30 Jahre
	Sanitärtrennwände: Duschtrennwände	25 Jahre
	Umkleidekabinen	30 Jahre
349 Innenwände, Sonstiges	Treppengeländer: Handläufe aus Aluminium, Laubholz, Stahl	≥ 50 Jahre
	Treppengeländer: Handläufe aus Kunststoff, Nadelholz	30 Jahre
351 Deckenkonstruktionen		≥ 50 Jahre
352 Deckenbeläge	Fließestriche: Zementestrich, Gussasphaltestrich, Anhydritestrich, Magnesiaestrich	≥ 50 Jahre
	Trockenestriche (Systeme): Holzwerkstoffplatten, Gipsfaserplatten, Gipskartonplatten	≥ 50 Jahre
	Estriche als Verschleißboden	≥ 50 Jahre
	Trittschalldämmung	≥ 50 Jahre
	Fußbodendämmung, einschl. Dämmung der obersten Geschossdecke	≥ 50 Jahre
	Natursteinbeläge	≥ 50 Jahre
	Kunststeinbeläge	≥ 50 Jahre
	keramische Fliesen und Platten: Feinsteinzeug, Steinzeug, Steingut, Spaltplatten, Glasmosaik	≥ 50 Jahre
	Gussböden: Kunstharz	30 Jahre
	Gussböden: Terrazzo	≥ 50 Jahre

Tabelle 3: *Nutzungsdauer Bauteile (Ingrid Kaiser gem. BNB)*

3. Ebene DIN 276	Bezeichnung	Nutzungsdauer
	textile Beläge: Baumwolle, Wolle, Synthetikfaser, Sisal, Naturfasergemisch, Jute, Naturfasergemisch, Kokos	10 Jahre
	Linoleum, Laminat, PVC, Kunststoff-Parkett, Kork, Kautschuk, Sporthallenbeläge	20 Jahre
	Vollholzparkett, Holzdielen, Holzpflaster	≥ 50 Jahre
	Holz-Mehrschichtparkett	40 Jahre
	Holzbeschichtung für Bodenbeläge: Holzlacke, Holzversiegelungen	15 Jahre
	Holzschutzanstriche für Bodenbeläge: Holzöle/-wachse	4 Jahre
	Doppelböden und Hohlraumböden	≥ 50 Jahre
	Doppelbodenstützen und Hohlraumbodenstützen: Stahl	≥ 50 Jahre
	Schwingböden: Holz, Kunststoff	45 Jahre
	Sockelleisten: Naturstein, Kunststein, Klinker, Keramik, Holz	≥ 50 Jahre
	Schmutzfangbeläge: Synthetikfaser, Kunststoff, Baumwolle, Sisal, Jute, Kokos	8 Jahre
	Oberflächenbehandlung: Versiegelung	12 Jahre
	Oberflächenbehandlung: Beschichtung auf Kunststoffbasis	10 Jahre
	Oberflächenbehandlung: Beschichtung auf Wachs- oder Ölbasis	8 Jahre
353 Deckenbekleidungen	Gipskartonbekleidungen	≥ 50 Jahre
	Metallbekleidungen: Aluminium, Stahl, Kupfer, Zink	≥ 50 Jahre

Tabelle 3: *Nutzungsdauer Bauteile (Ingrid Kaiser gem. BNB)*

3. Ebene DIN 276	Bezeichnung	Nutzungsdauer
	Holzbekleidungen: Holz, Holzwerkstoff und Mehrschichtleichtbauplatten	≥ 50 Jahre
	Sonderkonstruktionen inkl. Befestigung: Mineralfaserplatten, Kunststoffplatten, Glasplatten	≥ 50 Jahre
	Sonderkonstruktionen inkl. Befestigung: Brandschutz-Unterdecken	40 Jahre
	Sonderkonstruktionen inkl. Befestigung: Akustikdecken, Akustikelemente, Akustikschaum, Schallabsorber	40 Jahre
	Sonderkonstruktionen inkl. Befestigung: Lichtdecken	25 Jahre
	Dämmung der Kellerdecke	≥ 50 Jahre
	Tapeten: überstreichbar	20 Jahre
	Tapeten: Kunststoff, Textil, Webstoff, Papier nicht überstreichbar	10 Jahre
	Unterkonstruktionen: Trockenbauprofile (Stahl, Holz)	≥ 50 Jahre
	Innenanstriche: Nassabriebklasse 1	15 Jahre
	Innenanstriche: Nassabriebklasse 2	10 Jahre
	Innenanstriche: Nassabriebklasse ≥ 3	5 Jahre
	Innenanstriche: Holzlasur	18 Jahre
359 Decken, Sonstiges	Geländer, Gitter, Roste, Leitern: Stahl, Aluminium, Holz, Holzwerkstoff, Gusseisen	≥ 50 Jahre
	Gitter und Roste: Kunststoff	40 Jahre
361 Dachkonstruktion		≥ 50 Jahre
362 Dachfenster, Dachöffnungen, Überdachungen	Dachflächenfenster (Rahmen): Aluminium, Kunststoff, Aluminium-Holz-Komposit	≥ 50 Jahre

Tabelle 3: *Nutzungsdauer Bauteile (Ingrid Kaiser gem. BNB)*

3. Ebene DIN 276	Bezeichnung	Nutzungsdauer
	Dachflächenfenster (Rahmen): Aluminium-Kunststoff-Komposit	35 Jahre
	Dachflächenfenster (Rahmen): Laubholz, behandelt	40 Jahre
	Dachflächenfenster (Rahmen): Nadelholz, behandelt	25 Jahre
	Lichtkuppeln	25 Jahre
	Lichtbänder	20 Jahre
	Dachausstiege und Luken: Stahl feuerverzinkt (stückverzinkt)	40 Jahre
	Dachausstiege und Luken: Kunststoff	30 Jahre
	Antriebe für Öffnungen: Handantrieb	35 Jahre
	Antriebe für Öffnungen: elektrischer Antrieb	25 Jahre
	Antriebe für Öffnungen: pneumatischer Antrieb	20 Jahre
363 Dachbeläge	Abdichtungsbahnen: Elastomerbahnen, Kunststoffbahnen unterhalb der Dämmung	40 Jahre
	Abdichtungsbahnen: Bitumenbahnen unterhalb der Dämmung	30 Jahre
	Abdichtungsbahnen: Bitumenbahnen, Elastomerbahnen, Kunststoffbahnen oberhalb Dämmung mit schwerer Schutzschicht	30 Jahre
	Abdichtungsbahnen: Bitumenbahnen, Elastomerbahnen, Kunststoffbahnen oberhalb Dämmung mit leichter Schutzschicht	20 Jahre
	Abdichtmassen: Asphaltmastix, Flüssigabdichtung, Gussasphalt unterhalb der Dämmung	40 Jahre

Tabelle 3: *Nutzungsdauer Bauteile (Ingrid Kaiser gem. BNB)*

3. Ebene DIN 276	Bezeichnung	Nutzungsdauer
	Abdichtmassen: Asphaltmastix, Flüssigabdichtung, Gussasphalt oberhalb Dämmung mit schwerer Schutzschicht	30 Jahre
	Abdichtmassen: Asphaltmastix, Flüssigabdichtung, Gussasphalt oberhalb Dämmung mit leichter Schutzschicht	20 Jahre
	Abdichtmassen: Flüssigabdichtung oberhalb Dämmung ohne Schutzschicht	20 Jahre
	schwere Schutzschicht: extensive Begrünung	40 Jahre
	schwere Schutzschicht: Bekiesung, Verlegeplatten, intensive Begrünung	30 Jahre
	leichte Schutzschicht: Besplitterung vor Ort, werkseitige Bestreuung	15 Jahre
	Beschichtungen: Metallanstrich	12 Jahre
	Deckungen: Schiefer	≥ 50 Jahre
	Deckungen: Ziegel	≥ 50 Jahre
	Deckungen: Beton, Faserzement	≥ 50 Jahre
	Deckungen: Zink, Kupferblech, Aluminium, Stahl nicht rostend	≥ 50 Jahre
	Deckungen: Holzschindeln	≥ 50 Jahre
	Deckungen: Stahl galvanisch verzinkt und beschichtet	45 Jahre
	Deckungen: Stahl galvanisch verzinkt	40 Jahre
	Deckungen: Glas	30 Jahre
	Deckungen: Bitumenschindeln, Bitumen-Wellplatten	25 Jahre
	Metallbanddeckungen: Stahl nicht rostend, Kupfer, Aluminiumblech	≥ 50 Jahre

Tabelle 3: *Nutzungsdauer Bauteile (Ingrid Kaiser gem. BNB)*

3. Ebene DIN 276	Bezeichnung	Nutzungsdauer
	Metallbanddeckungen: Stahlblech galvanisch verzinkt und beschichtet	45 Jahre
	Metallbanddeckungen: Stahlblech galvanisch verzinkt	40 Jahre
	Deckungen: Reet	30 Jahre
	Dämmschicht als Auf- und Zwischensparrendämmung: Schaumglasplatten, Mineralwollplatten, extrudierte Polystyrolplatten, expandierte Polystyrolplatten, Polyurethanplatten, Faserplatten aus Holz, Hanf, Zellulose	≥ 50 Jahre
	Attikaabdeckungen: Naturstein, Kunststein, Betonfertigteil, Betonsteinplatten, keramische Fliesen und Platten, Feinsteinzeug, Steinzeug, Spaltplatten, Kupfer, Aluminium, Stahl nicht rostend, Zink	≥ 50 Jahre
	Attikaabdeckungen: Faserzement	40 Jahre
	Attikaabdeckungen: Stahl galvanisch verzinkt	30 Jahre
	Attikaabdeckungen: Kunststoff	20 Jahre
364 Dachbekleidungen	Unterdach: Bitumen-Holzfaserplatten	≥ 50 Jahre
	Unterdach: imprägnierte Faserplatten aus Holz, Hanf, Zellulose	30 Jahre
	Unterdach: dampfdiffusionsoffene Kunststofffolien	30 Jahre
	Zwischen-, Auf- und Untersparrendämmung: Mineralwolle, Polystyrol, Polyurethan, Blähgranulat, nachwachsende Dämmstoffe (z. B. Holzdämmstoffe, Zellulose, Kork, Leichtlehmmischung, Flachs, Wiesengras, Hanf)	≥ 50 Jahre

Tabelle 3: *Nutzungsdauer Bauteile (Ingrid Kaiser gem. BNB)*

3. Ebene DIN 276	Bezeichnung	Nutzungsdauer
369 Dächer, Sonstiges	Eingangsüberdachung: Stahlbetonkonstruktion, Stahl-Glas-Konstruktion, Stahlbetonkonstruktion, Spannbetonkonstruktion, Holzkonstruktion (bekleidet)	≥ 50 Jahre
	Eingangsüberdachung: Holzkonstruktion (unbekleidet), Holz-Glas-Konstruktionen, Glaskonstruktionen (tragend)	40 Jahre
	Hofüberdachung: Stahl-Glas-Konstruktion	≥ 50 Jahre
	Hofüberdachung: Holz-Glas-Konstruktionen, Seilnetzkonstruktionen	40 Jahre
	Hofüberdachung: textile Konstruktionen	8 Jahre
	Stahl nicht rostend, Stahl feuerverzinkt (stückverzinkt)	≥ 50 Jahre
	Aluminium, Laubholz behandelt	45 Jahre
	Laubholz unbehandelt, Nadelholz behandelt, Holzwerkstoff beschichtet	30 Jahre
	Nadelholz unbehandelt	20 Jahre
	Absturzsicherung, Trittstufen, Laufflächen, Laub- und Schneefangvorrichtungen, Blitzschutzanlagen: Stahl feuerverzinkt (stückverzinkt), Stahl nicht rostend	≥ 50 Jahre
	Dachbe- und Dachentlüftung Stahl galvanisch verzinkt	25 Jahre
	Entlüftungsrohre Kunststoff	25 Jahre

Zusammenfassend erreichen bzw. übertreffen die tragenden Teile der Baukonstruktion i. d. R. die betrachtete Nutzungsdauer von 50 Jahren. Zu berücksichtigen ist immer, dass es sich ausschließlich um Anhaltswerte handelt, da die im Folgenden dargestellten Einflüsse wie Nutzungsart, Instandhaltungsstrategie, äußere Einwirkungen etc. jeweils unterschiedlich bzw. in Kombination entsprechende Auswirkungen haben.

2.2.2 Instandhaltung und Einfluss auf die Lebensdauer

Im Gegensatz zur VDI 6200 (siehe Kapitel 1.7) definiert die DIN 31051 wie folgt:

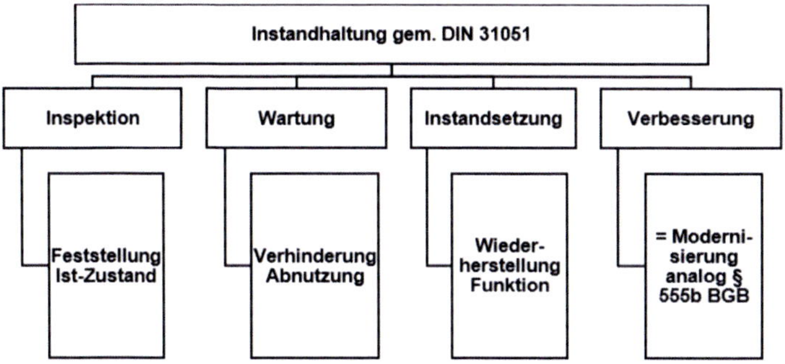

Bild 1: *Aktivitäten zur Instandhaltung*
(Quelle: Ingrid Kaiser gem. DIN 31051)

Instandhaltung ist ein zentrales Thema des Facility-Managements und wird in der DIN 31051 aufgrund der Zielrichtung anders definiert als in der VDI 6200 für tragende Bauwerkskonstruktionen (s. Kap. 1.7). Die Inspektion ist i. d. R. eine Zustandskontrolle, die durch den Eigentümer/Nutzer/Objektmanager durch In-Augenschein-Nahme in regelmäßigen Abständen durchgeführt wird. Erkennbare Veränderungen müssen auch hier dokumentiert werden, um die weitere Entwicklung verfolgen zu können. Gleichzeitig können Mängel, Schäden und Gefährdungen erkannt und entsprechende Sofort-Maßnahmen initiiert werden. Die entsprechende Dokumentation gewährleistet eine Überwachung des geforderten Zustands des Gebäudes.

Bei der Wartung werden entweder unmittelbar bei der Inspektion oder in festgelegten Intervallen Verschleißteile ausgetauscht, Elemente justiert, nachgestellt oder geschmiert, sodass der geforderte SOLL-Zustand des Gebäudes gewährleistet ist. Sofort-Maßnahmen und Dokumentation sind wie bei der Inspektion Maßnahmen bei der Wartung.

Werden durch die Inspektion, Wartung oder durch Nutzer-Meldungen Mängel oder Schäden an Bauteilen festgestellt, müssen die entsprechenden Elemente „repariert“ = instand gesetzt bzw. ausgetauscht werden, um die Funktionalität sicherzustellen.

Die Verbesserung/Modernisierung des Gebäudes ist keine direkt der Instandhaltung im engeren Sinn dienende Maßnahme. Hierbei handelt es sich nicht um die Verlängerung der Lebensdauer der Bauteile, sondern der Nutzungsdauer des Gebäudes durch Anpassung an Nutzeranforderungen. Am ehesten findet sich eine entsprechende Definition im Wohnraum-Mietrecht des BGB, als Basis für die Umlage von Maßnahme-Kosten auf die Mieter:

§ 555b BGB Modernisierungsmaßnahmen

Modernisierungsmaßnahmen sind bauliche Veränderungen,

1. durch die in Bezug auf die Mietsache Endenergie nachhaltig eingespart wird (energetische Modernisierung),
1a. durch die mittels Einbaus oder Aufstellung einer Heizungsanlage zum Zwecke der Inbetriebnahme in einem Gebäude die Anforderungen des § 71 des Gebäudeenergiegesetzes erfüllt werden,
2. durch die nicht erneuerbare Primärenergie nachhaltig eingespart oder das Klima nachhaltig geschützt wird, sofern nicht bereits eine energetische Modernisierung nach Nummer 1 vorliegt,
3. durch die der Wasserverbrauch nachhaltig reduziert wird,
4. durch die der Gebrauchswert der Mietsache nachhaltig erhöht wird,
4a. durch die die Mietsache erstmalig mittels Glasfaser an ein öffentliches Netz mit sehr hoher Kapazität im Sinne des § 3 Nummer 33 des Telekommunikationsgesetzes angeschlossen wird,
5. durch die die allgemeinen Wohnverhältnisse auf Dauer verbessert werden,

6. die auf Grund von Umständen durchgeführt werden, die der Vermieter nicht zu vertreten hat, und die keine Erhaltungsmaßnahmen nach § 555a sind, oder
7. durch die neuer Wohnraum geschaffen wird.

An den ersten Stellen stehen damit energie- und wassersparende Maßnahmen, neu hinzugekommen ist der Glasfaser-Anschluss. Die Verbesserung der allgemeinen Wohnverhältnisse kann beispielsweise durch den Einbau eines Aufzugs erfolgen. Auch wenn sich die Definitionen auf Wohnraum-Mietverhältnisse beziehen, können sie auf alle Nutzungsarten übertragen werden.

Die Abgrenzung von Instandsetzung zu Verbesserung/Modernisierung ist nicht immer einfach, kann aber an einem einfachen Beispiel erläutert werden:

Fall 1: Wandfliesen in Sanitär- oder Teeküchenbereichen zeigen Risse und liegen teilweise hohl → ein Austausch ist erforderlich = Instandsetzung.

Fall 2: Wandfliesen in Sanitär- oder Teeküchenbereichen in Oliv-, Braun- und Orange-Tönen aus den 1970er-Jahren sind bautechnisch in gutem Zustand, werden jedoch aufgrund aktueller Ausstattungstendenzen ersetzt → Verbesserung/Modernisierung (Steigerung der Vermarktungsmöglichkeiten).

Die **Instandhaltungsstrategien** können in präventive und korrektive unterteilt werden:

- die präventive Instandhaltung – zur Beurteilung und/oder Verminderung von Abbau und zur Reduzierung der Ausfallwahrscheinlichkeit eines Objekts
  - die vorausbestimmte Instandhaltung – präventive Instandhaltung, durchgeführt in festgelegten Zeitabständen oder nach einer festgelegten Zahl an Nutzungseinheiten, jedoch ohne vorherige Zustandsbestimmung

  - die zustandsorientierte Instandhaltung – präventive Instandhaltung, die die Beurteilung des physischen Zustands, Analysen und die möglichen, daraus resultierenden Instandhaltungsmaßnahmen beinhaltet
  - die vorausgesagte Instandhaltung – zustandsorientierte Instandhaltung, die nach einer Vorhersage, abgeleitet von wiederholter Analyse oder bekannten Eigenschaften und Bestimmung von wichtigen Parametern, welche den Abbau des Objekts kennzeichnen, durchgeführt wird
  - die aktive Instandhaltung – Teil der Instandhaltung, bei der die Maßnahmen direkt an dem Objekt ausgeführt werden, um dieses zu erhalten oder so aufzuarbeiten, dass es die geforderte Funktion ausführen kann
- die korrektive Instandhaltung – Instandhaltung, ausgeführt nach der Fehlererkennung, um ein Objekt wieder in einen Zustand zu bringen, in dem es eine geforderte Funktion erfüllen kann
  - die aufgeschobene korrektive Instandhaltung – korrektive Instandhaltung, die nicht unmittelbar nach der Fehlererkennung ausgeführt, sondern nach vorgegebenen Instandhaltungsregeln zurückgestellt wird
  - die sofortige korrektive Instandhaltung – korrektive Instandhaltung, die ohne Aufschub nach der Fehlererkennung ausgeführt wird, um unannehmbare Folgen zu vermeiden

Die Wahl der Strategien wirkt sich nicht nur auf einen schadenfreien Zustand des Gebäudes aus, sondern muss auch aus wirtschaftlichen Aspekten betrachtet werden. Generell ist die präventive Instandhaltung zu bevorzugen.

2.3 Äußere Einflüsse auf Gebäude

2.3.1 Witterungseinflüsse

Die Umgebungstemperatur wirkt sich auf die Verarbeitbarkeit vieler Baustoffe aus und liegt in der Regel bei ≥ +5 °C, die ebenfalls in den darauffolgenden Tagen eingehalten sein muss. Auch die Luftfeuchtigkeit wirkt sich auf Trocknungsvorgänge, z. B. Estrich und Putz, die teilweise mehrere Wochen zum Trocknen benötigen, aus.

Durch den Trocknungsvorgang wird zusätzlich Feuchte an die Umgebungsluft abgegeben. Ist die Gebäudehülle geschlossen, ist regelmäßiges Lüften erforderlich. Neben den Vermerken zu Temperatur und Luftfeuchte (außen und innen) im Bautagebuch können auch Datenlogger, ebenfalls außen und innen, eingesetzt werden.

Am bekanntesten und im Auftrag in den Bauablauf integriert sind die Maßnahmen zur Nachbehandlung von **Beton**. Um den Frischbeton vor Kälte/Frost, Regen, Sonneneinstrahlung, Wind etc. zu schützen, sind folgende Maßnahmen erforderlich:

- gegen vorzeitiges Austrocknen bei Wärme/Hitze, Wind
  - Abdecken mit dampfdichten Kunststoff-Folien
  - Abdecken mit wasserspeichernden Stoffen (z. B. Gewebe, Strohmatten), die ständig feucht gehalten werden
  - Besprühen mit flüssigen Nachbehandlungsmitteln („Sprüh-Folie“) oder Wasser
  - in der Schalung belassen (bei Stahl-Schalung ist die Sonneneinstrahlung zu berücksichtigen)
- gegen Frost-/Kälte-Schäden
  - Abdecken mit Dämm-Matten
  - in der Schalung belassen, Holzschalung wässern, Stahlschalung mit Dämm-Matten abhängen

Bei Umgebungstemperaturen < -3 °C ist eine Einhausung und evtl. eine Beheizung erforderlich, sodass die Beton-Temperatur über mind. drei Tage mind. +10 °C beträgt.

Bei **Außenputz** sollten zwischen Fertigstellung des Unterputzes und Beginn des Oberputzes min. sieben Tage liegen, bei größeren Dicken des Unterputzes min. ein Tag pro Zentimeter Dicke. Diese Trockenzeit muss bei niedrigen Temperaturen und hoher Luftfeuchte zusätzlich verlängert werden. Oberputze als Silikat-Putze erfordern eine Verarbeitungstemperatur von ≥ 8 °C; es sind also immer die Hersteller-Angaben zu berücksichtigen. Die Höchst-Temperatur zur Verarbeitung liegt bei +30 °C. Bei starkem Sonnenschein-Einfall und/oder starkem Wind muss die Oberfläche abgehängt und/oder feucht gehalten werden.

Die Bemessung und Holz-Auswahl von **Holz-Bauteilen**, die der Witterung ausgesetzt sind, muss entsprechend diesen Verhältnissen erfolgen. Hierzu erfolgt zunächst eine Einordnung in die Nutzungsklassen (NKL, siehe Kap. 1.6.3.) und dann in die Gebrauchsklassen (GK) gem. DIN EN 335. Bei Erd- oder Süßwasser-Kontakt gilt die GK 4, vorwiegend bis ständig feucht, mit einer mittleren Holzfeuchte > 20 %. Der Schutz erfolgt durch die Auswahl besonders dauerhafter Holz-Arten (möglichst nur Kernholz, kein Splintholz), z. B. Robinie, Teak, oder chemischen Holzschutz.

Der Bauablauf wird üblicherweise so geplant, dass die Rohbau-Arbeiten vom Frühjahr bis spätestens zum Herbst durchgeführt werden. Ist dies nicht möglich oder kommt es zu Störungen im Ablauf, müssen die erstellten Bauteile winterfest gemacht werden. Die größte Gefahr bildet in die Bausubstanz eindringendes Wasser, das sich beim Gefrieren ausdehnt und zu Absprengungen und Ähnlichem führt. Das heißt, alle Öffnungen in der Gebäudehülle müssen geschlossen werden, inkl. Rohrdurchführungen. Ist das Dach noch offen, kann ein Notdach aus Folien zum Schutz dienen. Ist das Dach bereits gedeckt und die Regenentwässerung installiert, aber noch nicht angeschlossen, sollten an den Fallrohren provisorisch Verlängerungen angebracht werden, um das Wasser möglichst weit vom Gebäude entfernt versickern zu lassen.

Für den Alterungsprozess sind u. a. ebenfalls Wetter-Einwirkungen verantwortlich. Erosion (= Abtrag, Abnutzung von Bauteil-Oberflächen) entsteht durch Niederschläge, Wind und Temperaturveränderungen (Frost, Hitze). Durch das Aufbringen von Schutzschichten in Abhängigkeit vom Material kann dies weitgehend eingeschränkt werden. Feuchte- und damit Frost-Schäden können durch Wahl frostsicherer Materialien und ergänzend durch Hydrophobierung der Oberflächen verhindert werden.

Während der Nutzungszeit sind Schäden aus Witterungseinflüssen, insbesondere Sturm und Hagel, die überdies regional unterschiedlich sind, weitgehend über entsprechende Versicherungen abgedeckt. Wind, Sonne und Regen wirken dennoch kontinuierlich auf die Gebäudehülle ein und können sie schädigen. An Fassaden entstehen starke Verunreinigungen durch Witterungseinflüsse, die zu Algen- und Pilzbefall führen können. Sonneneinstrahlung auf Gebäudeaußenflächen (Fassaden, Dächer) bewirkt tagsüber eine kurzwellige Strahlung, die zur Aufheizung der Fläche führt. Nachts erfolgt bei niedrigen Temperaturen zur Abkühlung eine langwellige Abstrahlung. Wird dies dauerhaft durch Schattenwurf von z. B. Gebäuden unterbunden, kann einwirkende Feuchtigkeit nicht nach außen abgegeben werden und schädigt somit auf Dauer die Bausubstanz. Weiterhin kommt es zu Algen- und/oder Schimmelbildung. Eine entsprechende Planung nicht nur des Gebäudes unter Berücksichtigung der Umgebungsbebauung, sondern auch der Außenanlagen (vorhandene und anzupflanzende Bäume) verhindert die genannten Schäden.

2.3.2 Natur-Ereignisse

Starkregen-Ereignisse treten zunehmend auf und überfluten immer wieder Kellergeschosse, teilweise auch Erdgeschosse. Abhilfe schafft hier die sichere Abdichtung im Gründungs- und Sockelbereich (siehe Kap. 1.2) abhängig von der Versickerungsfähigkeit des Bodens, sinnvollerweise mit entsprechendem Sicherheitszuschlag.

Hochwasser entsteht zum einen durch Starkregen (Sommer), zum anderen in Regionen mit starken Schneefällen durch die Schneeschmelze (Winter/Frühjahr). Die Hochwasser-Katastrophe im Ahrtal im Jahr 2021 hat die Hochwasser-Gefahren auf erschreckende Weise deutlich gemacht. Während in verschiedenen Regionen die Sommer- und Winter-Hochwasser als gegeben hingenommen und entsprechende Schutz-Maßnahmen Jahr für Jahr eingesetzt werden, wurden die Ahrtal-Katastrophe und deren Ursachen bzw. Gegenmaßnahmen zum Politikum.

Die Ursachen von Hochwasser sind unterschiedlich; durch immer häufiger auftretende Starkregen-Ereignisse mit bis zu 500 l pro m^2 innerhalb kürzester Zeit treten Flüsse über die Ufer und die Fließgeschwindigkeit erhöht sich stark. Dies ist zum einen auf Begradigung der Flüsse und fehlende natürliche Überflutungsflächen entlang der Flüsse zurückzuführen, zum anderen auf die zunehmende Flächenversiegelung in Baugebieten, bei der das Wasser nicht versickern kann. Daher sollten in den Außenanlagen möglichst wenig wasserundurchlässige Beläge verwendet werden.

Bei extremen Regenfällen kann das Wasser auf Straßen häufig nicht schnell genug von den Einläufen aufgenommen werden. Gleichzeitig steigt der Wasserspiegel im Kanal so stark an, dass das Wasser sich in die angeschlossene Gebäude-Entwässerung zurückstaut. Zur Vermeidung ist der Einbau von Rückstau-Sicherungen inzwischen längst üblich. Dies ist insbesondere dann wichtig, wenn es sich beim Abwasser-Kanalsystem um ein Mischsystem (Gebäude-Abwässer und Regenwasser in einem Kanal) handelt, da ansonsten auch die Abwässer in das Gebäude zurückfließen.

Dringt das Wasser in das Gebäude ein, werden die Baukonstruktionen nicht nur durch die Feuchte geschädigt, es kann auch die Fundamente unterspülen und durch den Wasserdruck stark auf die Wände einwirken, sodass es zu Rissbildung kommt. Durch einen möglichen Auftrieb schwimmt das Gebäude auf und stürzt ggf. ein.

Bild 1: *Keller nach Überflutung (Quelle: Ingrid Kaiser)*

Die elektrischen Anlagen in Verbindung mit eindringendem Wasser stellen eine besondere Gefahr dar. Nach aktuellen Vorschriften muss ein Fehlerstrom-Schutzschalter (FI-Schalter) eingebaut werden, der im genannten Fall auslöst und damit das Stromnetz ausschaltet. In älteren Gebäuden kann es jedoch sein, dass noch alte Netze ohne FI-Schalter eingebaut sind. Zwar kann dann der Strom im drohenden Überflutungsfall manuell abgeschaltet werden, jedoch kann das Ereignis auch in Abwesenheit der Nutzer auftreten. Daher wird ein Nachrüsten dringend empfohlen, da einerseits u. U. Lebensgefahr durch Stromschlag besteht, andererseits Knallgas entsteht, das durch einen Funken, z. B. Betätigen eines Lichtschalters, zur Explosion führen kann.

Erdbeben sind in Deutschland relativ selten, obwohl es Gegenden mit erhöhter Gefahr und entsprechenden Einflüssen gibt.

Grundlage für die Auslegung und Bemessung von Baukonstruktionen in betroffenen Gebieten (Zone 0-3) ist die DIN 4149. Weiter untergliedert wird nach der Europäischen Makroseismischen Skala (EMS), die zwölf Intensitäten ausweist:

- Intensität 6,0 – Zone 0 (auf die die Norm nicht anzuwenden ist) – leichte Gebäudeschäden, z. B. feine Risse, geringfügige Abplatzungen
- Intensität 6,5 – Zone 1 – leichte bis mittlere Gebäudeschäden
- Intensität 7,0 – Zone 2 – mittlere Gebäudeschäden, z. B. kleinere Risse, bei schlechter Bausubstanz auch größere Risse und Einsturz von Innenwänden
- Intensität 7,5 – Zone 3 – mittlere bis schwere Gebäudeschäden, Einsturz von Giebelteilen und Gesimsen, teilweise Einsturz von Gebäuden in einfacher Bauweise mit wenigen konstruktiven Elementen

Nach der Nutzungsart wird den Gebäuden ein Bedeutungsbeiwert zugeordnet; dieser Wert ist z. B. bei Wohngebäuden 1,0, bei z. B. großen Wohnanlagen und Schulen 1,2 und z. B. bei Krankenhäusern 1,4. Weiterhin müssen die Untergrundparameter nach Baugrundklassen und geologischen Untergrundklassen, z. B. Fels, Sediment, berücksichtigt werden, die sich unterschiedlich auf Frequenzbereich und die Absorptionsfähigkeit auswirken.

2.3.3 Brand und Brandstiftung/Explosion

Die Anforderungen an den Brandschutz sind in Deutschland hoch (siehe Kapitel 1.1), dienen aber vorrangig dem Schutz von Menschen und Tieren – der Schutz der Sachwerte eines Gebäudes steht im Hintergrund. Am häufigsten lösen Fehler in den **elektrischen Anlagen** oder defekte Elektrogeräte Brände aus. Eine regelmäßige Wartung und Inspektion der Anlagen und Geräte beugt dem vor.

Sehr viele Brände entstehen auch durch die Nutzer und durch **feuergefährliche Arbeiten** am Gebäude, wie Schweißen, Löten, Schneiden, Schleifen, ohne die erforderlichen Schutzmaßnahmen. Beides kann auf Unachtsamkeit, Leichtsinn und (grobe) Fahrlässigkeit zurückzuführen sein. Hinsichtlich des Nutzerverhaltens dienen wiederkehrende Unterweisungen aller Nutzer der Sensibilisierung für Brandgefahren.

Bei feuergefährlichen Arbeiten gibt es in vielen Unternehmen ein Erlaubnisschein-System („Feuerschein"), d. h., die Maßnahmen dürfen erst nach Anmeldung und Genehmigung sowie entsprechenden Sicherungsmaßnahmen durchgeführt werden. Zu diesen Maßnahmen gehören das Bereithalten von Löschgeräten, laufende Kontrolle der Arbeitsstelle und der umliegenden Räume in waagerechter und senkrechter Richtung, Kühlung von wärmeleitenden Bauteilen und das Aufstellen einer Brandwache. Diese Brandwache muss über den Zeitraum der Arbeiten hinaus regelmäßige Kontrollen durchführen, um einen Brand durch Glimmstellen oder Glutnester endgültig ausschließen zu können.

Die nächsthäufige Ursache ist **Brandstiftung**. Häufig greifen außenstehende Brandstifter auf das Gebäude zu, gelegentlich sind es jedoch auch die Nutzer selbst. Die Gründe sind vielfältig: Versicherungsbetrug (Eigentümer), Umgehen von Denkmalschutz-Auflagen (Eigentümer), psychische Störungen, Extremismus, „zündelnde" Kinder/Jugendliche etc. Verschließbare Abfallbehälter/-bereiche, insbesondere leichtentzündliche wie Altpapier, Sauberhalten der Außenanlagen u. Ä. können wenigstens einige Bereiche schützen. Darüber hinaus hilft ein durchgängiger Objektschutz (siehe Kap. 2.5).

Eng mit einem Brand ist die Gefahr von **Explosion** verbunden, da für die Entstehung entzündliche Stoffe, in der Regel Sauerstoff, und eine Zündquelle erforderlich sind. Bei Wohngebäuden sind Lecks in Gasleitungen eine häufige Ursache, die nur durch regelmäßige Inspektion und Wartung weitgehend eliminiert werden kann. Zur Gefahren-Erkennung ist immerhin der entstehende Gasgeruch hilfreich.

In der Lebensmittel-Zubereitung kommt es durch Unachtsamkeit immer wieder zu Fett-Bränden. Werden diese mit Wasser gelöscht, kommt es ebenfalls zur Explosion. Hier ist eine regelmäßige Unterweisung hilfreich bzw. gefahrenabwehrend.

Im Industriebau ist der Explosionsschutz in vielen Bereichen allgegenwärtig und wird üblicherweise in der Gefährdungsbeurteilung identifiziert und mit entsprechenden Maßnahmen untersetzt. Unterschieden werden drei Schutz-Stufen:

- Primärer Explosionsschutz – Vermeidung – z. B. Untersuchung von Ersatz-Stoffen anstelle der verwendeten, Verhinderung einer explosionsfähigen Umgebung (Entfernung von Staub-Partikeln)
- Sekundärer Explosionsschutz – Überwachung – z. B. Kontrolle und Messung der explosionsfähigen Atmosphäre mit Warnsystemen
- Tertiärer Explosionsschutz – Auswirkungsbeschränkung – z. B. resistente Bauteil-Ausbildung

Da viele Gebäude bei einer Explosion nahezu komplett zerstört werden, kommt bei bekannten Explosionsgefahren dem tertiären Explosionsschutz besondere Bedeutung zu. Hierzu existieren mehrere Forschungsarbeiten aus den letzten zehn Jahren, aus denen Erkenntnisse nicht nur zur Ausbildung der umgrenzenden Bauteile, sondern auch aus der Raumgeometrie (Seitenverhältnisse und Verhältnis Grundfläche zu Volumen) gezogen werden können.

Anprall-Lasten treten überall da auf, wo Fahrzeugverkehr – fließend (an Straßenverkehr angrenzend) oder ruhend (Parkhäuser) – zu erwarten ist, und gelten als außergewöhnliche Einwirkungen mit kurzer Einwirkungsdauer nach DIN 1055. Die Lasteinwirkung wird für PKW mit einer Höhe von 0,50 m und von LKW von 1,25 m angenommen, beide mit einer Anprall-Fläche von 0,50 × 0,20 m angenommen. Weiterhin ist die jeweilige (zulässige) Fahrgeschwindigkeit ausschlaggebend. Diese kann jedoch durch Fahrfehler teilweise stark überschritten werden.

Grundlage für die Bemessung ist die Festlegung der Eintrittswahrscheinlichkeit und der Auswirkungsintensität hinsichtlich Einwirkungen auf die Tragkonstruktion. Aus dieser Risiko-Analyse können Maßnahmen zur Verringerung oder besser der Vermeidung unter Berücksichtigung eines akzeptablen Risikos abgeleitet werden.

Chemische Einflüsse schädigen Gebäude durch Einwirkungen aus der Außenluft („Luftverschmutzung") – hoher Gehalt an SO_2 (Schwefeldioxid), H_2S (Schwefelwasserstoff), NO_x (Stickstoff-Oxide), hauptsächlich in Ballungsgebieten, und chemisch aggressives Ozon – und im Küstenbereich durch Chloride. Diese Belastungen verstärken die Erosion (siehe Kap. 2.3.1). Aus der Nutzung ergeben sich Belastungen, z. B. in Laboren, Krankenhäusern und Industrie-Bauten. Auch durch Sonneneinstrahlung können besonders organische Baumaterialien wie bituminöse Bahnen und Folien und (Kunst-)Harz-Beschichtungen durch Versprödung geschädigt werden. Auch hier ist eine Gefahren-/Risiko-Analyse nach den individuellen Gefährdungen und möglichen Auswirkungen die Basis zur Auswahl von Baustoffen bei entsprechenden Belastungen bzw. Einwirkungen. Ein klassisches Beispiel ist die Verwendung von säurefesten Fliesen in Laboren und bestimmten Bereichen des Industriebaus.

2.4 Veränderungen an Gebäuden und der Umgebung

2.4.1 Bauliche Änderungen

Um-, An- und Ausbauten an bestehenden Gebäuden sind in der Regel hinsichtlich Planung und Ausführung eine größere Herausforderung als Neubauten. Häufig fehlen Planungsunterlagen und Informationen zu den verwendeten Baustoffen und -konstruktionen und im Laufe der Jahre vorgenommene Veränderungen sind nicht dokumentiert. Eine erste Hilfestellung zu baujahrsspezifischen Konstruktionen und Materialien können Informationen nach Baualtersklassen geben. Diese sind vorrangig für den Wohnungsbau vorhanden, meist hinsichtlich der Energie-Effizienz, und unterschiedlich strukturiert.

Die Universität Kassel, Architektur, Stadtplanung, Landschaftsplanung hat zu Altbaumaterialien und -konstruktionen einen Altbauatlas (zuletzt erweitert 2023) entwickelt, der im Internet über www.altbauatlas.de aufgerufen werden kann. Hier werden durch Auswahl des Postleitzahl-Gebiets regionale Bauweisen berücksichtigt.

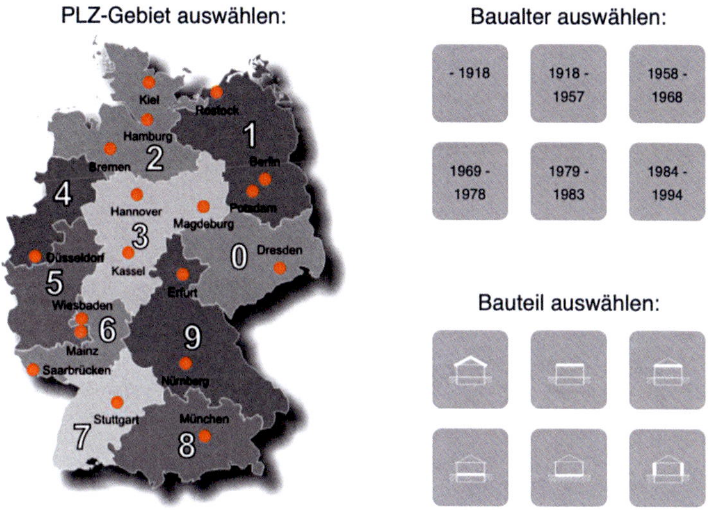

Bild 1: *Auswahlfelder PLZ, Baualter und Bauteil (Quelle: Altbauatlas.de)*

Außenwand, Fachwerk, Vollziegel

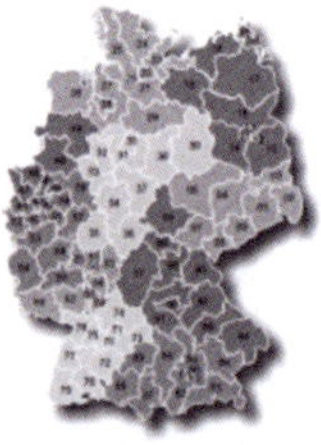

Postleitzahlbereich:
40

Baualtersklasse:
bis 1918

Bauteil:
Außenwand

Konstruktion:
Fachwerk

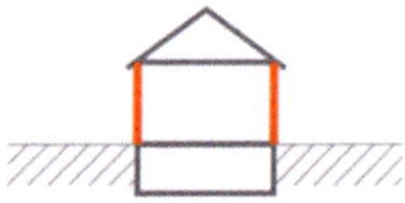

Material	Stärke [cm]	Rohdichte [kg/m³]	λ-Wert [W/(mK)]
Lehmputz	1,5	-	0,93
Holzständer	12,0 - 16,0	-	0,21
Gefach (Mauerziegel)	12,0 - 16,0	-	0,79

• größtenteils verputzt, teilweise auch als Sichtmauerwerk

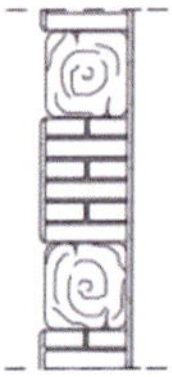

U-Wert: **2,54 - 2,35** W/(m²K)

Bild 2: *Beispiel-Ergebnis Außenwand (Quelle: Altbauatlas.de)*

Hieraus lassen sich erste Hinweise auf die Bausubstanz ableiten, die jedoch örtlich überprüft werden müssen.

Das Institut Wohnen und Umwelt (IWU), Darmstadt, hat eine Deutsche Wohngebäudetypologie (2015) erstellt, die folgende zwölf Baualtersklassen enthält:

Tabelle 1: *Baualtersklassen (Ingrid Kaiser gem. IWU)*

Baualtersklasse	Baujahre	Zeitraum [a]
A	bis 1859	-
B	1860 bis 1918	59
C	1919 bis 1948	30
D	1949 bis 1957	9
E	1958 bis 1968	11
F	1969 bis 1978	10
G	1979 bis 1983	5
H	1984 bis 1994	11
I	1995 bis 2001	7
J	2002 bis 2009	8
K	2010 bis 2015	6
L	ab 2016	-

Für die Baualtersklasse A liegen Daten zu Ein- und Mehrfamilienhäusern vor, für B bis F zu Einfamilien-, Reihen-, Mehrfamilien- und großen Mehrfamilien-Häusern, für E und F zusätzlich zu Hochhäusern, für G bis L zu Einfamilien-, Reihen-, Mehrfamilien-Häusern. Ergänzend sind Daten zu Einfamilien-Häusern als Fertig-Häuser für den Zeitraum 1969 bis 1978 erhoben worden, für den industriellen Wohnungsbau in den ostdeutschen Bundesländern zu Mehrfamilien-Häusern für 1946 bis 1960 und 1961 bis 1969, zu großen Mehrfamilien- und Hochhäusern für 1970 bis 1980 und 1981 bis1985 sowie zu großen Mehrfamilien-Häusern für 1986 bis 1990.

Die Bauweisen der einzelnen Klassen werden wie folgt beschrieben:

Tabelle 2: *Typische Baukonstruktionen nach Baualtersklasse (Ingrid Kaiser gem. IWU)*

Baualters-klassen	**Bauweisen**
A	Außenwände: • Fachwerk mit Strohlehm-Ausfachung • Natursteine • Vollziegel Decken: • Holzbalkendecken
B	Außenwände: • Mauerwerk • Fachwerk mit Mauerwerk-Ausfachung Decken: • Holzbalkendecken • häufig massive Kellerdecken
C	Außenwände: • Mauerwerk einschalig • Mauerwerk zweischalig mit Hohlraum Decken: • Massivdecken • Hohlkörper-Decken
D	Wiederaufbau, z. T. mit Trümmer-Materialien! Außenwände: • Mauerwerk einschalig • Mauerwerk zweischalig mit Hohlraum Decken: • Massivdecken • Hohlkörper-Decken
E	zunehmender Einsatz von Stahlbeton

Tabelle 2: *Typische Baukonstruktionen nach Baualtersklasse (Ingrid Kaiser gem. IWU)*

Baualters-klassen	**Bauweisen**
F	Einfamilien-Häuser als Fertighäuser Sandwich-Konstruktionen
G	Außenwände: • Mauerwerk • Wärmedämm-Verbundsysteme
H	erste Niedrigenergie-Häuser

Das Bundesinstitut für Bau-, Stadt- und Raumforschung im Bundesamt für Bauwesen und Raumordnung hat 2011 einige der wenigen Datenerhebungen für Nichtwohngebäude veröffentlicht. Hier sind allerdings vorrangig die U-Werte der jeweiligen Baukonstruktionen für zehn Baualtersklassen zur finden.

Bei allen Maßnahmen in Bestandsgebäuden sind möglicherweise vorhandene **Schadstoffe** zu berücksichtigen. Auch hier gibt es Anhaltspunkte, in welchen Baujahren welche heute als schädlich eingestufte Stoffe verwendet wurden. Der bekannteste und einer der gesundheitlich gefährdendste Baustoff ist Asbest, der aufgrund seiner hervorragenden Brandschutz-Eigenschaften und gleichzeitig der Widerstandsfähigkeit gegen Säuren und Laugen von ca. 1950 bis zum endgültigen Verbot 1995, möglicherweise jedoch darüber hinaus, verbaut wurde. Die Einsatzbereiche waren vielfältig, z. B. in Brandschutz-Klappen von Lüftungsleitungen, Dach- und Fassaden-Bekleidungen, Brand-Abschottungen.

Chloranisol/Pentachlorphenol in der Raumluft verursacht zunächst nur eine ausgeprägte Geruchsbelästigung, die sich in Haaren und Kleidung der Menschen über Tage trotz Reinigung festsetzt. Bekannt ist das Phänomen als Fertighaus-Geruch, da es häufig in Fertighäusern der 1970er-Jahre auftrat. Chloranisol entsteht durch die bakterielle oder fungizide Zersetzung von Holzschutz-Mitteln und ist an sich nicht gesundheitsschädigend. Enthält das verwendete Holzschutz-Mittel allerdings Pentachlorphenol (PCP), bis 1989 in unterschiedlichen Holz-Bauteilen verwendet, führt dies zu einer Konzentration von ≥ 0,1cµg/m³, der RW I gem. AIR liegt bei exakt diesem Wert, der RW II bei 1,0 µg/m³.

Auch Formaldehyd (Methanal) kommt in Holz- und Holzwerkstoffen und damit in Fertighäusern der entsprechenden Baujahre, aber auch in Bodenbelägen, Möbeln, Klebstoffen, Lacken, Parkett-Versiegelungen und einigen Dämmstoffen vor. Die Ausdünstungen reizen die Augen und die Atemwege, der Stoff gilt als krebserregend. In den 1970er-Jahren wurde neben den Holzwerkstoffen eine Unzahl von Materialien mit Formaldehyd-Bestandteilen im Innenbereich verbaut: Leime und Kleber, Dämmstoffe, Farben und Lacke, textile Bodenbeläge und Textilien. Der AIR gibt hier nur den RW-I-Wert von 0,10 mg/m³ an; bspw. in Schulen und Kindergärten der entsprechenden Baujahre wurden Werte von bis zu 0,15 mg/m³ gemessen.

Kohlendioxid (CO_2) entsteht u. a. in Innenräumen durch das Ausatmen von Menschen. Je mehr Menschen sich in kleinen Räumen ohne Frischluft-Zufuhr befinden, desto schneller steigt die Konzentration, die bis zu einem Wert von 1.000 ppm unkritisch ist. Da CO_2 geruch- und farblos sowie nicht reizend ist, wird eine erhöhte Konzentration nicht oder nur kaum wahrgenommen. Gefährlich im eigentlichen Sinn ist das Gas nicht, es kann jedoch zu Kopfschmerzen, Übelkeit und Verringerung der Konzentration führen. Zu verhindern sind diese Beeinträchtigungen durch regelmäßiges Lüften oder durch entsprechende Lüftungsanlagen.

Künstliche Mineralfasern (KMF) sind krebserzeugende Fasern und in Dämmstoffen (Glaswolle, Steinwolle, Mineralwolle) vorhanden, die vor 1996 hergestellt wurden. Im Zeitraum zwischen 1996 und 2000 wurden sowohl die schädlichen als auch alternative Dämmungen ohne gesundheitsschädigende Wirkungen erzeugt. Solange die Dämmstoffe fest verbaut sind, sodass die Fasern nicht in die Raumluft gelangen, besteht wie bei Asbest keine Gesundheitsgefahr. Bei Ausbau und Entsorgung müssen die entsprechenden Schutzmaßnahmen ergriffen werden.

Polyzyklische aromatische Kohlenwasserstoffe (PAK) sind Teerprodukte und können in Klebern für Bodenbeläge enthalten sein, ebenso wie in Abdichtungsanstrichen; sie sind zunächst schwer von dem ungefährlichen Bitumen zu unterscheiden. Teer in Klebern wurde bereits in den 1970er-Jahren verboten, der PAK-Anteil in Produkten darf seit Dezember 2015 max. 1 mg/kg betragen. Da PAK durch einen unvollständigen Verbrennungsprozess erzeugt werden, entstehen sie auch durch offenes Feuer, Kochen und Braten sowie Zigarettenrauch.

Polychlorierte Biphenyle (PCB) sind Dioxin-ähnliche Stoffe und wurden vorwiegend in den 1960er- und 1970er-Jahren in Fugenmassen und Anstrichen verwandt und sind seit 1989 verboten. Als gesundheitliche Auswirkungen werden die Beeinträchtigung der Fortpflanzungsfähigkeit, Schädigung des ungeborenen Lebens und Schädigung von Haut, Leber und Schilddrüse genannt.

Pentachlorphenol (PCP) als häufig in den 1960er- und 1970er-Jahren für Holzschutzmittel eingesetzter Stoff gilt als krebserregend und führt in geringeren Konzentrationen zu Kopfschmerzen und verringerter Konzentrationsfähigkeit. Er wurde 1989 verboten. In Fertighäusern und in Holz-Bauweise erstellten Pavillons für Schulen und Kitas der 1970er-Jahre kann ein unangenehmer, muffiger Geruch durch den Abbau von PCP durch bei eingedrungener Feuchtigkeit gebildete Bakterien und/oder Schimmelpilz-Sporen entstehen, der allerdings nicht gesundheitlich bedenklich ist.

Das radioaktive Gas Radon kann im Boden enthalten sein und durch Undichtigkeiten der Gebäudehülle insbesondere von unten in die Innenräume gelangen. In entsprechender Strahlen-Dosis schädigt es vorrangig die Lunge (Lungenkrebs). Die Vorkommen im Boden sind in Deutschland unterschiedlich, eine entsprechende Karte des Bundesamts für Strahlenschutz kann im Internet unter https://www.bfs.de/SharedDocs/Bilder/BfS/DE/ion/umwelt/radon-karte-boden.jpg?__blob=poster&v=27 (Zuletzt aufgerufen am 25.09.2024) heruntergeladen werden.

Die dargestellten Daten lassen Rückschlüsse auf die vorhandenen Konstruktionen und Materialien sowie Gefährdungen zu, müssen aber ergänzt werden durch den aktuellen Zustand des Gebäudes und aller Bestandteile (siehe Kapitel 2.2).

Bauliche Änderungen werden aus den unterschiedlichsten Gründen erforderlich oder gewünscht:

- Instandsetzungsbedarf
  - Mängel am Gebäude (siehe Kapitel 2.1)
  - Schäden am Gebäude (siehe Kapitel 2.2 bis 2.3)
- Veränderter Raumbedarf
  - Vergrößerung erforderlich
  - Raum-Aufteilung/-Zuordnung unzureichend
- Modernisierungsbedarf
  - Energetischer Zustand
  - Anpassung an aktuelle Standards

Bei An- und Aufbauten (Aufstockungen) handelt es sich quasi um Neubau-Projekte, bei denen jedoch das Tragwerk des bestehenden Gebäudes berücksichtigt werden muss. Dies gilt eingeschränkt auch für Maßnahmen zur Änderung der Raumaufteilung – Beispiel: Entfernen tragender Wände. Hilfreich ist hier bei mangelhaften bzw. fehlerhaften Original-Unterlagen des Gebäudes die Überprüfung gem. VDI 6200 (siehe Kapitel 1.7).

Modernisierungen dienen der Werterhaltung bzw. Wertsteigerung von Immobilien. Wertverluste von Immobilien entstehen auf zwei unterschiedlichen Ebenen: der immateriellen und der materiellen. Beide gilt es durch entsprechende Maßnahmen zu vermeiden bzw. in ihr Gegenteil, die Werterhaltung oder besser die Wertsteigerung, umzukehren.

Immaterieller Wertverlust entsteht ohne Einschränkung von Funktionsfähigkeit und Materialveränderungen ausschließlich durch die Veränderung von Standards, d. h. den Anspruch an Nutzungsqualität. Klassisches Beispiel im Wohnungsbau sind olivgrüne Sanitärobjekte, die zwar noch voll funktionsfähig und mängelfrei sind, aber nicht mehr dem Zeitgeschmack entsprechen. Ähnlich verhält es sich bei den technischen Anlagen, z. B. mangelnde Steuerungsmöglichkeiten einer Heizungsanlage (Nachtabsenkung).

Die materielle Abnutzung (siehe Kapitel 2.2) dagegen führt, bedingt durch die eingesetzten Baustoffe, weitere Einflüsse und das Nutzerverhalten (siehe Kapitel 2.5), zu Veränderungen der Bausubstanz, die nur durch kontinuierliche Instandhaltungsmaßnahmen verhindert werden können und nach einem bestimmten Zeitablauf einen Austausch erforderlich machen.

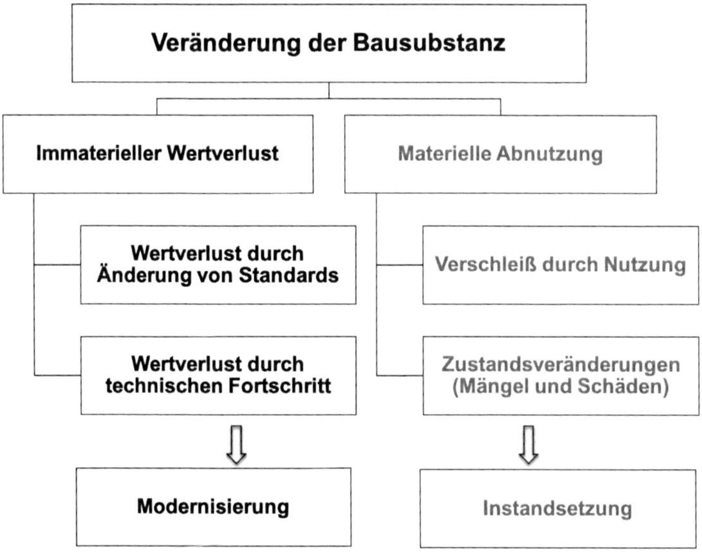

Bild 3: *Abgrenzung Modernisierung – Instandsetzung (Quelle: Ingrid Kaiser)*

Wertsteigerungen und damit die Minderung des Wertverlusts durch Standard-Änderungen verhindern die wirtschaftlichen Verluste (Verkauf/Vermietung) und dienen damit der ökonomischen Schadensreduzierung.

Hierzu kann die Praxis der Wertermittlung von bebauten und unbebauten Grundstücken herangezogen werden.

Die Immobilienwertermittlungsverordnung (ImmoWertV) sieht in Anlage 2 eine Ermittlung des Quadratmeter-Preises der Herstellungskosten durch einen Wägungsanteil nach Bau-Standards (Standardstufen) vor. Die angegebenen Quadratmeter-Preise im folgendenden Beispiel (entsprechende Werte existiern für alle Nutzungsarten) beinhalten den Zuschlag für frei stehende Zweifamilienhäuser. Für die jeweiligen Bauteile wird eine anteilige Zuordnung zu den Standardstufen (= Ausstattungsniveau) vorgenommen. Jedes Bauteil geht mit einem Prozentsatz (Wägungsanteil) in die Ermittlung des anzusetzenden Quadratmeter-Preises pro Quadratmeter Bruttogrundfläche (BGF) ein:

Anteil Bauteil an Standardstufe x Kosten pro m² Standardstufe x Wägungsanteil Bauteil = Kosten pro m² Bauteil → Summe der Kosten pro m² Bauteil = Kosten pro m² Bruttogrundfläche des Gebäudes.

Beispiel-Berechnung für ein Zweifamilien-Haus:

Tabelle 3: *Berechnung des Immobilienwerts Gebäude pro m² Bruttogrundfläche (BGF) (Ingrid Kaiser)*

	Standardstufe Zuordnung		**Wägungs-anteil**	**€/m² BGF**
	1	**2**		
Normalherstellungskosten 2010 (NHK 2010)	**687,75 €/m² BGF**	**761,25 €/m² BGF**		
Außenwände	0,65	0,35	23 %	164,10
Dach	1,0		15 %	103,16
Fenster und Außentüren	0,35	0,65	11 %	80,91
Innenwände und -türen	0,5	0,5	11 %	79,70
Decken-konstruktion	0,5	0,5	11 %	79,70
Fußböden	0,35	0,65	5 %	36,78

Tabelle 3: *Berechnung des Immobilienwerts Gebäude pro m² Bruttogrundfläche (BGF) (Ingrid Kaiser)*

	Standardstufe Zuordnung		**Wägungs-anteil**	**€/m² BGF**
Sanitär-einrichtungen	0,3	0,7	9 %	66,53
Heizung		1,0	9 %	68,51
Sonstige technische Ausstattung	0,35	0,65	6 %	44,13
Kostenkennwert BGF			**100 %**	**724 €/m²**

Die tatsächliche Restlebensdauer eines Gebäudes kann gemäß ImmoWertV, Anlage 2, durch Bewertung von Modernisierungsmaßnahmen modifiziert werden:

Tabelle 4: *Ermittlung der Modernisierungspunktzahl gemäß ImmoWertV, Anlage 2 (Ingrid Kaiser)*

Modernisierungselemente	**maximale Punkte**	**objektbezogene Punkte**
Dacherneuerung	4	0
Modernisierung der Fenster und Außentüren	2	1
Modernisierung der Heizungsanlage	2	0,5
Wärmedämmung der Außenwände	4	0
Modernisierung der Bäder	2	1
Modernisierung des Innenausbaus, z. B. Decken, Fußböden, Treppen	2	1
Wesentliche Verbesserung der Grundrissgestaltung	2	0
Summe	18	3,5
Modernisierungsgrad	kleine Modernisierungen im Rahmen der Instandhaltung	

Da die ermittelte Punktzahl von 3,5 zwischen den in der Tabelle genannten Punkten von 3 und 4 liegt, wird für das vorliegende Beispiel der Mittelwert errechnet:

Tabelle 5: *Ermittlung der erforderlichen Werte aus Tabelle 4 durch Interpolation (Ingrid Kaiser)*

Modernisierungs-punkte	a	b	c
3,5	0,81665	1,75165	1,1819

Auch wenn das ursprüngliche Baujahr mit dem Jahr 1900 angegeben wurde, werden für die weiteren Betrachtungen zur Nutzungsdauer die späteren Baujahre insoweit berücksichtigt, als von einem durchschnittlichen Gebäude-Alter von 85 Jahren ausgegangen wird. Hierdurch wird einbezogen, dass die Bausubstanz von Gebäuden, die in der Vorkriegszeit errichtet wurden, in der Regel eine längere Lebensdauer hatte bzw. hat, sodass – in Abweichung von Anlage 38 Bewertungsgesetz (BewG) – eine Gesamtnutzungsdauer (GND) von 100 Jahren angenommen wird.

Damit ergibt sich die Restnutzungsdauer aus den ermittelten Werten nach der Formel

$$RND = a * Alter^2 / GND - b * Alter + c * GND$$

folgende Restnutzungsdauer:

Tabelle 6: *≈ 28 Jahre Restnutzungsdauer (Ingrid Kaiser)*

a		$Alter^2$		GND		b		Alter		c		GND		
0,81665	x	85^2	/	100	-	1,75165	x	85	+	1,1819	x	100	=	28,30

Daran wird deutlich, dass ein Gebäude aus dem ursprünglichen Baujahr 1900 im Jahr 2024 noch eine Restnutzungsdauer von 28 Jahren und damit eine Gesamtnutzungsdauer von 152 Jahren erlangt hat.

Die **energetische Sanierung** ist seit Jahren und aktuell im Fokus der Beurteilung des Gebäudebestands in Deutschland. Zur Unterstützung entsprechender Aktivitäten durch die Eigentümer stehen viele verschiedene und wechselnde Förderprogramme des Bundes, der Länder und der Kommunen zur Verfügung. Um ein Ineinander-Greifen der jeweiligen Maßnahmen zu gewährleisten, ist eine Bewertung des Bestands und unter wirtschaftlichen Aspekten sinnvolle Vorgehensweise durch einen Energie-Experten unabdingbar.

Auch **Nutzungsänderungen** unterliegen den vorgehend dargestellten Anforderungen. Aufgrund des aktuellen Bedarfs an Wohnraum wird häufig die Umwandlung von Büro-Immobilien diskutiert. Hier ist jedoch der Aufwand zur Bereitstellung von Sanitär-Anschlüssen und internen Erschließungsbereichen (Treppen, Aufzüge) zu berücksichtigen.

2.4.2 Baugrund-Änderungen

Da die Lasten eines Gebäudes auf den Baugrund abgeleitet werden (siehe Kapitel 1.5), wirken sich alle Veränderungen direkt oder indirekt auf die Standsicherheit aus. Der Boden wird über die Gründung zusammengedrückt und verformt sich, das Gebäude senkt sich damit ab. Ist diese Setzung gleichmäßig, entsteht keine Gefährdung; bei ungleichmäßigen Setzungen – das Gebäude neigt sich zur Seite – durch unterschiedliche Baugrundschichten werden min. Setzungsrisse hervorgerufen (siehe Kapitel 1.5.4), im Extremfall ist das Gebäude nicht mehr nutzbar.

Wird die Last auf die Gründung, z. B. bei Aufstockungen, erhöht und so die Last bis zum Bruchzustand vergrößert, weicht der Boden an einer Gleitfuge entlang auf, es kommt zum Grundbruch, wodurch das Gebäude einseitig einsinkt oder insgesamt einstürzt.

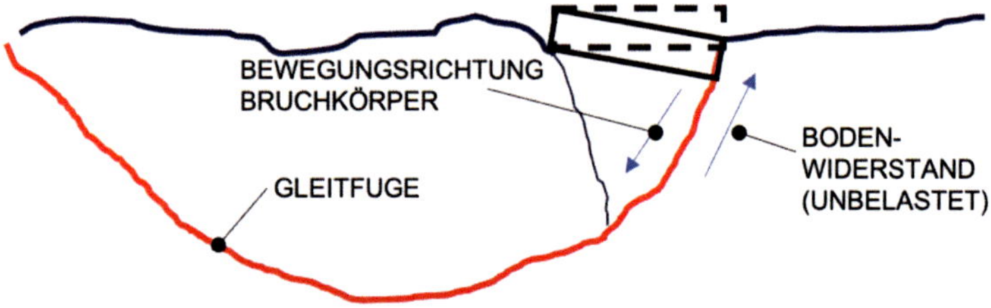

***Bild 4:** Grundbruch (Quelle: Ingrid Kaiser)*

Die Gefahr des Grundbruchs ist abhängig von der Scherfestigkeit des Bodens und den Abmessungen des Fundaments.

Baumaßnahmen in der Umgebung können sich ebenfalls auf die Standsicherheit des Gebäudes auswirken. Werden beispielsweise Verdichtungs-, Ramm- oder Vibrationsramm-Geräte für Tiefbau-Arbeiten in der Nähe des Gebäudes durchgeführt, entstehenden dynamische Lasten, die sich über den Baugrund als Erschütterung bis in den Bereich der Gebäude-Gründung auswirken können. Die Folge sind in der Regel ebenfalls Risse. Berechnungsmöglichkeiten und Anhaltswerte z. B. für die Schwinggeschwindigkeit sind in DIN 4150 enthalten. Bei erheblichen und/oder lang andauernden Erschütterungen kann es auch zu Sackungen bzw. Setzungen des Baugrunds, besonders bei Lockergesteinen, kommen.

Wird direkt an ein bestehendes angrenzend ein neues Gebäude errichtet, das wesentlich tiefer gegründet wird als das vorhandene, ist eine Unterfangung erforderlich. Das Abschachten und die Ausführung der Fundament-Unterfangung darf auf keinen Fall auf ganzer Länge des Gebäudes, sondern muss abschnittsweise durchgeführt werden. Die Abschnitte dürfen nach DIN 4123 nicht breiter als 1,25 m sein und müssen im sog. Pilgerschritt-Verfahren durchgeführt werden. Das heißt nach Aushub, Unterfangung und Verfüllung mit nur geringer Verdichtung des ersten Abschnitts wird der dritte Abschnitt, nach dessen Fertigstellung der zweite, anschließend der vierte erstellt etc. Je nach Zustand des bestehenden Gebäudes müssen ggf. Ertüchtigungsmaßnahmen am Gründungsmauerwerk und/oder der Gründung durchgeführt werden.

Praxistipp

Bei allen Maßnahmen in der Nähe von bestehenden Gebäuden sollte vor Beginn eine Beweissicherung durchgeführt werden. Hierbei werden der aktuelle Bauzustand und die Umgebung aufgenommen und dokumentiert. Treten durch die Baumaßnahmen Schäden auf, können eventuelle Ansprüche im Beweissicherungsverfahren geltend gemacht werden.

Grundwasser-Veränderungen können ebenfalls zu Schäden am Gebäude führen. Nach starken Niederschlägen steigt der Grundwasserstand an und kann noch geraume Zeit auf einem hohen Pegel bleiben, sodass die Feuchteinwirkungen zu Schädigungen führen. Umgekehrt führen Grundwasser-Absenkungen, z. B. als Wasserhaltung beim Erstellen der Baugruben in der Umgebung, zu Setzungen. Für die Grundwasser-Absenkung ist meist eine wasserrechtliche Genehmigung erforderlich. Durch das Absenken des Grundwassers können zusätzlich höhere Grundwasser-Strömungen entstehen, die dann zum hydraulischen Grundbruch (siehe Abbildung 4) führen.

2.5 Unsachgemäßer Gebrauch

2.5.1 Nicht der vorgesehenen Nutzung entsprechend

Am häufigsten diskutiert werden **Schimmelschäden** bzw. deren Verursacher. Besonders das Lüftungs- und Heizungsverhalten der Nutzer ist eine häufige Ursache von Schimmelbefall. Denn je höher die Raumtemperatur, desto höher ist auch der Feuchtigkeitsgehalt. Die Feuchtigkeit kann schließlich nur durch einen Luftaustausch, also Lüften, an die Außenluft abgegeben werden. Dies sollte durch ein regelmäßiges Stoßlüften (weit geöffnete Fenster) bzw. Querlüften („Durchzug") gewährleistet werden. Tritt durch eine Nutzung, wie beispielsweise Baden, Duschen, Kochen, Wäsche waschen und Trocknen, eine erhöhte Feuchtigkeit auf, so sind zusätzliche Lüftungsintervalle erforderlich. Häufig lassen Nutzer die feuchte Luft auch durch offenstehende Innentüren in andere Räume strömen. Dies birgt insbesondere bei kälteren Räumen, wie z. B. im Schlafzimmer, die Gefahr, dass sich die warme, feuchte Luft auf den kälteren Wandoberflächen abkühlt und sich dort als Tauwasser niederschlägt.

Auch die Möblierung und Ausstattung der Räume können die Luftzirkulation negativ beeinflussen und damit eine Schimmelpilzbildung begünstigen. Hinter massiven, großen Schränken und dichten, nah an der Wand oder sogar vor Heizkörpern angeordneten Vorhängen sinkt die Oberflächentemperatur so weit ab, dass sich hier ebenfalls warme Luft als Tauwasser niederschlägt.

Zuletzt bietet auch eine mangelnde Hygiene den Schimmelsporen einen günstigen Nährboden, sodass diese sich selbst auf ansonsten gegen Schimmel resistenten Flächen, wie z. B. Glas, bilden können. In Verbindung mit Feuchtigkeit, wie beispielsweise in Abfallbehältern, steigt die Gefahr der Schimmelbildung schließlich noch weiter an.

Eingriffe in die Tragwerksplanung werden häufig gedankenlos bzw. in Unkenntnis vorgenommen, können jedoch gravierende Folgen haben. Beispiel: In der fälschlichen Annahme, dass eine Wand mit einer Dicke von 0,115 m keine tragende Wand sein kann, wird ein größerer Durchbruch vorgenommen. Besonders im Industriebau kommt es immer wieder vor, dass Produktionsabläufe geändert werden (müssen) und damit neue Maschinen aufgestellt werden, ohne dass die Tragfähigkeit der Decken für die entsprechenden – ggf. dynamischen – Lasten berücksichtigt wird.

Auch die Lagerung **leicht entzündlicher, explosiver oder gefährlicher Stoffe** durch die Nutzer führt immer wieder zu Schäden. Während im Industriebau durch Gefährdungsbeurteilungen und daraus abgeleitete Sicherheitsvorschriften die Gefahren in den letzten Jahren wesentlich verringert wurden, gibt es im Wohnungsbau experimentierfreudige Nutzer, die sich der Gefahren nicht bewusst sind. Gerade in der Rechtsprechung zum Wohnraum-Mietrecht sind teilweise exotische Fälle zum vertragswidrigen Gebrauch zu finden.

2.5.2 Ungeeignete Reinigungsverfahren

Zu irreversiblen Schäden an Oberflächen bis in tiefere Schichten des Bauteils kommt es häufig auch durch den Einsatz nicht geeigneter Reinigungsmittel und -verfahren. Im Idealfall werden bei einem Neubau alle Pflege- und Wartungsunterlagen der jeweiligen Gewerke übergeben; bei Bestandsbauten, besonders bei frühen Baujahren, sind ggf. nicht einmal die tatsächlichen Materialien bekannt. Grundlage bei der Wahl der Reinigungsmittel ist immer der pH-Wert, der auf die zu reinigende Oberfläche abgestimmt sein muss:

Tabelle 1: *pH-Werte und Zuordnungen der chemischen Eigenschaften (Ingrid Kaiser)*

							pH-Wert							
0	1	2	3	4	5	6	7	8	9	10	11	12	13	14
			sauer				neu-tral			alkalisch/basisch				

Bild 1: *Mit säurehaltigen Reinigungsmitteln behandelter Kalkstein-Belag (Quelle: Ingrid Kaiser)*

Bild 2: *Mit säurehaltigen Reinigungsmitteln und/oder abrasiven Verfahren behandelter Kautschuk-Belag (Quelle: Ingrid Kaiser)*

Tabelle 2: *pH-Werte für Reinigungsmittel nach Materialien (Ingrid Kaiser)*

Belagsmaterial	**Reinigungs-/Pflegemittel**
Polyvinylchlorid-Beläge (PVC) = Vinyl- oder Design-Beläge	Abstimmung auf Beschichtungsmittel
Elastomerbeläge („Gummi"-Beläge, künstlicher Kautschuk)	pH-Wert < 12,0
Polyolefinbeläge (PO)	Abstimmung auf Beschichtungsmittel
Linoleum (Leinöl, Harze, Holzmehl, Farbstoffe)	pH-Wert < 9,0
Kork	gem. Herstellerangaben pH-Wert < 9,0
Laminat	i. d. R. ohne, ggf. Haushaltsreiniger
Naturstein	
kalkhaltig	
• Marmor • Kalkstein • Travertin	pH-Wert > 7,0 und < 12,0
Siliziumhaltig (nichtkalkhaltig)	
• Granit • Sandstein • Schiefer	pH-Wert < 7,0 Fugen säureempfindlich
Betonwerkstein Terrazzo	pH-Wert > 7,0 und < 12,0
• Fliesen • Klinker • Terrakotta (Cotto)	pH-Wert < 7,0 Fugen säureempfindlich
Sicht-Estrich	pH-Wert > 7,0
Parkett Holzdielen Holzpflaster	pH-Wert < 9,0 abhängig von der Oberflächenbehandlung (geölt, versiegelt usw.)

***Tabelle 2:** pH-Werte für Reinigungsmittel nach Materialien (Ingrid Kaiser)*

Belagsmaterial		**Reinigungs-/Pflegemittel**
Pflanzliche Fasern	Sisal Kokos Jute Seegras	pH-Wert > 3,0 (empfindlich gegen Chlor, Mineralsäuren)
Tierische Fasern	Wolle Seide Ziegenhaar Leder	pH-Wert < 8,0
Synthetische Fasern	Polyacryl Polyamid Polyester Polypropylen	pH-Wert > 3,0 und < 11,0

2.5.3 Vandalismus und Diebstahl

Vandalismus tritt sowohl während der Bauphase als auch in der Nutzungsphase auf. Die Sicherung der **Baustelle** muss grundsätzlich sowohl von innen nach außen als auch von außen nach innen wirken. Für Gefahren, die von der Baustelle ausgehen und nach außen wirken, gelten hinreichend Vorschriften zur Sicherheit. Von außen nach innen gilt der Schutz von Personen, die mehr oder weniger unbeabsichtigt die Baustelle betreten könnten. Das legendäre Schild „Betreten der Baustelle verboten. Eltern haften für ihre Kinder." reicht hierzu nicht aus, sondern muss durch entsprechende Sicherungsmaßnahmen den unbefugten Zugang verhindern (Verkehrssicherungspflicht).

Dies geschieht i. d. R. (mindestens) durch den Bauzaun. Je nach Lage und Einsehbarkeit der Baustelle ist der Bauzaun, ggf. gesichert gegen Aushebemaßnahmen, die erste Hürde für Unbefugte, bei denen es nicht um deren Gefährdung, sondern um ihre „unlauteren" Absichten geht.

Wird die Baustelle zusätzlich ausreichend beleuchtet – besser dauerhaft als durch Bewegungsmelder –, bietet dies zusätzlichen Schutz. Allerdings nimmt die Dreistigkeit von Eindringlingen stetig zu, sodass auch in belebten Stadtvierteln Diebstähle bzw. Vandalismus festzustellen sind. Einzelne Bauteile können mit speziellen Sendern ausgestattet werden, die bei Stromunterbrechung per Funk entsprechende Signale wahlweise Informationen an das örtliche Wachpersonal (s. u.) bzw. per SMS oder Anruf an entsprechende autorisierte Personen senden. Häufiges Einsatzgebiet für diese Art von Gefahrenmeldung sind Kabeldiebstahlmelder, da Kabel wegen ihrer Metallgehalte häufig Gegenstand von Diebstahl sind. Kombiniert werden können diese Systeme mit Meldern an Türkontakten, Bewegungsmeldern und/oder Brand- und Wassermeldern.

Für Bereiche, die bereits fertiggestellt sind, stehen Verschlusssysteme aus Stahl zur Verfügung. Stahltüren zum Verschluss dieser Bereiche sind eine übliche und effiziente Möglichkeit, den Zugang zu verhindern. Stahlsicherungselemente existieren auch für Öffnungen im Gebäude und werden häufig beim Bauen im Bestand, z. B. beim Austausch von Türen und Fenstern in der Bauphase, eingesetzt. Sie werden so eingesetzt, dass ein Öffnen von außen weitgehend unmöglich ist und gleichzeitig das Gebäude wenigstens teilweise vor Witterungseinflüssen geschützt ist.

Die Installation von Videokameras auf der Baustelle, besonders an neuralgischen Punkten, z. B. nicht von außen einsehbaren, schlecht auszuleuchtenden Stellen, ist eine relativ preisgünstige Möglichkeit der ständigen Überwachung der Baustelle. Die Geräte können für die Bauzeit auch gemietet bzw. geleast werden. Je nach Größe der Baustelle werden Kameratürme installiert, die mit 360°-Kameras ausgestattet sind, die auch ohne Beleuchtung funktionieren. Zur Funktionssicherung können sie mit Notstrom-Aggregaten betrieben werden. Über Meldezentralen besteht Life-View-Möglichkeit, das heißt, per App werden die Daten an entsprechende Endgeräte übermittelt, sodass sofortige Reaktionsmöglichkeiten bestehen. Videoaufnahmen durch (mobile) Kameras können im Schadensfall zusätzlich zur Identifizierung von Tätern führen.

Zusätzlicher Vorteil des Kameraeinsatzes ist eine lückenlose Dokumentation des Bauablaufs, der häufig im Zeitraffer-Modus parallel für den Auftraggeber, ggf. auch zur Beweissicherung, oder den Internet-Auftritt des Auftragnehmers verwendet wird. Problematisch sind an dieser Stelle die Vorgaben der Datenschutzgrundverordnung (DSGVO). Werden Personen aufgenommen, gilt dies als „Erhebung personenbezogener Daten", das heißt, kritisch ist die kontinuierliche Überwachung, bei der Aktivitäten von am Bau Beteiligten erfasst werden, z. B. die der den Bau Überwachenden und Ausführenden. In diesem Fall wird unterstellt, dass die Arbeitsabläufe kontrolliert und überwacht werden. Abhilfe schafft hier eine Einschaltung der Kameras erst nach Beendigung der Arbeiten, also in den tatsächlich kritischen Zeiten, zu denen keine Überwachung von auf der Baustelle Anwesenden gewährleistet ist. Weiterhin wird durch einen deutlich sichtbaren Hinweis auf Videoüberwachung den Vorschriften Genüge getan.

Video-Überwachung wird auch in der **Nutzungsphase**, insbesondere bei hochwertigen Immobilien oder einem ungünstigen Umfeld, analog eingesetzt. Die Schwachstellen im fertiggestellten Gebäude sind immer Fenster und Türen, sodass hier ein besonderer Schutz erforderlich ist. Die Widerstandsklassen gem. DIN EN 1627 berücksichtigen nicht nur die Widerstandsdauer gegen mechanische Einwirkungen, sondern auch die jeweiligen Täterprofile und Vorgehensweisen beim Einbruch. Ergänzt wird die Klassifizierung durch die Anforderungen an Schlösser bzw. Schließzylinder, Verglasungen und Beschläge.

***Tabelle 3:** Widerstandsklassen von Fenstern und Außentüren (Ingrid Kaiser gem. DIN EN 1627)*

Widerstands-klasse	Widerstandszeit gegen Werkzeugeinsatz (Gesamt-Widerstandszeit)	Eingesetzte Werkzeuge
RC1 N	3 Min.	Hebelwerkzeuge (Schutzwirkung gering)
RC2 N		Schraubendreher, Zange, Keile
RC2		
RC3	5 Min. (20 Min.)	zusätzlich zweiter Schraubendreher, Kuhfuß, einfaches Bohrwerkzeug
RC4	10 Min. (30 Min.)	zusätzlich Sägewerkzeuge, Schlagaxt, Stemmeisen, Hammer und Meißel, Akku-Bohrmaschine
RC5	15 Min. (40 Min.)	zusätzlich Bohrmaschine, Stich- oder Säbelsäge, Winkelschleifer
RC6	20 Min. (50 Min.)	

Diesen Widerstandsklassen werden die entsprechenden Eigenschaften für Schlösser bzw. Schließzylinder, Verglasungen und Beschläge zugeordnet. Für Wohngebäude empfehlen sich die Klassen RC2 bei verglasten Bauteilen bzw. RC2 N, bei höheren Risiken RC3. Die Klassen RC4 bis RC6 sind in der Regel nur im gewerblichen Bereich bei entsprechendem Schutzbedarf erforderlich oder bei Luxus-Wohnimmobilien. Die Kosten steigen hier exponentiell mit jeder Klasse an, häufig sind Sonderkonstruktionen erforderlich.

Einsteckschlösser nach DIN 18251 sollten als Zylinderschlösser mit mindestens dreifacher Befestigung (Klasse 3), mit Einbruchhemmung (Klasse 4) oder mit erhöhter Einbruchhemmung (Klasse 5) verwendet werden. Die Zylinder selbst sollten über einen Bohrschutz (BS) oder über einen Bohr- und Ziehschutz (BZ) verfügen. Schutzbeschläge mit der Klasse ES 1 (einbruchhemmend) sind der Widerstandsklasse RC2, die der Klasse ES 2 (stark einbruchhemmend) der Klasse RC3 und die der Klasse ES 3 (extrem einbruchhemmend) der Klasse RC4 zugeordnet. Bei Gebäude-Eingangstüren entspricht eine Zweifach-Verriegelung der Widerstandsklasse RC2, eine Fünffach-Verriegelung der Klasse RC3.

Verbund-Sicherheitsglas (VSG) besteht aus zwei oder mehr Glasscheiben, verbunden mit einer elastischen, reißfesten Polyvinylbutyral-Folie (PVB), das hauptsächlich Schnitt- und Stichverletzungen verhindern soll. Im Einbruch-Fall erschwert es aber auch ein Durchdringen der Verglasung. Bei den Verglasungen werden Klassifizierungen gem. DIN EN 356 nach Durchbruch-Hemmung und Durchwurf-Hemmung unterschieden.

Tabelle 4: *Einbruchhemmung von Verglasungen (Ingrid Kaiser gem. DIN EN 356)*

Durchbruchhemmung	entspricht Widerstandsklasse	Einbruchhemmung gegen
P6B	RC4	Nageleisen, zweiter Schraubendreher
P7B	-	Sägen, Hammer, Schlagaxt, Stemmeisen und Meißel, Akku-Bohrmaschine
P8B	-	Bohrmaschine, Stich- oder Säbelsäge, Winkelschleifer
Durchwurfhemmung		
P4A	RC2	körperliche Gewalt
P5A	RC3	Schraubendreher, Zange, Keile

Bei besonderem Schutzbedarf von Gebäuden können Gläser gegen Durchschuss und/oder Sprengwirkung eingebaut werden.

Tabelle 5: *Einbruchhemmung von Verglasung gegen Durchschuss (Ingrid Kaiser gem. DIN EN 356)*

Durchschuss-hemmung	Kaliber	Geschossart	Schuss-entfernung [m]
BR1	.22 LR	L/RN	10,00
BR2	9 mm Luger	FJ/RN/SC	5,00
BR3	.357 Magnum	FJ/CB/SC	
BR4	.440 Magnum	FJ/FN/SC	
BR5	5,56 x 45	FJ/PB/SC/P1	10,00
BR6	7,62 x 51	FJ/PB/SC	
BR7		FJ/PB/HC1	
SG1 (1 Schuss)	12/70	Brenneke-Flinten-lauf-Geschoss	
SG2 (3 Schuss)			

Für den Widerstand gegen Sprengwirkung gelten gem. DIN EN 13541 die Widerstandsklassen ER1 bis ER4.

Bei **elektronischen Maßnahmen** handelt es sich um einzelne, unabhängig voneinander arbeitende Sicherungsmaßnahmen. Eine einfache Möglichkeit des Schutzes bietet eine Beleuchtung über Bewegungsmelder zur Abschreckung von Einbrechern. Digitale Türschlösser werden per Chip-Karte, Eingabe eines Codes oder über Smartphones geschaltet. Da die Schlösser in der Regel flächenbündig eingebaut sind, sind sie gut gegen Aufhebeln geschützt. Zugänge für bestimmte Personen, z. B. Reinigungspersonal, können für einen fest definierten Zeitraum programmiert werden. Glasbruch-Melder werden in unterschiedliche Typen unterteilt. Aktive Glasbruch-Melder werden direkt auf der Verglasung angebracht und bestehen aus einem Ultraschall-Sender, der Schallwellen aussendet, und min. einem Ultraschall-Empfänger. Wird durch mechanischen Einfluss auf die Scheibe eine Veränderung der Schallwellen erkannt, wird Alarm auslöst. Sie benötigen eine eigene Stromversorgung. Ebenfalls auf der Verglasung angebracht werden passive Glasbruch-Melder. Auf Basis des Piezo-Effekts wird der Alarm durch die Körperschall-Wellen im Einbruchfall ausgelöst. Akustische Glasbruch-Melder mit Mikrofon werden im Raum in der Nähe der Verglasung eingebaut und reagieren auf den Luftschall durch zerbrechendes Glas. Hierdurch können auch mehrere Fenster bzw. Glastüren in einem Raum überwacht werden. Allerdings kann es durch anderes im Raum zerbrechendes Glas zu Fehlalarmen kommen. Alle genannten Glasbruch-Melder können nachgerüstet und mit einer Alarm-Anlage kombiniert werden. Beim Neu-Einbau von Verglasungen kann Alarm-Glas eingebaut werden. Es besteht aus integrierten elektrischen Leitern. Bei Unterbrechung dieser Leiter durch Zerstörung des Glases wird der Alarm ausgelöst.

Fenstermelder geben ein Signal, wenn die Fenster bspw. bei Abwesenheit der Nutzer geöffnet werden. Sie werden zwischen Fenstergriff und Flügelrahmen montiert und senden den Beschlag-Zustand (geschlossen, geöffnet oder gekippt) per Funk auf zugehörige Panels oder per App auf das Smartphone. Sie sind meist Batteriebetrieben inkl. Alarm bei niedrigem Ladestand. Sie können relativ einfach nachgerüstet werden. Eine Zusatz-Funktion ist die Meldung von Vibrationen am Fenster, die auf einen Einbruch hindeuten, allerdings auch bei Sturm ggf. aktiviert werden.

Eigenständig oder in Verbindung mit vernetzten Anwendungen können **Gefahren-Meldeanlagen** (GWA) bzw. Einbruch-Meldeanlagen (EMA) oder Überfall-Meldeanlagen (ÜMA) installiert werden. Über ein entsprechendes Signal wird akustischer und/oder optischer Alarm gegeben, der abschreckende Wirkung hat. Zusätzlich kann ein sog. „stiller Alarm“ gegeben werden, das heißt, es erfolgt die Alarmierung einer „Hilfe leistenden Stelle“, in der Regel der Polizei.

Hinweis

Werden die Alarm-Anlagen nicht durch ein zertifiziertes Fachunternehmen und/oder mit nicht zugelassenen Komponenten eingebaut und es kommt zu einem Fehlalarm, müssen die Eigentümer für die jeweiligen Polizei-Einsätze aufkommen.

Stichwortverzeichnis

U

V

W

Z

Ermittlung und Beseitigung von Bauschäden

Praxisorientierte Vorgehensweisen
zur Analyse und Behebung

Autoren:

Ingrid Kaiser
Manfred Kranz

FORUM
WISSEN,
DAS ANKOMMT.

Bibliografische Information der Deutschen Bibliothek

Die Deutsche Bibliothek verzeichnet diese Publikation in der Deutschen Nationalbibliografie; detaillierte bibliografische Daten sind im Internet über http://dnb.dnb.de abrufbar.

Mandichostraße 18
86504 Merching

Telefon: +49 (0)8233 381-123
Fax: +49 (0)8233 381-222
E-Mail: service@forum-verlag.com
Internet: www.forum-verlag.com

Hinweis: Aus Gründen der besseren Lesbarkeit und Einfachheit wird in den folgenden Texten meist die männliche Form verwendet. Die verwendeten Bezeichnungen sind als geschlechtsneutral bzw. als Oberbegriffe zu interpretieren und gelten gleichermaßen für alle Geschlechter.

Titelfoto/-illustration: © AdobeStock_362130711_hanohiki
Satz: Reemers Publishing Services GmbH, 47799 Krefeld
Druck: Druckerei Joh. Walch, 86179 Augsburg
Printed in Germany

ISBN 978-3-98875-249-9 (Print-Ausgabe)

Vorwort

Wer arbeitet, macht Fehler.
Wer viel arbeitet, macht mehr Fehler.
Nur wer die Hände in den Schoß legt, macht gar keine Fehler.

Alfred Krupp, 1812–1887, Essen

Bauschäden treten trotz aller guten Planung und Umsetzung von Bauvorhaben auf. Umwelt- und Nutzungseinflüsse tragen im Laufe der Jahre ebenfalls zu Beeinflussungen der Bausubstanz bei. Hier gilt es, die entstandenen Schäden zu verifizieren und ihre Ursachen mit entsprechenden Methoden zu analysieren. Erst diese detaillierte, individuelle Gebäude-Analyse macht die Entwicklung der Schadensbeseitigung und damit der Instandsetzung möglich. Damit liegt der Schwerpunkt der gutachterlichen Analyse, Bewertung und Instandsetzungsempfehlung auf der individuellen Betrachtung des jeweiligen Gebäudes: Nur erkannte „Fehler“ (im Sinne von Bauschäden) können beseitigt und weitere verhindert werden.

Insgesamt sind die Bauschaden-Beseitigungen oder mindestens -Minimierungen darauf ausgerichtet, bestehende Gebäude zu erhalten und durch die Vermeidung von Abbruch/Rückbau und Neuerrichtung vorhandene Ressourcen zu nutzen. Damit ist das vorliegende Buch nicht nur eine Arbeitshilfe zur Schaden-Beseitigung, sondern beinhaltet auch Möglichkeiten zur Bauwerkserhaltung über die durchschnittliche Lebensdauer von i. M. 80–100 Jahren hinaus.

Kapitel 1 stellt hierbei generelle Indikatoren für Bauschäden und deren Ursachen dar und gibt Hinweise auf deren Beseitigung.

In Kapitel 2 werden die Schadensbilder gem. der Bauteile analog der Gliederung der Kostengruppen in DIN 276 „Kosten im Bauwesen“ unterteilt. Hier werden Lösungsansätze zur Schadensbeseitigung dargestellt bzw. Verweise zu weiteren Kapiteln des Buches gegeben.

Kapitel 3 analysiert die spezifischen Schadenseinflüsse auf die einzelnen Baustoffe hinsichtlich physikalischer, chemischer, erosions- und nutzungsbedingter Einwirkungen. Die Möglichkeiten der Instandsetzung werden detailliert anhand der Baustoff-Eigenschaften beschrieben.

In Kapitel 4 wird auf die spezifischen Anforderungen erhaltenswerter Bausubstanz und die Anforderungen an den Denkmalschutz eingegangen. Hierbei wird auf historische Bauweisen, die nicht den aktuellen, allgemein anerkannten Regeln der Technik (a. a. R. d. T.) entsprechen, eingegangen und auf Risiken bei der Instandsetzung sowie Anforderungen der Denkmalschutz-Behörden eingegangen.

Einen Ausblick auf die Zukunft gibt Kapitel 5 unter dem Aspekt von zu erwartenden, veränderten Einflüssen auf Gebäude. Gleichzeitig werden Bauweisen dargestellt, die unter Einwirkung des Nachhaltigkeitsaspekts Veränderungen ausgesetzt sind.

Damit gibt das vorliegende Buch Anleitungen zum Umgang mit und der Beseitigung von Bauschäden.

Ingrid Kaiser, Manfred Kranz,

im November 2025

Die Autoren

Ingrid Kaiser

Ingrid Kaiser studierte Architektur mit der Vertiefungsrichtung Baubetrieb an der Gesamthochschule Essen und berufsbegleitend Wirtschaftsingenieurwesen an der Hochschule Bochum und ist als freischaffende Architektin Mitglied der Architektenkammer Bremen. Sie ist Büroinhaberin des ak architekturbüro kaiser, gegründet 1993, in Sanitz b. Rostock mit Planungs- und Bauüberwachungstätigkeiten im Wohnungs-, Büro- und Industriebau sowie nach DIN EN ISO/IEC 17024 zertifizierte und BDSF-geprüfte Sachverständige für Bauschäden und Immobilien-Wertermittlung. Des Weiteren hält sie Seminare und Vorträge zu den Themenbereichen Hochbau, Projektmanagement, Immobilienwirtschaft und Facility-Management.

Kapitelzuordnung:
1.6.2
2.1.2 bis 2.1.4
2.2 bis 2.2.1.5
2.3.1 (Abdichtung von erdberührten Bauteilen)
2.3.7 bis 3.3.2

Manfred Kranz

Manfred Kranz absolvierte ein ingenieurtechnisches Studium im Bereich Bauwesen mit Spezialisierung im Fachgebiet Baustoffe sowie berufsbegleitend ein betriebswirtschaftliches Studium. Nach erfolgreichem Abschluss folgte eine mehrjährige Tätigkeit als Bauleiter im In- und Ausland und danach als Projektleiter für Industriebauvorhaben. Nach weiteren langjährigen Tätigkeiten im Bereich der Projektentwicklung und des Baustellencontrollings erfolgte im Jahr 1994 die Gründung eines Ingenieurbüros und die Übernahme von sachverständigen Aufgaben mit Schwerpunkt „Erfassung und Bewertung von Schäden an Gebäuden“ sowie bereits 1990 die Mitgliedschaft im Bundesverband Freier Sachverständiger (BVFS). Ein weiteres Aufgabenfeld sind Referententätigkeiten und Beratung im Bereich Schadenserfassung und -bewertung, bauwirtschaftliche Kalkulation und Management von Bauprojekten.

Kapitelzuordnung:
1.1 bis 1.6.1
2.1.1
2.3 bis 2.3.6

Inhaltsverzeichnis

1 Fachgerechte Vorgehensweisen zur Schadensermittlung und -beseitigung

1.1 Arbeitsschritte zur Erfassung des Schadensbildes

Für die fachgerechte und ergebnisorientierte Vorgehensweise zur Bestimmung der Erfordernisse infolge der zu beseitigenden Schäden an Gebäuden und anderen Bauwerken ist es erforderlich, einige Handlungsschritte zu absolvieren.

Folgende Arbeitsschritte werden demgemäß empfohlen:

(1) Erarbeitung einer **Zielanalyse** zur Beurteilung der ggf. erforderlichen Maßnahmen und des dafür erforderlichen Arbeitsaufwands,
(2) analytische Betrachtung der Bauunterlagen: Bedingungen zum Zeitpunkt der Errichtung und zwischenzeitlich eingetretene Veränderungen infolge von Instandhaltungs- bzw. Baumaßnahmen, Störfällen und Schadensbeseitigungsmaßnahmen, in der Regel in Form einer Dokumentenanalyse; gegebenenfalls Befragungen (nachfolgend als **Bestands**- oder auch **Dokumentenanalyse** bezeichnet),
(3) **Erfassung der Schadensbilder**, im Normalfall im Rahmen einer Begehung mit integrierter Sichtprüfung und **Bestimmung der Schadensursachen**, gegebenenfalls auch Festlegung weiterer Prüfungen, wie unter anderem Festigkeits- oder Beständigkeitsuntersuchungen (nachfolgend als „**Schadensanalyse**" bezeichnet),
(4) **Ableitung der erforderlichen Maßnahmen** zur Schadensbeseitigung und der Erfordernisse zur Qualitätssicherung,
(5) Dokumentation der Maßnahmenergebnisse durch **Aktualisierung der Bestandsdokumentation.**

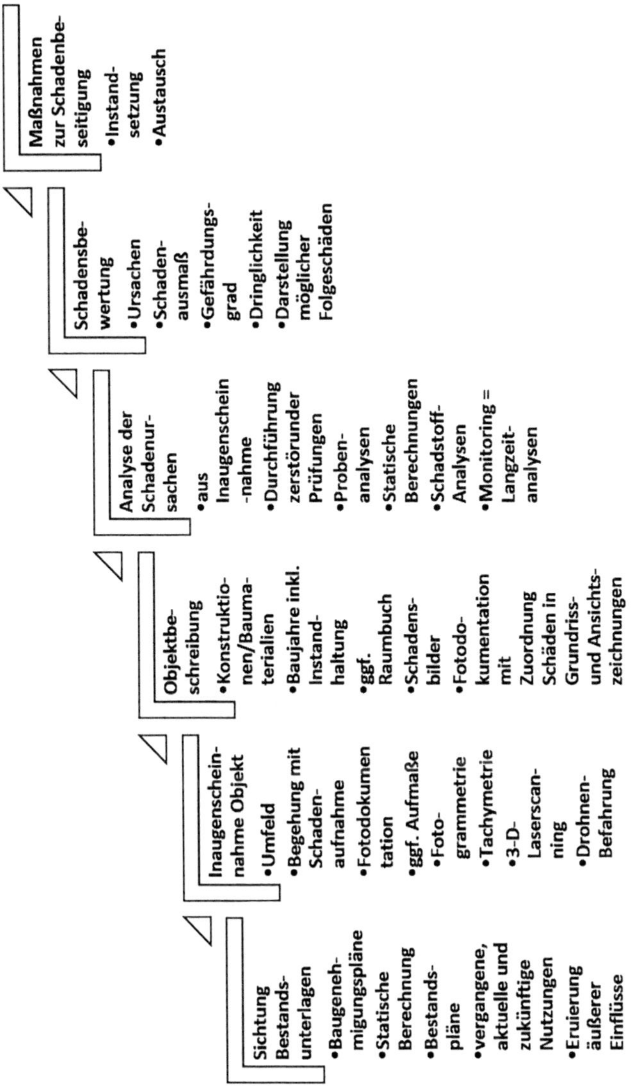

Bild 1: *Systematik der Schadenermittlung (Quelle: Ingrid Kaiser)*

1.2 Inhaltliche Unterteilung der Arbeitsschritte

An Bauwerken werden oft wichtige Bauteile bedenkenlos ausgebaut, unzulässig verändert oder ganz bzw. teilweise zerstört.

Als Grundlage für eine fachlich fundierte Vorgehensweise sind im Rahmen einer Bauzustandsserfassung und -bewertung die nachfolgend beschriebenen Arbeitsschritte anzusehen. Die inhaltliche Detaillierung dieser Arbeitsschritte gestaltet sich wie folgt beschrieben.

Die Erarbeitung der **Zielanalyse** beinhaltet zunächst die Klärung der Aufgabenstellung, die für die Bestimmung des Erarbeitungsaufwands von großer Bedeutung sind. Dabei sind die Wünsche und Vorstellungen des Eigentümers/Nutzers in Form der Fragestellungen (wie „was soll, was muss, was darf und was darf nicht geändert werden?") zu klären.

Daraufhin ist der sich daraus ergebende Kostenrahmen zu bestimmen und die gegebenenfalls zur Verfügung stehenden finanzielle Mittel sind von Bedeutung. Des Weiteren spielen möglicherweise Forderungen der Baubehörden/des Gesetzgebers eine Rolle und sind zu beachten.

Der zweite Arbeitsschritt ist die **Bestandsanalyse** als eine Form der Dokumentenanalyse zur Bestandserfassung. Hierfür ist zunächst eine Bestimmung des Soll-Zustands (historisch, statisch-konstruktiv, bauphysikalisch, Materialkennwerte) vorzunehmen.

Dabei spielen die Dokumentation des Bauwerks hinsichtlich der Bauweise, des Baujahrs bzw. der Zeitpunkte von baulichen Veränderungen, die Lage mit den damit verbundenen Umgebungsbedingungen, eine maßliche Erfassung in Form der geometrischen Abmessungen und ggf. eines verformungsgerechten Aufmaßes sowie analysierbarer Fotodokumentationen eine wesentliche Rolle.

Dazu ist das Studium der Bauakten, bestehend aus Dokumenten über Bauabnahmen, Mängelanzeigen, Schwachstellenanalysen, aus der Auswertung von Instandhaltungsdokumenten notwendig. Darüber hinaus sind Unterlagen zu Umbauten und/oder Veränderungen des statistischen Systems heranzuziehen.

Sofern identifiziert, ist die Analyse von Planungsfehlern interessant, da sich daraus Schadensursachen ableiten lassen, auch durch Identifikation der geltenden Vorschriften aus der Erbauungszeit in Verbindung mit der Feststellung der bauphysikalischen Gebäudeeigenschaften (Wärme-, Schall-, Feuchte- und Brandschutz) und der Nutzungsbedingungen. Zur Fortschreibung der Bestandsdaten sind eingetretene Nutzungsänderungen zu untersuchen.

Dies betrifft ebenso in der Vergangenheit eingetretene Schadensfälle und deren Auswirkungen sowie die Analyse der Umweltbedingungen zum Zeitpunkt der Herstellung der Bauteile und die Art der Nutzung. Das Erkennen von Besonderheiten, wie besondere Umweltbedingungen bzw. deren Veränderung seit Nutzungsbeginn, ist ein bedeutender Bestandteil.

Erforderliche Unterlagen für die Bauzustandsuntersuchung und die Vorbereitung der baulichen Maßnahmen sind die technischen Angaben zum Bauwerk, wie Gebäudeart, Bauweise, Konstruktion, Baujahr, Standort, sowie die geometrischen Daten wie Abmessungen, räumliche Beziehungen (z. B. im Industriebau zwischen Bauwerk und Ausrüstung). Ebenso zählen dazu ausgewählte Gebrauchseigenschaften, wie Belastungsparameter, bauwerksschädigende Einflüsse, Schutzgüteeigenschaften, wie z. B. Feuerwiderstandsklassen, Brandsperren u. Ä.

Zur Identifikation eines möglichen Schadensausmaßes sind Bauzustandszeichnungen, idealerweise ein aktuelles, vollständiges, verformungsgerechtes Aufmaß sowie Daten zur Bestimmung des qualitativen Zustands in Form von Materialkennwerten, bereits erkannte und dokumentierte Bauschäden nach Schadensort, Schadensarten usw. von geschädigten Bauteilen, Bauwerksteilen (BWT) und aus den verwendeten Baustoffen nötig.

Als Ergänzung sind technisch-ökonomische Angaben aus der Bauwerksgeschichte, Nutzungsänderungen, Umbauten/Einbauten, Schäden durch Explosion, Brand, Havarien usw. zu betrachten und für die Bauschadensanalyse zu berücksichtigen. Diese betrifft auch die aktuellen standortbedingten Besonderheiten, Klima- und Witterungsfaktoren sowie besondere Beanspruchungen.

Grundlage der Gesamtbewertung des baulichen Zustands eines Bauwerks sind die Ergebnisse der Bestands- und Schadensanalyse. Ausgehend vom vorhandenen Zustand (Beschaffenheit, Tragfähigkeit, Schadensgrad) werden zunächst die einzelnen Bauteile und darauf aufbauend das Gesamtbauwerk bewertet.

Ziele der **Schadensanalyse** sind zunächst das Erfassen der Schadensbilder, darauf basierend das Ableiten der Schadensursachen, das Bestimmen von Art und Umfang der Schäden.

Weitere Schlussfolgerungen sollen das Identifizieren von Auswirkungen auf die Stand- und Funktionssicherheit sowie das Erkennen von Auswirkungen der Schäden, gegebenenfalls bezüglich von Folgeschäden und/oder Auswirkungen auf die Umwelt, das Festlegen von Dringlichkeit der Schadensbeseitigung und die Priorisierung der geschädigten Bauteile sein.

Das Ergebnis der Schadensanalyse ist es also, Auswirkungen abzuschätzen, Umfang und weitere Auswirkungen der Schäden einzuschränken, Bauschäden fachgemäß und sicher zu beheben und künftig Bauschäden zu verhindern oder zumindest einzuschränken.

Analoge Schadensanalysen können ferner notwendig werden, um die Verursacher von Bauschäden zu ermitteln, die Schuldfrage (im juristischen Sinne) zu klären, und gegebenenfalls Mängelansprüche in der Anspruchsfrist zu identifizieren (ehem. Gewährleistungsansprüche).

Aus der Schadensart und den Schadenshäufigkeiten können Schlussfolgerungen für Planung/Bauausführung und Nutzung abgeleitet und Schwachstellen erkannt werden.

Die Hauptaufgabe der Schadensanalyse besteht somit darin, objektive Daten aus Beobachtungen, Messungen, Prüfungen, Berechnungen usw. als Voraussetzung für die vorzuschlagenden baulichen Maßnahmen zu erfassen und auszuwerten.

Endpunkt der Schadensanalyse ist die Klassifizierung der festgestellten Bauschäden als Grundlage für die Bauzustandsanalyse als Gesamtzustandsbeurteilung des Gesamtbauwerks, unter Berücksichtigung nachfolgend beschriebener Gesichtspunkte (insbesondere bzgl. der Festlegung der Dringlichkeitsstufen).

Mit der Klassifizierung der Schäden wird je nach Aufgabe und Erfordernis eine Systematisierung vorgenommen.

Jeder Bauschaden hat mehrere Erscheinungsformen, die Merkmale für eine Klassifizierung sein können. Deshalb ist es möglich, dass ein Bauschaden mehreren Klassifizierungsklassen zugeordnet werden kann. Immer sind es spezifisch andere Merkmale, die die charakteristische Zuordnung bestimmen.

Aus den wahrgenommenen Erscheinungsformen sind die entscheidungswichtigen Merkmale zu benennen. Weitere Untersuchungsergebnisse und damit entscheidungsrelevante Unterscheidungen könnten sich daraus ergeben.

Verdeckte Bauschäden, d. h. Schäden, die zunächst der Sicht entzogen sind, können meist erst nach Anwendung entsprechender zerstörungsarmer oder zerstörender Untersuchungsmethoden erkannt werden; sie werden nach Schadensumfang und -häufigkeit vielfach unterschätzt.

Es gibt Bauschäden mit oder ohne Tendenz zur Ausbreitung. Eine Klassifizierung der Bauschäden in solche ohne bzw. mit Tendenz zur Ausbreitung ist wichtig für die festzulegende Rangfolge der Schadensbehebung. Damit ist ein Ranking von Bauwerken innerhalb eines Portfolios/Standorts usw. nach Schadenszustand möglich und gegebenenfalls die Verteilung eines ohnehin knappen Budgets besser zuordenbar.

Zusammenfassend ist zu resümieren, dass das Erstellen einer Bauzustandsanalyse eine Reihe der nachfolgend beschriebenen Aufgaben erfüllen kann.

Dies ist neben der Erfassung des baulichen Zustands, dem Erkennen und Erfassen von Fehlern, Mängeln und Schäden und deren Beschreibung nach Lage, Art und Umfang auch eine Aktualisierung der Bauwerksdokumentation.

Wichtig ist hierbei, folgende Kriterien zu dokumentieren:

- Art und Umfang der Schäden,
- Schädigungsgrad, Auswirkungen der Fehler, Mängel und Schäden,
- statisch-konstruktive Funktion der Bauteile (Verankerungen, Tragfähigkeit, Aussteifungen, Verbindungsmittel, Verbindungen usw.),
- Nutzungserwartungen an die Bauteile,
- technischer Zustand gegenüber Forderungen geltender Baugesetze, Vorschriften etc.

Darauf aufbauend sind zur Beurteilung des baulichen Zustands des Gesamtbauwerks die Beurteilung der Standsicherheit sowie eine daraus abgeleitete Bewertung in statisch-konstruktiver, technisch-technologischer und gestalterischer Beziehung vorzunehmen.

Des Weiteren sind Festlegungen, ob das Bauwerk instandsetzungswürdig ist oder ein Abbruch vorzuschlagen ist (Einordnung in Bauzustandsstufen), sowie unter anderem auch eine budgetorientierte Einordnung in Dringlichkeitsstufen bzw. Reihenfolge der Sanierungsarbeiten möglich und sinnvoll.

Eine Zusammenfassung dokumentiert den IST-Zustand. Die zusammenfassende Einschätzung des baulichen Zustands ist bedeutungsvoll. Schwerwiegende Bauschäden, besonders solche, die die Standsicherheit betreffen, müssen von Bagatellschäden unterschieden werden. Wichtig ist, alle Einflüsse (Einwirkungen, Ursachen) zusammenhängend zu sehen und zu werten, wie auch ergänzend statische Berechnungen, Messungen, Prüfungen, Kontrollen,

Baustoffkennwerte, Schadensgrad, Verformungen uns Umbauten zu berücksichtigen.

Bestands-, Schadens- und Bauzustandsanalysen und deren Auswertungen erfordern vom Untersuchenden umfangreiche allgemeine Kenntnisse vom Bauen sowie spezielles, fachübergreifendes Fachwissen und nicht zuletzt ausreichende Erfahrungen. Hierzu werden entsprechend befähigte Architekten, Bauingenieure und Bausachverständige benötigt.

Für spezifische Aufgaben sollten darüber hinaus Sachverständige, Vermesser (für fotografische Aufnahmen), Bauphysiker, Bauchemiker sowie Fotografen (für thermografische Aufnahmen usw.) herangezogen werden.

Auf der Grundlage der vorbeschriebenen Arbeitsschritte erfolgt die **Ableitung der erforderlichen nachhaltigen baulichen Maßnahmen zur Schadensbeseitigung, welche vorzunehmen sind.**

Zum Bestimmen und Bewerten der erforderlichen Sanierungsmaßnahmen ist eine Reihe von Bedingungen zu berücksichtigen. Dazu muss zunächst eine schadensorientierte konkrete Festlegung der Sanierungsmaßnahmen und Durchführungsabschnitte bestimmt werden.

Eine Koordinierung aller Bauabläufe geordnet nach Dringlichkeit, technischen Erfordernissen und Finanzrahmen und spezifische Festlegungen zur Bauausführung (z. B. Ursachen- und Schadensbehebung, Spezialbetriebe usw.) sind unabdingbar.

Zu beachten sind außerdem der Instandsetzungs- und Sanierungsaufwand, die Ergebnisse der zur Ausführungsentscheidung vorgenommenen Wirtschaftlichkeitsuntersuchungen und gegebenenfalls die Berücksichtigung denkmalpflegerischer Gesichtspunkte usw.

Bei der **Ausführung der Arbeiten** sind die Aufgaben- und Verantwortungsbereiche der Beteiligten im Sinne einer anforderungsgerechten Qualitätssicherung zu beachten.

Dies betrifft insbesondere die laufende Überwachung der Bauarbeiten, besonders dann, wenn es sich um schwierige Bauarbeiten (Bauabschnitte) in technischer oder handwerklicher Beziehung (z. B. Fachwerkbauten) oder um Arbeiten mit besonderen Gefahrenquellen (z. B. Abstützungen, Errichten von Dachkonstruktionen, Abbrüchen, Baustellensicherung) handelt.

Grundlage hierfür hat der ständige Soll-Ist-Vergleich zwischen Planung und Ausführung zu sein, der Austausch mit den Handwerkern, wenn Zweifel an der zuverlässigen Ausführung der Baugewerke bestehen, und das operative Handeln, da insbesondere bei Baumaßnahmen an Altbauten Überraschungen aller Art auftreten können, so z. B. werden verdeckte Bauschäden freigelegt, störende Leitungen entdeckt usw.

Oftmals ist insbesondere bei der Ausführung der Sanierungsleistungen die Durchführung eines Beweissicherungsverfahrens sinnvoll und erforderlich.

Als Beweissicherungsverfahren bezeichnet man daher alle Verfahren und Methoden zur Dokumentation der Zustände von Gebäuden, baulichen und technischen Anlagen. Dazu eignen sich alle Verfahren, wie Beobachtungen, eine einmalige, laufende oder in periodischen Zeitabständen vervollständigte fotografische Dokumentation.

Weiterführend sind Messungen in Form von geometrischen Messungen zur Beschreibung des Baustoffs und Bauteils, Feuchtigkeitsmessungen inklusive der Feststellung der umgebenden Luftfeuchtigkeit, die Bestimmung des Konzentrationsgrads von Schadstoffen bzw. des pH-Werts, Temperaturmessungen, Erfassung von Formänderungen, Durchbiegung, Rissweiten und Risslängenbestimmung.

Es ist auch üblich, Prüfungen ein- bzw. ausgebauter Baustoffe/Bauteile in Form von Festigkeits- und Eigenschaftsprüfungen, Funktionsprüfungen, Beständigkeitskenngrößen, wie Feuer-, Witterungs- und biologische Beständigkeit, sowie Endoskopie, z. B. Untersuchungen von Holzbalkendecken und Bohrwiderstandmessung, durchzuführen.

Wichtig ist bei der Erstellung von Fotodokumentationen, Messreihen u. Ä. die Berücksichtigung zeitlicher (Tageszeit, Jahreszeit), räumlicher (Mess-/Blickpunkt und -richtung) und sachlicher (Lichteinfall, Luftfeuchtigkeit, Witterungsverhältnisse u. Ä.) Bedingungen während der Erfassung der Daten.

Aus der Bestimmung der Bauzustandsstufen erhält man z. B. ein Schadenskataster der einzelnen Bauteile. In Verbindung mit der Erfassung der Gebäudedaten über ein Gebäudeinformationssystem auf der Basis eines Raumbuchs in Verbindung mit der Dokumentation der Schadensbilder der Bau-/Konstruktionsteile lässt sich die Schadensstruktur des Gebäudes darstellen.

Das kann sowohl in tabellarischer Form als auch durch Kennzeichnung in den Grundrisszeichnungen in Verbindung mit Bilddokumentationen erfolgen.

Wichtig ist dabei die laufende Aktualisierung der Schadensakten. In den Schadensakten, die raum- oder bauteilbezogen geführt werden sollten, sind darüber hinaus die erfolgten Schadensbeseitigungsmaßnahmen zu dokumentieren.

Mit einem Gebäudebuch können alle wesentlichen Eigenschaften des Gebäudes dokumentiert werden. Das Gebäudebuch sollte folgende Mindestangaben enthalten: Gebäudeart, kurze bautechnische Beschreibung, Art der Nutzung, Abmessungen, Standort, Baujahr(e).

Von einer Fassade sind z. B. Oberflächenbeschaffenheit, Einbauten, die Gesamtfläche und die Flächenanteile der Fassadenbestandteile zu dokumentieren.

Bei Außenanlagen wären dies Art und Abmessungen ebenso wie Keller- und Geschossebenen, die Gesamtflächen nach DIN 277 verbunden mit der raumweisen Erfassung der Flächen – Boden, Wand, Decke, Öffnungen –, die technische Ausstattung nach Art und Anzahl oder Größe.

Bei Dächern sind dies die konstruktive Ausbildung, Flächen, Art und Anzahl der Einbauten und die Nutzung des darunterliegenden Dachraums. Hinsichtlich der gebäudetechnischen Anlagen sollten Art, Leistungsparameter und gegebenenfalls geometrische Abmessungen erfasst werden.

Nach Abschluss der Arbeiten wird als Bestandspflege und zur Dokumentation des Maßnahmenerfolgs die **Bestandsdokumentation in Form einer Aktualisierung** dringend empfohlen.

Dabei sind die ausgeführten Maßnahmen zu bewerten. Eventuell notwendige Nachuntersuchungen geben Aufschluss über den fachgerechten Einsatz der verwendeten Materialien, eingesetzten Technologien und der Qualität der Leistungen sowie eventuell das Erkennen von Mängelansprüchen.

Auf Basis der aktualisierten Bestandsdokumentation ist die regelmäßig (vorbeugende) Bauwerksinspektion in Verbindung mit den regelmäßigen Kontrollen des Bauwerks sowie seiner technischen Anlagen zu konzipieren, um aus der Beurteilung der Schadensentwicklung eine Analyse zu erstellen.

Darauf basierend können sinnvolle Beurteilungszyklen festgelegt werden, um Fehler, Mängel und Schäden rechtzeitig zu erkennen (z. B. Risse, Verformungen, Schimmel, feuchte Stellen, lockere Verbindungen usw.) und eine kontinuierliche Gebäudewartung im Rahmen der proaktiven Instandhaltung durchzuführen.

1.3 Methodik der Prüfungen

	Begehungsdatum	01.06.24												
Schaden	Schadensumfang	Standsicherheit	Dauerhaftigkeit	Robustheit	Gefahrenklasse		Prio		Schadensbeseitigung		fällig	Bearbeitungsstand	Bemerkungen
		1,4	2,2	3,1	2,5				Beginn	Ende			
abc	klein	1	3	3	2,2	potenziell	3	1-4 J.	02.06.23	10.06.23	30.05.28	erledigt	
def	mittel	4	2	3	4,0	dringend	1	sofort	03.06.22		15.06.24	in Bearbeitung	
ghi	groß	4	3	3	4,0	dringend	1	sofort			15.06.24	überfällig	
jkl	mittel	1	2	4	4,0	dringend	1	sofort	03.06.22	04.10.22	15.06.24	erledigt	
mno	mittel	1	3	3	2,3	potenziell	3	1-4 J.			30.05.28		
pqr	groß	1	3	4	4,0	dringend	1	sofort	20.01.23	31.01.23	15.06.24	erledigt	
stu	klein	3	3	3	2,9	real	3	1-4 J.	02.06.23	10.06.23	30.05.28	erledigt	
vwx	mittel	1	1	3	1,7	keine	4	5-10 J			29.05.34		

***Bild 1:** Beispiel für ein Schadenkataster (Quelle: Ingrid Kaiser)*

1.3.1 Zerstörungsfreie Prüfungen

Zerstörungsfreie Prüfungen beruhen grundsätzlich auf der Sichtprüfung erkennbarer Schadensbilder im Rahmen einer Begehung.

Damit sollen alle erkennbaren Unregelmäßigkeiten im Zustand eines Bauteils identifiziert werden und bei Bedarf weitergehende Prüfungserfordernisse erkannt werden. Die zerstörungsfreie Prüfung zur Zustandsbeurteilung wird üblicherweise in den Stufen Einzelbauteil – Bauteilgruppe – Bauwerk vorgenommen.

Die Beurteilung des Einzelbauwerksteils und der gebäudetechnischen Anlage u. a. wird hinsichtlich der Oberflächenbeschaffenheit, Rissbildungen, des Feuchtezustands, Ablösungen/Verformungen, mechanischer Beschädigungen, Verunreinigungen, der eingetretenen Abnutzung und ungewollter chemischer, physikalischer oder biologischer Veränderungen vorgenommen.

Darauf aufbauend folgen die Analyse der Bauteilgruppe als vergleichende Analyse aller übrigen Bauteile nach den Merkmalen des untersuchten Einzelbauteils und in der Weiterführung die Klassifizierung des Bauwerksteils/Konstruktionsteils, wie Fassade u. Ä., hinsichtlich der Beurteilung des Zustands der einzelnen Komponenten des Bauwerksteils in seinen konstruktiven Bestandteilen.

Die Bewertung des Bauwerks ist insgesamt die Klassifizierung nach der Zustandsbeurteilung seiner einzelnen Bauwerksteile.

Zur Feststellung der bauwerksbezogenen Bauzustandsstufe (Bauzustandsnote) unter Berücksichtigung der Gewichtung der Bauwerksteile als übliche Systematisierung hat sich die Bauwerksgliederung nach DIN 276 „Kosten im Bauwesen“ insbesondere auch in Hinblick auf eine spätere Kostenermittlung eingebürgert.

Als Gewichtung der Einzelbauteile kann in Ermangelung anderer Maßstäbe die Kostenstruktur des Bauwerks gegliedert nach den Kostengruppen der DIN 276 in der Regel auf der dritten Ebene bezogen auf die Gesamtkosten angesetzt werden.

Hierbei sind die instandhaltungsrelevanten Bauteile von besonderer Bedeutung und zur budgetorientierten Beurteilung abzugrenzen. Diese Bauteile werden in Abhängigkeit von den Nutzungsanforderungen und ihrer Bedeutung für die Stand- und Funktionssicherheit häufig auch als "strategische Bauteile" bezeichnet.

Sofern diese Bauteile geschädigt sind, ist der Gesamtbestand des Bauwerks gefährdet. Daher existiert hier der Begriff von K.-o.-Kriterien für das Bauwerk. Normalerweise sind auf der Basis der Ergebnisse der Sichtprüfung weitergehende Festigkeits- und Standsicherheitsuntersuchungen erforderlich.

Damit ergibt sich für das Gesamtbauwerk ein gewichteter Beurteilungsfaktor als Bauzustandsstufe. Davon abzugrenzen sind, wie bereits beschrieben, alle Bauteile insbesondere der Tragkonstruktion, die für den Bestand des Bauwerks existenziell sind, also maßgebliche Funktionen für die Stand- und Funktionssicherheit des Bauwerks haben. Sofern an diesen Bauteilen Schäden festzustellen sind, ist die Veranlassung tiefergehender Untersuchungen unumgänglich.

Dies betrifft ebenso mögliche Schäden, die als Sicherheitsrisiken, wie Sturz- und Stolperstellen, Vorhandensein von Gefahrstoffen (Gebäudeschadstoffen), wie Bleimennige im Korrosionsschutz, PAK, KMF, Holzschutzmittel, sowie nicht ordnungsgemäß ausgeführte Brandschottungen u. Ä. einzustufen sind.

Mittels Thermografie können Wärmebrücken per Infrarot-Kamera ermittelt und die besonders gefährdeten Stellen innerhalb der Gebäudekonstruktion aufgezeigt werden. Da feuchte Stellen die Wärme wesentlich besser leiten als trockene, können so u. U. auch Leckagen erkannt werden.

Bei der Untersuchung von Warmwasser führenden Leitungen können diese vorübergehend an das Kaltwassernetz angeschlossen werden bzw. umgekehrt, je nachdem ob sich die Leitungen im warmen oder kalten Bereich der Konstruktion befinden.

Mit dem Blower-Door-Test wird die Luftdichtheit der Außenhülle des Gebäudes überprüft, d. h. in Verbindung mit dem Einsatz von künstlichem Rauch können, ergänzend zur Thermografie, undichte Stellen, durch die möglicherweise Feuchtigkeit eindringen kann, analysiert werden.

Zur Ermittlung von Leckagen an Installationsleitungen werden diese entweder mit Wasser oder mit Druckluft abschnittsweise abgedrückt, das heißt, der erzeugte Druck wird mit einem Manometer überprüft. Hierzu wird in der Regel ein Prüfdruck von 110 mbar aufgebaut.

Um auch kleinere Undichtheiten aufspüren zu können, muss die Prüfzeit bei 100 l Leitungsvolumen mindestens 30 Minuten, je weitere 100 l jeweils zusätzlich 10 Minuten betragen. An der Heizungsanlage gibt das Druckmanometer durch Druckabfall bereits erste Auskunft über mögliche Leckagen.

Boden- und Kontaktmikrofone kommen bei gut Schallwellen leitenden Materialien (Metall, nicht bei Kunststoff) zum Einsatz: Die an Leckagen entstehenden Geräusche breiten sich zu beiden Seiten aus.

Beim Korrelationsverfahren wird mit zwei Mikrofonen, rechts und links bzw. oberhalb und unterhalb der vermuteten Undichtheit angebracht, gearbeitet und die Laufzeit des Schalls bis zum jeweiligen Mikrofon gemessen. So kann die Leckstelle zunehmend weiter eingegrenzt werden. Dieses Verfahren kann für erdverlegte Leitungen und bei Wand- und Bodenschächten eingesetzt werden.

Bei sehr kleinen Leckstellen entsteht keine Geräuschentwicklung, sodass nicht mit Mikrofonen gearbeitet werden kann, ebenso wie bei schlecht Schallwellen leitenden Materialien.

Nach Entleerung des Leitungssystems und Einblasen eines Gasgemischs (z. B. Stickstoff mit 5 % Wasserstoff) kann die Messung des Gasaustritts mit Detektoren erfolgen. Besonders bei Flachdächern und nicht metallischen Leitungen sind mit dieser Methode verlässliche Ergebnisse erzielbar.

Da gerade Flachdächer erhöhten Wasserlasten ausgesetzt sind und die Austrittsstellen oft weit von den verursachenden Stellen auftreten, wird hierbei das Flachdach unter Wasser gesetzt und ein elektrischer Impuls an der Austrittsstelle unterhalb der Dachkonstruktion gegeben.

Da Wasser Strom leitend ist, kann mittels zweier auf der Dachfläche positionierter Sonden der Widerstand gemessen werden und so, vergleichbar mit dem Korrelationsverfahren mittels Mikrofon, die Leckstelle immer weiter eingegrenzt werden.

Durch die Rauchgasprobe können Undichtheiten festgestellt werden. Sie erfolgt durch Einblasen von Rauch, der durch eine Nebelmaschine erzeugt und durch Seitenkanalverdichter, die Luft und Gase verdichten, in Hohlräume eingeblasen wird. Die Austrittsstelle des vernebelten Gases gibt die Stelle der Undichtheit, z. B. bei Flachdächern, Böden oder in Dämmschichten, an.

Bei vorhandenen Rissen werden klassisch Rissmarken, ggf. in Verbindung mit Rissmonitoren, gesetzt und mit Datum versehen eingesetzt. Hierdurch kann zum einen die Rissbreiten-Änderung, zum anderen ggf. ein Stillstand dieser abgelesen werden.

Zur Prüfung der Carbonatisierung von Beton kann durch Aufbringen einer Phenolphthalein-Lösung auf vorhandene Fehlstellen (Ausbrüche u. Ä.) durch die jeweilige Verfärbung (bis ca. 8,2 farblos, zwischen ca. 8,2 und 14 rötlich-violett, darüber wieder farblos) der vorhandene pH-Wert festgestellt werden. Liegt dieser unter 9, muss die Alkalität = Schutz der Bewehrung vor Korrosion infrage gestellt und entsprechende Beton-Instandsetzungsmaßnahmen müssen vorgenommen werden.

1.3.2 Zerstörungsarme Prüfungen

Zerstörungsarme Prüfungen sind im Allgemeinen weitergehende Untersuchungen im Ergebnis der Sichtprüfung.

Dies sind zum Beispiel Prüfungen zur Feuchtebestimmung von Bauteilen mittels Sensorik, endoskopische Untersuchungen der Sicht entzogener Bauteile in Hohlräumen oder mehrschichtigen Bauteilen oder auch die Festigkeitsbestimmung von Betonbauteilen mittels Betonhammer (Betonprüfhammer nach dem Prinzip von Schmidt).

Feuchte-Messgeräte sind mit unterschiedlichen Mess-Möglichkeiten auf dem Markt. Einfache Geräte messen die Feuchte der Bauteil-Oberfläche, anspruchsvollere Geräte auch die Temperaturen (Umgebung, Bauteil-Oberfläche), relative Luftfeuchtigkeit und Luft-/Windbewegungen. Häufig bieten diese die Möglichkeit, die Mess-Ergebnisse über längere Zeiträume aufzuzeichnen und am PC auszuwerten.

Bei der Endoskopie kann mit ca. 10 mm großen Kernbohrungen in Wand oder Boden die betroffene Stelle in den tiefer liegenden, nicht sichtbaren Schichten analysiert werden. Daher wird das Verfahren meist bei Hohlräumen innerhalb der Konstruktion und bei Wand- und Bodenschächten eingesetzt. Zur weiteren Analyse und Auswertung können die Endoskope mit Lupen, Foto- oder Video-Kameras kombiniert werden. Zerstörungsfrei ist der Einsatz bei vorhandenen Bauteil-Öffnungen möglich.

Der bereits in den 1950er-Jahren erfundene Schmidt-Hammer oder Schweizer Hammer ist ein Rückprall-Hammer mit unterschiedlicher Schlagenergie von 0,7 bis 29 Nm, der mittels des Rückpralls beim Aufschlagen auf eine Oberfläche Festigkeit und Elastizität der Probe (meist Beton, teilweise Gesteine) prüft. Berücksichtigt werden muss der Feuchtegehalt der Probe, die Richtung des Einsatzes (nach oben bei Decken, nach unten bei Böden etc.) und der Einsatz rechtwinklig zur Bauteil-Oberfläche.

1.3.3 Zerstörende Prüfungen

Zerstörende Prüfungen verbunden mit Probennahmen und die nachgehenden Laboruntersuchungen sind im Wesentlichen als ergänzende Untersuchung von Bedeutung, vor allem wenn es um Probleme der Festigkeit und Beständigkeit von Bauteilen, insbesondere hinsichtlich der Standsicherheit, geht.

Dies betrifft ebenso die Ermittlung von Eigenschaften von porösen Baustoffen im Feuchteschutz, wie die Bestimmung des Porenvolumens (zum Beispiel durch die Darr-Methode) oder deren Saugfähigkeit zur Feststellung des möglichst sinnvollen Injektionsverfahrens.

Durch die Prüfung von Teilen von Bauteilen, wie Bohrkernen, wird zum Beispiel auch der Carbonatisierungsfortschritt bestimmt, um damit die Beständigkeit der Betonschicht im Stahlbeton zu ermitteln.

Bohrkerne mit einem durchschnittlichen Durchmesser von 50 mm werden in der Regel zur Prüfung der Druckfestigkeit im Labor genutzt. Um die chemische Zusammensetzung von mineralischen Baustoffen zu prüfen, können mittels Bohrern Bohrmehl-Proben entnommen und im Labor analysiert werden.

1.4 Einstufung der Schadensschwere

1.4.1 Grundsätze der Schadensbewertung

Bei der Beurteilung der festgestellten Schäden kommt es zunächst auf die Einstufung nach Bedeutung der Bauteile für den Bestand des Bauwerks an.

Es ist zu unterscheiden zwischen

- Bauteilen mit wesentlicher Bedeutung für die Funktion sowie die Standsicherheit und die Nutzungsfähigkeit des Bauwerks,
- strategischen Bauteilen, welche instandhaltungsrelevant sind und damit wesentlich die Nutzungsfähigkeit beeinflussen,
- sonstigen Bauteilen, für welche lediglich Schönheitsreparaturen notwendig werden und die keine wesentliche Funktionsrelevanz besitzen.

Bezüglich der Begrifflichkeiten haben sich in der Schadenstheorie folgende Terminologien eingebürgert.

Schadensbilder sind die sichtbare Form des augenscheinlichen Erscheinungsbildes eines Schadens.

Fehler sind unzulässige Abweichungen von in der Regel normativ vorgeschriebenen oder vertraglich vereinbarten Forderungen bzw. Eigenschaften (juristisch „Beschaffenheit") und ihren Toleranzräumen (z. B. Normen, Rechtsvorschriften, Planungs- und Projektierungsgrundlagen, allgemein anerkannte Regeln der Technik).

Mängel sind das Ergebnis von Fehlern und stellen nicht erfüllte vorgeschriebene oder vereinbarte Forderungen bzw. Eigenschaften des Leistungsgegenstands dar.

Die Folgen können die Gebrauchsfähigkeit mindern bzw. die Nutzungsfähigkeit beeinträchtigen. Der Begriff „Mangel“ wird in der Fachliteratur auch formuliert als

„Umstand, der zur Folge hat, dass das Ziel nur nach Überwindung von Behinderungen oder nur eingeschränkt erreicht werden und dessen Auswirkungen zu Schäden führen kann“.

In der juristischen Literatur wird primär von einem Mangel gesprochen (wie z. B. Sachmangel, Mangelhaftigkeit, wesentlicher Mangel, verdeckter Mangel ...).

Des Weiteren wird in der Bauwirtschaft nach wesentlichen und unwesentlichen Mängeln unterschieden. Hier soll jedoch lediglich auf die technischen Sachverhalte Bezug genommen werden.

Die Tatsache, dass ein Wert vermindert oder ein Bauteil untauglich oder Teile davon als Folge eines Mangels nicht funktionstüchtig sind, stellt erst einen Schaden dar.

Bezüglich der Mangelhaftigkeit sind noch sogenannte „hinzunehmende Unregelmäßigkeiten“ und optische Mängel zu unterscheiden. Dies betrifft allerdings lediglich die Abnahmefähigkeit einer Baumaßnahme.

Technisch gesehen können diese Unregelmäßigkeiten durchaus auch Schadensursachen darstellen, da sie zwar i. d. R. innerhalb normativ geregelter zulässiger Toleranzen liegen, aber durchaus schadensursächlich sein können.

Eine Beurteilung kann ergeben, dass die kritisierten Unregelmäßigkeiten die vertraglich festgelegten Grenzwerte bzw. die als allgemein anerkannte Regel der Bautechnik einzustufenden Grenzwerte nicht überschreiten.

Der kritisierte Sachverhalt liegt dann noch im Rahmen des vertraglich zu Erwartenden bzw. des bei Werken gleicher Art Üblichen.

Bei welchen Grenzfällen man von einer „noch gerade akzeptablen" Werkleistung sprechen kann, hängt dabei von den Rahmenbedingungen des Einzelfalls ab. Kommt man zu einem solchen Beurteilungsergebnis, so liegt kein Mangel vor; die Unregelmäßigkeiten müssen dann als unvermeidbar und üblich hingenommen werden.

Dies gilt grundsätzlich unabhängig vom Bauzeitabschnitt; vor und nach der Abnahme ist prinzipiell gleich zu verfahren.

Bei optischen Beeinträchtigungen geht es um die Frage, welche Störwirkung Farbabweichung, Verschmutzung, Unebenheiten, kleinere Beschädigungen usw. auf einen Betrachter haben.

Es gilt als Grundsatz, dass derartige Beeinträchtigungen unter gebrauchsüblichen Bedingungen zu beurteilen sind, d. h., die Beurteilung erfolgt aus einem Betrachtungsabstand und z. B. unter Beleuchtungsbedingungen, die bei der späteren Nutzung üblich sind.

Der rechtliche Grundsatz zur Beurteilung wurde mit dem „Magenta-Urteil" geprägt.

Beispiele:

Unregelmäßigkeiten in der Vermauerung einer Ziegelverblendschale im 2. OG eines Hauses sind nicht vom Gerüst oder Hubwagen aus, sondern aus der Position eines von der Straße aus die Fassade betrachtenden Passanten, gegebenenfalls auch noch aus der Position eines Hausbewohners (z. B. auf dem Balkon stehend), zu beurteilen.

Die Textur mancher Oberflächen vor allem bei Fassaden ist auf die Wirkung aus größerer Entfernung angelegt:

So können z. B. die Farbunterschiede der Einzelsteine von „buntem" Ziegel-Verblendmauerwerk aus der Position eines unmittelbar vor der Fassade stehenden Passanten als „störend" empfunden werden, während sich aus größerer Entfernung das gewünschte, lebhafte, aber doch einheitliche Erscheinungsbild ergibt. Solche

Oberflächen sind also nicht aus jeder beliebigen, möglichen „gebrauchsüblichen" Betrachtungsposition zu beurteilen.

Bauschäden sind u. A. Auswirkungen von Baumängeln oder Nutzungsfehlern, nicht erfüllten vorgeschriebenen oder vereinbarten Forderungen bzw. Eigenschaften, die die Stand- und/oder Tragsicherheit bzw. die Funktionssicherheit innerhalb der normativen Nutzungsdauer beeinträchtigen.

Demzufolge umfasst dies alle unbeabsichtigten Veränderungen an Bauwerken, die während ihrer Herstellung und Nutzung eintreten.

Nutzungs- und Abnutzungsschäden sind Auswirkungen der Abnutzung an Bauteilen, Bauelementen, Bauwerksteilen und Bauwerken, die ebenfalls die Stand- und/oder Tragsicherheit bzw. die Funktionssicherheit beeinträchtigen können.

Das Studium der Literatur ergibt, dass der Begriff „Bauschaden" außerordentlich unterschiedlich definiert wird.

Die größten Unterschiede bestehen wiederum zwischen der Definition aus technischer bzw. juristischer Sicht.

Der Techniker sieht vorrangig die veränderten Eigenschaften, die die Stand- und Funktionssicherheit beeinträchtigen, der Jurist sieht die Verminderung des Wertes des Bauwerks oder Bauteils und die damit verbundenen Rechtsfolgen.

Allgemein erscheint es zweckmäßig, Baumängel und Bauschäden anhand der Ziele, die verfolgt werden, zu vergleichen.

Die **Standsicherheit** eines Bauwerks bedeutet, dass alle tragenden Bauteile so bemessen sind, dass sie die ihnen zugedachten Aufgaben mit Sicherheit, d. h. mit genügend kleiner Wahrscheinlichkeit des Versagens, erfüllen. Die Standsicherheit muss sowohl während der Errichtung des Bauwerks als auch bei Änderungen (Baureparaturen, Umbauten usw.) und Abbruch (Demontage), d. h. in jeder Phase gesichert sein.

Die Begriffe „Sicherheit" und „Gefahr" bilden ein Gegensatzpaar, d. h., wo Gefahren drohen, gibt es für die dort anwesenden Menschen keine Sicherheit.

Sicherheit bedeutet demnach immer die Abwesenheit von Gefahr. Sicherheit ist der Maßstab der Technik. Je höher die Sicherheitsforderungen gestellt werden, umso teurer und aufwendiger wird das Bauwerk. Andererseits geht es bei Forderungen nach Wirtschaftlichkeit, das heißt Verbilligung immer zulasten und auf Kosten der Sicherheit.

Die **Funktionssicherheit**, die Standsicherheit des Bauwerks eingeschlossen, gewährleistet die geplante Nutzung einer standsicheren Konstruktion bzw. eines Bauwerks für den vorgesehenen Verwendungszweck unter Einbeziehung der Größe, der Lage, der Raumfolge, der Zuordnung von Flächen in Verbindung mit der ungestörten Inanspruchnahme der technologischen Einrichtungen sowie der Anlagen zur Beleuchtung, Belüftung, Ver- und Entsorgung.

Gefährdungen (Gefahren) liegen dann vor, wenn in einem betrachteten Zustand die Möglichkeit des Eintretens nicht gewollter Folgezustände besteht, die durch die Herstellung, Umwelteinwirkungen oder andere nicht vorherzusehende Ereignisse hervorgerufen werden und zur Beeinträchtigung der Stand- und Nutzungsfähigkeit führen können.

Gefährdungen führen also zu Gefahrenzuständen, die bei großen Abweichungen bis zur akuten Gefahr (ein plötzlicher Bruch oder Einsturz ist mit hoher Wahrscheinlichkeit zu erwarten) gehen können.

Sorgfalt ist die Verpflichtung innerhalb gegebener Umstände, entsprechend dem allgemeinen Stand der Bautechnik vernünftig und gewissenhaft zu handeln (zu arbeiten). Der Begriff „Sorgfalt" wird im Zusammenhang mit Schäden bzw. Qualitätssicherung gebraucht, wenn festgestellt werden soll, ob jemand eine Handlung oder ein Ereignis bewirkt hat, die bzw. das zu einem Schaden führte oder mit der Qualität eines Erzeugnisses zu tun hat.

Sorgfalt ist, sofern sich dies nicht aus Gesetzen oder vertraglichen Vereinbarungen ergibt, ein Begriff, der von subjektiven Erfahrungen und Urteilen abhängig ist.

Zwischen den einzelnen Elementen „Fehler = Schadensursache“ „Mangel in technischer Hinsicht“ und „Bauschaden“ bestehen kausale Zusammenhänge. Diese gilt es, im Rahmen der Schadensanalyse aufzudecken.

Dabei sollte mit dem Irrglauben, alte Gebäude sind immer schlecht und grundsätzlich in höchstem Maße „schadensanfällig“ (!), aufgeräumt werden. Dies zeigen u. a. diese Kausalketten und es entspricht der Erfahrung der Autoren aus zahlreichen Schadensbegutachtungen.

Sinn, Zweck und Nutzen der Beschreibung und Auswertung von Bauschäden liegen darin, nicht nur Wissen zu vermitteln, sondern das Bewusstsein zu schärfen für das gesetzmäßige Verhalten der Baustoffe im beanspruchten Konstruktionsgefüge.

Bauschäden entstehen nicht zufällig, sondern gesetzmäßig. Folglich muss man das gesetzmäßige Verhalten der Baustoffe und der damit errichteten Gebäude kennen, um sie zu vermeiden.

Betrachtungsaspekte: Fehler, Mängel und Schäden an Bauwerken können unter verschiedenen Aspekten betrachtet werden, z. B. als volkswirtschaftlicher bzw. ökonomischer Verlust, Kosten, aus technischer Sicht Schadensursachen, Sicherungs- und bauliche Maßnahmen zur Schadensbehebung.

Rechtlich betrachtet sind dies Verursacher, Haftung, Verjährung. Schadensanfälligkeit und -bedeutung.

Die Anzahl der Schadensfälle allein lässt nicht immer den direkten Schluss darüber zu, ob ein Bauteil schadensanfälliger ist als ein anderes, solange nicht der Umfang und die Häufigkeit des Vorkommens der einzelnen Bauteile berücksichtigt werden.

Bei der Schadensbeurteilung sind folgende kausale Zusammenhänge der Bauschäden mit folgenden Gesichtspunkten zu beachten:

Bauwerkserhaltung

Zwischen der Bauwerkserhaltung/Instandhaltung im Sinne der Begriffsbestimmung des Normenwerks (DIN 31051) und dem Entstehen von Bauschäden besteht ein erkennbarer Zusammenhang. Bauschäden mit Tendenz zur Ausbreitung, die nicht umgehend behoben werden, wachsen im Allgemeinen nicht linear mit der Zeit, sondern progressiv an.

Je später ein Bauschaden behoben wird, desto größer ist der erforderliche Arbeits-, Kosten- und Energieaufwand und umso notwendiger wird es, spezialisierte bautechnologische Kapazitäten einzusetzen.

Die laufende vorbeugende Instandhaltung ist die wichtigste und wirtschaftlichste Methode. Hauptforderung der Instandhaltung ist, kleine Schäden bzw. Mängel rechtzeitig zu erkennen und zu beheben, um große Auswirkungen (Folgeschäden) zu verhindern.

Beispiel

Undichtigkeiten am Dachfuß, wo das gesamte Regenwasser des Dachs zusammenläuft, bewirken die Durchfeuchtung. Anfangs treten Putzschäden auf, später sind häufig die Balkenauflager, Sparrenfüße und Aufschieblinge vollkommen zerstört.

In extremen Fällen ist die Dachkonstruktion nicht mehr instandsetzungswürdig.

Abhilfe: Kontrollen und rechtzeitige Instandsetzung.

Baualter (s. Kap. 2.5)

Bauschäden treten nicht gleichmäßig verteilt über die Standzeit eines Gebäudes hinweg auf. Für das wahrscheinliche Auftreten von Bauschäden bestehen abhängig vom Baualter bestimmte Beziehungen. Die Wahrscheinlichkeit, dass Bauschäden auftreten, ist zu Beginn und am Ende der Nutzungsdauer am größten. Mit zunehmender Nutzungsdauer nehmen die Kosten für die Schadensbehebung im Allgemeinen zu. Anfangsschäden sind in der Regel Planungs- und/oder Ausführungsschäden. Sie sind am ehesten vermeidbar. Alterungsschäden können durch Wahl höherer Qualitätsstandards (bessere Materialien und fehlerfreie Ausführung) mit höheren Investitionskosten und systematischer Instandhaltung positiv beeinflusst werden. Zwischen beiden Schäden besteht aber ein erheblicher gradueller Unterschied. Erfahrungsgemäß treten bis 5 Jahre nach der Fertigstellung des Bauwerks die ersten (meist kleineren) Schäden auf. Sie erfordern Instandsetzungsarbeiten, die nach längerer Nutzungsdauer in der Regel aufwendiger werden.

Gebäudegröße

Zwischen Gebäudegröße und den Bauschäden besteht ein nahezu logarithmischer Zusammenhang. Große und wellig gegliederte Baukörper sind günstig und meistens instandhaltungsarm. Demgegenüber sind feingliedrige und stark strukturierte Konstruktionen am störanfälligsten.

Baustoffe

Die genaue Kenntnis der Baustoffe mit ihren Eigenschaften und Lieferformen (Güteeigenschaften) sind eine unerlässliche Voraussetzung für den Erfolg der Arbeit. Ohne diese Kenntnisse kann keine Bauaufgabe technisch und wirtschaftlich einwandfrei gelöst werden. Fehler bei der Materialauswahl und der Be- und Verarbeitung führen oft zu erheblichen wirtschaftlichen Verlusten an Baustoffen, Kosten und Arbeitsaufwand. Mängel und Bauschäden treten selten als alleinige Folge von Planungsfehlern auf. Das ist darauf zurückzuführen, dass im Vorschriftenwerk für die Konstruktion und Bemessung von Konstruktionen weitgehende Festlegungen enthalten sind, deren Einhaltung geprüft und auf der Baustelle überwacht wird. Häufiger ist das Entstehen von Bauschäden infolge unsachgemäßer Verarbeitung oder unverträglicher Kombination von Baustoffen.

Baustoffausnutzung

Verfeinerte Berechnungsmethoden und gesteigerte Baustoffausnutzung führen zu immer mehr feingliedrigen Konstruktionen, die gegenüber Verformungen, Rissen, Unregelmäßigkeiten usw. wesentlich empfindlicher sind als die traditionellen Bauweisen.

Grundlage jeder Planung von Baumaßnahmen auf dem Gebiet der Bauwerkserhaltung ist eine exakte Bauzustandserfassung (Bestandsdokumentation). Dabei reichen visuelle Erfassungen und darauf basierende verbale Beurteilungen grundsätzlich nicht aus, stellen aber einen notwendigen ersten Arbeitsschritt dar.

Die Frage nach der weiteren Verwendung der Bausubstanz kann nur beantwortet werden durch gesicherte Kenntnisse über den derzeitigen baulichen Zustand sowie über das wahrscheinliche künftige Verhalten der Baukonstruktionen.

Andere Funktionen oder Nutzungen, veränderte statische und bauphysikalische Anforderungen an die vorhandenen Konstruktionen erfordern eine objektive Beurteilung des tatsächlichen baulichen Zustands, die eine wissenschaftlich begründete Entscheidung über die baulichen Maßnahmen hinsichtlich Instandhaltung, Umnutzung bei Nutzerwechsel, teilweisem oder vollständigem Abbruch ermöglichen.

Die vorhandene Bausubstanz stellt einen großen volkswirtschaftlichen und auch privaten Wert dar, der langfristig zu erhalten und zu nutzen ist.

Bauliche Erhaltungsmaßnahmen müssen vorhandene Fehler, Mängel und Bauschäden einschließlich ihrer Ursachen dauerhaft beheben und neuen Bauwerksschädigungen vorbeugen. Weiter ist zu bedenken, dass die Bauwerke aus unterschiedlichen Bauteilen und Bauelementen, Baustoffen und Bauweisen nach Stilepochen errichtet wurden. Somit sind sie nach Baualter, Bauzustand, Nutzung und Beanspruchung verschieden zu beurteilen.

1.4.2 Schadensausmaß

Für die Bemessung des Schadensausmaßes sind sowohl die physikalischen Bemessungsgrößen, m^2, m^3, Stück usw., als auch die Einschätzung des prozentualen Ausmaßes der Schadensausbreitung gebräuchlich.

Des Weiteren werden die Schadensanteile bei der Einstufung in die Zustandsstufen benutzt. Beispielhaft erfolgt die Darstellung eines 4-stufigen Beurteilungsrasters, gebräuchlich sind auch 5-stufige Bewertungen.

Tabelle 1: *Mit dem Abnutzungsgrad wird der Anteil der Schädigung eines Bauteils angegeben. (Manfred Kranz)*

Zustands-stufe	Zustandsmerkmale	Abnutzungsgrad
1	**Guter Erhaltungszustand** • Funktionsfähigkeit entsprechend projektierter Parameter • unbedeutende Mängel • Beseitigung im Rahmen der Wartung (Kleinreparatur) möglich	0 % bis 5 %
2	**Mittlerer Erhaltungszustand** • Funktionsfähigkeit mit geringer Toleranzüberschreitung • geringe Mängel • Folgeschäden absehbar • Beseitigung im Rahmen der Kleininstandsetzung möglich	6 % bis 25 %

Tabelle 1: *Mit dem Abnutzungsgrad wird der Anteil der Schädigung eines Bauteils angegeben. (Manfred Kranz)*

Zustands-stufe	Zustandsmerkmale	Abnutzungsgrad
3	**Schlechter Erhaltungszustand** • Funktionsfähigkeit zum Teil stark eingeschränkt • wesentliche, zum Teil schwerwiegende Mängel • Folgeschäden bereits eingetreten • Beseitigung im Rahmen der Instandsetzung noch möglich	26 % bis 50 %
4	**Unbrauchbar** • Funktionsfähigkeit nicht mehr gewährleistet • umfangreiche Folgeschäden bereits eingetreten • Bauteil-/Anlagenteilersatz notwendig	Über 50 %

1.4.3 Gefährdungspotenzial

Die Einstufung des Gefährdungspotenzials wird üblicherweise hinsichtlich möglicher Folgeschäden, insbesondere, wenn die Schadensursachen nicht beseitigbar sind oder nicht beseitigt wurden, was aus technischen, wirtschaftlichen und gegebenenfalls aus äußeren Umweltbedingungen entstehen kann, bei Gebäuden von Unternehmen, die unter die Störfallverordnung fallen, bei einer Einstufung in die Schadensfolgeklasse i. S. d. VDI 6022, vorzunehmen sein.

1.4.4 Dringlichkeit

Mit der Beurteilung der Schadensursachen/Fehler wird daraus die Priorisierung des Handelns in Form von Dringlichkeitsstufen abgeleitet.

Dies bedeutet beispielhaft Folgendes:

Tabelle 2: *Zustandsbenotung eines Gebäudes anhand der Zustandsmerkmale. (Manfred Kranz)*

Dringlichkeitsstufe	Zustandsmerkmale	Zustandsstufe	Abnutzungsgrad	Zustandsnote
1	**Baulicher Gefahrenzustand** • Schäden an der Tragkonstruktion/ Hauptteilen von Anlagen • Funktionsfähigkeit nicht mehr gewährleistet • hohes Sicherheits- und Gesundheitsrisiko	4	Über 50 %	4,0
2	**Gefährdung wesentlicher Bauwerks-/ Anlagenteile** • wesentliche, schwerwiegende Mängel an Bauwerk und Anlagen • Funktionsfähigkeit zum Teil stark eingeschränkt • Folgeschäden bereits eingetreten • dringender Handlungsbedarf	3	26 % bis 50 %	3,9 bis 3,0

Tabelle 2: *Zustandsbenotung eines Gebäudes anhand der Zustandsmerkmale. (Manfred Kranz)*

Dringlichkeitsstufe	Zustandsmerkmale	Zustandsstufe	Abnutzungsgrad	Zustandsnote
3	**Beginnende Schadensentwicklung** • Mängel und Schadensentwicklung im Anfangsstadium • Folgeschäden absehbar • Festlegung von Maßnahmen nach Beobachtung der Entwicklung • Beseitigung im Rahmen der Kleininstandsetzung möglich	2	6 % bis 25 %	2,9 bis 2,0
4	**Normaler Zustand** • unwesentliche Mängel und Schäden an Bauwerk und Anlagen • keine Folgeschäden erkennbar • Schadensentwicklung im Rahmen der Inspektion beachten	1	0 % bis 5 %	1,9 bis 1,0

1.5 Ermittlung der Schadensursachen

Die Ermittlung der Schadensursachen basiert auf den Ergebnissen der Analyse der Bestandsdokumentation, der Sichtprüfung im Rahmen der Begehung des Untersuchungsobjekts, ggf. auf den Ergebnissen notwendiger zerstörungsarmer bzw. zerstörender Prüfungen und der bautechnischen Bewertung der Schadensbilder.

1.6 Ableitung der Maßnahmen zur Schadensbeseitigung

1.6.1 Handlungsempfehlungen zur Maßnahmenkonzeption

Auf der Grundlage der Einstufungen in die Dringlichkeitsstufen können Standards für das Maßnahmenkonzept abgeleitet werden, wie z. B.

Zustandsnote 4,0 (sehr schlechter Zustand)

Instandsetzung sofort bis kurzfristig zwingend erforderlich.

Zustandsnote 3,0 bis 3,9 (schlechter Zustand)

Instandsetzung als Alternative zur Verkürzung der Wartungszyklen erforderlich und Inspektions- und Wartungszyklen entsprechend der Schadensentwicklung zwingend verkürzen.

Zustandsnote 2,0 bis 2,9 (mittlerer Zustand)

Kleine Instandsetzungen empfohlen, besonders bei absehbaren Folgeschäden,

Wartungszyklen grundsätzlich noch beibehalten; bei absehbaren Folgeschäden verkürzen,

Inspektionszyklen verkürzen.

Zustandsnote 1,0 bis 1,9 (guter Zustand)

Inspektions- und Wartungszyklen der Entwicklungsgeschwindigkeit der Schäden anpassen, gegebenenfalls zeitweiliges Verlängern der Zyklen.

1.6.2 Maßnahmen zur Qualitätssicherung

Die Kernaufgaben sind in Bauprojekten und damit auch bei der Schadensbeseitigung:

- **Qualität**
- Kosten
- Termine

Damit sind die Eckpunkte und folglich die Kernaufgaben von Maßnahmen definiert, wie im „Magischen Dreieck“ dargestellt:

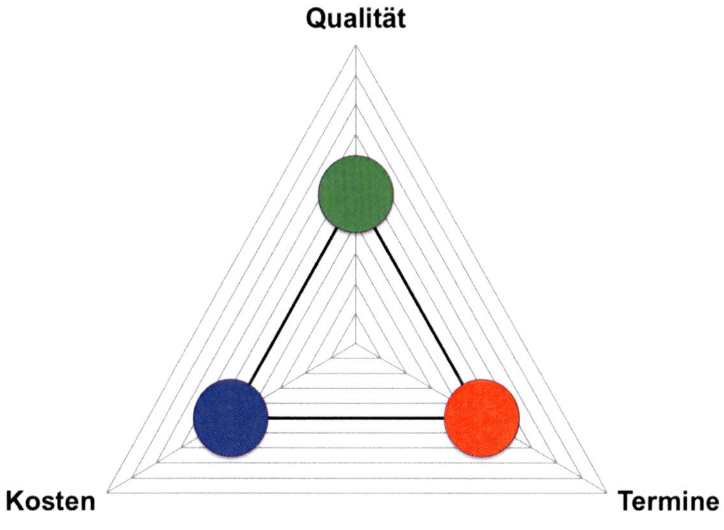

Bild 1: *Magisches Dreieck (Quelle: Ingrid Kaiser)*

Jede Veränderung einer dieser drei Variablen bedingt die Verschiebung mindestens einer der beiden anderen. Wird der Qualitätsstandard erhöht, erhöhen sich die Kosten und/oder die Ausführungsfristen verlängern sich. Werden die Termine verkürzt, verringert sich der Qualitätsstandard und/oder die Kosten steigen. Werden die Kosten reduziert, verringert sich ebenfalls der Qualitätsstandard und/oder die Termine verlängern sich.

Qualität wird im Allgemeinen als das Übereinstimmen von Leistungen mit den Anforderungen definiert; letztere ergeben sich aus dem Anspruch an ein schadenfreies Bauwerk und denen der Auftraggeber. Da es sich bei Schadensbeseitigungen immer um Baumaßnahmen an bestehenden Bauten handelt, sind häufig keine ausreichenden Bestandsunterlagen vorhanden. Aus diesem Grund ist zur Qualitätssicherung eine Risiko-Analyse unabdingbar, um den Erfolg innerhalb der Erfordernisse – Qualität, Kosten, Termine – zu erreichen.

Die Sicherung der Qualität wird vorrangig durch die Dokumentation der verwendeten Baustoffe und Bauverfahren gewährleistet und sichert für die Zukunft eine Basis für weitere Maßnahmen. Zur Dokumentation gehören zusätzlich Messverfahren und -ergebnisse für ein unter Umständen erforderliches Monitoring der eingesetzten Maßnahmen.

Auch der Prozess der Maßnahmenumsetzung beeinflusst die Qualität der Ergebnisse. Je reibungsloser der Ablauf, desto besser ist üblicherweise die Qualität der Schadensbeseitigung. Neben einer lückenlosen Dokumentation sind hierfür ein klar definierter Informationsfluss und Kommunikationsregelungen zwischen allen Beteiligten erforderlich.

2 Schadensbilder

2.1 Schadensbilder nach Arten

2.1.1 Veralgung von Fassaden

Bauteile der Kostengruppe 335

Die Problematik der Veralgung von Fassaden stellt ein zunehmendes Problem in der Baubranche dar. Denn Wärmebrücken haben einen unmittelbaren Einfluss sowohl auf die Möglichkeit der Algenbildung als auch auf die hygienischen Bedingungen im Innenraum, wie zum Beispiel die Bildung von Schimmelpilzkulturen. Und auch diese sind immer häufiger anzutreffen.

Aufgrund eines erhöhten Wärmeabflusses im Bereich von Wärmebrücken verringern sich die Oberflächentemperaturen des Bauteils auf der Rauminnenseite. Dies hat eine Reihe von Konsequenzen, wie u. a. die stärkere Abkühlung der Wandoberfläche auf der Raumseite. Als Folge kommt es in vielen Fällen zu Einschränkungen des Wohlbefindens der dort sich aufhaltenden Personen, d. h., die Behaglichkeit leidet.

Ursache hierfür ist, dass die Oberfläche des außenliegenden Bauteils als kälter im Verhältnis zu den angrenzenden Oberflächen der innenliegenden Bauteile empfunden wird. Die höhere sogenannte Wärmestromdichte der Wärmebrücke bedeutet auch höhere energetische Verluste in den betroffenen Bereichen der Gebäudehüllkonstruktion.

Durch die geringere Oberflächentemperatur des kälteren Bauteils kommt es in der Grenzschicht der Luft in der Regel zu einer Erhöhung der relativen Luftfeuchte, verbunden mit dem möglichen Erreichen des Taupunkts und damit dem Anfall von Tauwasser.

Wärmebrücken werden nach der üblichen Verkehrsauffassung nach materialbedingten, konstruktionsbedingten bzw. geometrischen Wärmebrücken unterschieden.

Dies können Fensteranschlüsse, Innenwandanschlüsse an die Außenwand, an den Boden oder die Decke, Anschlüsse der Bodenplatte an die Außenwand und an Streifenfundamente sowie in Außenwände eingebundene Deckenplatten, Innen- und Außenecken von Fassaden, Anschlüsse auskragender Bauteile, wie z. B. Balkone oder Vordächer, sein.

Ebenso sind Eckausbildungen der Außenwand an die Geschoss- oder Dachdecke, wie auch an den Durchdringungspunkten von Versorgungsleitungen, als mögliche Wärmebrücken anzusehen.

Wärmebrücken führen häufig zu hygienischen und gegebenenfalls auch gesundheitlichen Problemen. Ab einer relativen Luftfeuchte von 80 % besteht die Gefahr eines Schimmelpilzbefalls.

In vergangenen Zeiträumen waren die Fenster diejenigen Bauteile mit dem höchsten Wärmeaustrag und der stärksten Abkühlung (kälteste Bauteile). Kam es an der Innenseite der Fenster zur Tauwasserbildung, konnte dies durch vermehrte Lüftung ausgeglichen werden.

Mit dem zunehmenden Einbau von dichteren (infolge der Veränderung der normativen Anforderungen zur Energieeinsparung und zum Wärmeschutz) Fenstern ist der kälteste Punkt nicht mehr an der Fensterinnenseite zu finden, sondern betrifft jetzt andere Bereiche im Raum, wie zum Beispiel die Außenwände, die Sturzbereiche über Fenstern, insbesondere im Bereich von Rollladenkästen, sowie bei Materialwechseln die Außenwände und speziell die Außenecken.

In diesen Fällen spricht man von stofflich oder konstruktiv bedingten Wärmebrücken.

Kommt es in diesen Bereichen zu Tauwasserbildung, wird dies oft erst bemerkt, wenn hier bereits Feuchteerscheinungen („Wasserflecken") und möglichweise beginnende oder meist auch schon fortgeschrittene Schimmelpilzbildung wahrnehmbar sind.

Wird entsprechend den allgemeinen Regeln der (Bau)technik geplant und gebaut bzw. gedämmt, so sind in den kälteren Oberflächen im Raum bei „normaler Raumnutzung" keine Probleme durch Tauwasserbildung zu erwarten. Hilfreich hat sich hier im Zeitraum der Planung ein Feuchteschutznachweis nach DIN 4108 erwiesen.

Der Algenbefall kann sich aufgrund der relativ geringen Oberflächentemperaturen infolge fehlerhafter Ausbildung von Dämmschichten als Wärmeschutz bzw. zur energieeffizienten Gestaltung von Fassadenkonstruktionen auf allen Fassadensystemen gleichermaßen entwickeln. Ebenso sind Schimmelbildungen in dafür kritischen Bauteilbereichen möglich und meist wahrscheinlich.

Wärmedämmverbundsysteme (WDVS) wie auch vorgehängte Fassaden, Skelettkonstruktionen mit Ausfachungen oder auch die klassischen Mauerwerks- oder Betonaußenwandkonstruktionen mit mineralischen oder anderen Putzbeschichtungen können als Befallsbereiche durchaus ebenso betroffen sein.

WDVS haben einen verbesserten Wärmeschutz (geringerer Wärmedurchgangskoeffizient – U-Wert) gegenüber anderen konstruktiven Systemen, weisen aber somit vor allem aus diesem Grund niedrigere Oberflächentemperaturen auf.

Ein „schlechter" Wärmeschutz und damit höherer U-Wert würde somit zwar zu höheren Oberflächentemperaturen an der Außenseite der Außenwand führen und so der Gefahr der Veralgung entgegenwirken, birgt jedoch in jedem Fall zum Beispiel ein höheres Risiko der Schimmelpilzbildung in Innenräumen, da sich infolge des höheren U-Werts (Wärmedurchgangskoeffizienten) eine geringere Oberflächentemperatur auf der Innenseite der Fassade einstellt. Hygienische Auswirkungen und ggf. Feuchteschäden sind daher auch nicht auszuschließen.

Sonneneinstrahlung auf Gebäudeaußenflächen (Fassaden, Dächer) bewirkt tagsüber eine kurzwellige Strahlung, die zur Aufheizung der Fläche führt. Nachts erfolgt bei niedrigen Temperaturen zur Abkühlung eine langwellige Abstrahlung. Wird dies dauerhaft durch

Schattenwurf von z. B. Gebäuden unterbunden (Wand-Effekt), kann einwirkende Feuchtigkeit nicht nach außen abgegeben werden und schädigt somit auf Dauer die Bausubstanz. Weiterhin kommt es zu Algen- und/oder Schimmelbildung.

Schattenbildung durch Vorsprünge, schräg stehende Einbauten etc. haben den sogenannten Sonnenschirm-Effekt, das heißt, durch rückseitige Strahlung gelangt tagsüber Restwärme auf die verschattete Fläche, nachts ist die Abstrahlung nicht komplett unterbunden. Je nach Anordnung der Verschattungskörper können sich positive und negative Auswirkungen ausgleichen.

Schadensbild „Veralgung"

In den meisten Fällen treten Schäden zunächst nur bereichsweise und an wenigen kleinflächigen Stellen auf (z. B. im Spritzwasserbereich ohne Aufkantung, im Bereich konstruktiv mangelhafter Wasserableitung), können sich aber im Laufe der Zeit großflächig entwickeln. Davon sind im ersten Zugrif in den meisten Fällen die Wetterseiten und/oder Verschattungsflächen betroffen. So begünstigen u. a. Bauten ohne ausreichende Dachüberstände Durchfeuchtungen und somit das Algenwachstum.

Die wichtigsten Kriterien und damit Ursachen für die Algenanfälligkeit einer Fassade sind umweltbedingte bzw. klimatische, bauphysikalische und konstruktive Einflussfaktoren. Der wesentlichste klimatische Einflussfaktor ist die verbesserte Luftqualität. Dieser durchaus positive Aspekt fördert jedoch das Algenwachstum sowohl in der Natur als auch an Gebäuden.

Zu Zeiten des sogenannten „sauren" Regens wurden die Keime/Sporen der Algen abgetötet und durch diesen Regen abgewaschen. Ursache des sauren Regens waren die in der Außenluft vorhandenen Rauchgase aus Verbrennungsprozessen, wie Schwefel- und Stickstoffoxide, die in Verbindung mit Luftfeuchtigkeit oder Regenwasser eine saure Lösung ergeben. Deren Wirkung ist mit dem langsamen Einwirken von stark verdünnter Schwefel- oder Salpetersäure vergleichbar. Dieser Effekt tritt nunmehr grundsätzlich nicht mehr ein.

Wie bereits erwähnt, treten die Veralgungen auch in der Natur, so an Bäumen besonders an den Wetterseiten (West, Nordwest), auf. D. h., auch Gebäude sind auf den Wetterseiten am anfälligsten.

Weiterhin ist die an diesen Seiten eintretende Regenbelastung/ Schlagregenbeanspruchung in Verbindung mit der Putzstruktur von großer Bedeutung. Insofern sind bei der Auswahl von Deckschichten oder Putzbaustoffen die örtlichen Schlagregenbeanspruchungsklassen von erheblicher Bedeutung.

Nahe liegende Gewässer und damit gegebenenfalls höhere Luftfeuchtigkeitsbedingungen können zusätzlich die Feuchtebildungen begünstigen, insbesondere in Verbindung mit den bauphysikalischen Bedingungen, wie dem Entstehen von ungünstigen Taupunktbedingungen.

Bauphysikalisch sind die geringen U-Werte verbunden mit den sich daraus ergebenden Oberflächentemperaturen an der Außenseite ein wesentlicher Faktor der Schadensentwicklung.

Aufgrund der konstruktiven Ausbildung, d. h. der eingesetzten Materialien, des Schichtenaufbaus und des Diffusionsverhalten der Schichten der Fassade, kann damit ein geringeres Wärmespeichervermögen verbunden sein, was sich negativ auf das Trocknungsverhalten auswirken kann. Sowohl Feuchteschäden als auch Veralgung sind einander bedingend und damit oft vorprogrammiert.

Bild 1: *Beginnende Veralgung einer Wandfläche infolge Verschattung und nahe stehendem Bewuchs. (Quelle: Manfred Kranz)*

Bild 2: *Algenbildung im Verschattungsbereich des Zwischenpodestes einer Außentreppe. (Quelle: Manfred Kranz)*

Stark strukturierte Fassadenoberflächen bewirken oftmals eine schlechte Wasserableitung.

Wie bereits erwähnt, wirken sich fehlende oder zu gering ausgebildete Dachüberstände, fehlender oder unzureichender Spritzwasserschutz z. B. durch fehlende Aufkantungen im Spritzwasserbereich oder auch fehlende Tropfnasen negativ aus.

Alle diese Faktoren fördern eine Durchfeuchtung der Fassadenfläche und damit die Algenbildung und die gegebenenfalls zu erwartende Schimmelbildung in den Innenräumen.

Veralgungen entstehen analog den Feuchteschäden durch die Störung des physikalischen Gleichgewichts von Durchfeuchtung und Trocknung. Sofern eine ausreichende Trocknung zeitnah gesichert ist, ist mit derartigen Schädigungen im Prinzip nicht zu rechnen.

Zu dicht anstehender Bewuchs oder andere eine Verschattung bewirkende Faktoren behindern die Austrocknung und bewirken eine vermehrte Feuchtespeicherung und damit das Algenwachstum. Langsames Austrocknen in Zusammenhang mit den vermehrten Durchfeuchtungen bilden günstige Wachstumsbedingungen. Die Sammlung von Wasser in Nischen und Rillen kann dies noch weiter fördern.

Maßnahmen zur Schadenverhütung und -beseitigung

Abwehrende Maßnahmen können die Sicherheit gegen die Entwicklung der Fassadenveralgung deutlich erhöhen. Grundsätzlich gilt: „Was trocken bleibt, bleibt algenfrei."

Hocheffiziente und energetisch optimierte Fassaden erfordern grundsätzlich insbesondere bei ungünstigen Umgebungsbedingungen einen entsprechenden Witterungsschutz, dürfen aber das Gleichgewicht von Durchfeuchtung und Austrocknung der Fassade nicht unsachgemäß behindern. Dachüberstände sollen einen wirksamen Fassadenschutz bieten. Sie müssen die Außenhaut des Gebäudes vor übermäßiger Durchfeuchtung infolge Niederschlags (z. B. Schlagregen) schützen, aber auch eine Trocknung der durchfeuchteten Bereiche nicht zu stark behindern.

Sie verringern eine nächtliche Wärmeabstrahlung und wirken daher positiv einer Taupunktunterschreitung und somit der Vermeidung von Oberflächentauwasser an der Fassadenaußenseite in den Nachtstunden entgegen.

Bereits ein Dachüberstand von 30 cm kann eine Fassade bis über 5 m Höhe wirkungsvoll schützen. Im Allgemeinen werden Überstände von 50 bis zu 70 cm als sinnvoll angesehen.

Dies lässt sich beim geneigten Dach durchaus realisieren, das Flachdach stellt diesbezüglich ein Problem dar. Dort müssen andere Maßnahmen wirksam werden. Hierbei zeigen bereits minimale Gesimsabdeckungen auf ansonsten stark veralgten Fassaden eine deutliche Wirkung, da ein Bereich von ca. 1 bis 2 m unterhalb der Gesimsabdeckung algenfrei bleibt.

Eine sichere konstruktive Wasserableitung, wie durch die Ausbildung von Tropfnasen, ist des Weiteren ein konstruktiver Schutz in Spritzwasserbereichen (z. B. Aufkantungen im Bereich von Vordächern etc.). In Verbindung mit der Ausbildung eines Spritzwasserschutzes wie des mittlerweile üblichen Kiesstreifens kann eine Algenbildung wirksam verhindert werden.

Ebenso hat die Struktur des Deckputzes einen nicht zu unterschätzenden positiven Einfluss auf die Algenanfälligkeit der Fassade. Dies kann im Wesentlichen durch nachfolgend beschriebene Maßnahmen erreicht werden.

Glatte Oberflächen wirken sich günstig aus. So verhalten sich Kratzputze mit rauer Oberfläche feuchtetechnisch ungünstiger als Reibeputze mit glatter Oberflächenstruktur, da Feuchtigkeit länger auf der Oberfläche verbleibt bzw. infolge der höheren spezifischen Oberfläche besser in den Fassadendeckputz eindringen kann.

Glatte, wasserabweisend ausgebildete (in der Regel auch hydrophobierte) Oberflächen bieten ein geringeres Risiko der Veralgung. Hydrophobierungen verringern die Algenanfälligkeit im Normalfall durch die massive Behinderung der Durchfeuchtung.

Bei stark strukturierten Oberflächen kann sich eine Hydrophobierung auch nachteilig auswirken, da hier mit einer vermehrten Wasseransammlung in Nischen, Rillen usw. zu rechnen ist.

2.1.2 Schimmelpilze in Innenräumen

Bauteile der Kostengruppen 320 bis 360

Im „Leitfaden zur Vorbeugung, Untersuchung, Bewertung und Sanierung von Schimmelpilz-wachstum in Innenräumen“ (siehe hierzu auch den „Schimmelpilz-Leitfaden“ des Umweltbundesamts Berlin) aus dem Jahr 2024 wird festgestellt, dass gesundheitliche Auswirkungen durch Schimmelpilzbildungen kommen können.

Aufgrund des Vorhandenseins von biologischen Stoffen in der Umwelt und durch Feuchtigkeit und daraus resultierende Schimmelbildungen in Innenräumen kann es zu gesundheitlichen Folgen, wie zum Beispiel Atemwegserkrankungen, kommen.

Bei sehr hohen Schimmelpilzkonzentrationen, wie sie u. a. sowohl in Wohnräumen als auch an belasteten Arbeitsplätzen auftreten können, sind gesundheitliche Auswirkungen beim Menschen zu erwarten. Sporen und Stoffwechselprodukte von Schimmelpilzen können allergische und reizende Reaktionen beim Menschen auslösen.

Schimmelpilzsporen sind überall in der Außen- und Innenluft enthalten. Je nach Witterung ist ihre Konzentration in der Außenluft sehr unterschiedlich. Sie werden durch den Wind verbreitet und können so auch in den Innenbereich unserer Häuser eindringen und dort großen Schaden anrichten.

Wegen des Bedarfs an Feuchtigkeit siedeln sich Schimmelpilzsporen vorrangig auf organischen Baustoffen wie Tapeten, Kleister, Holz, Dispersionsfarben, Textilien, Leder, Papier und einigen Kunststoffen an. Sichtbarer Schimmelbefall wird nach dem Umfang der befallenen Flächen und der Eindringtiefe in drei Kategorien eingeteilt:

- Kategorie 1 – geringfügig – < 20 cm^2
- Kategorie 2 – gering bis mittel – < 0,5 m^2
- Kategorie 3 – groß – ≥ 0,5 m^2 + tiefere Schichten

Weitaus gefährlicher als sichtbare Schimmelflächen sind jedoch verdeckte Bereiche, in denen die Konzentration der Sporen zum Teil deutlich höher ist. Solche finden sich hinter Tapeten, unter Bodenbelägen und in feuchten Bereichen – häufig in Bädern und Küchen – an unzugänglichen Stellen.

Hinweise auf einen verdeckten Schimmelbefall geben hohe Raumtemperaturen in Verbindung mit einer hohen Luftfeuchtigkeit, die mit einem modrigen, muffigen Geruch einhergehen. Weitere Anhaltspunkte ergeben sich durch auftretende Beschwerden der Nutzer. Hierzu gehören insbesondere Kopfschmerzen, Abgeschlagenheit und Konzentrationsschwäche.

Schadensbild „Schimmelpilzbildung"

Bauliche Ursachen für einen Schimmelbefall

Undichtheiten

Undichtheiten an der Gebäudehülle, durch welche die Feuchtigkeit unkontrolliert eindringen kann, sind eine häufige Ursache für die Ansiedlung von Schimmel. Besonders Undichtheiten an Fenster- und Türanschlüssen, eine unzureichende Feuchtigkeitsabdichtung im Sockelbereich, mangelhafte Abdichtungen von (Flach-)Dächern und defekte Regenfallrohre lassen Wasser in die Bausubstanz eindringen.

Wärmebrücken

Wärmebrücken sind die vorrangigen gebäudespezifischen Ursachen von Schimmelbildung. An diesen Stellen ist die Oberflächentemperatur z. T. wesentlich geringer als in anderen Bereichen, sodass sich hier der Feuchteanteil der Luft als Tauwasser niederschlägt. Ähnliche Auswirkungen hat eine nicht konsequent durchgeführte energetische Gebäudesanierung, bei der beispielsweise die Fenster gegen hochwärmedämmende Elemente ausgetauscht werden, die Fassade jedoch im alten Zustand belassen wird.

Zu kurze Trocknungszeiten

Bei Neubauten und umfangreichen Instandsetzungs- oder Modernisierungsarbeiten tritt eine Feuchtigkeitsbelastung häufig durch zu kurze Trocknungszeiten nach dem Einbau von Baustoffen mit hohem Feuchteanteil wie beispielsweise Mörtel, Beton, Estrich u. Ä. auf. Ungünstige Gebäudeumgebung Liegt das betroffene Gebäude in der Nähe von Schlachthöfen, Kompostier- und Biomüllanlagen o. Ä., so können die dort in größeren Mengen vorhandenen Schimmelpilzsporen, insbesondere bei ungünstiger Windrichtung, auch in die Innenräume nahe liegender Gebäude eindringen.

Nutzerbedingte Ursachen für einen Schimmelbefall

Falsches Lüften

Besonders das Lüftungs- und Heizungsverhalten der Nutzer ist eine häufige Ursache von Schimmelbefall. Denn je höher die Raumtemperatur, desto höher ist auch der Feuchtigkeitsgehalt. Die Feuchtigkeit kann schließlich nur durch einen Luftaustausch, also Lüften, an die Außenluft abgegeben werden. Dies sollte durch ein regelmäßiges Stoßlüften (weit geöffnete Fenster) bzw. Querlüften („Durchzug") gewährleistet werden. Tritt durch eine Nutzung, wie beispielsweise Baden, Duschen, Kochen, Wäschewaschen und Trocknen, eine erhöhte Feuchtigkeit auf, so sind zusätzliche Lüftungsintervalle erforderlich.

Häufig lassen Nutzer die feuchte Luft auch durch offen stehende Innentüren in andere Räume strömen. Dies birgt insbesondere bei kälteren Räumen, wie z. B. im Schlafzimmer, die Gefahr, dass sich die warme, feuchte Luft auf den kälteren Wandoberflächen abkühlt und sich dort als Tauwasser niederschlägt.

Ungünstige Möblierung

Auch die Möblierung und Ausstattung der Räume können die Luftzirkulation negativ beeinflussen und damit eine Schimmelpilzbildung begünstigen. Hinter massiven, großen Schränken und dichten, nah an der Wand oder sogar vor Heizkörpern angeordneten Vorhängen sinkt die Oberflächentemperatur so weit ab, dass sich hier ebenfalls warme Luft als Tauwasser niederschlägt.

Mangelnde Hygiene

Zuletzt bietet auch eine mangelnde Hygiene den Schimmelsporen einen günstigen Nährboden, sodass diese sich selbst auf ansonsten gegen Schimmel resistenten Flächen, wie z. B. Glas, bilden können. In Verbindung mit Feuchtigkeit, wie beispielsweise in Abfallbehältern, steigt die Gefahr der Schimmelbildung schließlich noch weiter an.

Erscheinungsformen

Stockflecken

Weißliche und gelbliche Verfärbungen an Wänden und Decken, häufig als Stockflecken bezeichnet, geben erste Hinweise auf einen Schimmelbefall. Ist bereits ein pelziger Belag mit einem breiten Farbspektrum bis hin zu Schwarz zu erkennen, handelt es sich um einen intensiven Befall, der schon seit einiger Zeit besteht.

Die einzelnen Schimmelarten unterscheiden sich schließlich durch ihre Oberflächenstruktur. Einige bilden einen schleimigen Film, anderen fehlt dieser fast völlig, sodass sich die Sporen durch Luftbewegung wesentlich leichter im Raum bewegen können. Diese trockenen Befallstellen können leicht mit bereits abgestorbenen Schimmelflächen verwechselt werden, weshalb weitergehende Untersuchungen erforderlich sind.

Untersuchungsmethoden

Ortsbegehung

In einer ersten Ortsbegehung werden Umfang und Ausmaß des Schimmelbefalls festgestellt und durch Befragungen der Nutzer ergänzt. Temperatur- und Raumfeuchtemessungen lassen Rückschlüsse auf nutzerspezifische Fehler wie mangelnde Raumlüftung zu. Zur längerfristigen Überprüfung werden Datenlogger aufgestellt, welche die entsprechenden Daten für eine spätere Analyse aufnehmen.

MVOC-Messungen

Ergänzend dazu können MVOC-Messungen zur Ermittlung von entsprechenden Stoffen in der Raumluft in Auftrag gegeben werden und/oder der Einsatz von Schimmelpilz-Spürhunden. Bei einem vorliegenden Schimmelbefall können schließlich Materialproben entnommen und im Labor auf einen Pilzbefall sowie dessen Art, Beschaffenheit und Alter untersucht werden.

Bei der Thermografie werden Wärmebrücken per Infrarot-Kamera ermittelt. So können die besonders gefährdeten Stellen innerhalb einer Gebäudekonstruktion aufgezeigt werden. Da feuchte Stellen die Wärme wesentlich besser leiten als trockene, werden dadurch u. U. auch Leckagen erkannt.

Mit dem Blower-Door-Test wird die Luftdichtheit der Außenhülle eines Gebäudes überprüft. In Verbindung mit dem Einsatz von künstlichem Rauch können so – ergänzend zur Thermografie – undichte Stellen, durch die möglicherweise Feuchtigkeit eindringen kann, analysiert werden.

Maßnahmen zur Schadenverhütung und -beseitigung

Beseitigung mit üblichen Reinigungsmitteln

Nur bei sehr geringem Schimmelbefall, wie beispielsweise auf Silikonfugen in Feuchträumen, reicht eine Beseitigung mit üblichen Reinigungsmitteln aus.

Sanierungskonzept

In allen anderen Fällen müssen eine sachkundige Analyse sowie ein individuell auf die örtlichen Gegebenheiten abgestimmtes Sanierungskonzept erstellt werden. Hierbei ist die Unterscheidung zwischen Bewuchs und Kontamination entscheidend: Bei Bewuchs handelt es sich um eine Ansiedlung von Schimmelpilzsporen auf der Oberfläche, bei einer Kontamination sind diese bereits in die unteren Schichten des Baustoffs eingedrungen.

Durchführung von Sanierungsmaßnahmen

Nach der Ursachenfeststellung müssen zunächst konstruktive Fehlstellen, die das Eindringen von Feuchtigkeit verursachen, beseitigt werden. Dies können beispielsweise das Einbringen einer nachträglichen Horizontalsperre im Bereich der erdberührten Außenwände, das Herstellen einer ordnungsgemäßen Abdichtung im Fenster- und Türbereich sowie das Beseitigen von Leckagen sein. Vor der Ausführung weiterer Sanierungsmaßnahmen ist eine Trockenlegung der betroffenen Bauteile erforderlich, wobei darauf geachtet werden muss, dass keine Schimmelpilzsporen freigesetzt werden. Dies geschieht durch den Einsatz von Saug- oder Saug-Druck-Verfahren mit einer ggf. zusätzlichen Abschottung gegenüber den nicht befallenen Räumen. Der Erfolg der Trocknung wird durch eine kontinuierliche Messung der Temperatur und Luftfeuchtigkeit überwacht.

Maßnahmen gemäß Schimmelleitfaden

Die eben beschriebenen Maßnahmen beziehen sich auf Räume der Nutzungsklasse II. Für Räume der Nutzungsklasse III gilt ein verringertes Anforderungsniveau. Hier sind eine Sanierung und Instandsetzung der Räume weniger dringlich. Bei Räumen der Nutzungsklasse IV kann es sein, dass keine Maßnahmen hinter der Abschottung erforderlich sind – soweit die Bausubstanz nicht gefährdet ist.

Tabelle 1: *Anforderungen an die Behandlung eines Schimmelbefalls je nach Nutzung gemäß Schimmelleitfaden 2024. (Quelle: Ingrid Kaiser nach Schimmelleitfaden 2024 des Umweltbundesamts)*

Nutzungs-klasse	Anforderungen	Beispiele
I	spezielle, sehr hohe Anforderungen wegen individueller Disposition	Räume für Patienten mit Immunsuppression
II	normale Anforderungen	Innenräume zum nicht nur vorübergehenden Aufenthalt von Menschen: Wohn- oder Büroräume, Schulen, Kitas usw. einschl. dazugehörender Nebenräume
III	reduzierte Anforderungen	nicht dauerhaft genutzte Räume außerhalb von Wohnungen, Büros, Schulen usw., z. B. Keller- und Abstellräume außerhalb von Wohnungen, nicht ausgebaute Dachgeschosse, Garagen, Treppenhäuser
IV	deutlich reduzierte Anforderungen	luftdicht abgeschottete Bauteile und Hohlräume in Bauteilen oder Räumen, die nach Anforderung der DIN 4108-7 mit geeigneten Stoffen gegenüber Innenräumen abgeschottet sind

Im Anschluss an die Trocknung werden die befallenen Baustoffe komplett entfernt und anschließend ersetzt. Wegen des Anfalls von Staub und Schimmelpilzsporen in der Luft müssen unbedingt entsprechende Schutzmaßnahmen – gemäß den Vorschriften der Deutschen Gesetzlichen Unfallversicherung (DGUV) und der Berufsgenossenschaft der Bauwirtschaft (BGBau) – eingehalten werden. Das Abfallmaterial ist luftdicht zu verpacken und anschließend aus dem Gebäude zu entfernen und direkt zu entsorgen. Als persönliche Schutzausrüstung (PSA) ist ein Einweg-Schutzanzug der Kategorie III für hohe Risiken und Typ 5 partikeldicht vorgeschrieben.

Ggf. Behandlung mit Bioziden

Nach Trocknung und Entfernung der befallenen Baustoffe ist eine gründliche Reinigung der betroffenen Räume erforderlich und je nach Baustoff ggf. eine Behandlung mit Bioziden.

Schimmelvermeidung

Bauliche Maßnahmen

Bei Neubauten und umfangreichen Instandsetzungs- oder Modernisierungsarbeiten ist auf ausreichende Trocknungszeiten nach dem Einbau von Baustoffen mit hohem Feuchteanteil zu achten. Auch die Lagerung der Baumaterialien sollte möglichst feuchtegeschützt erfolgen und der Feuchtegehalt bei Einbau überprüft werden. Gefährdete Stellen, an denen Wasser bzw. Feuchtigkeit in das Gebäude eindringen kann, müssen regelmäßigen Inspektionen unterzogen werden.

Tabelle 2: *Feuchtegehalt von Baustoffen gemäß DIN 1052-1 (für Holz in beheizten Räumen, Zeile 1) und DIN 4108-4 (Quelle: Ingrid Kaiser)*

Baustoff	**Umgebungs-bedingungen**	**Feuchtigkeitsgehalt [Volumen-%]**
Holz	In beheizten Räumen	6–12
Mauerziegel		0,2–1,0
Kalksandstein		0,6–9,0
Normalbeton	60 % rel. Luftfeuchte, 20 °C Temperatur	1,2–1,6
Holz		3,5–11,0
Organische Dämmstoffe		2,0–17,0

Maßnahmen in der Nutzung

Ein richtiges Heizen und Lüften ist die Grundvoraussetzung zur Vermeidung von Schimmelbefall. Insbesondere nach energetischen Sanierungsmaßnahmen, wie beispielsweise dem Einbau neuer Fenster, ist die Luftdichtheit der Gebäudehülle gegenüber dem unsanierten Zustand wesentlich erhöht. Eine Unterweisung der Nutzer in das richtige Lüftungsverhalten – abhängig von Klima und Jahreszeit – ist in der Regel unabdingbar, um ein Fehlverhalten auszuschließen. Alternativ können auch Lüftungsanlagen eingebaut werden, die den erforderlichen Luftwechsel garantieren.

2.1.3 Feuchteschäden und deren Trocknungsmöglichkeiten

Bauteile der Kostengruppen 331, 332, 334

Insbesondere bei durchfeuchteten Kellerwänden sind die Flächen zusätzlich salzbelastet, sodass sie nach dem Abschlagen des Putzes gesandstrahlt oder mit einem Stahlbesen gereinigt werden müssen.

In einigen Fällen ist es sinnvoll, zunächst einen sog. Opferputz aufzubringen, der einerseits das Bauteil vor weiterem Eindringen von Feuchtigkeit schützt und andererseits die Salze aufnimmt und dann nach Sättigung abgeschlagen wird.

Bei hoher Salzbelastung sollte der Opferputz mindestens ein Jahr stehen, damit die Salze möglichst vollständig aufgenommen werden können. Ähnlich wirken entsprechende Kompressen, die gegebenenfalls mehrmals auf das Mauerwerk aufgebracht werden und ca. vier Wochen wirken müssen.

Anschließend erfolgt das Aufbringen eines Sanierputz-Systems.

Hinweis

Bei bereits länger bestehenden Feuchtebelastungen ist unbedingt eine Untersuchung auf Schimmelpilzbefall und dessen fachgerechte Beseitigung erforderlich, um Gesundheitsgefährdungen und massive Folgeschäden an der Bausubstanz zu vermeiden.

Bei massiven Wassereinbrüchen muss zunächst zeitnah das stehende Wasser entfernt werden, um weitere Durchfeuchtung und in der Folge Schimmelpilzbildung zu verhindern. Hierfür sind entsprechende Pumpen und Wassersauger erhältlich.

Hinweis

Handelt es sich um einen Versicherungsfall, z. B. nach einem Brand, ist die Versicherung ggf. weisungsberechtigt, d. h. sie kann die zu ergreifenden Maßnahmen anordnen. Hier empfiehlt sich, mit der Schadensmeldung eine Frist, z. B. 24 Stunden, zur Mitteilung geforderter Maßnahmen durch die Versicherung zu setzen, um Folgeschäden möglichst gering zu halten.

Grundsätzlich ist eine natürliche Trocknung im Rahmen des nutzungsüblichen Heizens und Lüftens möglich. Ist dies nicht ausreichend, kommt die sog. technische Trocknung zum Einsatz. Jede Trocknungsart muss daher von Fall zu Fall festgelegt werden, da sie von den individuellen Projekt- bzw. Objektbedingungen abhängig und ist:

- Außen-/Innentemperatur
- relative Luftfeuchte der Außenluft/Raumluft
- Konstruktionsart der Bauteile
- Feuchtegrad und Trocknungsverhalten der Baustoffe

Grundlegendes Unterscheidungsmerkmal der Trocknungssysteme ist die Art der Trocknung; die Raumlufttrocknung entzieht dem Baustoff die Feuchte durch Abgabe an die Raumluft, während die Bauteiltrocknung die Bauteile direkt erwärmt und damit die Feuchtigkeit verdunstet.

Nach dem Prinzip der Gleichgewichtsfeuchte nehmen Baustoffe Feuchtigkeit aus der Raumluft auf. Im Umkehrschluss nutzt die natürliche wie auch die indirekte Raumlufttrocknung die Wirkung, dass bei geringerer Raumluftfeuchte die Baustoffe die in ihnen enthaltene Feuchtigkeit wieder an die Luft abgeben.

Wird natürlich getrocknet, sollte die relative Luftfeuchte der Außenluft möglichst gering sein und die Ableitung der Raumluft zur Außenluft durch entsprechendes Lüften gewährleistet sein.

Besonders bei Baumaßnahmen, die in den Wintermonaten durchgeführt werden, kann die Trocknung durch Beheizen und Lüften während der Ausbauarbeiten sinnvoll sein. Ist die Heizungsanlage noch nicht installiert bzw. funktionsfähig stehen hier ölbetriebene Heißlufterzeuger, Infrarot-Strahlungsheizer, Elektro- und Propangas-Heizgeräte zur Verfügung.

Generell basieren die technischen Trocknungsverfahren auf dem Prinzip der Reduzierung des Feuchtegehalts der Luft, elektromagnetischer Strahlung oder Wärmestrahlung bzw. -konvektion.

Dass die Wasser-Aufnahmefähigkeit von Luft mit steigender Temperatur ebenfalls steigt, nutzt die thermische Trocknung.

Oft werden sog. Adsorptionstrockner eingesetzt, die in zwei Kreisläufen arbeiten. Zunächst wird die Raumluft angesaugt und mittels Silicagel oder Lithiumchlorid nach dem Entsalzungsprinzip die Feuchte entzogen.

Im zweiten Kreislauf wird ebenfalls Raumluft angesaugt und anschließend erwärmt. Sie wird dann durch das Silicagel oder Lithiumchlorid geleitet und nimmt daraus die Feuchtigkeit auf, die so abgeleitet werden kann.

Hinweis

Adsorptionstrockner können im gesamten Temperatur- und Luftfeuchtebereich eingesetzt werden, benötigen jedoch im Raum Verbindung zur Außenluft.

Eine weitere häufige Form der technischen Bautrocknung ist der Einsatz eines Kondenstrockners. Kondenstrockner werden möglichst in Raummitte positioniert, um die einwandfreie Funktion zu gewährleisten.

Durch einen Kompressor wird das Kältemittel bei Verdichtung aufgeheizt und durch Entspannung stark abgekühlt. Dadurch kondensiert die in der Raumluft enthaltene Feuchtigkeit, wird aufgefangen und abgeleitet. Anschließend wird die kalte Luft wieder erhitzt und in die Raumluft abgegeben. Unterstützt wird die Wirkung durch Ventilatoren.

Hinweis

Der optimale Einsatzbereich von Kondenstrocknern liegt bei Raumtemperaturen zwischen 15 und 30 °C in Verbindung mit einer relativen Luftfeuchte > 50 %.

Unterstützt wird die Wirkung der Kondenstrockner sowie der Adsorptionstrockner durch den Einsatz von Ventilatoren, die die Verteilung der trockenen Luft im Raum bewirken.

Turbinen – korrekt: Seitenkanal-Verdichter – saugen auf der einen Seite die Luft an, verdichten sie und blasen sie an der anderen Seite wieder aus. Sie können mit Kondens- oder Adsorptionstrocknern kombiniert werden, sodass die verdichtete, trockene Luft mit hohem Druck z. B. in durchfeuchtete Dämmschichten oder in Hohlräume eingeblasen werden kann.

Im Gegensatz zu den indirekten Verfahren, bei denen der Feuchtegehalt der Raumluft reduziert und damit den Baustoffen Feuchtigkeit entzogen wird, arbeiten die direkten Verfahren nach dem Prinzip der Wärmestrahlung. Als Heizkörper dienen z. B. Heizstäbe oder -platten. Hierbei wird das Bauteil/der Baustoff direkt erwärmt, sodass die Feuchte in die Raumluft entweicht, wobei darauf geachtet werden muss, dass der Feuchtegehalt der Raumluft entsprechend an die Außenluft abgeleitet wird.

Die Wärmestrahlung kann unterstützt werden durch das Konvektionsprinzip, bei dem durch die entstehende Thermik im Raum die warme Luft nach oben steigt, dort langsam abkühlt und damit wieder absinkt. So entsteht im Raum ein kontinuierlicher Kreislauf, der die Trocknung unterstützt.

Besonders bei massiven Wasserschäden durch Rohrbrüche, Naturkatastrophen oder Löschwasser hat sich die Mikrowellen-Trocknung bewährt. Durch die Erwärmung des im Baustoff enthaltenen Wassers mittels elektromagnetischer Wellen diffundiert dieses durch Dampfdruckausgleich an die Bauteiloberfläche und kann dort an die Raumluft abgegeben werden. Gegenüber anderen Trocknungsmethoden können so auch dicke und massiv durchfeuchtete Bauteile in kurzer Zeit getrocknet werden.

Hinweis

Da auch der Mensch zu einem großen Teil aus Wasser besteht, sind besondere Schutzmaßnahmen erforderlich, da die Strahlung – im Gegensatz zum Küchen-Mikrowellengerät – frei im Raum verläuft. Besonders die nicht zu bestrahlenden Bereiche müssen geschützt werden und die Strahlung im Raum kontinuierlich gemessen werden.

Infrarot-Strahler wirken im Wesentlichen mit ihrer Wärmestrahlung an der Bauteiloberfläche, sodass tiefer gelegene Schichten nicht erreicht werden. Sie sind damit nur unterstützend oder als Winterbauheizung einsetzbar.

Bei allen Trocknungsverfahren ist darauf zu achten, dass der Prozess nicht zu schnell, also mit zu hohen Temperaturen, erfolgt, da bei bestimmten Baustoffen/Bauteilen, z. B. Estrich und Holz, eine „Schnelltrocknung“ zu irreversiblen Schäden wie Rissen o. Ä. führen kann.

2.1.4 Oberflächenveränderungen

Bauteile der Kostengruppe 335

Oberflächen von Bauteilen verändern sich generell durch die Nutzung; dies wird am Beispiel von textilen Bodenbelägen deutlich, die i. M. je nach Qualität eine Lebensdauer von ca. zehn Jahren haben und dann ausgetauscht werden müssen. Aber auch mechanische

Beschädigungen, die im Betrieb des Gebäudes begründet sind, können dazu führen.

Häufig werden Fassaden unsachgemäß begrünt, beispielsweise mit Efeu. Alle Selbstklimmer, die sich mit ihren Haftorganen in Unregelmäßigkeiten oder kleineren Ausbrüchen im Putz eingraben können, vergrößern diese und führen letztlich zu eindringender Feuchte. Werden sie entfernt, muss die Putz-Oberfläche i. d. R. überarbeitet werden.

Bild 3: *Rissähnliche Ausbrüche nach Entfernen einer Fassadenbegrünung (Quelle: Ingrid Kaiser)*

Aber auch mechanische Beschädigungen, die im Betrieb des Gebäudes begründet sind, können dazu führen. Häufig werden insbesondere Fassaden oder frei stehende Stützen im Außenbereich nicht ausreichend gegen Fahrzeug-Verkehr und Transport-Geräte gesichert.

Bild 4: *Anfahrschaden am Sockel einer WDVS-Fassade (Quelle: Ingrid Kaiser)*

Hier wurde der Sockelbereich durch Anfahren mit Flurförder-Fahrzeugen teilweise zerstört. Eine zeitnahe Instandsetzung, in Verbindung mit entsprechenden Abdichtungsmaßnahmen, ist erforderlich, um das Eindringen von Feuchte in das Gebäude zu verhindern.

Alle Arten von Beschichtungen sind Abnutzung – besonders im Außenbereich – ausgesetzt und müssen regelmäßig auf ihren bestimmungsgemäßen Zustand überprüft und ggf. instand gesetzt bzw. überarbeitet werden. Bei der Witterung ausgesetzten Bauteilen kommen neben der Alterung die Einwirkungen von Niederschlägen und Wind in Verbindung mit Sand und Staub hinzu, es kommt zur Erosion (= Oberflächenabtrag durch physikalische und chemische Einflüsse). Bei nicht ausreichender Frostbeständigkeit sprengt eingedrungenes Wasser durch Gefrieren die Oberfläche auf. Hinzu kommen Beanspruchungen durch wechselnde Temperatur und UV-Einstrahlung, die zu Versprödung führt.

Durchfeuchtung

Feuchtigkeit in Gebäuden hat die unterschiedlichsten Ursachen, sei es mangelnde Feuchtigkeitsabdichtung, sei es durch Havarien in Leitungen oder massiver Wasseranfall, z. B. durch Naturkatastrophen, oder Löschmaßnahmen im Brandfall.

Im ersten Schritt können über eine Inspektion (Inaugenscheinnahme) der Bauzustand ermittelt und mögliche Feuchtequellen entdeckt werden:

- Risse in der Fassade
- Auswaschungen und Ausblühungen am Mauerwerk

Bild 5: *Ausblühungen Sichtmauerwerk (Quelle: Ingrid Kaiser)*

Bild 6: *Schadhafter Sockelanschluss (Quelle: Ingrid Kaiser)*

- Dichtheit von Fenster- und Türanschlüssen

Bild 7: *Schadhafte Fenster- und Fensteranschlüsse (Quelle: Ingrid Kaiser)*

- Durchfeuchtung der Kellerwände (erdberührte Bauteile)
- Regenrinnen und Fallrohre (Anschlüsse, Laubanfall)
- Undichtheit von Wasser- und Heizleitungen
- Undichtheit von Dächern
- Silikonfugen in Feuchträumen
- Wasseranschlüsse von Elektrogeräten (Wasch-, Spülmaschinen)
- Funktionsfähigkeit von Abluft-Einrichtungen (fensterlose WCs und Bäder)

Zur Beurteilung der meist nicht eindeutig feststellbaren Undichtheiten und Leckagen sind neben Inaugenscheinnahme zusätzliche Prüfverfahren erforderlich, um die tatsächlichen Ursachen des Feuchtigkeitsanfalls zu bestimmen.

Mittels Thermografie können Wärmebrücken per Infrarot-Kamera ermittelt und die besonders gefährdeten Stellen innerhalb der Gebäudekonstruktion aufgezeigt werden. Da feuchte Stellen die Wärme wesentlich besser leiten als trockene, können so u. U. auch Leckagen erkannt werden.

Bei der Untersuchung von Warmwasser führenden Leitungen können diese vorübergehend an das Kaltwassernetz angeschlossen werden bzw. umgekehrt, je nachdem ob sich die Leitungen im warmen oder kalten Bereich der Konstruktion befinden.

Mit dem Blower-Door-Test wird die Luftdichtheit der Außenhülle des Gebäudes überprüft, d. h., in Verbindung mit dem Einsatz von künstlichem Rauch können, ergänzend zur Thermografie, undichte Stellen, durch die möglicherweise Feuchtigkeit eindringen kann, analysiert werden.

Zur Ermittlung von Leckagen an Installationsleitungen werden diese entweder mit Wasser oder mit Druckluft abschnittsweise abgedrückt, das heißt der erzeugte Druck wird mit einem Manometer überprüft. Hierzu wird in der Regel ein Prüfdruck von 110 mbar aufgebaut.

Um auch kleinere Undichtheiten aufspüren zu können, muss die Prüfzeit bei 100 l Leitungsvolumen mindestens 30 Minuten, je weitere 100 l jeweils zusätzlich 10 Minuten betragen. An der Heizungsanlage gibt das Druckmanometer durch Druckabfall bereits erste Auskunft über mögliche Leckagen.

Boden- und Kontaktmikrofone kommen bei gut Schallwellen leitenden Materialien (Metall, nicht bei Kunststoff) zum Einsatz: Die an Leckagen entstehenden Geräusche breiten sich zu beiden Seiten aus.

Beim Korrelationsverfahren wird mit zwei Mikrofonen, rechts und links bzw. oberhalb und unterhalb der vermuteten Undichtheit angebracht, gearbeitet und die Laufzeit des Schalls bis zum jeweiligen Mikrofon gemessen. So kann die Leckstelle zunehmend weiter eingegrenzt werden. Dieses Verfahren kann für erdverlegte Leitungen und bei Wand- und Bodenschächten eingesetzt werden.

Bei sehr kleinen Leckstellen entsteht keine Geräuschentwicklung, sodass nicht mit Mikrofonen gearbeitet werden kann, ebenso wie bei schlecht Schallwellen leitenden Materialien.

Nach Entleerung des Leitungssystems und Einblasen eines Gasgemischs (z. B. Stickstoff mit 5 % Wasserstoff) kann die Messung des Gasaustritts mit Detektoren erfolgen. Besonders bei Flachdächern und nicht metallischen Leitungen sind mit dieser Methode verlässliche Ergebnisse erzielbar.

Da gerade Flachdächer erhöhten Wasserlasten ausgesetzt sind und die Austrittsstellen oft weit von den verursachenden Stellen auftreten, wird hierbei das Flachdach unter Wasser gesetzt und ein elektrischer Impuls an der Austrittsstelle unterhalb der Dachkonstruktion gegeben.

Da Wasser Strom leitend ist, kann mittels zweier auf der Dachfläche positionierter Sonden der Widerstand gemessen werden und so, vergleichbar mit dem Korrelationsverfahren mittels Mikrofon, die Leckstelle immer weiter eingegrenzt werden.

Während die genannten Verfahren zerstörungsfrei arbeiten, müssen bei der Endoskopie Bohrungen vorgenommen werden. Sie wird entweder eingesetzt, wenn die Fehlerquelle durch die dargestellten Methoden eingegrenzt ist oder durch sie nicht feststellbar ist.

Hierdurch kann mit den ca. 10 mm großen Kernbohrungen in Wand oder Boden die betroffene Stelle in den tieferliegenden, nicht sichtbaren Schichten analysiert werden. Daher wird das Verfahren meist bei Hohlräumen innerhalb der Konstruktion und bei Wand- und Bodenschächten eingesetzt.

Um die Schadensintensität beurteilen und fachgerechte Trocknungsmaßnahmen festlegen zu können, ist eine messtechnische Analyse und Bewertung zwingend erforderlich.

Hierzu eignen sich Feuchtemessgeräte, die nach dem dielektrischen Messprinzip arbeiten (kapazitive Feuchtemessung), d. h., elektromagnetische Wellen dringen in den Baustoff ein und aufgrund der stärkeren Reaktion nasser bzw. feuchter Stellen auf die eingestrahlte Frequenz lässt sich der Feuchtegrad feststellen.

Da die Messtiefe in der Regel maximal 5 cm beträgt, ist das Verfahren bei mehrschichtigen Bauteilen mit dahinter liegender Dämmschicht (Verblendmauerwerk, Estrich, etc.), die am meisten durch Feuchtigkeit geschädigt ist, nur bedingt einsetzbar.

Widerstandsmessgeräte arbeiten dagegen mit Tiefenmesssonden, die über Fugen oder Bohrungen in den Baustoff eingeführt werden können. Da nasse bzw. feuchte Stoffe den eingeleiteten Prüfstrom besser leiten als trockene, steigen die ausgegebenen Werte entsprechend an. Da alle metallischen Werkstoffe ebenfalls gut leitend sind, können solche Bestandteile die Messwerte verfälschen.

Hinweis

Die Feuchtemessungen sollten während der Trocknungsphase kontinuierlich fortgesetzt werden, um den Trocknungsprozess zu protokollieren und sicherzustellen, dass alle Bauteile bzw. Baustoffe entsprechend getrocknet sind.

Bevor mit der Trocknung begonnen werden kann, muss sichergestellt werden, dass alle Feuchtequellen beseitigt sind.

Gegen aufsteigende Feuchtigkeit muss die gegebenenfalls nicht vorhandene senkrechte Abdichtung nachträglich erstellt werden oder die Wände durch Injektionen abgedichtet werden.

Hierzu wird das Wirkmittel in schräg nach unten verlaufende Bohrlöcher mit einem Durchmesser von 15 bis 30 mm und einem Abstand von 12 bis 15 cm durch Schwerkraft oder unter Druck eingebracht. Damit das Wirkmittel vom Baustoff aufgenommen werden kann, darf die Durchfeuchtung max. 60 % betragen, sodass sich vorab Trocknungsmaßnahmen empfehlen.

Ergänzend ist zu überprüfen, ob eine funktionsfähige Drainage vorhanden ist oder nachträglich eingebaut werden kann.

Verformung

Bauteile der Kostengruppen 331, 333, 341, 343, 351 und 361

Verformungen treten in der Regel in den tragenden Bauteilen auf und wirken sich auf Folgeschäden in den darauf befindlichen Belägen, Beschichtungen etc. aus. Sie sind zurück zu führen auf unzureichend oder in der späteren Nutzung veränderte Lasten und Kräfte.

Auf Bauteile einwirkende Kräfte bewirken zunächst Spannungen, die dann zu Verformungen und nach Erreichen der Festigkeit zum Bruch führen.

Dehnung bei Zugkraft und Stauchung bei Druckkraft und ihre Auswirkungen, z. B. Beulen, hängen von der Elastizität bzw. Plastizität der Baustoffe ab. Elastische Baustoffe gehen nach Beendigung der Belastungen in die ursprüngliche Form zurück, plastische dagegen bleiben dauerhaft verformt.

Sprödigkeit bzw. Zähigkeit geben Aufschluss über die Bruchneigung von Baustoffen.

Balken, Decken, Stürze und Träger werden durch senkrechte Lasten auf Biegung beansprucht. Hierbei entstehen auf der Oberseite – Einwirkungsseite der Last – Druckkräfte, auf der Unterseite Zugkräfte. Zusätzlich wirken auf diese Bauteile Schubkräfte, besonders wenn sie aus mehreren Lagen bestehen, die sich gegeneinander verschieben können.

Knickbeanspruchung sind schlanke Bauteile wie Pfeiler und Stützen bei senkrechter Lasteinwirkung ausgesetzt. Die Knickfestigkeit ist vom Baustoff, dem Querschnitt und der Knicklänge abhängig.

Auf Verbindungsteile waagerechter Bauteile mit senkrechtem Lastanfall wirken Scherkräfte senkrecht auf die Längsachse des Bauteils.

Wirkt eine Drehkraft auf ein Bauteil, entsteht ein Drehmoment quer zur Längsachse. Hierdurch entsteht Torsionsbeanspruchung.

Bei waagerecht auf Wände oder Stützen einwirkenden Kräften besteht entweder die Gefahr des Kippens oder des Gleitens. Sobald die angreifende Kraft und damit das Kippmoment größer ist als das Standmoment, kann das Bauteil nicht standhalten. Ähnlich ist die Auswirkung des Gleitens, wobei hier der kraftschlüssige Verbund mit den darüber- und darunterliegenden Bauteilen eine zusätzliche Rolle spielt.

Da hier – zusätzlich von zu erwartenden Folgeschäden – Bedenken an der Tragfähigkeit und Standfestigkeit des Gebäudes bestehen, sollte unbedingt ein Tragwerksplaner involviert werden.

Rissbildung

Neben Feuchtigkeit im und am Gebäude gehören entstehende Risse aus unterschiedlichsten Gründen mit zu den häufigsten Schäden. Aufgrund der unterschiedlichen Materialien und Ursachen sind ihr Entstehen und das Beseitigen in den jeweiligen Kapiteln beschrieben.

2.1.5 Graffiti-Entfernung

Bauteile der Kostengruppe 335

Grundsätzlich sollten Graffiti schnellstmöglich entfernt werden. Zum einen dringen die aufgebrachten Farben mit fortschreitender Zeit immer tiefer und dauerhafter in den Untergrund ein und sind dadurch schwerer oder gar nicht zu beseitigen, zum anderen verringert das schnelle Entfernen das Risiko weiterer Graffitis.

Verwendet werden in der Regel Sprühlacke und Filzstifte, die u. a. Farbpigmente, Lösemittel, Harze, usw. enthalten. Je nach Untergrund dringen die Bestandteile der Farben mehrere Millimeter tief ein und verbinden sich dauerhaft mit den Materialien der Fassade. Bestimmte lösemittelempfindliche Baustoffe, wie z. B. Polystyrol-Dämmplatten, werden dadurch mindestens teilweise zerstört bzw. aufgelöst.

Von glatten Untergründen wie Glas oder Metall (Edelstahl) lassen sich die Farben am leichtesten entfernen, da kein Eindringen möglich ist und solche Stoffe in der Regel lösemittelresistent sind. Weitere Fassadenbekleidungen aus glatten Materialien sind Kunststofffassaden, die jedoch häufig nicht beständig gegen Lösemittel sind, z. B. Keramik, Trapezblech und Hochdruck-Laminatplatten (HPL, High Pressure Laminates).

Mit knapp 75 % ist Putz in Deutschland der bei Fassaden am häufigsten verwendete Baustoff, z. T. als Wärmedämm-Verbundsystem (WDVS).

Klinkerfassaden stehen mit ca. 15 % an zweiter Stelle. Je nach Oberflächen-Eigenschaften können sie zu den eher glatten Oberflächen durch geringen Porenanteil oder zu den Raueren durch Strukturierungen gezählt werden. Auch Betonfassaden (Sichtbeton, insbesondere aus den 1970er Jahren) haben ähnliche Eigenschaften.

Holzfassaden sind in den letzten Jahren zunehmend beliebter geworden. Sie haben den Vorteil, dass die oberste Schicht abgeschliffen und neu gestrichen, lackiert oder anderweitig behandelt werden kann.

Natur- und Kunststeine als Fassadenbekleidung haben nach ihrer Entstehung und der Art der Oberflächenbehandlung unterschiedliche saugende Eigenschaften. Hier ist die Verträglichkeit der jeweiligen Verfahren in jedem Einzelfall zu prüfen.

Untergründe, die mit den entsprechenden Maßnahmen gegen Graffiti geschützt wurden, haben eine Oberfläche, die das Anhaften und Eindringen von Farben naturgemäß weitgehend verhindert.

Durch den Zusatz chemischer Stoffe, meist organischer Lösungsmittel mit Tensiden in flüssiger oder pastöser Form, entsteht die Problematik der Entsorgung der entstehenden Flüssigkeiten, die auf keinen Fall in die Kanalisation gelangen dürfen, sondern aufgefangen und entsprechend entsorgt werden müssen. Vorab muss unbedingt die Verträglichkeit der Fassadenmaterialien mit den eingesetzten Mitteln geprüft werden. Der pH-Wert des Reinigers muss ≥ 7, also neutral oder alkalisch sein, um Schäden möglichst zu vermeiden.

Die chemischen Reiniger werden auf die Oberfläche aufgebracht und nach der exakt eingehaltenen Einwirkzeit gemäß Herstellerangaben entweder bei kleinen Flächen manuell durch Aufsaugen mit entsprechenden Materialien und anschließendem Abwaschen mit Wasser oder mittels Hochdruck-Wasserstrahl (s. Kap. 2.3.2) entfernt. Bei geschützten Untergründen kann der Reiniger mit einfachem Wasserstrahl entfernt werden.

Weiterhin ist für die Ausführung eine entsprechende persönliche Schutzausrüstung (PSA) für die Ausführenden erforderlich und andere empfindliche Fassadenteile müssen sicher abgedeckt werden, um Schäden zu verhindern.

Mit thermischen Verfahren werden Graffiti ausschließlich durch Wärme-Einfluss gelöst und entfernt. Es können jedoch auch chemische Mittel ergänzend eingesetzt werden. Die Entfernung erfolgt mit Dampfstrahlern.

Abrasive Verfahren sind in der Regel nur bei relativ glatten, harten Oberflächen sinnvoll, da ansonsten auch Schichten der Fassadenbekleidung, wie z. B. Putz, abgetragen werden und die behandelte Fläche sich von der übrigen Fassade optisch unterscheidet.

Das Partikelstrahl-, Niederdruckrotationswirbelverfahren (JOS) und das Hochdruck-Wasserstrahlen unter Einsatz von Strahlmitteln, z. B. Gesteinspulver, sind nur dann einsatzbar, wenn Graffiti sich nur an der Oberfläche befindet und noch nicht in tiefere Schichten eingedrungen ist.

Laser- und Ultraschall-Strahlen sprengen ebenfalls eher die an der Oberfläche liegenden Farbpartikel der Graffiti ab. Die Verfahren werden aufgrund der hohen Gerätekosten bislang nur selten eingesetzt, sodass auch umfassende Erfahrungen noch nicht vorliegen.

Ebenfalls kostenintensiv ist das Trockeneis-Strahlverfahren, es hat jedoch den Vorteil, kaum abrasiv zu sein, so dass es u. a. auch für den Einsatz bei denkmalgeschützten Fassaden geeignet ist.

Insbesondere bei Graffiti mit helleren Farben auf gestrichenen bzw. beschichteten Fassaden besteht die Möglichkeit einer Neubeschichtung. Da Fassadenfarben sich im Laufe der Zeit durch UV-Strahlen und andere Witterungseinflüsse verändern, werden Farbmessgeräte (Chromameter) eingesetzt, nach deren Werten die Fassadenfarbe exakt nachgemischt werden kann. Je nach Wasserdampf-Durchlässigkeit der Farbe müssen bei mehrmaligen Anstrichen die bauphysikalischen Einflüsse durch Reduzierung der Durchlässigkeit geprüft werden.

Für den Schutz vor zukünftigen Graffitis stehen unterschiedliche Verfahren zur Verfügung. Die lösemittelresistenten **Permanentsysteme** mit ein- und zweikomponentigen Polyurethanen sind zwar dauerhaft, haben jedoch eine diffusionssperrende oder mindestens diffusionsbremsende Wirkung. Daher muss der Feuchtehaushalt des zu behandelnden Bauteils in Verbindung mit der jeweiligen wasserdampfdiffusionsäquivalente Luftschichtdicke sd gemäß Herstellerangaben überprüft werden.

Im Bauteil vorhandene Feuchtigkeit muss gemäß den jeweiligen Ursachen beseitigt werden, da sie andernfalls dauerhaft abgesperrt würde. Da die meisten dieser Systeme Lösemittel enthalten, sind sie nur für mineralische Untergründe geeignet; umliegende lösemittelempfindliche Bauteile der Fassade müssen sorgfältig während des Aufbringens geschützt werden.

Die zweikomponentigen Schutzlacke sind glänzend und matt erhältlich und verhindern dauerhaft das Eindringen von Farbpartikeln durch Graffiti.

Semipermanentsysteme aus Polymeren, acrylatmodifizierten Polymeren, acrylharzmodifizierten Siliconen oder oligomeren Siloxanen und Wachsverbindungen sind witterungs- und UV-beständig und haben bei gleichzeitiger hydrophobierender Wirkung eine durchschnittliche Lebensdauer von ca. fünf Jahren.

Graffiti wird auf diesen Beschichtungen mit Nieder- oder Hochdruck-Heißdampf entfernt, anschließend muss der Graffiti-Schutz erneuert werden. Bei zweischichtig aufgebrachten Systemen bleibt bei einer Reinigung die permanente Grundierung erhalten, so dass nur die obere Opferschicht neu aufgebracht werden muss.

C6-Fluor-Polymer-Imprägnierungen sind für saugende Untergründe wie Beton und Klinker, aber auch Sandstein geeignet und damit auch im Denkmalschutz einsetzbar. Sie bilden eine dünne Trennschicht, die auch in die Oberfläche eindringt und sich mit dem Fassadenmaterial verbindet.

Temporärsysteme bzw. Opferschichten auf Wasserbasis mit Polysacchariden, natürlichen Wachsen oder Acrylaten erreichen nur Lebensdauern von einem halben bis drei Jahren, in Ausnahmefällen bis zu fünf Jahren, enthalten keine Lösemittel und sind wasserlöslich, d. h., sie waschen sich durch Regen aus und müssen nach einer Graffiti-Entfernung mit Nieder- oder Hochdruck-Heißdampf in der Regel erneuert werden. Sie werden mit sD-Werten von unter 0,01 bis ca. 0,5 m angeboten und sind damit diffusionsoffen.

Das Eindringen von Wasser in die Fassadenoberfläche verursacht in der Regel gravierende Schäden bis hin zur Beeinträchtigung der Tragfähigkeit und hebt die Schutzfunktion der Gebäudehülle auf. Ein **Hydrophobieren** der Oberfläche bedeutet, sie wasserabweisend zu machen; allgemein wird hier auch von Imprägnierung oder „Lotus-Effekt", bei dem das Wasser an der Oberfläche abperlt, gesprochen.

Die flüssigen oder crèmeförmigen (für dichtere Oberflächen) Produkte aus Silanverbindungen und Fluoropolymeren schützen nicht nur vor dem Eindringen von Wasser, sondern auch vor anderen Schadstoffen. Durch die flüssigkeitsabweisende Oberfläche können darüber hinaus auch Graffiti schlechter haften und somit leichter entfernt werden.

2.2 Schadensbilder nach Konstruktionen

2.2.1 Übersicht Bauteile gemäß DIN 276

2.2.1.1 Baugrund – KG 311

Liegt kein Baugrund-Gutachten vor, besteht die Gefahr, dass die Gründung nicht den Anforderungen an die Boden-Verhältnisse entspricht. Es kann zu Setzungen des Gebäudes und entsprechenden Schäden kommen. Ein Restrisiko bleibt dennoch auch bei Durchführungen entsprechender Baugrund-Untersuchungen, da die Proben nur stichprobenartig genommen werden (können), wodurch kleinräumige, andere Zusammensetzungen nicht erfasst werden.

Weiterhin unterliegt der Boden Veränderungen, bspw. durch Starkregen. Hierbei wird das Grundwasser beeinflusst, einmal hinsichtlich des Höhenstands, zum anderen durch eine Veränderung der Fließrichtung. Insbesondere feine Sande werden hierdurch ggf. weggespült bzw. umgelagert.

Die Folge sind Setzungen, die durch mehr oder weniger breite Risse deutlich werden. Dies ist abhängig von der Zusammendrückbarkeit des Bodens, sodass es durchaus Jahre dauern kann, bis Risse die Setzungen signalisieren. In diesem Fall sind Rissmarken empfehlenswert, um Veränderungen analysieren zu können; verändern sich die Risse nicht, ist davon auszugehen, dass die Setzungen zum Stehen gekommen sind. Andernfalls muss relativ schnell gehandelt werden.

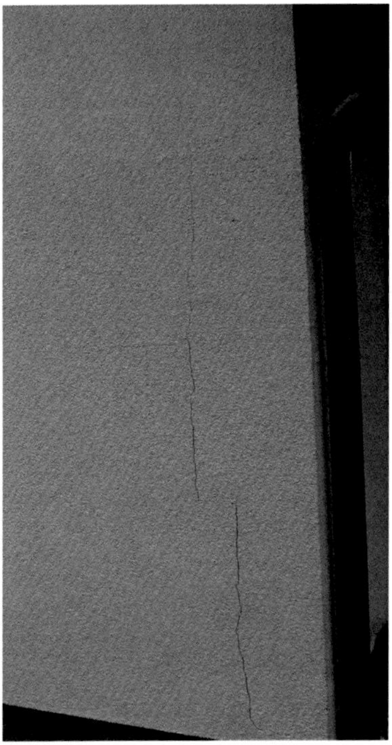

Bild 1: *Senkrechte, abgetreppte Setzungsrisse (Quelle: Manfred Kranz)*

Auch der Wechsel von Starkregen-Phasen und Dürre-Perioden wirkt sich auf die Tragfähigkeit des Baugrunds aus. Besonders bindige Böden mit geringer Korngröße (z. B. Tone und Schluffe mit ca. 0,002 bis 0,063 mm) schrumpfen bei Verringerung des Wassergehalts nicht unerheblich. Hierdurch entstehen ebenfalls Setzungsrisse (Schrumpfrisse).

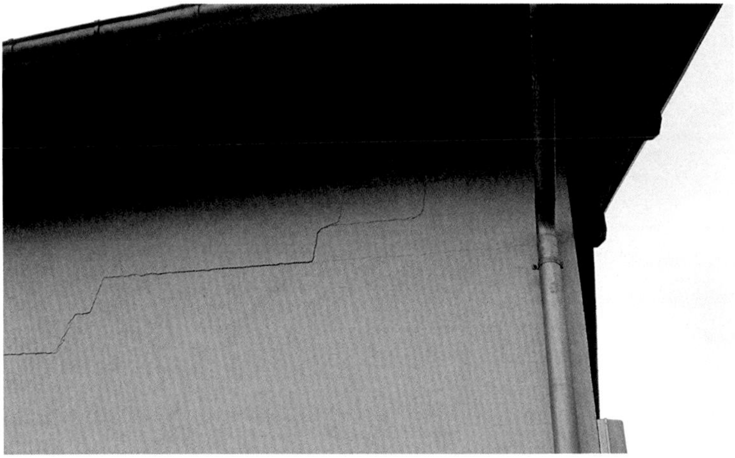

Bild 2: *Waagrechte, abgetreppte Risse (Quelle: Manfred Kranz)*

Setzungen treten bei jedem Gebäude auf; soweit sie über längere Zeiträume und nur im Millimeter-Bereich auftreten, bedeuten sie keine Gefahr. Treten die Setzungen ungleichmäßig auf, sodass Höhenunterschiede erkennbar werden, gilt das Verhältnis des Höhenunterschieds zwischen zwei Mess-Punkten (Δ s) zum Abstand der Messpunkte (l) als Indikator für die Setzung. Geringfügige Rissbildung entsteht bei $\Delta s / l > 1/300$, die Konstruktion beeinflussende Risse bei $\Delta s / l > 1/150$.

Bild 3: *Abgesackte Bodenfläche außen als Indiz für Bodensetzungen. (Quelle: Manfred Kranz)*

2.2.1.2 Gründungen – KG 320

Ist die mangelnde Tragfähigkeit des Bodens bekannt, werden Baugrundverbesserungen (KG 321) oder Tiefgründungen (KG 323) ausgeführt.

Sind bereits Setzungen aufgetreten, müssen die vorhandenen Fundamente bzw. Bodenplatten (Flachgründungen KG 322) – nach Analyse des Baugrunds – ertüchtigt werden.

Ein klassisches Verfahren ist die **Unterfangung** (analog Band 1, Kap. 2.4), bei der abschnittsweise im Taktverfahren (Pilgerschritt-Verfahren) die vorhandenen Fundamente freigelegt und von unten mit Beton gem. statischer Berechnung auf Basis eines Baugrund-Gutachtens sowie der Klärung des Grundwasserstands verstärkt werden; ggf. sind zusätzliche Abdichtungsmaßnahmen erforderlich. Da die Maximal-Last der Abfangung max. 250 kN/m beträgt, eignet sich dieses Verfahren in der Regel nur für kleinere Projekte.

Des Weiteren muss der Baugrund im Bereich der Unterkante der Unterfangung entsprechend tragfähig sein.

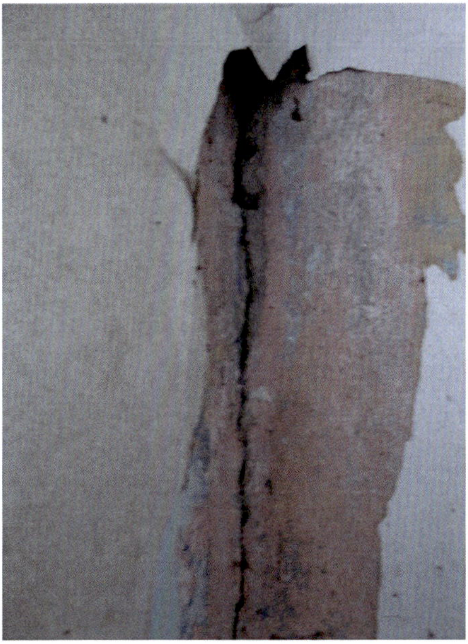

Bild 4: *Riss von innen in der Außenwand-Ecke (Quelle: Ingrid Kaiser)*

Der im Bild dargestellte Riss hat sich nach Unterfangung im Fundament-Bereich der Gebäude-Ecke innerhalb weniger Wochen geschlossen.

Eine weitere Möglichkeit ist das Düsenstrahl-Verfahren, bei dem vom Grundsatz her der Boden vermörtelt und damit die Tragfähigkeit verbessert wird (KG 321). Durch einen Düsenstrahl wird das Bodengefüge aufgelöst, während parallel eine Zement- oder Zement-Betonit-Suspension eingebracht wird. Auch hier wird taktweise im Pilgerschritt-Verfahren gearbeitet, um weitere Setzungen während der Ausführung zu vermeiden. Es entstehen Verfestigungskörper unterhalb der vorhandenen Fundamente, die das Gebäude im mm-Bereich anheben können. Hierdurch werden Setzungsrisse auch über 5 mm Breite zum Teil wieder geschlossen.

2.2.1.3 Außenwände – KG 330

Außenwände haben wie Dächer eine Hüll- und Schutzfunktion des Gebäudes und unterliegen damit vielfältigen Einflüssen aus der Witterung, wie Niederschlägen, teilweise extremen Temperaturunterschieden sowie Erosion aus Wind und Umwelteinflüssen, aus denen unter Umständen starke Schäden entstehen können.

Tragende Außenwände (KG 331) sind häufig aus Mauerwerk bzw. Beton und innen wie außen mit Beschichtungen, Bekleidungen etc. versehen. Da sie zum Tragwerk des Gebäudes gehören, wirken sich Störungen in der Tragfähigkeit, z. B. aus dem Baugrund bzw. der Gründung, direkt auf sie aus.

Die nichttragenden Außenwände (KG 332) wie Ausfachungen in Fachwerk oder zwischengehängte Brüstungen, z. B. aus Fertigteilen, bilden zusammen mit der tragenden Konstruktion, u. a. von Stützen (KG 333) aus Beton, Holz oder Stahl, ebenfalls Außenwand-Konstruktionen.

Außenwandbekleidungen außen (KG 335) werden im Zusammenhang mit Fenstern, Türen und Toren (KG 334) unter dem Begriff Fassaden zusammengefasst. Während lange Jahre/Jahrzehnte die Außenwand-Konstruktionen sichtbar blieben oder mit Putzen/Stuck bzw. Natursteinen bekleidet wurden, kam in den letzten Jahrzehnten eine Vielzahl von Materialien und Formgebungen zum Einsatz.

Keramik-Bekleidungen wurden in früheren Baujahren (in den 1970ern) wie Fliesen auf die Tragkonstruktion, in der Regel Mauerwerk, wie im Innenausbau, mittels Mörtelbett und Verfugung auf der Außenwand angebracht. Durch die Alterung werden die Fugen porös, Feuchte kann dadurch unter die Fliesen dringen und diese durch Frosteinflüsse absprengen.

Bild 5: *Abplatzende gerissene Keramik-Platten an der Fassade (Quelle: Ingrid Kaiser)*

Die Schadensbeseitigung ist nur durch Austausch der geschädigten Bereiche und kontinuierliche Beobachtung der Fassade möglich. Dies ist insbesondere hinsichtlich der Verkehrssicherungspflicht bei herabstürzenden Platten eine wichtige Problematik für Eigentümer und Betreiber.

Aktuelle Keramik-Fassaden werden demgegenüber in der Regel auf Unterkonstruktionen mit Wärmedämmung und ggf. Hinterlüftung auf die Fassaden montiert und unterliegen damit bei fachgerechter Ausführung nicht den oben beschriebenen Gefährdungen. Durch Frostbeständigkeit und Resistenz gegen UV-Bestrahlung sind sie vergleichsweise dauerhaft.

Kunststoff-Bekleidungen wurden ebenfalls häufig in den 1970ern als Fassaden-Bekleidungen eingesetzt – häufig auch, um historische Fassaden zu „modernisieren". Hierbei handelt es sich nicht um einen faktischen Bauschaden, sondern um die Nichtberücksichtigung historischer Bausubstanz. Die zu dieser Zeit verwendeten Kunststoffe waren zudem wenig UV-beständig und verfärbten sich dadurch in relativ kurzer Zeit. Viele private und öffentliche Eigentümer sind in den letzten Jahren dazu übergegangen, die Kunststoff-Bekleidungen zu entfernen und die darunterliegende Bausubstanz zu restaurieren.

Weiterhin kann bei PVC-Fassadenelementen durch hohe Temperaturen, die im Sommer – abhängig von der Himmelsrichtung und dem Helligkeitsgrad der Oberfläche – über 80 °C erreichen können, Chlorgas entstehen, das Befestigungsmittel und andere metallische Bestandteile ebenso wie die PVC-Elemente zerstört. In diesem Fall muss die Fassade komplett ausgetauscht werden.

Holz und Holzwerkstoffe zur Fassaden-Gestaltung treten im Rahmen von zunehmenden Holzbau-Konstruktionen im Hochbau aktuell in den Vordergrund. Allerdings unterliegen sie, ebenso wie Holzfenster, einem erhöhten Instandhaltungsaufwand, da der Natur-Baustoff Holz bei Feuchte-Einflüssen dem Quellen und Schwinden unterliegt. Ein ständiger Wechsel führt zu Rissbildungen und Auswaschungen wesentlicher Bestandteile des Holzes, z. B. Lignin. Daher ist der konstruktive Holzschutz bei Holzfassaden, neben der Wahl der jeweiligen Holzarten, wichtigster Bestandteil der Erhaltung von Fassaden-Bekleidungen aus Holz. Vorrangiger Aspekt ist es zunächst, das Eindringen von Feuchte weitgehend zu verhindern (konstruktiver Holzschutz) und im nächsten Schritt durch die Konstruktion die Möglichkeit zur Abgabe von eindringender Feuchtigkeit an die Außenluft zu geben (Hinterlüftung).

Die DIN EN 355 unterscheidet folgende Gebrauchsklassen (GK):

- GK 1 – trockener Innenbereich
- GK 2 – Innenbereich; überdachter Bereich, witterungsgeschützt, kondensationsgefährdet

- GK 3 – Außenbereich, witterungsexponiert, ohne Erdberührung
  - GK 3.1 – vorübergehender Wasserkontakt, Wasser kann schnell abtrocknen
  - GK 3.2 – keine Möglichkeit der schnellen Abtrocknung
- GK 4 – Außenbereich, Kontakt zu Erdreich bzw. Süßwasser
- GK 5 – Außenbereich, Kontakt zu Salzwasser

Bild 6: *Langzeit-bewitterte Holzfassade mit Feuchteschäden (Veralgung) (Quelle: Ingrid Kaiser)*

Unbehandelte Holzfassaden können zunächst professionell gereinigt werden; hierbei darf kein Hochdruck-Strahler eingesetzt werden, da sonst bereits an der Oberfläche befindliche Algen und/oder Pilze in das Holz eindringen können. Nach der erforderlichen Abtrocknungszeit – abhängig von der Witterung – kann ein Beschichtungssystem aufgebracht werden.

Durch UV-Einstrahlung tritt der Effekt der Vergrauung ein, der aus gestalterischen Gründen teilweise durch ein Vorvergrauen des Holzes mittels Lasuren genutzt wird.

Öle, Wachse und Silikone dienen der Hydrophobierung, d. h., Wasser perlt an der Oberfläche ab und kann abfließen, ohne die Holz-Oberfläche zu schädigen. Gleichzeitig bieten diese Beschichtungssysteme in der Regel auch Schutz vor Vergrauung.

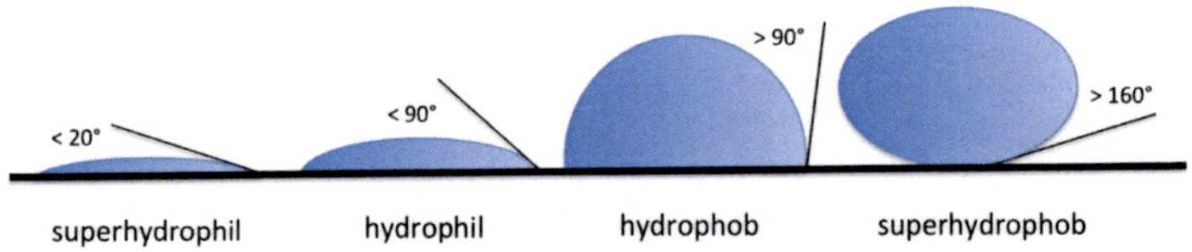

Bild 7: *Hydrophobierungsgrade (Quelle: Ingrid Kaiser)*

Mit pigmentierten, wasserbasierten Lacken, die die Holzstruktur abdecken, wird die Witterungsbeständigkeit erhöht und eine farbliche Gestaltung ermöglicht. Die Intervalle zur Erneuerung der Beschichtung sind abhängig von der Witterungsexposition; sie liegen im Mittel bei ca. sieben Jahren.

Bild 8: *Holz-Giebelbekleidung mit Lackierung nach 5 Jahren Bewitterung (Westseite) (Quelle: Ingrid Kaiser)*

Außenwandöffnungen (KG 334, Fenster, Türen und Tore) und **Außenwandbekleidungen innen** (KG 336, Innenputz, Wandbeläge, Trockenbau) werden in den entsprechenden Kapiteln behandelt.

Für **Innenwände** (KG 340) gilt das Beschriebene analog.

2.2.1.4 Decken/Horizontale Baukonstruktionen – KG 350

Erforderliche Ertüchtigungen von Geschossdecken erstrecken sich in der Regel auf die drei Bereiche Tragfähigkeit, Schallschutz und Brandschutz. Bei obersten Geschossdecken (unter nicht beheiztem bzw. nicht gedämmtem Dachraum) kommt der Wärmeschutz hinzu.

Soll die Tragfähigkeit der **Deckenkonstruktion (KG 351)**, z. B. bei einer Umnutzung, erhöht werden, muss häufig aufgrund fehlender statischer Unterlagen die vorhandene Belastbarkeit geprüft werden. Durch Belastungsversuche gem. Richtlinie für Belastungsversuche an Betonbauteilen des Deutschen Ausschusses für Stahlbeton (DAfStb) werden experimentelle Tragsicherheitsbewertungen zerstörungsfrei durchgeführt. Über ein verankertes Stahlrahmen-System erzeugen Hydraulikzylinder entsprechende Lasten auf die zu prüfende Decke. Verformungssensoren unterhalb der Decke messen die Durchbiegungen, Kraftmessdosen geben die jeweils aufgebrachte Last an.

Muss die Decke verstärkt werden, kann ein mikrobewehrter Hochleistungsbeton aufgebracht werden. Mit einer hohen Duktilität (Fähigkeit der plastischen Verformung vor dem Versagen) erreicht er Druckfestigkeiten bis 200 N/mm^2 sowie Biegezugfestigkeiten bis 75 N/mm^2. Da Einbauhöhen – abhängig von der erforderlichen Lastaufnahme – ab 15 mm möglich sind, werden die lichten Raumhöhen nur geringfügig verringert.

Ist eine Verstärkung oberhalb der Betondecke nicht möglich bzw. sinnvoll, können von unten Memorystahl-Bänder aufgebracht werden. Hierbei handelt es sich um ca. 0,12 m breite und 1,5 mm dicke Stahlbänder auf Eisenbasis, die an ihren Enden netzförmig im rechten Winkel zueinander in der Decke verankert und mit Teleskop-Stützen fixiert werden. Mit Infrarot- oder Gas-Strahlern werden sie anschließend auf bis ca. 300 °C erhitzt. Da es sich um eine Formgedächtnis-Legierung handelt, erfolgt nach der Erhitzung eine Rückverformung, sodass die Streifen straff an die Decke anschließen.

Bei Treppen ist die häufigste Problematik der Schallschutz. Werden Treppenläufe und Podeste nicht akustisch getrennt aufgelagert, überträgt sich der Trittschall (= Körperschall) über die Geschossdecken in die einzelnen Nutzungseinheiten.

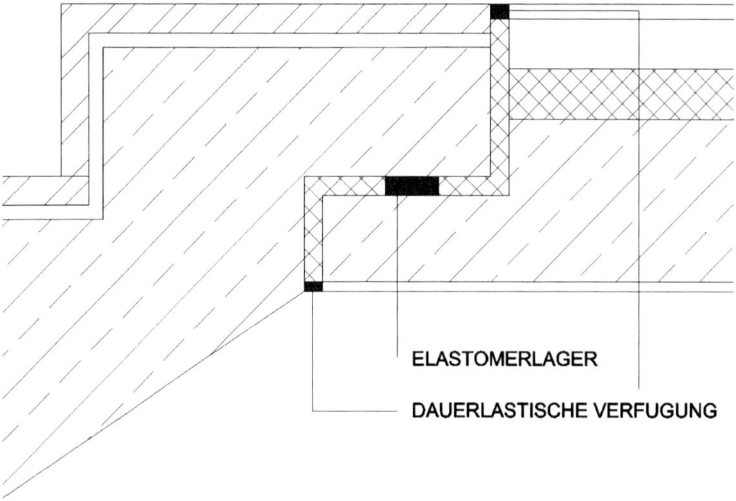

Bild 9: *Beispiel schallschützender Anschlüsse bei Treppen (Quelle: Ingrid Kaiser)*

Sind die erforderlichen Maßnahmen bei der Gebäude-Erstellung nicht eingehalten worden – insbesondere bei älteren Bestandsgebäuden –, können als Kompromiss-Lösung die Bodenbeläge von Treppe und Podest sowie im Anschluss des Treppenhauses an die Nutzungseinheit eingeschnitten und mit entsprechenden Materialien gefüllt werden. Hierdurch bleibt die Situation der Flanken-Übertragung über die angrenzenden Treppenhaus-Wände jedoch erhalten. Daher bieten nur der Abbruch und die normengerechte Neuerrichtung der Treppen den geforderten Schallschutz.

Häufig empfohlen werden auch Akustik-Paneele im Treppenhaus, die jedoch nur den Luftschall dämpfen. Auch weiche, textile Bodenbeläge mindern die Schall-Übertragung nur minimal und sind in stärker genutzten darüber hinaus nicht empfehlenswert.

Die **Deckenbeläge (KG 353)** sind im Kapitel „Bodenbeläge“ behandelt.

2.2.1.5 Dachkonstruktionen – KG 360

Die **tragenden Konstruktionen von geneigten Dächern (KG 361)** werden nach wie vor meistens als Holz-Dachstühle ausgeführt.

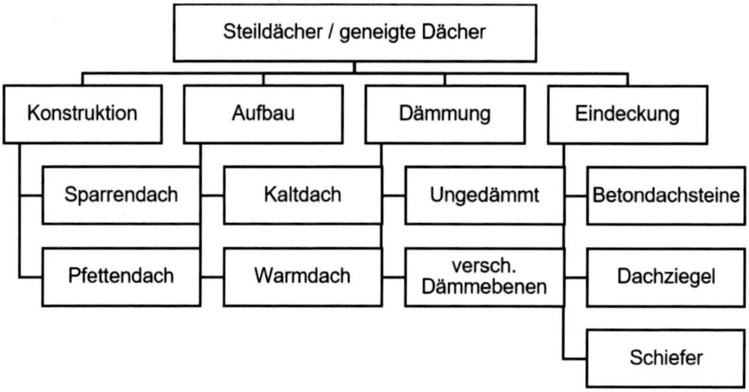

Bild 10: *Typologien von Steildächern (Quelle: Ingrid Kaiser)*

Grundsätzlich wird bei den noch immer am häufigsten eingesetzten zimmermannsmäßigen Konstruktionen zwischen Pfettendächern mit einer Neigung zwischen ca. 18° und 43° und Sparrendächern mit einer Neigung von ca. 30° bis 60° unterschieden.

Bei Sparrendächern wird die Last in Richtung der Sparren, also schräg, auf die Fußpunkte aufgetragen, die damit auch Horizontalkräfte aufnehmen müssen. Statisch unzureichende Bemessung oder Alterung der Konstruktion, insbesondere Durchfeuchtung, führen zu massiven Schäden am gesamten Dach.

Das Kehlbalkendach ist eine Variante des Sparrendachs bei Sparrenlängen über 4,50 m. Das klassische Kehlbalkendach hat ein verschiebliches System, d. h., bei Windlasten oder Ähnlichem kann es zu Verschiebungen der Dachkonstruktion kommen. Ein unverschiebliches System wird erreicht, wenn die Kehlbalkenlage als liegende Scheibe ausgebildet und mit den Giebelwänden verbunden wird.

Beim Pfettendach werden die Lasten vertikal über die waagerechten Pfetten und die senkrechten Stützen abgeleitet, wobei die Fußpunkte der Sparren in beide Richtungen fixiert werden.

Ist die Tragfähigkeit der Dachkonstruktion durch Alterung, Feuchte, Schädlingsbefall etc. geschädigt, muss sie durch entsprechende zusätzliche Konstruktionshölzer ergänzt werden.

Bild 11: *Ertüchtigung der Dachkonstruktion durch zusätzliche Bauteile. (Quelle: Ingrid Kaiser)*

Eine neuere Variante ist das Massivdach, vorwiegend wegen der Dämmeigenschaften aus Poren- oder Leichtbeton, aber auch aus Ziegeln oder Stahlbetonelementen in Verbindung mit entsprechender Dämmung. Die Brand- und Schallschutzeigenschaften sind hier besser als bei Holzkonstruktionen. Darüber hinaus bietet die Montage eine Zeitersparnis gegenüber der „klassischen“ Dachkonstruktion.

Soweit nicht durch äußere Einflüsse wie Hagel, Sturm oder Sonstige Beschädigungen auftreten, nehmen Feuchteschäden den größten Raum ein. Sie entstehen durch unzureichenden Witterungsschutz ebenso wie durch Tauwassereinträge. Feuchtigkeit führt zum Verrotten der Holzkonstruktion und damit mindestens der Beeinträchtigung der Tragfähigkeit.

Im Zusammenhang mit Feuchtigkeit ist zusätzlich das Wachstum von Pilzen und Schimmelbildung unabwendbar. Dies lässt sich durch die im Folgenden dargestellten bauphysikalischen Maßnahmen verhindern.

Der Holzschutz allgemein ist bei zimmermannsmäßigen Dachkonstruktionen unumgänglich. Unterschieden werden vorbeugende Maßnahmen mit chemischen oder konstruktiven Mitteln und bekämpfende, z. B. bei Insektenbefall. Gem. DIN 6880 „Holzschutz" müssen statisch beanspruchte Holzteile zusätzlich durch chemische Maßnahmen geschützt werden. Im Wesentlichen handelt es sich hierbei um den Schutz gegen Pilze, Insekten und ähnliche Holzschädlinge.

Das Einnisten von Tieren, insbesondere Mardern, führt zur Zerstörung der Dämmungs- und Dichtungsbahnen. Im schlimmsten Fall bauen sie aus der Wärmedämmung ihre Nester und vermehren sich. Da sie unter Naturschutz stehen, dürfen sie nur vergrämt, aber nicht getötet bzw. in Fallen gefangen werden.

Bild 12: *Zerstörung durch eine Marder-Familie (Quelle: Ingrid Kaiser)*

Um Marderbefall zu vermeiden, hilft es oft, direkt am Gebäude stehende Bäume, die den Tieren als „Einstiegshilfe“ zum Dach dienen, zu fällen oder mindestens weitgehend in Dachrichtung zu beschneiden.

Als Kaltdächer werden solche bezeichnet, die oberhalb der Dämmebene über eine Luftschicht verfügen, die von der Traufe bis zum First einen Hohlraum aufweisen, über den eingedrungene Feuchtigkeit entweichen kann, während bei Warmdächern die Konstruktion vollständig mit Dämmung ausgefüllt ist. Unterhalb der Dachdeckung befindet sich bei beiden Konstruktionen eine Lüftungsebene.

Wird der Dachraum nicht genutzt und ist die darunterliegende Geschossdecke gem. DIN 4108-2 gedämmt, ist in der Regel die gewünschte Nutzung des Dachgeschosses Anlass zu entsprechenden Maßnahmen. Zunächst muss entschieden werden, ob auch die Dachdeckung erneuert werden muss. In diesem Fall kann die Zwischensparrendämmung, die aufgrund der Abmessungen der Sparren bei älteren Gebäuden energetisch nicht ausreicht, durch eine Aufsparrendämmung ergänzt werden. Sind Dachdeckung und Unterdach in einem akzeptablen Zustand, wird die Zwischensparrendämmung durch Untersparrendämmung an die erforderlichen Dämmwerte angepasst.

Ist dagegen das Dachgeschoss bereits ausgebaut und genutzt, ist der Aufwand der Dämmung von innen relativ groß und kostspielig. Bei voller Funktionsfähigkeit der Dachdeckung kann diese entfernt und nach Aufbringung der Aufsparrendämmung und ggf. Anpassung des Unterdachs wiederverlegt werden.

Ist beim belüfteten Dach (Kaltdach) die Abführung von Feuchtigkeit aus der Holzkonstruktion oder durch Wasserdampfdiffusion nicht gewährleistet, wird die Tragkonstruktion gefährdet. Besonders im Bereich der Traufe ist der Übergang der Dampfsperren/-bremsen und Luftdichtheitsschichten häufig Ursache. Ebenso führen unzureichende Abklebungen der Längsstöße von weichen Dämmmaterialien zu Unterbrechungen der Luftdichtheit.

Weiterhin wurde durch Untersuchungen des Fraunhofer Instituts für Bauphysik (Th. Großkinsky, H. Gottschling, K. Sedlbauer, H.-P. Leimer, „Durchfeuchtungsgefahr bei nicht ausgebauten Dachgeschossen“, IPB-Mitteilung 27) festgestellt, dass bei Ausrichtung der Dachflächen nach Nord und Süd im Winter auf der Nordseite die Holzfeuchte der Sparren anstieg und durch Sonneneinstrahlung auf der Südseite warme Luft in den kälteren Dachraum eindrang und zur Tauwasserbildung führte.

Auch beim unbelüfteten Dach (Warmdach) ist dem Traufbereich besondere Aufmerksamkeit zu schenken. Ist bspw. die Dachschalung im Bereich Außenwand/Dachüberstand unterbrochen, kann die Luftdichtheitsbahn nicht durchgängig verlegt werden.

Werden Innenwände bis zur Oberkante der Sparren gemauert, entsteht eine häufig anzutreffende Wärmebrücke. Auch Fehlstellen innerhalb der Wärmedämmschicht entstehen häufig an Anschlusspunkten, da das lückenlose Verlegen kompliziert und zeitaufwendig ist, z. B. im Traufbereich im Anschluss der Dachdämmung an die Außenwanddämmung.

Zur Einschätzung des Umfangs und der Bereiche mit unzureichender Dämmung ist zunächst die Thermografie empfehlenswert. In der Regel müssen dann zusätzliche Wärmedämmschichten angebracht werden. Geschieht dies innenseitig, können die Wärmebrücken durchdringender Innenwände nicht beseitigt werden, während dies bei außen liegender Dämmung vollständig möglich ist.

Beim Dach ist es entscheidend, in welcher Ebene die Dämmung angebracht wird: Je nachdem, ob es sich um Zwischensparren-, Aufsparren-, Untersparren-Dämmung oder eine Kombination handelt, liegt die Luftdichtheitsebene auf oder unter den Sparren. Da die zimmermannsmäßige Holzkonstruktion dem Quellen und Schwinden des Baustoffs Holz ausgesetzt ist, müssen die Folien an der Unterseite der Dämmung an allen Anschlusspunkten so ausgebildet werden, dass sie die Bewegungen ohne Reißen bewältigen. Dies geschieht in der Regel durch Schlaufenbildung. Wird die luftdichte Folie mit Klammern angebracht, darf sie nicht durchgeschlagen werden und nicht ausgerissen sein. Im Zweifelsfall müssen die entsprechenden Stellen mit geeignetem Klebeband gesichert werden. Besonders bei weichen Dämmmatten stellen die Stöße kritische Bereiche dar, da die Klebebänder unter Umständen nicht ausreichend fest angedrückt werden können.

Der Übergang von Wänden zum Dach erfordert sowohl bei Außen- wie bei Innenwänden – beim Übergang zum nicht beheizten Dachraum – besondere Maßnahmen zur Erstellung der Luftdichtheit. Häufig stellt hier die Durchgängigkeit der Luftdichtheitsebene das größte Problem dar.

Eine weitere Fehlerquelle sind nachträgliche Aussparungen, bspw. für den Einbau von Beleuchtungsmitteln. In einem Dachgeschoss-Badezimmer wurde nach dem Einbau von Deckenstrahlern durch Zerstörung der Luftdichtheitsebene bei gleicher Heizleistung eine ca. 5 °C niedrigere Raumtemperatur gegenüber dem ursprünglichen Zustand erreicht.

Das nachträgliche Wiederherstellen von Unterbrechungen der Luftdichtheitsschicht ist i. d. R. aufwendig, da evtl. vorhandene innere Bekleidungen komplett entfernt werden müssen.

Muss die luftdichte Dampfsperre/-bremse komplett neu angebracht werden, ist darauf zu achten, dass alle Durchführungen wie Elektroleitungen etc. sowie einbindende, durchdringende und angrenzende Bauteile ebenfalls angeschlossen werden.

Bei Einschränkungen der Belüftungsquerschnitte beim belüfteten Dach können diese ggf. durch nachträgliche Zu- und Abluftöffnungen und das Entfernen bzw. Komprimieren der einschränkenden Dämmungen wiederhergestellt werden. Ist dies nicht möglich oder zu aufwendig, bietet sich eine „Umwandlung" in ein unbelüftetes Dach an, was auch die Erreichung der Luftdichtheit erleichtert.

Steildächer unterscheiden sich von Flachdächern insbesondere dadurch, dass die Dacheindeckung nicht wasserdicht ist. Daher müssen entsprechende Unterspann- bzw. Unterdeckbahnen oberhalb der Dämmebene eingebaut werden, die auch die Wind- und Schlagregendichtheit gewährleisten. Unterspannbahnen hängen frei zwischen den Sparren und gewährleisten so die Luftzirkulation unterhalb. Unterdeckbahnen liegen auf festen Untergründen auf und müssen daher diffusionsoffen sein, um das Diffundieren von Feuchtigkeit innerhalb der Dämmung nach außen zu gewährleisten. Beide Elemente werden auch als Unterdächer bezeichnet, obwohl hierunter im eigentlichen Sinn eine Schalung aus Holz oder Holzwerkstoffen zu verstehen ist, die erhöhte Winddichtigkeit gewährleistet.

Ähnlich wie die Einlagerung von Feuchtigkeit von innen durch Tauwasserbildung treten beim Eindringen von Regenwasser bzw. Schnee Feuchtigkeitsschäden auf, die bis zur statischen Bedenklichkeit der gesamten Tragkonstruktion führen. Darüber hinaus wird die Wärmedämmung durchfeuchtet und somit unwirksam und es entstehen weitere Beschädigungen durch Feuchtigkeit in den darunterliegenden Gebäude-/Bauteilen.

Die Materialien der **Dachdeckung (KG 363)** sind im Wesentlichen abhängig von der Dachneigung, um den Anforderungen, insbesondere der Ableitung von Regenwasser, zu genügen. Hierbei wird zwischen flachgeneigten Dächern mit einer Neigung zwischen 3° und 30° und Steildächern mit einer Neigung ab 30° unterschieden. Dachziegel und Dachsteine können ab einer Dachneigung von 12°, Schiefer- und Faserzement-Platten ab 25° verwendet werden.

Durch regelmäßige Wartung kann die Lebensdauer wesentlich erhöht werden. Hierzu gehören insbesondere Reinigungsarbeiten wie Beseitigung von Ablagerungen, Bewuchs oder Ähnlichem auf der Dachdeckung, Reinigung der Dachrinnen und Fallrohre, Reinigung von Be- und Entlüftungsöffnungen, aber auch die Erneuerung von Verschleißteilen, d. h. Ausbesserung von Bereichen mit geringer Lebensdauer wie z. B. Fugendichtungsmassen. Bemoosung kann auf Dauer zum Bruch der Ziegel oder Dachsteine führen.

Bild 13: *Unzureichende und nicht gereinigte Rinne, Bemoosung der Dachdeckung (Quelle: Ingrid Kaiser)*

Bild 14: *Schäden am Mauerwerk unterhalb einer defekten Rinne (Quelle: Ingrid Kaiser)*

2.3 Schadensbilder an Baukonstruktionen und Baustoffen

2.3.1 Schäden an Abdichtungen

Bauteile der Kostengruppen 336, 331 und 332

Allgemeine Grundsätze zu Abdichtungen

Bei Abdichtungen handelt es sich in aller Regel um Abdichtungen des Bauwerks gegen das Eindringen von Feuchtigkeit/Wasser, Dachdichtungen und Abdichtschichten in Bodenflächen wie unter Fliesen und Platten. Die normativen Anforderungen sind in DIN- bzw. den Fachregeln des Handwerks geregelt.

Unter Bauwerksabdichtung versteht man die Abdichtung von nicht wasserdichten Bauwerken oder Bauteilen gegen Bodenfeuchte, nicht drückendes Wasser und von außen oder innen drückendes Wasser mit Abdichtstoffen, wie Bitumenbahnen und -massen, Kunststoff- und Elastomer-Dichtungsbahnen, Metallbändern, Asphaltmastix und kunststoffmodifizierten Bitumendickbeschichtungen und den für ihren Einbau erforderlichen Werkstoffen für das Herstellen der Abdichtungen über Bewegungsfugen, für Durchdringungen, Übergänge und Abschlüsse nach DIN 18195-9 sowie für Schutzschichten und Schutzmaßnahmen bei begrünten Dachflächen.

Dachabdichtungen sind Abdichtungen für nichtgenutzte Dächer aus bahnenförmigen Stoffen oder Dickbeschichtungen sowie auch für Abdichtungen von extensiv begrünten Dachflächen und Balkonen bzw. Terrassen.

Schäden an Abdichtungen

Dachdichtungen

Dachdichtungen sind grundsätzlich Abdichtsysteme in Flachdächern. Häufige Schadensbilder sind auf Fehler in der Ausführung zurückzuführen. Dies sind u. a. fehlerhafte Ausführung der Verklebungen meist durch unzureichende Überdeckung der Anschlüsse oder nicht fachgerecht ausgeführte Schweißnähte, unzureichende Abdichtungen im Bereich der Durchdringungen, wie Dacheinläufe, Lüftungshauben u. Ä. Dies führt in der Regel zu Rissen und Aufplatzungen, in die Wasser in die darunterliegenden Schichten eindringen kann.

Weiterhin kommen fehlerhafte Ausbildungen der Aufbordungen und Wandanschlüsse oder fehlende Diffusionshauben in Betracht. Der fehlende Diffusionsausgleich hat in den meisten Fällen Aufwölbungen bzw. Faltenbildung, ggf. mit Rissbildungen, zur Folge.

In Einzelfällen wurden die Verbindungen zum Untergrund nicht ordnungsgemäß ausgeführt, was die Gefahr der Windverfrachtung oder im Extremfall die komplette Ablösung der Dachhaut zur Folge haben kann. Zunehmend auftretende Schadensfälle sind die Versprödung der Dachfläche, vergleichbar Schwindrissen, infolge der UV-Belichtung durch die Sonneneinstrahlung. Diese führt zu einer „Auslaugung“ der Abdichtstoffe und zu Rissbildungen.

Bild 1: *Schwindrissbildung und beginnende Bemoosung (Quelle: Manfred Kranz)*

Bild 2: *Schwindrissbildung und Abriss der Verklebung (Quelle: Manfred Kranz)*

Ein Schutz der Dachfläche durch Bekiesung in geeigneter Korngröße oder eine Dachbegrünung als UV-Schutz ist daher geboten.

Dabei ist die Dachtragkonstruktion entsprechend den damit verbundenen Lasten auszubilden.

Außerdem wurde zunehmend ungewollter Bewuchs durch Algen und Flechten, vergleichbar der Betonflechte mit ähnlichem Erscheinungsbild, in feuchtebelasteten Bereichen (Pfützenbildung infolge mangelnder Wasserableitung durch nicht ausreichendes Gefälle zum Einlauf) festgestellt. Eine fachgerechte Dachsanierung ist in allen Fällen angeraten.

Sofern eine Begehbarkeit der Dachfläche vorgesehen und notwendig ist, muss eine zweckmäßige Anordnung von Verkehrswegen erfolgen. Bei begrünten Dachflächen ist auf den Durchwurzelungsschutz zu achten.

Maßnahmen der Bauwerksabdichtungen zur Schadensverhütung und -beseitigung

Bauwerksabdichtungen sind Abdichtsysteme gegen von außen auf das Bauwerk einwirkende Wasserbelastungen. Im erdberührenden Bereich werden diese in der Regel als Perimeterdämmung ausgeführt. Auf die Ausführung als sogenannte „weiße Wanne“ wird hier nicht weiter eingegangen. Zur Bauwerksabdichtung ist die Sperrung gegen aufsteigende Feuchte einzubeziehen.

Bei der Bestimmung der Art des Abdichtsystems im erdberührenden Bereich ist unbedingt auf die Baugrund- und hydrologischen Verhältnisse zu achten, insbesondere auch auf die Wirkung wasserführender Schichten und der sich darauf ggf. sammelnden Niederschläge. Ebenso ist eine fachgerechte Untergrundvorbereitung für das einzusetzende Abdichtsystem unabdingbar.

Beim Einbau der Abdichtstoffe einschließlich der Dickbeschichtungen sind zwingend scharfe Kanten und nicht ausgerundete Kehlen zu vermeiden, da an diesen Stellen Risse entstehen, die das Eindringen von Wasser ermöglichen. Feuchteschäden sind damit vorprogrammiert. Demgemäß sind die Kanten abzurunden und eine sogenannte „Flaschenkehle“, d. h. eine ausgerundete Kehle, auszuführen.

Bei aufsteigender Feuchte ist die zwingende Verbindung mit der Abdichtung im erdberührenden Bereich zu beachten. Fehlt diese, ist mit Durchfeuchtung der Wandflächen durch eindringendes Wasser mit aufsteigender Feuchte zu rechnen. Hier kommt es bei keramischen Baustoffen (wie Ziegelmauerwerk) zum Kapillartransport von Wasser.

Diesem muss durch Sperrschichten, wie Bitumenbahnstreifen, Edelstahleinlagen bei hochwertigen Bauwerken mit besonderem Schutzbedürfnis, oder durch Vergelung mittels Injektion von meist Kunststoff-modifizierten Injektionsstoffen Einhalt geboten werden. Dies erfolgt je nach Saugvermögen der in der Wand verwendeten Baustoffe drucklos oder mittels Druck. Zur Bestimmung des Injektionsverfahrens ist ein Spezialist hinzuzuziehen.

Abdichtung von erdberührten Bauteilen

In Bestandsbauten ist häufig an Kellerwänden und -böden sowie Fundamenten entweder keine Abdichtung vorhanden oder diese ist aufgrund mangelnder Instandhaltung nicht mehr funktionsfähig.

Bild 3: *Stark bemooster Sockel durch Feuchte (Quelle: Ingrid Kaiser)*

Auch die Ableitung von Regenwasser kann durch verstopfte oder defekte Rohrleitungen zu Durchfeuchtungen führen. Bei lang andauerndem Feuchte-Einfluss können Schimmelpilz- und Bakterien-, ggf. auch Schwammbefall auftreten. Dies kann bis zur völligen Zerstörung der Bauteilschicht führen. Dadurch ist auf Dauer die gesamte Bausubstanz gefährdet. Die Schimmelpilze zersetzen schließlich die tragenden Bauteile, sodass deren Standfestigkeit gefährdet ist. Vor der Ausführung weiterer Sanierungsmaßnahmen ist eine Trockenlegung (s. Kap. 2.1.2.) der betroffenen Bauteile erforderlich, wobei darauf geachtet werden muss, dass keine Schimmelpilz-Sporen freigesetzt werden.

Bild 4: *Schimmel-Bildung durch wiederkehrende Wanddurchfeuchtung (Quelle: Ingrid Kaiser)*

Um die Art der Feuchte-Belastungen festzulegen, ist ein hydrogeologisches Gutachten erforderlich, da sich hieraus die erforderlichen Abdichtungsmaßnahmen ableiten. Da hierauf auch bei neueren Gebäuden aus Kostengründen häufig verzichtet wird, entstehen auch hier Feuchte-Problematiken. Ist ein vorliegendes Gutachten zwar vorhanden aber viele Jahre alt, können zwischenzeitlich Grundwasser-Veränderungen eingetreten sein, die bei Abdichtungsmaßnahmen berücksichtigt werden müssen.

Wenn die Ursachen für die Durchfeuchtungen nur durch Inaugenscheinnahme ohne zerstörende Prüfungen nicht abschließend geklärt werden können, empfiehlt sich zusätzlich eine Kamera-Befahrung der Grundleitungen, wodurch Schäden und/oder Verstopfungen erkannt werden können.

***Bild 5:** Von außen eindringendes Wasser durch defekte Regenwasserableitung (Quelle: Ingrid Kaiser)*

Im Anschluss an die Trocknung müssen bei Schimmel- oder anderem Befall die betreffenden Baustoffe (noch vorhandener Putz, ggf. oberste Schicht der Wandinnenseiten) komplett entfernt und anschließend - nach weiteren Maßnahmen - ersetzt werden. Wegen des Anfalls von Staub und Schimmelpilz-Sporen in der Luft müssen unbedingt entsprechende Schutzmaßnahmen – gemäß den Vorschriften der Deutschen Gesetzlichen Unfallversicherung (DGUV) und der Berufsgenossenschaft der Bauwirtschaft (BGBau) – eingehalten werden. Das Abfallmaterial ist luftdicht zu verpacken, anschließend aus dem Gebäude zu entfernen und direkt zu entsorgen.

Bei älteren Gebäuden kann eine vorhandene senkrechte Abdichtung Teer enthalten, so dass zunächst – unter Berücksichtigung der entsprechenden Schutzmaßnahmen – das Strahlen oder Entfernen mittels Wärme oder chemischer Mittel dieser Schicht erforderlich ist; besteht die vorhandene Abdichtung aus Bitumen und ist sie fest mit dem Mauerwerk verbunden, muss eine geeignete Kontaktschicht aufgebracht werden.

Sanierputze (R) werden bei durchfeuchtetem und damit salzbelastetem Mauerwerk verwendet. Sie haben eine hohe Porosität mit mehr als 40 Volumen-%, geringe Kapillarität sowie hoher Wasserdampf-Diffusionsfähigkeit und sind resistent gegen schädliche Salze. Die durch die Feuchtigkeit gelösten Salze des Untergrunds können so in die Poren eindringen und dort auskristallisieren, werden jedoch nicht an der Oberfläche sichtbar.

Bei geringer Salzbelastung reicht der Auftrag eines ein- oder mehrlagigen Sanierputzes mit einer Mindestschichtdicke von 2 cm insgesamt und 1 cm je Lage in der Regel aus. Ist die Belastung durch bauschädliche Salze höher, ist ein Sanierputzsystem sinnvoll. In einigen Fällen ist es sinnvoll, zunächst einen sogenannten Opferputz aufzubringen, der einerseits das Bauteil vor weiterem Eindringen von Feuchtigkeit schützt und andererseits die Salze aufnimmt und dann nach Sättigung abgeschlagen wird. Bei hoher Salzbelastung sollte der Opferputz mindestens ein Jahr stehen, damit die Salze möglichst vollständig aufgenommen werden können. Ähnlich wirken entsprechende Kompressen, die gegebenenfalls mehrmals auf einzelne befallene Stellen im Mauerwerk aufgebracht werden und ca. vier Wochen wirken müssen. Im Anschluss kann die erforderliche Abdichtung gemäß Wassereinwirkungsklasse dauerhaft aufgebracht werden.

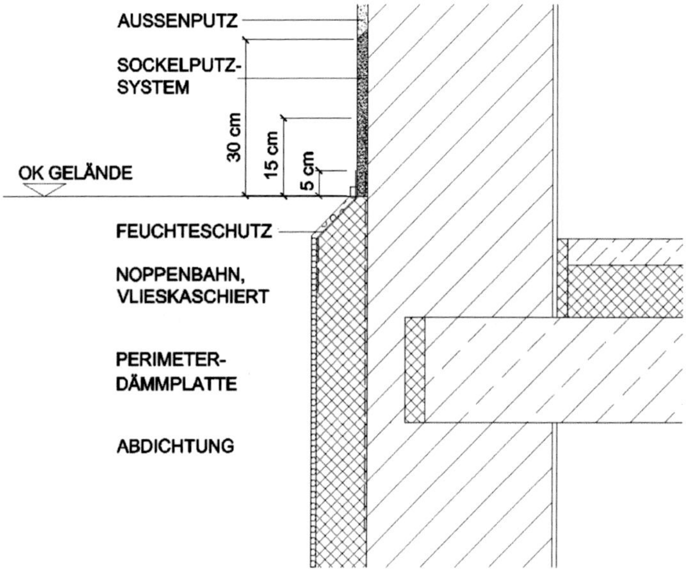

Bild 6: *Sockelanschluss (Quelle: Ingrid Kaiser)*

Ist eine Abdichtung von außen nicht möglich oder wird sie als zu kostenintensiv eingeschätzt, kann die Abdichtung auch von innen erfolgen. Um zu verhindern, dass die noch vorhandene und gegebenenfalls in der Zukunft eindringende Feuchte (z. B. durch die Gründung bzw. Bodenplatte) von unten eindringt und durch Kapillarwirkung nach oben steigt, empfiehlt sich der Einbau einer Horizontal-Sperre. Von einer mechanischen Sperre – durch Einschneiden der Außenwände und Einlegen von Blechen – ist bei bereits geschädigter Bausubstanz abzuraten.

Bild 7: *Durch Kapillar-Wirkung aufsteigende Feuchte in Treppenhaus-Wand. (Quelle: Ingrid Kaiser)*

Mittels Injektionsverfahren kann z. B. Paraffin in die Außenwände eingebracht werden. Hierbei werden nach dem Entfernen noch vorhandener Putzschichten und loser Oberflächen-Teile bis min. 0,50 m oberhalb der Durchfeuchtung Bohrlöcher unter 45° in Abständen von ca. 12,5 bis 25 cm gebracht. Bei starker Salz-Belastung müssen bei Mauerwerk die Fugen ausgekratzt werden. Das hydrophobierende Abdichtungsmittel wird anschließend mit Niederdruck in die Bohrlöcher injiziert. Zur weiteren Abdichtung können nach dem Neuverfugen eine Schlämme und ein Haftspritz-Bewurf vor dem endgültigen Verputzen aufgebracht werden.

Damit Feuchtigkeit auch nicht von unten durch die Bodenplatte eindringen kann, müssen Risse zunächst mit entsprechenden Harzen geschlossen werden. Um den dichten Anschluss der Abdichtung von der Wand zur Bodenplatte sicherzustellen, wird vorhandener Estrich ca. 0,25 m von der Wand aus abgestemmt und der Anschluss zur Wand als Hohlkehle ausgeführt.

Das Neuverlegen einer Drainage kann die Feuchte-Belastung zusätzlich verringern. Ist eine Drainage bereits vorhanden, müssen auch hier die Rohre auf Defekte und Funktionsfähigkeit untersucht werden.

Selbst nach kompletter Trockenlegung des Kellergeschosses sollte regelmäßiger Luftaustausch durch Lüftung gewährleistet werden. Lüften ist in den kühleren Jahreszeiten wesentlich effizienter als im Hochsommer. Gleichzeitig sollte die Raumtemperatur nicht dauerhaft unter 16° C sinken. Kontinuierliche Messungen von Innenraum-Temperatur und relativer Luftfeuchte unterstützen die Maßnahmen.

2.3.2 Schäden an Betonkonstruktionen

Bauteile der Kostengruppen 330, 333, 343, 351, 354, 361

Schadensursachen

Wegen seiner günstigen Eigenschaften – wirtschaftlich, dauerhaft und beliebig formbar – ist Beton mittlerweile der am häufigsten in der Bauwirtschaft verwendete Baustoff. Häufig wird er auch als Alternative zu Holz- und Stahlkonstruktionen im Tragwerk von Bauwerken in Form von bewehrtem Beton (Stahlbeton) eingesetzt. Viele moderne Bauaufgaben sind erst mithilfe des Einsatzes von Beton bzw. zemententhaltenden Baustoffgemischen, wie Estrich und Zementmörtel, technisch lösbar geworden und der planerische Freiraum des Architekten erweitert sich erheblich.

Andererseits gibt es zweifellos schlecht gestaltete und mangelhaft ausgeführte Bauwerke; daran ist aber nicht der Baustoff schuld, sondern die unzureichenden Planungsvorgaben, wie falsche Betongüte bzw. -eigenschaften, wie Sulfat- und Alkaliresistenz, falsche Bestimmung des Wasser-Zement-Faktors (WZ-Faktor), nicht zweckmäßige Zusammensetzung der Zuschlagstoffe, zu geringe Betondeckung über der Bewehrung, d. h. zu dünne Schutz-/Passivierungsschicht zum Schutz der Bewehrung oder zu hohe Wärmeentwicklung bei massiven Bauteilen – Hydratationswärme – (wie Maschinenfundamente u. Ä.) bei deren Herstellung.

Abgesehen davon gibt es eine Reihe von Verarbeitungsfehlern, wie mangelhafte Ausführung von Betonierabschnitten, zu große Fallhöhe beim Einbringen von Beton in die Schalung, zu lange Transport- und Verarbeitungszeiten, bzw. Einsatz nicht geeigneter Zuschlagstoffe.

Ausgewählte Schadensbilder zu Betonkonstruktionen

Bild 8: *Rostfahnen infolge der Verwendung eisenhaltiger Zuschlagstoffe (Quelle: Manfred Kranz)*

Die gewachsene Zahl von Schäden insbesondere an Außenbauteilen aus Stahlbeton geht in starkem Maße auf eine mangelnde Beachtung dieser Zusammenhänge zurück.

Das gilt besonders für die oft nicht ausreichende Beachtung der normativen Festlegungen in Abhängigkeit von den Umweltbedingungen für die Betondeckung über der Bewehrung. Darüber hinaus wird in diesem Zusammenhang außerdem häufig eine verschärfte Schadstoffbelastung aus der Atmosphäre oder umgebenden Medien, wie Wasser, genannt.

Diese Belastungen wirken, wenn überhaupt, jedoch vor allem in längeren Zeiträumen, woraus dann die Möglichkeit des Entstehens von Spätfolgen, wie Korrosion der Bewehrung verbunden mit Abplatzungen, wahrscheinlich wird.

Darüber hinaus können Schädigungen der Bewehrung durch erhöhte Chloridbelastung, den sogenannten Lochfraß, eintreten. Dieser ist als besonders gefährlich anzusehen, da er den Querschnitt der Bewehrung schwächt und damit die Aufnahme der Zugspannungen minimiert oder im Extremfall nicht mehr sicherstellt.

Dann besteht die Gefahr des Bauteilversagens.

Korrosion der Bewehrung im Stahlbeton

Der Korrosionsschutz der Bewehrung wird maßgeblich vom pH-Wert des umgebenden Betons bestimmt. Dabei muss von dem chemischen Grundsatz „Gleichstarke Säuren werden durch gleichstarke Basen neutralisiert“ ausgegangen werden.

Da Rost chemisch gesehen ein Salz ist, entfaltet nach dem Grundsatz „Säuern bilden Salze“ dieser Neutralisationsvorgang seine Schutzwirkung.

Beton ist in der verarbeiteten Form als stark basisch einzustufen. Diese basische Wirkung nimmt schon kurz nach dem Mischvorgang eine Größe von mehr als pH = 12,5 an, weil alkalische Bestandteile aus dem in der Betonmischung enthaltenen Zement in Verbindung mit dem Anmachwasser eine basische Lösung ergeben. Verantwortlich dafür ist im Wesentlichen das sogenannte freie Kalkhydrat (Calciumhydroxid). Dieser Stoff ist dem in der Bauwirtschaft bekannten Löschkalk vergleichbar. Auch das Wasser in den Poren des erhärteten Zementsteins weist anfangs stets den hohen pH-Wert einer gesättigten Calciumhydroxidlösung auf.

In diesem Milieu (bei pH-Werten über 8,5 bis ca. 12,8) bildet sich auf der Bewehrungsoberfläche eine schützende Passivierungsschicht aus, die den Stahl auch bei Hinzutritt von Feuchtigkeit und sauren Medien zuverlässig vor Korrosion schützt. Solche sauren Medien können aus den in der natürlichen Umwelt existierenden gasförmigen Stoffen, wie Schwefel- oder Stickstoffoxide bzw. Kohlendioxid (ggf. auch als Verbrennungsprodukte) und deren wässrige Lösung, bestehen. Die Wirkungen solcher Stoffe, als Langzeitwirkung, sind den Wirkungen der daraus bestehenden Säuren, wie Schwefelsäure, Salpetersäure oder Kohlensäure, um die wichtigsten zu benennen, vergleichbar.

Trocknet der erhärtete Beton aus, so kann die Kohlensäure (Kohlendioxid der Luft in wässriger Lösung) in die sehr feinen Poren des Zementsteins eindiffundieren und dort mit dem Calciumhydroxid zu Calciumcarbonat (chemisch gesehen = Kalkstein, und damit chemisch neutral) reagieren. Dadurch sinkt der pH-Wert der Porenwasserlösung im Zementstein und das bisher hochalkalische Milieu wird von außen her langsam neutralisiert. Die Neutralisationsgeschwindigkeit nimmt je nach Eindringtiefe stark ab und bildet eine zwar chemisch neutrale, aber auch schützende Schicht.

Deshalb kann es zu Rostbildung an der Bewehrung kommen, muss aber nicht, wenn die Betondeckung ausreichend bemessen ist und sich die zugrunde gelegten Umweltbedingungen nicht wesentlich geändert haben. Tritt Letzteres ein, sollte die Betondeckung verstärkt werden, um Schadensentwicklungen zu be- bzw. verhindern.

Bei dem unter natürlichen Verhältnissen vorliegenden CO_2-Gehalt von ca. 0,03 Vol.-% in Verbindung mit Feuchte in der Außenluft kann der pH-Wert über die Zeit auf unter 8,5 sinken, was den Verlust der Rostschutzfunktion bedeutet. Dafür verantwortlich ist das Abbinden des freien Kalkhydrats zum chemisch neutralen Calciumcarbonat.

Diesen von außen in das Innere des Betons fortschreitenden Vorgang bezeichnet man als Carbonatisierung, und die oberflächennahe Schicht, in der diese Reaktion stattgefunden hat, als carbonatisierte Schicht. Obwohl die physikalischen Stoffeigenschaften des Betons selbst (wie z. B. Festigkeit und Dichtigkeit) durch die Carbonatisierung nicht nachteilig verändert werden, bleibt die den Bewehrungsstahl schützende Passivschicht in einer carbonatisierten Umgebung nicht stabil, d. h., es kann zur Korrosion der Bewehrung kommen, wenn gleichzeitig Feuchtigkeit und saure Medien zur Verfügung stehen.

Örtliche Zerstörungen der Passivschicht können aber auch – und zwar unabhängig vom pH-Wert des umgebenden Betons – von Chloriden verursacht werden, die in gelöster Form durch das Kapillarporensystem oder durch Risse an die Bewehrung gelangen und dort die sogenannte „Lochfraßkorrosion" bewirken.

Dieser Fall ist im Fassadenbereich im Allgemeinen nicht zu erwarten, betrifft jedoch in stärkerem Maße Verkehrsbauwerke (z. B. Parkdecks, Personentunnel im feuchten erdberührenden Bereich), die z. B. direkt oder durch aufgewirbelten Sprühnebel mit chloridhaltigen Auftaumitteln (Tausalze oder flüssige Auftaumittel) in Berührung kommen.

Auch PVC-haltige Brandgase kommen als Verursacher von Chloridkorrosion infrage. Als Haupteinflüsse auf die Carbonatisierung sind im Wesentlichen die vier folgenden Faktoren anzusehen:

1. Umweltbedingungen (CO_2-Gehalt der Luft, relative Luftfeuchte)
2. Betonzusammensetzung (Zementgehalt, Wasserzementwert)
3. Hydratationsgrad (Nachbehandlungsdauer)
4. Zeit (Zunahme des Carbonatisierungsfortschritts mit zunehmendem Betonalter).

Bei der Beurteilung von Chloridkonzentrationen im Randbereich bewehrter Betonbauteile geht man in der Regel davon aus, dass Werte bis zu 0,4 Masse-% (bezogen auf den Zementgehalt des Betons) für die Bewehrung korrosionsunschädlich sind, da diese Mengen noch im Zementstein chemisch gebunden werden können. Für Spannbeton gelten nach den normativen Regelungen halbierte Grenzwerte!

Bei höheren Konzentrationen ist i. A. ein Abtrag der zu stark Chloridbelasteten Bewehrung in Form einer Querschnittsschwächung zu erwarten.

Ist aufgrund ungünstiger Umgebungsbedingungen eine Korrosion der Bewehrung zu befürchten, so muss in erster Linie durch besondere Einflussnahme auf die Betonzusammensetzung und die Nachbehandlung dafür gesorgt werden, dass Alkalität abbauende Luftschadstoffe (wie CO_2, SO_x oder NO_x) und Tausalzlösungen nicht innerhalb der Nutzungsdauer des Bauwerks bis zur Bewehrung vordringen können. Die Schutzwirkung ließe sich auch durch Hydrophobierung der Betonoberflächen als Schutz gegen eindringende Feuchte verbunden mit den darin gelösten Chemikalien unterstützen.

Es ist grundsätzlich immer davon auszugehen, dass Wasser, unabhängig in welchem Aggregatzustand, niemals chemisch rein vorkommt. Des Weiteren muss beachtet werden, dass Beton insbesondere nach 28 Tagen nicht vollständig abgebunden hat, Nacherhärtungszeiten bis zu 45 Jahren sind durchaus möglich. In dieser Zeit enthält das Baustoffgemisch immer noch reaktive Bestandteile.

Des Weiteren erfordert dies besonders in den oberflächennahen Bauteilschichten ein dichtes. kapillarporenarmes Betongefüge, ebenso aber auch eine ausreichend dicke Betondeckung.

Bei hoher Chloridbelastung ist darüber hinaus ein zusätzlicher Oberflächenschutz des Betons zweckmäßig.

Erkennen und Beurteilen von Oberflächenschäden an Betonbauteilen

Das frühzeitige Erkennen entstehender Schäden ist eine wichtige Voraussetzung für die Begrenzung des späteren Reparaturaufwands, da bei zunehmendem Schadensfortschritt eine immer größere Zahl von Schadensstellen einzeln freigelegt und arbeitsintensiv behandelt werden muss.

Die typischen Merkmale einer sich anbahnenden Schadensentwicklung sind in vielen Fällen auch für den Laien ohne Einsatz besonderer Hilfsmittel erkennbar.

Dies können dunklere Zonen erhöhter Porosität nach Einwirkung von Feuchtigkeit, Ausblühungen durch Tausalzanreicherung in ungeschützten Randbereichen von Verkehrs- oder Gebäudeflächen, Rostfahnen durch eisenhaltige Zuschlagstoffe, Aufwölbungen über rostender Bewehrung infolge fortgeschrittener Carbonatisierung, Schwindrisse wegen unsachgemäßer Verarbeitung oder als Spätfolge durch Auslaugung bei Wasserbelastung sein.

Rissbildungen in Betonkonstruktionen

Alle mineralisch gebundenen Baustoffe, insbesondere zementhaltige Baustoffgemische als reaktiver Hauptbestandteil in Beton, wie Zementestrich und Zementmörtel, verringern ihr Volumen beim Erhärten und Trocknen (Schrumpfen). Diesen Prozess bezeichnet man auch als Schwinden.

Der erhärtende Baustoff wird dabei durch den Untergrund, an dem er fest haftet, behindert. Diese Behinderung führt zu Zugspannungen und beim Überschreiten der Zugfestigkeit zu einem Rissbild mit hexagonaler Grundstruktur, daher die Y-förmigen netzartig ausgebreiteten Rissverzweigungen (Schwindrisse).

Die oftmals vertretene Auffassung, dass es keine rissfreien Beton- oder Estrichschichten gibt, ist im Grunde genommen falsch. Rissfreiheit ist eine Folge aus richtiger Zusammensetzung des Gemischs und fachgerechter Verarbeitung.

Weiterhin geht man in Fachkreisen auch davon aus, dass bzgl. der Schwindrissbildung ein Selbstheilungsvermögen bis zu Rissweiten von 0,1 mm zu berücksichtigen ist, da sich beim Erhärten nach der Anfangserhärtung Stoffe bilden, die ihr Volumen, wenn auch im eingeschränkten Maße, vergrößern und damit die Risse wieder schließen können.

Schwindrisse

Schwindrisse entstehen durch das Verdunsten von überschüssigem Anmachwasser sowohl bei der Verarbeitung als auch durch Auslaugung von abgebundenen Zementbestandteilen als Alterungserscheinung.

Bild 9: *Schwindrisse in der Bodenplatte (Quelle: Manfred Kranz)*

Durch Reduktion des Anmachwassers, genauer formuliert durch einen zu tiefen (geringen) Wasser-/Bindemittel-(Zement-)Faktor, kann das Schwinden reduziert werden. Die Reduktion des Anmachwassers ist jedoch nicht beliebig durchführbar, weil sonst das Baustoffgemisch zu trocken wird und nicht mehr fachgerecht verarbeitet werden kann.

Zum Abbinden von Beton ist zum einen genügend Wasser zur Sicherstellung des Abbindeprozesses als Hydratation und zum anderen zur Herstellung der für die Verarbeitung notwendigen Konsistenz sicherzustellen. Der zweite, konsistenzbedingte Wasseranteil ist dann die später verdunstende Baufeuchte.

Optimale Wasser-/Bindemittel-Faktoren können nur erreicht werden, wenn auch ein Zuschlagsstoff mit optimaler Korngrößenverteilung verwendet wird. In schwierigen Situationen kann der Wasser-/Bindemittel-Faktor durch Zusätze, sogenannte „Verflüssiger“, und durch Luftporenbildner zusätzlich gesenkt werden.

Nicht nur bei den Materialkomponenten, sondern auch bei der Ausführung der Arbeiten muss der Entstehung von Schwindrissen vorgebeugt werden. Im Prinzip gilt, dass das Gemisch (Mörtel, Estrich, Beton) langsamer austrocknen muss, als es erhärtet.

Seine mit der Zeit zunehmende Materialfestigkeit liegt dann immer über der Beanspruchung durch Schwindkräfte. Deshalb muss eine forcierte Austrocknung am Bau vermieden werden. Dies bedeutet Vornässen von trockenem, stark saugendem Untergrund und Verzicht auf Verputz- oder Betonarbeiten bei heißem, windigem Wetter (wasserrückhaltende Zusätze können das Risiko in gewissem Umfang mindern). Gefahr droht auch bei kaltem, windigem Wetter. Wegen der sehr langsamen Erhärtung bei tiefen Temperaturen kann auch hier das Gemisch rascher austrocknen, als es erhärtet.

Das Auftragen von Bindemittel auf die Oberflächen erhöht das Schwindrisiko durch eine Bindemittel-(Zement-)Anreicherung an der Oberfläche.

Absolut unzulässig ist z. B. das Verdünnen von bereits angesteiften Zementgemischen mit Wasser, um die Verarbeitbarkeit zu erhöhen, oder das Bearbeiten der Grundputzoberfläche mit Wasser und Bürste.

Risse im Beton

Risse im Stahlbeton lassen sich nicht grundsätzlich vermeiden; ihre Breite muss jedoch auf ein unschädliches Maß beschränkt oder der Riss muss planmäßig geschlossen werden. Schädliche Risse beeinträchtigen die Tragfähigkeit, Gebrauchstauglichkeit und Dauerhaftigkeit von Betonbauteilen.

Zur Beurteilung der Auswirkungen und für die Wahl der richtigen Instandsetzung sind die unterschiedlichen Risstypen und deren Ursachen genau zu unterscheiden.

Darüber hinaus ist es wichtig, den Verlauf, die Tiefe und Breite der Risse festzustellen, um danach ihre Bedeutung für den Bauwerkszustand beurteilen zu können. Eine Risssanierung ist grundsätzlich, besonders bei Trennrissen, nur dann sinnvoll, wenn die auslösenden Faktoren beseitigt werden können bzw. die Rissbildung zum Stillstand gekommen ist.

Es wird zwischen oberflächennahen Rissen und Trennrissen unterschieden. Oberflächennahe Risse erfassen nur geringe Querschnittsteile und sind i. d. R. nicht Bauteil-durchdringend, ggf. durchdringen sie lediglich eine Bauteilschicht, wie Estrich oder einzelne Putzschichten. Trennrisse erfassen immer die wesentlichen Teile des Querschnitts, meist den Gesamtquerschnitt. Oberflächennahe Risse können beispielsweise in Bezug auf die Wasserdichtigkeit als Gebrauchseigenschaft unschädlich, jedoch hinsichtlich der Dauerhaftigkeit durchaus von Bedeutung sein.

Trennrisse sind in jedem Fall ungünstiger zu beurteilen.

Bild 10: *Abriss der nachträglich aufgebrachten Betonauflage (Quelle: Manfred Kranz)*

Oft kann die Entstehung von Rissen auf planerisch verursachte Entwurfsfehler (z. B. zu große Fugenabstände, unzureichende betontechnologische Maßnahmen, unvollständige oder falsche Bemessungsgrundlagen) und Ausführungsfehler (z. B. falsche Lage oder Anordnung der Bewehrungslagen, mangelhafte Verdichtung beim Einbau oder zu große Fallhöhen, unzureichende oder fehlende Nachbehandlung) zurückgeführt werden. Häufig ist jedoch davon auszugehen, dass mehrere Ursachen gleichzeitig infrage kommen.

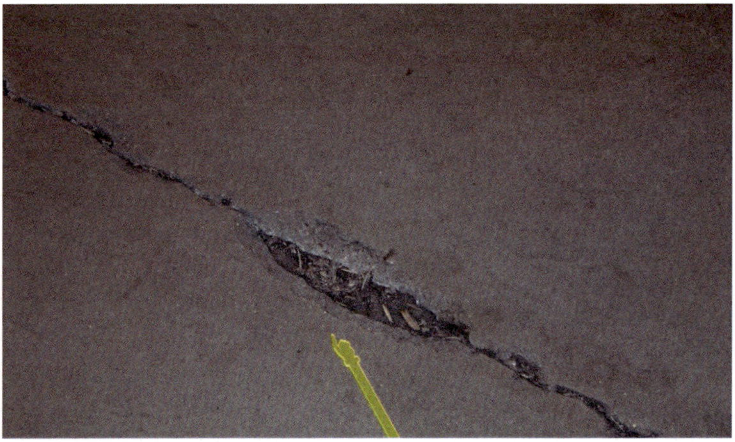

Bild 11: *Fugenriss wegen fehlender Arbeitsfuge*
(Quelle: Manfred Kranz)

Bestimmte Bauteile oder Bauwerksabschnitte können aufgrund ihrer Lage im Bauwerk, aufgrund des gewählten Bauablaufs, ihrer konstruktiven Durchbildung oder Abmessungen besonders rissanfällig sein. Besonderes Augenmerk ist daher auf Ausbildung von Arbeitsfugen, den Umgang mit massigen Bauteilen, die Anschlüsse von dicken Bauteilen an dünne Bauteile, die einspringenden Ecken und Querschnittssprünge und die Einleitungsbereiche großer, konzentrierter Kräfte zu richten.

Die Einflüsse von Rissen auf Tragfähigkeit, Gebrauchstauglichkeit und Dauerhaftigkeit sind von einem fachkundigen Planungsingenieur oder Gutachter zu beurteilen. Dieser hat die Ursache der Rissbildung zu ermitteln und Angaben über die Notwendigkeit und Art ihrer Behandlung zu machen.

Bei Rissbildungen infolge von Lasten und Zwang ist zunächst durch Überprüfung der Berechnungsannahmen zu klären, ob sie durch planmäßige oder durch unvorhergesehene Beanspruchungen entstanden sind.

Weiterhin ist von besonderer Bedeutung, ob eine rissauslösende Überbeanspruchung als einmalig oder wiederkehrend einzustufen ist. Trifft Letzteres zu, so besteht die Gefahr, dass der Beton nach Sanierung, meist zeitnah, neben einem anforderungsgerecht kraftschlüssig geschlossenen Riss wieder erneut aufreißt.

Lassen sich die Ursachen, die zur Rissbildung geführt haben, nicht abstellen (beispielsweise durch Anordnung einer wärmedämmenden Verkleidung zur Begrenzung Temperatur-bedingter Längenänderungen), so ist nur eine dehnfähige Verbindung der Rissufer/Rissflächen auf längere Dauer erfolgversprechend.

Sofern Risse im Beton eine bestimmte Breite (im Mittel 0,1 bis 0,3 mm) nicht überschreiten, ist für den dauerhaften Korrosionsschutz der Bewehrung nicht die Rissbreite selbst, sondern vielmehr die Dicke und Dichte der Betondeckung in der Umgebung der Risse maßgebend.

Bild 12: *Rissbildung infolge rostender Bewehrung (Quelle: Manfred Kranz)*

Bild 13: *Abplatzung der Deckschicht infolge rostender Bewehrung (Quelle: Manfred Kranz)*

Bild 14: *Betonabplatzung an einer Stahlbetonstütze infolge rostender Bewehrung (Quelle: Manfred Kranz)*

Entsprechen beide Merkmale den normativ gestellten Anforderungen, so führen Risse quer zur Bewehrung bis etwa 0,4 mm und längs zur Bewehrung bis ca. 0,3 mm im Normalfall zu keiner wesentlichen Beeinträchtigung der Dauerhaftigkeit.

Allerdings kann auch schon bei geringeren Rissbreiten das Füllen von Rissen erforderlich werden, falls ein Bauwerk oder Bauteil besonderen Nutzungsbedingungen oder Schadstoffeinflüssen ausgesetzt ist. Nicht minder wichtig als die Rissbreite ist für den Erfolg einer Instandsetzungsmaßnahme bei noch beweglichen Rissen auch die Feststellung von Rissbreiten- und -längenänderungen.

Ihre Größe hat wesentliche Bedeutung für die Auswahl des geeigneten Verschlusssystems (z. B. Einsatz von Quellmörtel in Verbindung mit einer Edelstahlverklammerung) und einer geeigneten Sanierungstechnologie sowie für die Eignungsbeurteilung rissüberbrückender Oberflächenschutzsysteme.

Rissbreitenänderungen können kurzzeitig bzw. infolge von Verkehrslasten, täglich durch Temperaturunterschiede zwischen Tag und Nacht oder langfristig durch jahreszeitliche Klimaschwankungen, hervorgerufen werden.

Häufig überlagern sich die Einflüsse, zum Teil auch mit nicht umkehrbaren Längenänderungen, wie z. B. Schwindverkürzungen. Risse, die sich überhaupt nicht bewegen, sind in der Praxis äußerst selten. Qualitativ lassen sich Rissbewegungen durch angebrachte Riss-, in der Regel Gipsmarken, nachweisen. Die genaue Größe von Rissbreiten- oder auch -längenänderungen wird durch Vermessung erfasst.

Eine genaue Beurteilung des Risszustands wird oft durch Feuchte, Verschmutzungen oder Aussinterungen erschwert.

Vor weiteren Maßnahmen (im Besonderen aber vor dem Schließen durch Tränken) sollte daher stets eine Reinigung der Risszone erfolgen. Für die richtige Wahl der Füllstoffe und ggf. des Instandsetzungszeitpunkts ist außerdem die Feststellung notwendig, ob ein Riss trocken, feucht oder wasserführend ist.

Maßnahmen zu Schadensverhütung und -beseitigung

Füllen von Rissen

Aus den vorangegangenen Erläuterungen wird klar, dass vor dem Füllen von Rissen ihr Einfluss auf die Tragfähigkeit, Gebrauchsfähigkeit und Dauerhaftigkeit der Bauteile untersucht werden muss.

Dieses Ergebnis und die Ursache der Rissbildung bestimmen die Notwendigkeit, die Ziele und die Art der Rissverfüllung.

Betoninstandsetzung

Die Beseitigung von Korrosionsschäden an normal bewitterten Fassadenflächen und Skelett-konstruktionen kann grundsätzlich auf zweierlei Weise erfolgen.

Zum einen durch Spachtel- bzw. manuellen Kellenauftrag des Reparaturmörtels, vorzugsweise bei punktueller Ausbesserung einzelner Schadensstellen („Betonkosmetik“), zum anderen durch Aufspritzen neuer Beton- oder Mörtelschichten (auch „Torkretieren“ genannt) bei vollflächiger Ausbesserung größerer zusammenhängender Schadensbereiche.

In beiden Fällen läuft es auf eine Erneuerung der Passivierungsschicht hinaus und damit Erneuerung der Schutzwirkung für die Bewehrung.

Ohne eine sorgfältige Vorbereitung des geschädigten Untergrunds kann – auch bei Einsatz bester Materialien – keine Reparaturmaßnahme dauerhaft sein.

Ein besonderes Problem liegt darin, dass die Entscheidung, bis zu welcher Tiefe der Beton entfernt bzw. wie weit ein geschädigter Bewehrungsstahl freigelegt werden muss, dem Ausführenden nur schwer im Rahmen allgemeiner Anweisungen zu vermitteln ist.

Entfernen von Altbeton

Im Bereich von Abplatzungen, Rissen und Hohlstellen sind sämtliche lockeren Gefügeteile zu entfernen. Dies kann durch Abschlagen von Hand, durch Abstemmen mit Elektrohämmern oder, falls nicht allzu tiefgehende flächige Schädigungen vorliegen, durch Sand- oder Flammstrahlen erfolgen. Neuerdings wird für diese Arbeiten auch zunehmend das Hochdruckwasserstrahlen mit ca. 400–1.200 bar eingesetzt. Seine Anwendung erfordert jedoch Rücksichtnahme auf die Entsorgung der dabei anfallenden Wassermenge.

Geflammt gestrahlte Oberflächen sind stets in einem zweiten Arbeitsgang mechanisch zu reinigen (mit rotierenden Stahldrahtbürsten, Nadelpistolen u. a.), um gelockerte Partikel und mögliche Rußspuren zu beseitigen. Bei einer Betondeckung unter 15 mm (Spannbeton: < 20 mm) müssen die thermische Belastung der Bewehrung und die Möglichkeit ihrer Schädigung besonders berücksichtigt werden. Die Ränder der Reparaturkrater sind unter 45° abgeschrägt auszustemmen. Mörtelplomben sollen nach Möglichkeit nicht in flacher Neigung auf „null“ auslaufen.

Carbonatisierter Beton bietet dem eingebetteten Bewehrungsstahl keinen alkalischen Rostschutz mehr und stellt bei gleichzeitiger Einwirkung von Sauerstoff und Feuchtigkeit einen Risikofaktor für den Verbundbaustoff Stahlbeton dar, eine direkte physikalische Schädigung des Betons geht von der Carbonatisierung jedoch nicht aus. Nimmt man in Kauf, dass carbonatisierte Betondeckschichten im Bauwerk verbleiben, so ist bei allen weiteren Überlegungen stets im Auge zu behalten, dass der Rostschutz der Bewehrung damit praktisch allein von der Wirksamkeit der abschließenden Außenbeschichtung abhängt.

Bei der Einschätzung des damit verbundenen Risikos dürfte die Zugänglichkeit der betroffenen Bauteile für eine mögliche „Nachsorge“ eine maßgebende Rolle spielen.

Freilegen und Entrosten der Bewehrung

Das Freilegen korrodierter Bewehrungsstäbe geschieht praktisch im selben Arbeitsgang mit den beschriebenen Maßnahmen. Dickere, möglicherweise bereits durch den Korrosionsdruck gelockerte Betonschichten (Aufwölbungen bzw. teilweise Abplatzungen im fortgeschrittenen Stadium) werden von Hand oder mit dem Elektrohammer abgestemmt, dünnere Deckschichten durch Sandstrahlen oder mit der Nadelpistole entfernt.

Als besonders rationelles Verfahren zum Freilegen der Bewehrung hat sich das Hochdruckwasserstrahlen erwiesen. Da die Umgebung des freigelegten Stahls hierbei viel Feuchtigkeit aufnimmt, ist ein sofortiges Weiterarbeiten allerdings nur mit feuchtigkeitsverträglichen Materialien möglich. Andernfalls müssen Trocknungszeiten mit nochmaliger Entrostung in Kauf genommen werden. Zur Entrostung eignet sich am besten das Sandstrahlverfahren (korrekte Bezeichnung: Strahlen mit festen Strahlmitteln), weil hiermit auch die schwer zugänglichen Bereiche freigelegter Bewehrungsstäbe zuverlässig erreicht werden können. Das Entrosten mit Drahtbürsten führt zu keinem ausreichenden Ergebnis und kommt allenfalls als Notbehelf bei kleineren Ausbesserungen infrage. Durch Flammstrahlen darf die Bewehrung nicht entrostet werden. Auf jeden Fall ist zu beachten, dass die Bewehrung noch einen ausreichend tragenden Querschnitt besitzt; ggf. ist unter Hinzuziehung einer statischen Beurteilung zusätzliche Bewehrung z. B. durch Aufdopplung einzubauen.

Geringere Ansprüche an die Entrostung sind nur zulässig, wenn die Bewehrung, wie z. B. bei Instandsetzungen mit Spritzbeton, durch eine hinreichend dicke alkalische Deckschicht vor Korrosion geschützt wird.

Reinigen der Betonoberflächen, Untergrundfestigkeit

Betonflächen, die als Untergrund für eine Reparatur- oder Beschichtungsmaßnahme dienen sollen, müssen frei von Verschmutzungen, nicht tragfähigen Altanstrichen, abmehlenden (auch als „absanden" bezeichnet) Feinmörtelschichten und allen sonstigen verbundmindernden Bestandteilen sein. Im engeren Reparaturbereich ist dieser Zustand meist ohnehin gegeben, denn überall, wo gelockertes Betongefüge zu entfernen und korrodierte Bewehrung zu entrosten ist, werden alle Verunreinigungen zwangsläufig mit beseitigt.

Anders verhält es sich mit Flächen, die nicht akut geschädigt sind, aber wegen ihrer Nähe zum Reparaturbereich aus vorbeugenden oder rein optischen Gründen mit einem Anstrich versehen werden sollen. Ihre Vorbereitung erfordert zunächst nur eine Reinigung, die durch Abbürsten oder Abblasen mit ölfreier Druckluft, Hochdruckdampfstrahlen oder leichtes Sandstrahlen, gegebenenfalls auch

Feuchtstrahlen, erfolgen kann. Weitergehende Maßnahmen sollten nur ergriffen werden, wenn sich erweist, dass die Eigenschaften der gereinigten Betonoberfläche keinen ausreichenden Haftverbund sicherstellen bzw. wenn eine dickere Beschichtung vorgesehen ist.

Untergrundfeuchtigkeit

Die Frage nach dem zulässigen Feuchtigkeitsgehalt eines Betonuntergrunds, der ausgebessert oder beschichtet werden soll, kann nicht pauschal beantwortet werden, sondern nur im Zusammenhang mit den vorgesehenen Materialien. Die Anwendungsrichtlinien der Hersteller sind zu beachten.

Als Untergrund für Instandsetzungen mit zementgebundenen, auch Kunststoff-modifizierten Mörteln eignet sich am besten ein zuvor gut angefeuchteter, bei Ausführungsbeginn aber wieder oberflächlich abgetrockneter, schwach saugender Beton. Bei Anwendung von Kunstharzbeschichtungen und -mörteln wird im Allgemeinen eine trockene Betonoberfläche gefordert.

Erdberührte Bauteile, die nicht ausreichend dicht gegenüber rückseitig einwirkender Durchfeuchtung sind, sollten luftseitig nicht mit wasserdichten Anstrichen oder Beschichtungen versehen werden, da ein Feuchtigkeitsstau hinter der Beschichtung zu Frostschäden führen kann.

Oberflächenschutzmaßnahmen

Ein wesentliches Merkmal der Anwendung von Betonkonstruktionen besteht darin, dass Oberflächenschutzsysteme nicht als planmäßige Alternativen zu Beton-technischen Maßnahmen in Betracht kommen.

Bei der Erstellung dauerhafter Betonbauwerke behalten nach wie vor die bautechnischen Maßnahmen, wie Betonzusammensetzung und -verarbeitung, Nachbehandlung, Betondeckung und Rissbreitenbeschränkung, ihre vorrangige Bedeutung. Bei einigen Anwendungsgebieten des Betons ist es allerdings zweckmäßig oder sogar notwendig, planmäßig einen Oberflächenschutz vorzusehen. Das Ziel ist in der Regel dann die Erhöhung der Widerstandsfähigkeit von Betonbauteilen, z. B. gegen einen „sehr starken“ chemischen Angriff.

Auch wenn die Oberfläche eines Stahlbetonbauteils infolge von Herstellungsmängeln einmal nicht die erwartete Dauerhaftigkeit aufweist, kann man einer möglichen Schadensentstehung vorbeugend durch Oberflächenschutzmaßnahmen begegnen. Schließlich können auch optische Gesichtspunkte für einen Anstrich sprechen, z. B. bei Fassaden, die aufgrund fehlerhafter Wasserführung längerfristig zu Kalk- und Staubablagerungen neigen.

Allgemein können Oberflächenschutzsysteme für Beton folgende Aufgaben übernehmen:

a) vorbeugenden oder nachträglichen Schutz vor betonschädlichen Stoffen,
b) Abdichtung gegen Flüssigkeiten oder Gase,
c) Erhöhung der Griffigkeit/Rauigkeit,
d) Erhöhung des Abnutzungswiderstands,
e) Herstellung bakteriologisch unbedenklicher, leicht zu reinigender Oberflächen,
f) farbliche Gestaltung und Markierung,
g) Beeinflussung der elektrischen Leitfähigkeit.

Hydrophobierende Imprägnierungen

Als eigenständige Maßnahme bewirken sie eine zeitlich begrenzte Reduzierung der kapillaren Wasseraufnahme. Dies führt zu einer Verbesserung des Frost- und Frost-Tausalz-Widerstands. Auch die Aufnahme von in Wasser gelösten Schadstoffen (z. B. Chloriden) wird behindert.

Unverändert bleibt dagegen die Wasserdampfdurchlässigkeit der imprägnierten Flächen, da keine geschlossene Filmbildung erfolgt. Mit Hydrophobierungen nicht zu erreichen ist eine Verfestigung der Betonoberfläche, eine Abdichtung gegen drückendes Wasser sowie eine Verbesserung des Carbonatisierungswiderstands.

Das optische Erscheinungsbild der behandelten Bauteiloberflächen wird durch eine Hydrophobierung so gut wie nicht verändert. Der anfangs zu beobachtende Abperleffekt verschwindet mit der Zeit, ohne dass dies ein Symptom für das Nachlassen der Schutzwirkung wäre. Insgesamt ist allerdings bei derartigen Maßnahmen mit einer auf 5 bis höchstens 10 Jahre begrenzten Wirkungsdauer zu rechnen.

Hydrophobierende Imprägnierungen können auch als Bestandteil mehrschichtig aufgebauter Schutzsysteme eingesetzt werden. Sie dienen dann zur langfristigen Verbesserung der Untergrundhaftung filmbildender Beschichtungen.

Versiegelungen

Versiegelungen füllen die oberflächennahen Kapillarporen des Betonuntergrunds teilweise aus, bei gleichzeitiger Bildung eines dünnen zusammenhängenden Oberflächenfilms. Sie können als Vorstufe einer Beschichtung aufgefasst werden, von der sie sich im Wesentlichen nur durch ihre geringere Schichtdicke (unter 0,3 mm) und die dadurch bedingte geringere Dauerhaftigkeit gegenüber mechanischen und chemischen Beanspruchungen unterscheiden.

Versiegelungen reduzieren die Wasseraufnahme, die Aufnahme von in Wasser gelösten Schadstoffen und die Kohlendioxiddiffusion. Eine Versiegelung befahrbarer Flächen dient darüber hinaus der Steigerung des Abnutzungswiderstands sowie der Verfestigung des Betonunter-grunds und der Staubbindung. Im Zuge von Anstrichsystemen werden Versiegelungen auch als Grundierung für nachfolgende Beschichtungen eingesetzt.

Beschichtungen

Beschichtungen sind in der Lage, ein sehr breites und vielfältiges Leistungsspektrum abzudecken, zu dessen Grundmerkmalen stets die Reduzierung oder Verhinderung des Eindringens von Wasser und wassergelösten Schadstoffen gehört. Darüber hinaus lassen sich mithilfe bestimmter Bindemittelgruppen und Schichtdicken (bzw. Schichtfolgen) gezielt weitere Eigenschaften beeinflussen, wie z. B. der Diffusionswiderstand, die Rissüberbrückung sowie Abnutzungsfestigkeit und Chemikalienbeständigkeit.

2.3.3 Schäden an Holzkonstruktionen

Bauteile der Kostengruppen 334, 343

Tierischer Befall

Tierische Holzschädlinge sind Insekten, die entweder nur frisches oder lufttrockenes Holz befallen. Ihr Angriff kann durch Vorarbeit von Pilzen begünstigt werden.

Frischholzinsekten befallen frisch gefälltes Holz im Wald und auf dem Lagerplatz, jedoch kein abgetrocknetes Holz. Borkenkäfer legen im Splintholz Brutgänge an. Holzwespen zerstören das Holz durch die Fraßgänge ihrer Larven. Frischholzinsekten sind im Allgemeinen von sehr geringer Bedeutung im Hochbau. Trockenholzinsekten sind Bauholzschädlinge, d. h., sie befallen vorwiegend lufttrockenes Bauholz, dessen Standsicherheit durch die Bohrgänge gefährdet werden kann. Die Käferlarven fressen sich durch das Holz und hinterlassen in ihren Gängen lockeres Bohrmehl.

So befällt der Haus- oder Holzbock, auch als Anobie bezeichnet, vorrangig nur Nadelsplintholz, ist aber auch bei Nadelhölzern zu finden. Anobienlarven leben in Nadel- und Laubhölzern, wobei davon auszugehen ist, dass jede Holzart „ihren“ Haus- oder auch Holzbock hat; die Larven werden im allgemeinen Sprachgebrauch auch als Holzwürmer bezeichnet. Die Schädigung erfolgt durch die Fraßgänge der aus den Larven geschlüpften Würmer. Die Eindringtiefe wird im Allgemeinen mit bis ca. 0,5 bis 1,5 cm unter der Oberfläche angegeben. Der Splintholzkäfer befällt nur Splintholzteile von Laubhölzern, bevorzugt aber auch Tropenhölzer und ist damit als Querschnittsschädling anzusehen.

Am gefährlichsten ist die Holzwespe einzustufen, da sie ähnlich dem Splintholzkäfer holzzerstörend wirkt.

In einigen Bundesländern existiert deshalb auch eine Meldepflicht, da der Ausbreitungsradius des flugfähigen Insekts, nach diesbezüglichen Veröffentlichungen bei 8 bis 12 km liegen kann.

In jedem Fall ist bei tierischem Befall ein Holzschutz-Fachmann zuzuziehen.

Pflanzlicher Befall

Pilze sind pflanzliche Holzschädlinge, die i. W. nur feuchtes Holz (U > 20 %) befallen.

Ständig trockenes oder ständig wassergesättigtes Holz ist normalerweise nicht gefährdet. Eine Ausnahme ist der echte Hausschwamm.

Holzverfärbende Pilze greifen die Zellwände nicht an, beeinträchtigen die Holzfestigkeit also nicht. Sie verfärben das Holz und rufen Anstrichschaden hervor. Die Bläuepilze als wichtigste Vertreter dieser Gruppe befallen ausschließlich den Splint von Nadel- und Laubhölzern. Holzzerstörende Pilze verursachen mit dem Abbau der Zellwände eine „Fäulnis". Gefährlichster Vertreter ist der echte Hausschwamm. Ihm allein ist es möglich, nach anfänglicher Entwicklung auf feuchtem Holz später auf trockenem Holz weiterzuwachsen, indem er in seinen Strängen das zu seinem Wachstum notwendige Wasser weiterleiten kann.

Die wichtigsten Vertreter sind der Echte Hausschwamm, Keller- und Porenschwamm sowie Blättlinge. Diese rufen die Braunfäule hervor (würfelförmiger Bruch mit Braunfärbung). Schimmelpilze verursachen z. B. die Moderfäule durch Erweichung der Holzoberflache, insbesondere im erdberührenden Bereich.

Vorbeugende Schutzmaßnahmen

Chemische Holzschutzmaßnahmen sind nur dann vorzunehmen, wenn der bauliche Holzschutz die Gefahr von Bauschäden durch Pilze bzw. Insekten nicht verhindern kann.

Holzschutzmittel sind sparsam, sachgerecht und nur dort, wo sie wirklich erforderlich sind, anzuwenden. Die vorbeugenden chemischen Maßnahmen zum Schutz des tragenden Holzes und Hinweise für den Schutz von nichttragenden Holzbauteilen sind normativ geregelt. Außerdem kann Bauholz durch chemische Feuerschutzmittel schwerentflammbar gemacht werden.

Erfolg und Wirkungsdauer einer Holzschutzbehandlung sind abhängig von der Art und dem Feuchtegehalt des Holzes sowie von der Art und Menge des Holzschutzmittels und dem Einbringverfahren.

Die Tränkbarkeit ist abhängig von der anatomischen Struktur des Holzes. Kiefer ist gut, Fichte hingegen schwer imprägnierbar. Ölige Holzschutzmittel sind allgemein nur bei Holz mit Holzfeuchte von _20% anwendbar, wasserlösliche Holzschutzmittel können auch bei höherer Feuchte eingesetzt werden. Bei Nadelhölzern ist das Kernholz schwerer tränkbar als das Splintholz, dafür jedoch bei Kiefer dauerhafter als Splintholz, bei Fichte nicht. Laubhölzer sind meist besser tränkbar als Nadelhölzer. Eine Verbesserung der Tränkbarkeit kann erreicht werden durch Perforation (radiale Bohrungen). Dieses Verfahren wird z. B. angewendet bei Telegrafenmasten aus Fichte in der Erd-Luft-Zone.

<u>Chemischer Holzschutz</u>

Perforation

Im Hochbau werden wasserlösliche oder ölige Holzschutzmittel und Sonderpräparate sowie schaumschichtbildende Feuerschutzmittel verwendet. Dabei sind nur Präparate zu verwenden, die vom Institut für Bautechnik (IfBt), Berlin, ein gültiges Prüfzeichen sowie die ihren Eigenschaften entsprechenden amtlichen Prüfprädikate erhalten haben.

Ihre normativ geregelten Bezeichnungen sind „P“ – wirksam gegen Pilze, „Iv“ – gegen Insekten vorbeugend wirksam, „W“ – auch für Holz geeignet, das der Witterung ausgesetzt ist. Mit der Bezeichnung „E“ gilt das Holz auch geeignet, wenn es extremer Beanspruchung ausgesetzt ist (Erdkontakt und in ständigem Kontakt mit Wasser). Das Institut für Bautechnik veröffentlicht regelmäßig ein „Holzschutzmittelverzeichnis“.

Auf Nebenwirkungen der Schutzmittel ist zu achten. Die meisten Schutzmittel sind für Menschen und Nutztiere giftig. Deshalb ist beim Umgang mit Holzschutzmitteln besondere Sorgfalt geboten.

Bei Leimkonstruktionen ist zu prüfen (amtliche Prüfung), ob Leimart und Schutzmitteltyp miteinander verträglich sind, damit die Leimbindefestigkeit erhalten bleibt. Im Zweifelsfalle empfiehlt sich eine Rückfrage bei dem Schutzmittelhersteller. Wichtig ist, dass bisher an Leimbindern bisher keine Insektenschäden bekannt geworden sind. Die Korrosionswirkung wasserlöslicher Schutzmittel auf Metallteile, insbesondere bei Nagelbindern, ist erfahrungsgemäß gering. Auch hier empfiehlt sich jedoch eine Rückfrage beim Hersteller.

Eingebracht werden die Holzschutzmittel im handwerklichen Verfahren durch Trogtränkung, Tauchen, Streichen oder Spritzen, im großtechnischen Verfahren durch Kesseldruck-, Vakuum- oder Diffusionstränkung sowie durch Saftverdrängung. Die Imprägnierung erfolgt im Allgemeinen nach dem letzten Bearbeitungsgang, d. h. nach dem Verleimen und Bearbeiten von Verbundquerschnitten bzw. nach dem Abbund von Bauhölzern.

Die Eindringtiefe wird nach dem Grad der Gefährdung gewählt, so im Randschutz < 10 mm und im Tiefschutz > 10 mm. Tiefschutz erfordern z. B. Bauhölzer, die Niederschlägen unmittelbar ausgesetzt oder in Erdreich, Mauerwerk oder Beton eingebunden sind.

Für die Schutzbehandlung gegen Feuer können wasserlösliche Feuerschutzmittel im Kesseldruckverfahren bzw. schaumschichtbildende Feuerschutzmittel im Streich-, Spritz- oder Gießverfahren angewendet werden. Ist gleichzeitig ein Schutz gegen Pilze und Insekten erforderlich, muss dieser vor der Feuerschutzbehandlung ausgeführt werden. Mehrfachschutz (z. B. P, Iv) ist grundsätzlich möglich. Die Verträglichkeit der Holzschutzmittel untereinander ist nachzuweisen.

Feuerschutzmittel sind nicht witterungsbeständig. Ein vorbeugender chemischer Feuerschutz ist daher nur bei Holzbauteilen möglich, die vor Witterungseinflüssen und ähnlicher Feuchtigkeitsbeanspruchung geschützt sind.

Maßnahmen zur Schadensverhütung und -beseitigung

Bekämpfungsmaßnahmen gegen Pilz- und Insektenbefall müssen ergriffen werden, wenn die entstandenen Schäden die Standsicherheit von Holztragwerken gefährden. Zunächst sind Schadensumfang und Ursache sehr sorgfältig zu untersuchen.

Befallenes Material muss entfernt und nachweislich vernichtet werden. Bei tierischem Befall ist die kontrollierte Verbrennung ein übliches Verfahren. Nach Erledigung der umfangreichen Vorarbeiten und baulichen Maßnahmen kann die Bekämpfung durch Behandlung mit einem Holzschutzmittel oder bei Insektenbefall auch durch Heißluft- oder Begasungsverfahren sowie elektrophysikalische Verfahren vorgenommen werden. Vorbeugende Holzschutzmaßnahmen sollten grundsätzlich einer Fachfirma unter Hinzuziehung eines zugelassenen Holzschutzgutachters übertragen werden, die über die notwendige Sachkenntnis und Erfahrung verfügt.

Bei der Begasung ist auf die Dichtigkeit des Begasungsraumes zu achten, damit ein Entweichen des Gases vermieden wird. Sofern Bauteile mit vertretbarem Aufwand ausgebaut werden können, wie Verkleidungen und Einbauten, eignet sich eine Wärmebehandlung zur Schädlingsbekämpfung. In den sogenannten Wärmekammern werden die befallenen Teile auf ca. 110 °C aufgeheizt, sodass an jeder inneren Stelle mindestens 85 °C erreicht werden, bei der nach der üblichen Auffassung tierisches Leben beendet wird, d. h. die Insektenlarven wirksam bekämpft werden können.

Eine Behandlung mit chemischen Stoffen eignet sich nur für oberflächlichen Befall z. B. durch Hausböcke, deren Larven oberflächennah existieren. Im Allgemeinen geht man davon aus, dass deren Eindringtiefe bei ca. 1 bis 2 cm liegt, sodass sie durch eindringende Chemikalien erreicht werden können. Allerdings gilt dies nur bei trockenem Holz mit einer geringen Holzfeuchte und ausreichendem Saugvermögen.

In aller Regel empfiehlt sich die Einbeziehung eines Holzschutzfachmanns.

Zu beachten ist weiterhin, dass in einigen Bundesländern Meldepflichten bestehen. Dies betrifft insbesondere den Befall durch Holzwespen und Splintholzkäfer, gegebenenfalls auch bei Roßameisen. Bei der Holzwespe und dem Splintholzkäfer ist dies durch einen großen Ausbreitungsradius der flugfähigen Insekten begründet.

Für vorbeugende Holzschutzmaßnahmen sollten grundsätzlich eine Fachfirma unter Hinzuziehung eines zugelassenen Holzschutzgutachters übertragen werden, die über die notwendige Sachkenntnis und Erfahrung verfügt.

2.3.4 Schäden am Mauerwerk

Bauteile der Kostengruppen 330, 340

Frisch gemauerte Steine entziehen dem Mörtel Anmachwasser. Dies ist in beschränktem Umfang erwünscht (physikalische Verfestigung des Mörtels). Bei zu starkem Wasserentzug fehlt dem Mörtel in der Anschlusszone zum Stein das Wasser für die Reaktionen der chemischen Verfestigung.

Der Mörtel erreicht dann in den Anschlusszonen nur geringe Festigkeiten und es besteht Rissgefahr durch so genanntes „Verbrennen" (zu schnelles Austrocknen) des Mörtels.

Die Gefahr des Verbrennens ist bei Sichtmauerwerken aus Kalksandsteinen besonders groß.

Kalksandsteine haben sehr feine Kapillarporen und entsprechend große Kapillarkräfte. Kalksandsteine saugen deshalb langsam. Sie saugen aber nachhaltig, was beim Mörtel die Gefahr des Verbrennens erhöht.

Die Wassereintritte in die Risse führen zu einem vorzeitigen Altern des Mauerwerks und entlang den Mörtelfugen bilden sich stellenweise Silikatablagerungen.

Beim traditionellen Zementmörtel wurde die Gefahr des Verbrennens dadurch reduziert, dass Sande mit einer optimalen Kornabstufung und wesentlichen Anteilen an Feinstkorn verwendet wurden. Wegen den hydrophilen (wasserfreundlichen) Eigenschaften der Sandkörner entstanden durch die geringen Kornabstände (dank der Feinstkörner) starke Bindekräfte zwischen den Festkörpern des Frischmörtels (Sand und Bindemittel) und den dazwischen verteilten Wassermolekülen. Diese Bindekräfte konnten den aufsaugenden Kapillarkräften der Mauersteine entgegenwirken und so ein Verbrennen des Mörtels verhindern.

Nach dem gleichen Prinzip arbeiten Wasserrückhaltestoffe, die bei modernen Mörtelmischungen als bauchemische Zusatzstoffe eingesetzt werden. In der Regel handelt es sich um Methylcellulose („Tapetenkleister") mit einer langfädigen Molekülstruktur. Beim Wasserkontakt quellen die Moleküle auf, indem Wasser zwischen die „Fäden" eingelagert wird. Wegen der geringen Fadenabstände sind auch in diesem Fall die Bindekräfte zwischen den Cellulosefäden und den Wassermolekülen groß und behindern die Wasserabgabe. Ausblühungen an der Oberfläche von Sichtmauerwerken führen immer wieder zu Diskussionen darüber, ob diese aus den Steinen selbst oder aus dem Mauerwerksmörtel stammen. Es ist beides möglich, und für eine genaue Beurteilung muss jeder Fall einzeln abgeklärt werden. Nach den Erfahrungen von Experten stammen die Ausblühungen normalerweise aus dem Mörtel.

Kalkablagerungen zeigen sich normalerweise in vertikalen Streifen, die von den Lagerfugen ausgehen. Kalkablagerungen sind geschmacksneutral und nicht wasserlöslich. Sie können mit verdünnter Säure entfernt werden. Dazu sollte ein Fachmann mit entsprechender Erfahrung beigezogen werden, damit vor allem am Mauerwerksmörtel keine Säureschäden entstehen. Weiterhin sind unbedingt Umweltschutzmaßnahmen (Neutralisation der verwendeten Säure) zu beachten. Alternativ sind mittlerweile mechanische Verfahren, wie ein rotierender Sandstrahl, in Anwendung.

Kalkablagerungen sind in der Regel ein Zeichen dafür, dass zwei oder mehrere übereinanderliegende horizontale Mörtelfugen undicht sind. Bei der oberen Fuge tritt Regenwasser ein, läuft in den Poren und Kapillaren der Backsteine abwärts und staut sich auf der unteren Lagerfuge.

Bei längerem Kontakt löst das Wasser Calciumverbindungen des Mörtelgefüges und tritt als Calciumhydroxid oder Calciumhydrogencarbonat aus der unteren Mörtelfuge wieder aus. Es läuft auf der Steinoberfläche nach unten und carbonatisiert im Kontakt mit der Luft zu wasserunlöslichem Kalk.

Gipsablagerungen sind ebenfalls weiß, wasserunlöslich und geschmacksneutral. Im Gegensatz zu Kalkablagerungen können sie mit verdünnter Säure nicht entfernt werden. Die für Kalkablagerungen typische vertikale Ausrichtung ist nicht vorhanden. Gipsablagerungen entstehen normalerweise bei größeren Poren oder bei Haarrissen in der Steinoberfläche. In Extremfällen wurde beobachtet, dass praktisch die ganze Steinoberfläche von einer Gipskruste überzogen wurde. Gipsablagerungen treten oft in Kombination mit Oberflächenabsprengungen auf. Dies gilt vor allem für schlagregenbeanspruchte Fassaden, die bei schönem Wetter intensiv besonnt werden.

Die Gründe liegen darin, dass sich in Austrocknungsphasen die Zone der Gipsbildung von der Oberfläche gegen das Steininnere verlagert. Besonders intensive Ablagerungen finden sich i. d. R. in der Übergangszone zwischen der etwas dichteren Oberflächenschicht und der Hauptmasse des Steins. Gipsablagerungen sind praktisch ausschließlich bei Mauerwerkspartien anzutreffen, bei denen durch undichte Stellen, wie Risse, undichte Kittfugen, undichte Mörtelfugen usw., lokal viel Wasser eindringt und die angrenzenden Steine von innen her durchnässt werden. Fatal ist der Umstand, dass Gipsablagerungen die Ziegelporen verschließen und deshalb das Austrocknen der Steine mit der Zeit immer stärker behindert wird. Deshalb ist es nur eine Frage der Zeit, bis bei Sichtmauerwerk mit Gipsablagerungen schließlich die Oberfläche abgesprengt wird.

Salzablagerungen/-ausblühungen

Wasserlösliche Salze sind immer am Übergang von nassen zu trockenen Mauerwerksflächen anzutreffen.

Die Erklärung für das Auftreten der Salzablagerungen an den Rändern der nassen Flächen liegt darin, dass in den trockenen Zonen das Wasser fehlt, um die Salzbestandteile an die Oberfläche zu transportieren, während in den nassen Zonen zu viel Wasser vorhanden ist, sodass sich Salzkristalle auflösen bzw. wegen zu geringer Salzkonzentration der Lösung gar nicht entstehen. Ausblühungen von wasserlöslichen Salzen entstehen vorzugsweise bei Sichtmauerwerksfassaden aus stark saugfähigen Ziegeln.

Die Salze sind ungiftig. Sie schmecken salzig und bitter, oft auch mit einem seifigen Beigeschmack. In den meisten Fällen handelt es sich um Salzgemische, bei denen entweder Magnesiumsulfat oder Natriumsulfat dominiert und Beimischungen von Kaliumsulfat und Natriumcarbonat vorhanden sein können. In der Regel ist das Auftreten von wasserlöslichen Salzen jahreszeitlich begrenzt. Typisch sind Ausblühungen in den Monaten Januar bis März. Dies hängt damit zusammen, dass in dieser Zeit die Mauerwerke am stärksten durchnässt sind und tiefe Temperaturen die Kristallbildung fördern, weil die Löslichkeit der Salze mit der Temperatur abnimmt.

Das „Kommen und Gehen“ der wasserlöslichen Salze bedeutet aus physikalischer Sicht eine Belastung für die Steinoberfläche. Die Oberfläche verwittert durch das Wechselspiel von Salzkristallisation und Salzauflösung. Die Ursache liegt vor allem beim sogenannten Kristallisationsdruck, der in den oberflächennahen Gesteinsporen entsteht, weil die Kristalle mehr Raum beanspruchen als die Salzlösung.

Die Verwitterung der Steinoberfläche durch wasserlösliche Salze gilt gleichermaßen für Ziegel und für Kalksandsteine. Zement und hydraulischer Kalk erhärten vor allem durch die Bildung von Silikaten. Regenwasser kann aus rissigem oder porösem Mörtel oder Beton kleine Mengen an Silikaten in Form von Kieselsäure oder Alkalisalzen der Kieselsäure herauslösen.

Wenn diese Lösungen an die Oberfläche gelangen und dort langsam durch Wasserverdunstung „eindicken“, können sich an der Oberfläche glasartige, dunkel erscheinende, sehr dünne Ablagerungen von amorphen Alkalisilikaten oder amorpher Kieselsäure bilden.

Derartige Ablagerungen können beispielsweise an der im Schatten liegenden Nordseite von Leitungsmasten aus Beton oft beobachtet werden. Die Ablagerungen sind nicht wasserlöslich, obwohl sie aus in Wasser gelösten Stoffen entstanden sind, ähnlich wie dies bei einer Dispersionsfarbe der Fall ist. Sie sind eine Art Glasur und entsprechend hart und widerstandsfähig gegen Chemikalien. Sie können, sofern dies z. B. aus optischen Gründen gewünscht wird, nur mit großem Aufwand mechanisch entfernt werden. Die Silikatablagerungen auf Kalksandsteinen werden nur an Stellen beobachtet, die lange Zeit stark durchnässt waren. Die Silikate gelangen aus dem durchnässten Mörtel zunächst in den nassen Stein und dort beim langsamen Austrocknen an die Oberfläche. Bei forcierter Austrocknung verlagert sich die Ablagerungszone gegen das Steininnere. Bei Kalksandstein-Sichtmauerwerken werden die Silikatablagerungen als störend empfunden, weil die betroffenen Steine mit ihrer dunklen Oberfläche deutlich hervortreten.

Bei Sichtmauerwerk aus Hartbrandsteinen (Klinker) werden Silikatablagerungen seltener be-obachtet als bei Kalksandsteinen. Das Erscheinungsbild wird vor allem bei hellen Sichtmauersteinen stark in Mitleidenschaft gezogen, weil in der gelartigen Anfangsphase Schmutz kleben bleibt, der nach der Verkieselung fest in die harten Ablagerungsprodukte eingeschlossen wird.

Frostschäden

Frostschäden zeigen sich bei Kalksandsteinen und Sichtmauersteinen als großflächige Abplatzungen der Steinoberfläche. In einer ersten Stufe zeigen sich zunächst Risse und hohlliegende Oberflächenteile. Später fallen die hohlliegenden Oberflächenteile ab und es zeigen sich die für Frostschäden typischen Abschieferungen.

Erfahrungsgemäß entstehen Frostschäden dann, wenn ein nasses Mauerwerk im ganzen Querschnitt gefriert, später an der Oberfläche auftaut und schließlich von der Oberfläche her erneut gefriert. Auf diese Weise wird Wasser zwischen zwei Eisfronten eingeschlossen und übt einen zunehmenden Druck aus, wenn die Eisfront von der Oberfläche her nach innen fortschreitet bzw. wenn das eingeschlossene Wasser schließlich gefriert. In der Regel sind mehrere solche Frost-/Tauwechsel erforderlich, bis es zu einer Absprengung der Steinoberfläche kommt.

Sowohl für Ziegel- als auch für Kalksandstein-Sichtmauerwerke gilt, dass mit Frostschäden gerechnet werden muss, wenn der Feuchtegehalt der Steine auf mehr als 80 % des Sättigungswerts ansteigt. Dieses Risiko besteht vor allem beim Vorliegen von Planungs- und/ oder Ausführungsfehlern.

Maßnahmen zur Schadenverhütung und -beseitigung bei Mauerwerk

Die wichtigsten Ansätze und Maßnahmen zur Schadensvermeidung und -behebung sind, dass bei der Planung die Wetterexposition eines Gebäudes gebührend zu berücksichtigen ist. Dazu gehören die richtige Wahl der einzusetzenden Materialien und deren fachgerechte Verarbeitung.

Ausblühungen sind heute in aller Regel mit Hilfe eines rotierenden Sandstrahls mechanisch zu beseitigen. Das betrifft sowohl Kalk- als auch Gipsausblühungen und die Ablagerung von Salzen. Chemische Verfahren, wie das frühere „Absäuern" von Kalkausblühungen, also die Behandlung der befallenen Oberflächen mit verdünnter Salzsäure und reichlich Wasserüberschuß, sind aus Umweltschutzgründen nicht mehr zulässig.

Nach dem Abstrahlen ist die Ziegeloberfläche in aller Regel aufgeraut, sodass eine Putzbeschichtung erforderlich wird. Sichtmauerwerk kann damit nicht erhalten werden.

Frostgeschädigtes Mauerwerk ist abzubrechen und durch Ersatz der geschädigten Ziegel oder Kalksandsteine zu sanieren.

In allen Fällen ist der Zustand der Mörtelfugen zu prüfen, sofern diese absanden, d. h. bei Berührung Sand ausrieselt, ist eine Fugensanierung unumgänglich. Dabei müssen die Fugen bis auf den festen Zustand ausgekratzt und neu vermörtelt werden.

2.3.5 Schäden an Putzflächen

Bauteile der Kostengruppen 335, 336, 345

Konstruktive Verformungen des Putzgrundes (z. B. Verdrehungen des Deckenauflagers, Schwinden, Setzungen) sollten vor dem Verputzen im Wesentlichen abgeschlossen sein, um die Gefahr einer Rissbildung zu minimieren. Bewegungsfugen des Bauwerks müssen an gleicher Stelle und mit gleicher Bewegungsmöglichkeit übernommen werden.

Beim Verputzen von gerissenen Putzgründen (oft bei Altbausanierungen) sind spezielle Maßnahmen zur Untergrundvorbereitung notwendig, wie z. B. Rissschließung mittels Rissfüllung, Armierung des Putzes, Unterkonstruktionen oder Putzträger.

In Putzgründen aus Mauerwerk sowie in alten Putzgründen können lösliche Salze, insbesondere Sulfate, vorkommen. Salze in Verbindung mit Feuchte haben verschiedene schädliche Auswirkungen, die zur Zerstörung des Putzes, des Putzgrundes, zu Rissen und zum Verlust der Putzhaftung sowie zur Korrosion von nicht korrosionsbeständigem Metall führen können. Daher sind vor der Putzausführung entsprechende Maßnahmen zu planen.

Bei feuchten und salzbelasteten Untergründen sollte die Verwendung von Sanierputzen mit speziellen auf die Sanierungserfordernisse abgestimmten Eigenschaften eingeplant werden.

Schäden an Putzfassaden

Wenn im Fassadenputz Risse auftreten, ist die Frage nach dem Verantwortlichen nicht immer einfach zu beantworten. Dies liegt daran, dass die Ursache sowohl im Verputz als auch im Untergrund liegen kann. Im konkreten Einzelfall, vor allem wenn der Schaden erheblich ist, wird deshalb eine Expertise unumgänglich sein. Risse mit einer deutlich erkennbaren Richtung, insbesondere lange Horizontalrisse, Vertikalrisse und Diagonalrisse, haben ihre Ursache in der Regel im Untergrund. Sie sind in jedem Fall statisch/konstruktiv begründet und werden als Setzungsrisse bezeichnet. Hier sind in jedem Fall Untersuchungen des Untergrundes in Verbindung mit Tragfähigkeitsbetrachtungen zu den tragenden Bauteilen erforderlich. Unregelmäßig verlaufende Risse mit Y-förmigen Verzweigungen werden als Schwindrisse bezeichnet und haben ihre Ursache in der Regel im Verputz.

Bei Horizontal- und Vertikalrissen über Mauerwerksfugen liegt die Ursache meistens in einem Zusammenwirken von Putzmängeln und Untergrundmängeln. Bei auftretenden schadensrelevanten Setzungsrissen sind in jedem Fall Untersuchungendes Untergrundes in Verbindung mit Tragfähigkeitsbetrachtungen zu den betroffenen Bauteilen erforderlich. Gegebenenfalls sind entsprechende Fachingenieure/Gutachter heranzuziehen. Rissbildung im Grundputz (Sackrisse) entstehen durch zu „fetten" Putzmörtel auf schlecht haftendem Untergrund und stellen einen Verarbeitungsfehler dar (zu dick aufgetragene Putzschicht). Damit reichen der Abbindezustand des Putzmörtels und die Adhäsionskräfte nicht aus, die Putzschicht in ihrer Form zu halten.

Risse über Mauerwerksfugen sind in der Regel auf das Zusammenwirken von ungünstigen Faktoren im Putz und Mauerwerk zurückzuführen. Zu den ungünstigen Putzfaktoren zählen beispielsweise ein hohes Schwindmaß, ein ungünstiger Schichtaufbau, eine zu geringe Putzdicke und ungünstiges Wetter beim Verputzen.

Dies kann besonders bei zementgebundenen Mauersteinen zu Putzrissen über den Mauerwerks-fugen führen. Bei verputzten Ziegelmauerwerken treten Risse über Mauerwerksfugen in der Regel dann auf, wenn auf einen Zementvoranwurf (Spritzbewurf) zur Verbesserung der Möglichkeit der folgenden Putzlagen verzichtet wird und der Grundputz zu dünn aufgetragen wird. Das unterschiedliche Saugverhalten von Steinfläche und Fugenmörtel (der bei Stoßfugen oft fehlt) führt dann vor allem bei Putzen mit hohem Schwindverhalten zu Spannungsspitzen über den Mörtelfugen, welche die Anfangsfestigkeit des Verputzes überschreiten können.

Zu den ungünstigen Mauerwerkfaktoren zählen beispielsweise das Schwinden von Zement-gebundenen Steinen, unvollständig verfüllte Mörtelfugen bzw. die knappe Ausführung von Stoßfugen, geringe Mörtelfestigkeit in Kombination mit großformatigen Steinen und das Verputzen von durchfeuchteten Mauerteilflächen. Ablösungen des Gesamtsystems sind in den meisten Fällen auf eine nachträgliche Durchfeuchtung des Putzuntergrundes, d. h. das Mauerwerk, zurückzuführen. Besonders gefährdet sind Mauerwerksflächen an West- bzw. Nordwestfassaden (Wetterseiten) unterhalb von ggf. vorhandenen Horizontalrissen oder in mit hoher Schlagregenbeanspruchung belasteten Flächen.

Feuchte Wände können aufgrund von eindringender Feuchtigkeit abgeplatzte Putzschichten verursachen und zu weiteren Bauschäden führen. Dies kann die strukturelle Integrität des Gebäudes beeinträchtigen und gesundheitsschädliche Schimmelpilzbildungen fördern. Die Ablösung erfolgt i. d. R. durch Gefrieren des durchnässten Mauerwerks. Typisch ist, dass an der Rückseite des abgelösten Verputzes Reste des Mauerwerks anhaften.

Bild 15: *Rissbildung mit Aussinterung (Kalkablagerungen) in einer Kelleraußenwand. (Quelle: Manfred Kranz)*

Unter den deckputzablösenden Mineralien ist Natriumsulfat (Glaubersalz) besonders gefürchtet. Es ist Ursache für das sogenannte Sulfattreiben, das auf einer Kombination von Kristallbildung und Kristallumwandlung beruht. Bei der Kristallbildung wird der sogenannte Kristallisationsdruck, bei der Kristallumwandlung der sogenannte Hydratationsdruck aufgebaut.

Bei Natriumsulfat wird die Kristallbildung durch die starke Temperaturabhängigkeit seiner Wasserlöslichkeit gefördert. Die Löslichkeit beträgt normalerweise bei 30 °C rund 45 Gramm und bei 10 °C rund 10 Gramm Natriumsulfat in 100 Gramm Wasser. Die Löslichkeitskurve des Natriumsulfats zeigt bei rund 32 °C (genau bei 32,4 °C) einen Knick. Bei dieser Temperatur ändert das Sulfat seine Hydratphase. Es liegt oberhalb von 32,4 °C in kristallwasserfreier Form vor, unterhalb bindet jedes Molekül 10 Moleküle Kristallwasser, was zu einer Volumenzunahme bzw. bei behinderter Volumenzunahme zum Aufbau des sogenannten Hydratationsdruckes führt.

Bei einer durch Sulfattreiben geschädigten Fassade ist der Putz auf ein viel zu nasses Mauerwerk aufgebracht worden. Dies hatte zur Folge, dass sowohl aus dem Mauerwerk als auch aus dem Zement des Verputzes als auch aus dem Mauermörtel Sulfate gelöst wurden, die beim langsamen Austrocknen gegen die Oberfläche transportiert wurden. An der Grenze von Grund- und Deckputz bilden sich dann Anreicherungen von Natriumsulfat-Kristallen, die weiße Zonen bilden.

Dies führt zu Absprengungen von Teilen des Deckputzes und beim Schadensfortschritt auch der Grundputzoberfläche.

Deckputzablösungen wurden in der Vergangenheit häufig auch bei kunststoffgebundenen Deckputzen beobachtet. Wegen der großen Elastizität des kunststoffgebundenen Deckputzes zeigte sich die Ablösung im Anfangsstadium häufig in Form von – in der Regel – wassergefüllten Blasen.

Durch Produktverbesserungen (Reduktion des Quellverhaltens, Erhöhung der Dampfdurchlässigkeit) und durch die Applikation von geeigneten Voranstrichen wurde das Problem jedoch inzwischen weitgehend gelöst. Ebenso können stark gerissene Fugen, tief ausgewaschene Fugenkammern oder verwitterter Mörtel mit sehr hohem Wasseraufnahmevermögen zu Ablösungen der Putzschichten führen. Diese Probleme sind typisch für Fassaden von Gebäuden, die langfristigen Feuchtigkeitseinwirkungen ausgesetzt sind. Feuchtigkeit in den Wänden führt oft zu strukturellen Schäden, wie abplatzendem Putz und Bildung von Salzausblühungen.

Maßnahmen zur Schadenverhütung und -beseitigung an Putzfassaden

Zur Schadensvermeidung an mineralischen und kunststoffmodifizierten Fassadenbeschichtungen sind sowohl die richtige Auswahl der Putzmaterialien als auch die Schichtenausbildung und bei der Verarbeitung insbesondere die Beachtung der zulässigen Schichtdicke maßgeblich.

Bei der Verarbeitung sind beispielsweise die Saugfähigkeit des Untergrundes, die richtige Verwendung und Einarbeitung in den Putzträger bzw. der Putzarmierung und vor allem geeignete Witterungsbedingungen. Bezüglich der Witterungsbedingungen sind zu starke und dauerhafte Sonnenbelichtung, zu hohe Windbelastung und zu tiefe Temperaturen zu vermeiden.

Die Sonneneinstrahlung und Windbelastung kann i. d. R. durch Verplanen der Fassadengerüste oder Verlagerung der Verarbeitungszeiten in sonnenarmen Tageszeiten vermieden werden. Ansonsten tritt eine zu starke Austrocknung des Untergrundes oder das Verdunsten des Mörtelwassers ein, was zur Störung der Versteifung bzw. Abbindung des Putzmörtels führen kann.

Zur Untergrundvorbehandlung eignet sich je Verarbeitungsbedingungen ein Vornässen bzw. ein sogenannter Spritzbewurf. Spritzbewurf ist in der Regel ein wässriges Gemisch aus Zement und feinkörnigen Zuschlagstoffen. Dieser erhöht zusätzlich die spezifische Oberfläche des Putzgrundes und verbessert damit die Haftfähigkeit des Putzmörtels.

Nicht selten ist auch ein ungeeigneter Putzträger die Ursache für eine mangelnde Haftung des Putzes. Weitere Gründe können unterschiedliche Dehnungserscheinungen durch Wärme im betroffenen Bauteil oder chemische Reaktionen mit anderen Baumaterialien sein. Häufig handelt es sich dabei um gegenseitige Wechselwirkungen mit dem Mauerwerk oder innerhalb der einzelnen Putzschichten.

Systeme zur nachträglichen Horizontalabdichtung helfen, das Eindringen von Feuchtigkeit zu verhindern und die Fassade zu schützen. Diese Maßnahmen sind besonders effektiv bei der Fassadensanierung im Altbau, wo historische Bausubstanzen oft anfälliger für Feuchteschäden sind.

Risse im Putz können Feuchtigkeitsschäden und Schimmelpilzbefall fördern. Bei Altbauten können selbst kleinere Risse im Putz langfristig zu größeren Schäden führen.

Selbst kleine Risse, also Risse geringer Rissweiten von 0,1–0,3 mm als Alterungserscheinung, verlangen eine präzise Sanierung, vor allem im Altbau, um die Substanz und auch die ästhetische Integrität der Fassade zu bewahren.

Anstrich- und putztechnische Risssanierungen helfen somit, kleinere Risse im Putz zu schließen und die Fassade wieder optisch ansprechend zu gestalten und die Schutzfunktion zu erneuern. Deshalb ist nach der Entdeckung solcher Schadensbilder eine schnelle Reaktion erforderlich.

In vielen Fällen lässt sich für die Beseitigung eines Putzschadens hydrophober Sanierputz einsetzen. Er wird aus Wasser abweisenden – hydrophoben – Materialien hergestellt und sorgt dafür, dass Feuchtigkeit schwerer eindringen und sich im Putz festsetzen kann. Dieser Putz ist zudem von der Struktur her so auszulegen, dass vorhandenes Wasser an der Oberfläche in kürzester Zeit verdunstet.

Vor dem Auftragen des Sanierungsputzes sind zunächst alle schadhaften Teile zu entfernen und anschließend ein geeigneter Untergrund anzubringen. Je nach Art und Beschaffenheit des Untergrundes kann eine Vorbehandlung erforderlich werden, beispielsweise mit einem Spritzbewurf. Dies umfasst eine mehrstufige

Fassadensanierung zunächst durch Beseitigung der Ursachen der Feuchte- und Salzbelastung, um langfristigen Schutz zu gewähren.

Dabei werden Materialien und Techniken eingesetzt, die eine hohe Atmungsaktivität aufweisen und die Wände von innen trocknen lassen, ohne die Feuchtigkeit einzuschließen. Dies ist besonders wichtig, um das Risiko zukünftiger Schäden zu minimieren.

Schäden an den Fugen des Mauerwerks als Putzuntergrund machen zunächst eine umfassende Fugensanierung notwendig, das bedeutet eine Erneuerung der Fugen mit einem Fugensanierungssystem, um die Fassade wieder wetterbeständig und stabil zu machen. Dies stellt sicher, dass die neuen Fugen eine deutlich geringere Wasseraufnahme haben und somit länger haltbar sind, was den Schutz der gesamten Fassadenstruktur verbessert. Hilfreich kann, wie bereits erwähnt, auch der Einbau einer Putzbewehrung sein, um das Sanierungsergebnis dauerhaft zu machen.

2.3.6 Schäden an Stahlkonstruktionen

Bauteile der Kostengruppen 333, 343, 349

Stahlkonstruktionen sind meist als Alternative von Stahlbetontragwerken insbesondere im Industrie- und Gewerbebau im Einsatz. Sie können als ungeschützte („schwarze") oder durch Korrosionsschutz oder Verzinkung geschützte Konstruktionsteile zum Einsatz kommen.

<u>Ungeschützte und durch Korrosionsschutz geschützte Stahlkonstruktionen</u>

Sofern der Korrosionsschutz zu gering bemessen und ausgeführt wurde, verschlissen oder meist mechanisch beschädigt ist, geht die Schutzfunktion verloren und der Stahl rostet. Bei ungeschützt verwendeten Stahlbauteilen, sofern dies die Einsatzbedingungen zulassen, ist der entstehende Flugrost aber auch zumindest zeitweise als Schutz anzusehen. Schäden an Stahlkonstruktionen sind daher zunächst Schäden am Korrosionsschutz und oft mechanische Beschädigungen z. B. am Anfahrschutz bei Staplerbetrieb.

Bild 16: *Deformierter Anfahrschutz (Quelle: Manfred Kranz)*

Folgeerscheinungen dieser Beschädigungen sind rostende Stahlbauteile. Ähnliches entsteht infolge alterungsbedingten Verschleißes der Schutzschichten. Rost ist chemisch gesehen ein Salz aus Eisen und mit dem Eisen reaktionsfähigen Chemikalien, wie sauren wässrigen Lösungen, deren Wirkungen einer Säure vergleichbar sind, nur mit geringerer Reaktionsgeschwindigkeit. Vermittelnder Stoff ist Wasser in flüssiger oder dampfförmiger Konsistenz.

Bei Korrosion handelt es sich aus technischer Sicht um eine Reaktion eines metallischen Werkstoffs mit seiner Umgebung. Sie führt zu einer messbaren Veränderung des Bauteils, ggf. sofern tragende Querschnitte erfasst werden, zu einer Beeinträchtigung der Funktion des Bauteils oder gar des ganzen Systems. In der Chemie ist Korrosion die chemische Reaktion oder eine elektrochemische Reaktion eines Werkstoffs mit Stoffen aus seiner Umgebung, wobei eine messbare Veränderung am Stahl eintritt. Allgemeiner ausgedrückt bezeichnet Korrosion die allmähliche Zerstörung durch Einwirkungen anderer Stoffe aus seiner Umgebung.

Das angreifende Medium wird als korrosives Mittel beschrieben. Das können feste, flüssige oder gasförmige Stoffe sein, die das Metall umgeben und schließlich die Korrosion verursachen. Zur Korrosion kann es also durch unterschiedliche Reaktionen kommen. Im Wesentlichen wird zwischen chemischer, elektrochemischer und metallphysikalischer Korrosion unterschieden. Überwiegend aufgrund atmosphärischer Umgebungsbedingungen sind Stahlbauteile einer Korrosionsgefahr ausgesetzt.

Bild 17: *Abplatzungen der Korrosionsschutzbeschichtung (Quelle: Manfred Kranz)*

Bild 18: *Anrostung der Stahltragkonstruktion (Quelle: Manfred Kranz)*

Art und Größe der Belastung hängen von der Befeuchtungsdauer der Oberflächen und vom Grad der Verunreinigung der Luft ab. Ist keine Feuchtigkeit in der Umgebung gegeben, dann ist die Geschwindigkeit, mit der die Korrosion bei Eisen und Zink voranschreitet, sehr gering.

Das ist auch der Fall, wenn gasförmige oder feste Verunreinigungen vorhanden sind. Wird bei einem Korrosionsangriff die Funktionalität eines Bauteils beeinträchtigt, liegt ein Korrosionsschaden vor. Die Stärke der Korrosion kann bekanntlich stark variieren. In manchen Bereichen findet sie nur in geringem Maße statt, in anderen greift sie umso schneller um sich.

Erfasst wird sie in Korrosivitätskategorien nach DIN EN ISO 12944-2. Die Kategorien beziehen sich auf atmosphärische Umgebungsbedingungen. Korrosion in der niedrigsten Kategorie, in aller Regel auch als Flugrost bezeichnet, gilt als eher unbedeutend. Dies trifft vor allem auf Innenbereiche zu. Dazu gehören beheizte Gebäuderäume wie etwa Büros.

Eine geringe Stärke liegt bei einer Atmosphäre mit geringer Verunreinigung und trockenem Klima vor. Ein weiteres Beispiel sind ungeheizte Räume, in denen sich Kondenswasser bildet.

Als mittlere Kategorie kann es zu einer mäßigen Korrosion kommen. Grundlage hierfür gibt es in der Stadt- und Industrieatmosphäre sowie in Küstenbereichen mit geringer Salzbelastung. Das trifft auch zu bei Verunreinigungen durch Schwefeldioxid (SO_2). Besitzen Produktionsräume, oder auch technisch genutzte Räume (wie Heizungs- oder Lüftungszentralen) eine vergleichsweise hohe Feuchtigkeit sowie gegebenenfalls verunreinigte Luft, können höhere Korrosionsschutzanforderungen vorliegen.

Industrielle Bereiche in Küstengegenden mit mäßiger Salzbelastung, Chemieanlagen und beispielsweise Schwimmbäder begünstigen eine starke Korrosion. Mit Belastungen in der Regel in der Industrie, also meist sehr starker Korrosion, muss vor allem in den betroffenen Industriebereichen mit hoher Feuchtigkeit und aggressiver Atmosphäre gerechnet werden. Küsten- und Offshore-Bereiche mit hoher Salzbelastung werden analog eingestuft.

In der Praxis werden im Sinne der DIN EN ISO 8044 verschiedene Korrosionsarten unterschieden.

Dies sind, je nachdem wo sie auftreten, im Wesentlichen: Kontaktkorrosion, Lochfraßkorrosion, Muldenkorrosion, Flächenkorrosion, Spannungsrisskorrosion, Schwingungsrisskorrosion, Spaltkorrosion, interkristalline Korrosion, Messerlinienkorrosion, Erosionskorrosion und Unterwanderungskorrosion.

Lochfraßkorrosion entsteht auf offenen Flächen, zum Beispiel durch Niederschläge. Sie ist örtlich begrenzt, dabei ist sie tiefer als ihr Durchmesser. Lochfraß wird verursacht durch Chloride. Es ist die am häufigsten vorkommende Korrosionsart. Der Lochfraß zeigt sich zunächst als nadelstichartiger Angriff. Dabei entwickelt sich eine leicht rotbräunliche Verfärbung der Oberfläche. Nur in sehr schwerwiegenden Fällen können Anzahl und Tiefe der Löcher in dem Maß zunehmen, dass die Oberfläche gleichmäßig und nicht nur nadelstichartig angegriffen wird.

Dabei ist besonders diese Korrosionsart an Bewehrungsstählen zu beachten. Sofern eine Schwächung von tragenden Querschnitten zu verzeichnen ist, besteht gegebenenfalls Einsturzgefahr. Hier ist auch jeden Fall eine statische Betrachtung notwendig.

Auch die Flächenkorrosion entsteht auf der offenen Fläche, zum Beispiel durch Regen. Sehr häufig kommt in der Praxis die Flächenkorrosion vor, die sich parallel zur Oberfläche bildet. Die Gefahr dieser Korrosion ist etwa an Konstruktionen aus Stahl ohne Beschichtung gegeben.

Bild 19: *Flächige Korrosion an der Rahmenstahlkonstruktion einer Verglasung (Quelle: Manfred Kranz)*

Bild 20: *Abplatzung einer Korrosionschutzbeschichtung mit Anrostung und Verdacht auf Bleimennige eines Geländers (Quelle: Manfred Kranz)*

Bild 21: *Abplatzungen an einer Stütze (Quelle: Manfred Kranz)*

Bild 22: *Abplatzungen an einem Querträger (Quelle: Manfred Kranz)*

Bild 23: *Anrostung von verzinkten Gitterrosten (Quelle: Manfred Kranz)*

Eine Spaltrisskorrosion ist die Folge von eindringendem Wasser in Öffnungen. Durch die bloße Verbindung zweier unterschiedlicher Metalle kann es zu einer Kontaktkorrosion kommen, wenn der Luftzutritt in dem Spalt behindert wird.

Die Gefahr einer Spaltkorrosion ist größer als die von Lochfraß, denn sie entsteht bereits bei geringerer Belastung. Zu vermeiden ist sie in chloridhaltigen Medien durch konstruktive Maßnahmen.

Das gilt vor allem auch für Bereiche, bei denen sich Feuchtigkeit ansammeln kann. Falls das nicht möglich ist, ist auf einen Stahl mit höherer Korrosionsbeständigkeit zurückzugreifen. Spaltkorrosion kann grundsätzlich konstruktiv oder aber betriebsbedingt sein, also beispielsweise durch die Bildung von Ablagerungen. Einfluss auf den Spalt haben die spaltbildenden Materialarten und außerdem die Spaltgeometrie. Zu vermeiden sind enge Spalten.

Unter Spannungsrisskorrosion ist die Rissbildung unter dem gleichzeitigen Einfluss von rein statischer Zugspannung oder überlagerter niederfrequenter Zugschwellspannung und eines spezifischen Angriffsmittels zu verstehen. Hinzu kommt die Eigenspannung. Treten

Risse in Verbindung mit Schwingungen auf, ist die Rede von Spannungsrisskorrosion.

Bei der Spannungsrisskorrosion treten im Allgemeinen keine sichtbaren Korrosionsprodukte auf. Die Trennung ist verformungsarm. Die interkristalline Korrosion entwickelt sich insbesondere, wenn Chromkarbide durch Wärme in zusammenhängender kritischer Form an den Korngrenzen austreten. Werden Chromkarbide ausgeschieden, bewirkt dies eine Verarmung des Elements Chrom. Damit verringert sich der Anteil des für die Korrosionsbeständigkeit wichtigen Chroms.

Zu einer solchen Wärmeeinwirkung kommt es etwa durch das Schweißen in der Nähe der Schweißnaht, also in der Wärmeeinflusszone. Allerdings tritt interkristalline Korrosion mittlerweile immer weniger auf, da immer häufiger von vornherein ein geeigneter Werkstoff gewählt wird. Bei älteren Stahlkonstruktionen, insbesondere der 60er- bis teilweise der 1980er-Jahre, kam Bleimennige als Grundierung zum Ersatz.

Deren Anwendung entsprach der Bauweise dieser Zeit und stellt eigentlich keinen Bauschaden dar. Aus heutiger Sicht ist Bleimennige aufgrund ihres Hauptbestandteils Bleioxid bei der Sanierung von Korrosionsschutzsystemen als Gefahrstoff eingestuft, was besondere Verarbeitungsbedingungen aus Sicht des Arbeitsschutzes erfordert.

<u>Verzinkte Stahlkonstruktionen</u>

Die Verarbeitung erfolgt im Allgemeinen als Montageelemente aus vorgefertigten und werksseitig verzinkten Bauteilen. Sofern die Verzinkung beschädigt oder verschlissen ist, kann ebenso wie bei dem nicht mehr funktionierendem Korrosionsschutz Rost entstehen. Eine besondere Form der Korrosion der Verzinkung stellt der sogenannte „Weißrost“ dar. Dieser entsteht bei dauerhaft mit Feuchte belasteten Verzinkungsschichten, bei denen die Zinkverbindungen mit dem Wasser reagieren.

Zink korrodiert, wie praktisch alle anderen Metalle auch, allerdings sehr langsam. Korrosionsschutz durch Zink, wie auch der Schutz für die Zinkoberfläche selbst, ist daher eine Frage der Ausbildung dichter, festhaftender dunkelgrauer Deckschichten. Diese übernehmen die Funktion einer Schutzschicht (Zinkpatina), welche das darunterliegende Zink vor weiteren Korrosionsangriffen schützt. Die Deckschichten bestehen überwiegend aus basischem Zinkcarbonat.

Die für die Korrosionsschutzwirkung des Zinks wichtigen Deckschichten können sich jedoch nicht ausbilden, wenn die Zinkoberfläche über einen längeren Zeitraum mit Wasser benetzt ist, das keine oder nur sehr wenig mineralische Stoffe enthält, oder wenn der Luftzutritt und damit das Angebot an CO_2 unzureichend ist.

Stattdessen bildet sich auf der Oberfläche in kurzer Zeit ein weißgraues Zinkkorrosionsprodukt, der sogenannte „Weißrost".

Weißrost ist die Bezeichnung für alle Korrosionsprodukte des Zinks, die als weißgraue Flecken auftreten. Er besteht überwiegend aus Zinkhydroxid, einem geringen Anteil Zinkoxid und ein wenig Zinkcarbonat. Weißrost hat jedoch keine genau definierte Zusammensetzung, da diese von den jeweiligen Entstehungsbedingungen abhängig ist.

In der Praxis wird Weißrost meist bei frisch verzinkten und nicht bei bewitterten Bauteilen zum Problem. Die Schädigung durch Weißrost wird häufig überschätzt, da bei der Bildung von Weißrost bereits geringe Mengen metallischen Zinks bei ihrer Umsetzung große Mengen des lockeren, amorphen, pulverigen Weißrosts ergeben.

Bei einer leichten Weißrostbildung tritt normalerweise keine nennenswerte Schädigung in Bezug auf die Gebrauchsfähigkeit des Bauteils ein, da die normgemäße Dicke des Zinküberzugs in der Regel erhalten bleibt.

Allerdings wird das optische Gesamterscheinungsbild durch die leichte Weißrostbildung beeinträchtigt. Geringe Mengen an Weißrost werden nach Fortfall der auslösenden Bedingungen in eine das Zink schützende Deckschicht umgewandelt.

In Bezug auf die Bewertung der optischen Beeinträchtigung ist grundsätzlich zu bedenken, dass sich der zunächst vorhandene silbrige Glanz ohnehin im Verlaufe einiger Monate verliert und sich sukzessiv in einen hellen Grauton verwandelt. Im Zuge dieses natürlichen Alterungsprozesses egalisieren sich diese weißgrauen Verfärbungen oftmals nahezu vollständig.

Sind die Bedingungen, die die Weißrostbildung ausgelöst haben, nicht mehr vorhanden, breitet er sich auch nicht weiter aus. Bei geringem Weißrostbefall ist daher regelmäßig eine Entfernung des dünnen weißgrauen Belags aus technischer Sicht nicht erforderlich; die Korrosionsprodukte lagern sich vielmehr in die sich langsam bildende Deckschicht ein. Die dauerhafte Befeuchtung kann entweder durch die Kondensation von Wasserdampf an den kälteren Stahlteilen oder eine dauerhaft feuchte Umgebung z. B. im Dachbereich von Hallen infolge mangelhafter Belüftung, entstehen.

Starke Weißrostbildung tritt bei andauernder und intensiver Befeuchtung auf. Sie kann zu einer erheblichen Schädigung des Zinküberzugs, bis hin zu einer lokalen Zerstörung, führen. Eine objektive Aussage über den Umfang einer Schädigung wird in erster Linie durch Messung der noch vorhandenen Zinküberzugsdicke möglich.

Ob Ausbesserungen in der Zinkschicht erforderlich sind, hängt vom Ausmaß der Schädigung ab. Sofern die Dicke des Zinküberzugs die normativ geforderten Mindestwerte noch einhält, kann man sich mit der Beseitigung des Weißrosts begnügen.

Maßnahmen zur Schadenverhütung und -beseitigung

Bei der Sanierung bedeutet Feuchteschutz auch Bauteilschutz. Bei Niederschlägen, Nebel oder hoher Luftfeuchtigkeit sollten verzinkte Stahlteile nicht langfristig im Freien lagern. Ggf. ist das Material unter Dach zu lagern. Der direkte Kontakt von Tausalzen mit verzinkten Oberflächen ist zu unterbinden, da hier chemische Reaktionen nicht immer auszuschließen sind.

Verzinkte Stahlteile sind nicht in hohem, feuchtem Milieu, wie Gras, Pfützen oder Schlamm, abzulagern; verzinkte Stahlteile auf trockene Unterlagen (z. B. Kanthölzer) setzen mit etwa 150 mm Bodenabstand. Eine vollflächige Berührung ist zu vermeiden (gegebenenfalls sind Holzzwischenlagen zu benutzen).

Es ist keine Abdeckung durch Planen oder Folien vorzunehmen, um die Beeinträchtigung durch Kondenswasser zu vermeiden. Ebenso sind Wannenbildung durch Feuchtigkeitsansammlungen bei der Lagerung von Profilen zu vermeiden (offene Profilseite muss nach unten zeigen). Bei der Lagerung möglichst mit leichtem Gefälle lagern, damit Wasser ablaufen kann.

Verzinkte Bauelemente, wie z. B. Schrauben oder Kleinteile, sollten trocken und gut belüftet gelagert und verpackt werden.

Die Lagerung in offenen Holzkisten oder offenen Behältern unter freiem Himmel sollte vermieden werden, da eindringende Feuchtigkeit zu Staunässe und bei verzinkten Bauelementen zu Weißrost führt.

Bei geringfügige Weißrostbildungen ist eine manuelle Beseitigung mittels Drahtbürste zunächst als durchaus ausreichend anzusehen.

Eine Sanierung muss auf jeden Fall zunächst die Feuchteursachen beseitigen, danach kann eine Schadensbeseitigung an den geschädigten Bauteilen durch Nachverzinkung (gegebenenfalls zinkhaltiger Anstrich) oder deren Austausch vorgenommen werden.

2.3.7 Schäden an WDVS

Bauteile der Kostengruppe 335

Allgemeine Anforderungen und Schadensursachen

Entsprechend den rechtlichen Anforderungen der Energieeinsparungsverordnungen ist bei den hoch gedämmten Gebäuden und dem somit zu erreichenden sehr geringen Transmissionswärmeverlust der Fassadenfläche die WDVS eine technische Lösung.

Gedämmte Fassadenflächen eines WDVS bilden an der Außenhaut des Gebäudes eine „Schutzhülle“ für die wärmeumschließende Hüllfläche des Gebäudes.

Schäden an WDVS-Fassaden

Kreisrunde Flecken auf dem WDVS entstehen infolge der Befestigung durch einfache Tellerdübel als punktuelle Wärmebrücken. An diesen Punkten ist die außen liegende Putzoberfläche des WDVS wärmer als die im übrigen Bereich des WDVS liegende Putzfläche. Dies führt dazu, dass an diesen warmen Stellen eine erhöhte Trocknung des Putzes auftritt, welche einen Algenbefall verhindert.

Im äußeren Erscheinungsbild der WDVS-Fassade entstehen so die typischen hellen Flecken, da hier eine gleichmäßige Fassadenverschmutzung/Verfärbung durch den Algenbefall nicht stattfinden kann. Je dicker die Wärmedämmschicht ist, desto größer ist die Temperaturdifferenz zwischen der durch die Dübel verursachten Wärmebrücke und den übrigen Flächen des WDVS. Dies hat wiederum zur Folge, dass sich die Fassadenverfärbungen bei höheren Dämmschichtdicken stärker abzeichnen.

Eine Veralgung auf dem WDVS tritt insbesondere bei Fassadenvorsprüngen durch z. B. Rollladenkästen oder an Verzierungen (Bändern) auf.

Dort kommt es, meist durch falsche Planung verursacht, zu stauender Nässe im Putz, da das Regenwasser aufgrund von fehlendem Gefälle bzw. Tropfkanten nicht gezielt abgeführt werden kann. Dies begünstigt ein Algenwachstum.

Da eine Fassade nicht nur einen Gebrauchswert, sondern auch eine optische Funktion hat und damit eine Außenwirkung erfüllen soll, sind solche Mängel des Fassadenbilds zu vermeiden. Das heißt, dass die Gesamtfunktion der Fassadenfläche gewährleistet werden muss. Dazu gehört neben der reinen baukonstruktiven Funktion auch die Gestaltung, d. h. eine optisch ansprechende Fassade.

Neben den bereits beschriebenen Abzeichnungen der Tellerdübel kann es auch zu großflächigen, hellen Abzeichnungen auf der WDVS-Fassade kommen. Dies ist speziell unter Fensterbrüstungen der Fall, da sich dort üblicherweise in den inneren Nischen Heizkörper befinden.

Speziell bei relativ dünn ausgebildeten Dämmschichten zeichnen sich diese Flächen ab, da die durch den Heizkörper erzeugte Wärme auch die Fassadenaußenfläche erwärmt und so den Trocknungseffekt des Außenputzes verstärkt und einen Algenbewuchs vermindert.

Um dies zu vermeiden, empfiehlt sich die Herstellung dickerer Dämmstärken des WDVS, um damit sicherzustellen, dass die Außenfläche eine relativ gleichbleibende Temperatur aufweisen kann und somit auch eine gleichmäßige Farbveränderung durch die eintretende, meist alterungsbedingte Veränderung der Sichtflächen gewährleistet ist.

Ein weiteres, gegenwärtig und zukünftig vermehrt auftretendes Schadensbild ist die zunehmende Ablösung des WDVS vom Untergrund. Dies ist durch die Alterung der ursprünglich oft nur punktuellen Verklebung bzw. Durchfeuchtung des Untergrunds begründet.

Maßnahmen zur Schadenverhütung und -beseitigung

Um die ungleichmäßigen Verfärbungen in Form des Sichtbarwerdens der Verdübelung zu vermeiden, ist eine Reihe verschiedener Lösungsansätze möglich.

Zum einen sind die punktuellen Wärmebrücken zu vermeiden und weitestgehend zu minimieren, damit es zu einer gleichmäßigen Veränderung der Fassadenoberfläche z. B. durch Algen kommen kann. Dies ist durch den Einsatz spezieller Tellerdübel erreichbar, da diese durch einen zusätzlichen „Stopfen“ gedämmt werden. Weiterhin kann bis zu einer geringen Gebäudehöhe eventuell auf das Verdübeln der Dämmplatten verzichtet werden. Hierbei ist ein vollflächiges Verkleben des WDVS mit dem Untergrund oftmals ausreichend.

Alternativ gibt es Strategien zum grundsätzlichen Vermeiden des Algenbefalls. So kann auch durch eine wesentlich dickere Außenputzschicht und damit eine daraus resultierende hohe Wärmespeicherfähigkeit der Trocknungseffekt vergrößert und das Algenwachstum minimiert werden. Zum anderen ist von einer Verwendung von fungiziden Stoffen zur Algenbekämpfung abzuraten, da dies nur einen temporären, zeitlich begrenzten (nach heutigen Erkenntnissen ca. 2 bis 4 Jahre) Schutz vor Algenwachstum bietet.

Darüber hinaus muss davon ausgegangen werden, dass diese Stoffe aus der Fassade durch Niederschläge ausgewaschen werden und dann u. a. in das Grundwasser versickern. Unter Berücksichtigung der Nahrungskette wurde durch Umweltverbände ermittelt, dass diese Stoffe nach ca. 7 Jahren beim Menschen angelangt sein können. Dies stellt auf Dauer eine gesundheitliche Gefahr dar.

Algenwachstum lässt sich durch eine fachgerechte Planung vermeiden. Dabei sollten horizontale Fassadenvorsprünge im WDVS weitestgehend vermieden werden. Sofern sich diese nicht vermeiden lassen, muss das Regenwasser an den kritischen Stellen z. B. durch Wassernasen gezielt abgeleitet werden. Dies kann ebenso durch ein fachgerecht eingebautes Z-Profil geschehen.

Zur Vermeidung der Ablösung des WDVS vom Untergrund ist zunächst die Feuchtesituation, ggf. unter Berücksichtigung der Diffusionseigenschaften des Gesamtsystems, zu beurteilen. Einer Sanierung der abgelösten WDVS-Flächen müssen Trocknung und Verhinderung einer erneuten Durchfeuchtung des Untergrunds vorausgehen.

Je nach Zustand der Fassade sind unterschiedliche Überarbeitungen von WDVS erforderlich. Bei optischer Verbesserung und/oder Algen- und Pilzbefall sowie bei geringer Rissbildung reicht häufig eine Erneuerung der Beschichtung aus. Ist nur die Putzoberfläche unansehnlich geworden, erfolgt ein ganzflächiges Überspachteln mit Neuverputz. Bei einzelnen Schäden an Ober- und Unterputz oder der Dämmung können diese Fehlstellen partiell ausgebessert werden; bei vollständig zerstörten Oberflächen muss der Putzaufbau komplett ersetzt werden. Reicht die Wärmedämmung energetisch nicht aus oder soll der Dämmwert verbessert werden, kann das vorhandene System überdämmt werden.

2.3.7.1 Anstrich/Beschichtung

Ist die Putzschicht wie auch die Dämmschicht in einem ordnungsgemäßen und wärmetechnisch ausreichenden Zustand, ist häufig lediglich eine Überarbeitung der verschmutzten oder angewitterten Beschichtung erforderlich. Hierzu wird die Oberfläche zunächst durch Druckwasserstrahlen gereinigt und nach ausreichender Trocknungszeit bei normal saugenden Untergründen mit je einer Grund- und Schlussbeschichtung versehen. Bei stark saugenden Untergründen ist zunächst eine entsprechende Grundierung erforderlich.

Bei Rissbildung können rissverschlämmende oder elastische Beschichtungen analog zu WTA-Merkblatt 2-4[1] aufgebracht werden.

Sofern erforderlich, können Anstriche mit algiziden und/oder fungiziden Zusätzen verwendet werden. Bei vorhandenem Algen- und Pilzbefall sollte die nach Reinigung aufzubringende Grundierung bereits biozide Stoffe beinhalten.

2.3.7.2 Oberputz

Auch wenn dicklagige Putzschichten in WDV-Systemen am Markt vorhanden sind, beträgt die Dicke des Oberputzes meist nur 2 bis 6 mm. Bei mechanischen Belastungen, auch durch Hagelschlag, übersteigt die entstehende Druckspannung häufig die Druckfestigkeit des Dämmstoffs, sodass sie von der Armierungsschicht aufgenommen werden muss. Bei dünnen Oberputzen gibt diese Schicht nach, ebenso wie das in der Regel weiche Armierungsgewebe. Durch dessen Verformung bricht der Putz aus, was nur durch di-

[1] WTA-Merkblatt 2-4-14/D Beurteilung und Instandsetzung gerissener Putze an Fassaden, Ausgabe 08/2014, Wissenschaftlich-Technische Arbeitsgemeinschaft für Bauwerkserhaltung und Denkmalpflege e. V. – WTA–, München.

ckere Putzschichten vermieden werden kann. Ab einer Putzdicke von ca. 8 mm ist eine zweilagige Ausführung mit zweiter oberflächennaher Gewebelage sinnvoll.

Zur Instandsetzung einzelner Stellen können Fassaden-, Mineral- oder Mineral-Leichtputze aufgebracht werden, wahlweise als organisch oder mineralisch gebundene Systeme.

Generell ist die Festigkeit des Oberputzes entweder geringer als die des Unterputzes oder sie ist bei beiden Putzlagen gleich. Dünnlagige geriebene Oberputze können jedoch fester als der Unterputz sein, wenn ein Armierungsputz auf Wärmedämmputz oder Leichtunterputz aufgebracht wird, da in diesem Fall durch die geringe Dicke des Oberputzes keine Spannungen auf den Unterputz wirken. Durch die höhere Festigkeit sind diese dünnlagigen Oberputze widerstandsfähiger gegen Abrieb und Witterungseinflüsse.

Werden nur einzelne Stellen instand gesetzt, ist in der Regel zur Kaschierung der bearbeiteten Teilflächen ein ganzflächiger Anstrich des Systems – mindestens auf den jeweiligen Fassadenteilen – erforderlich.

Bei ganzflächigem Überspachteln müssen die zu verwendenden Materialien auf die des vorhandenen Systems – mineralisch oder organisch gebunden – abgestimmt werden. Zunächst wird eine Spachtelmasse mit Gewebeeinlage aufgebracht, dann erfolgt die neue Oberputzschicht, wahlweise als Leichtputz, und ggf. ein Egalisationsanstrich bzw. eine biozide Grund- und Schlussbeschichtung.

2.3.7.3 Unterputz

Ist der Unterputz nur partiell beschädigt, die Dämmschicht noch intakt und dämmtechnisch ausreichend dimensioniert, sind ein ganzflächiges Überspachteln und Neuverputz möglich. Um die Funktionsfähigkeit des Systems zu gewährleisten, müssen Überlappungszonen geschaffen werden. Dies geschieht durch Einschneiden und Ablösen der Beschichtung vom Dämmstoff. Nach dem

Abschaben des Oberputzes zuzüglich 5 cm umlaufend zu diesem Bereich wird der Oberputz abgeschabt und dann die Armierungsschicht mit einer Zugabe von ca. 10 cm umlaufend entfernt.

Ist der Unterputz komplett schadhaft, wird zunächst die gesamte Beschichtung abschnittsweise ca. 5 mm tief eingeschnitten und abgeschält („Abstrippen").

2.3.7.4 Armierungsschicht

Bei partieller Beschädigung von Unter- und Oberputz, jedoch intakter Wärmedämmung muss nach Entfernung der Schichten in den entsprechenden Bereichen zunächst eine Armierungsschicht aus Spachtel- oder Klebemassen aufgebracht werden. Hierbei ist auf die entsprechende Überlappung zum bestehenden System zu achten.

Es stehen organische Systeme, z. B. pastöse Dispersionsputze mit geringen Dicken, jedoch guter Resistenz gegenüber mechanischen Belastungen (Hagelschlag u. a.) zur Verfügung. Bei mineralischen Systemen ist für diese Widerstandsfähigkeit die Putzstärke ausschlaggebend, sodass dicklagige Systeme ausgeführt werden sollten. Dies hat zudem den Vorteil, dass sich die Stöße der Dämmplatten nicht in der Oberfläche abzeichnen und diese Stoffe eine höhere Wärmespeicherfähigkeit besitzen.

2.3.7.5 Dämmung als Putzträger

Ist die Dämmschicht nur partiell zerstört, wird zunächst wie bei der stellenweisen Ablösung des Unterputzes vorgegangen. Zusätzlich müssen die beschädigten Dämmplatten herausgelöst werden und ein passend zugeschnittenes Dämmplattenstück eingeklebt werden.

Bei vollständiger Erneuerung von Unter- und Oberputz müssen Polystyrol-Dämmplatten überschliffen und ggf. beschädigte Dämmplatten ausgetauscht werden. Je nach Belastung ist zusätzlich zum

Kleben oder alternativ dazu eine Befestigung durch Dübel erforderlich. Die Befestigungsart ist weiterhin abhängig von der Unebenheit des Untergrunds; bei Unebenheiten bis 1 cm reicht eine Verklebung, betragen sie bis 2 cm, muss zusätzlich gedübelt werden und bei Unebenheit bis 3 cm erfolgt die Befestigung durch Schienen.

Dämmungen aus Polystyrol-Hartschaumstoffplatten werden entweder mit den Zähnen einer Säge aufgeraut oder mit einer Haftbrücke vorbehandelt. Der Putz wird zweilagig mit einem Armierungsgewebe „nass in nass" mit einer Mindestdicke von 1,5 cm und einer Überlappung des Gewebes von mindestens 1 cm bzw. 2 cm auf benachbarte Bauteile aufgebracht. Öffnungen müssen in den Ecken zusätzlich diagonal mit Gewebe versehen werden.

Auf Holzwolle-Leichtbauplatten und Mehrschichtbauplatten ist ein vollflächiger Spritzbewurf erforderlich, wenn sie nicht direkt mit der Tragkonstruktion verbunden sind. Nach mindestens drei Wochen Standzeit wird der Putz entweder einlagig mit ca. 1,5 cm Dicke oder zweilagig mit einer Gesamtdicke von 2 cm (erste Schicht ca. 1,5 cm), jeweils mit Armierungsgewebe, aufgebracht.

Zur Erhöhung der Stoßfestigkeit können zusätzlich Putzträgerplatten, z. B. aus Blähglasgranulat oder als zementgebundene Bauplatten, verwendet werden, die mit dem mindestens 8 mm dicken Armierungsputz, ggf. mit einer zweiten Gewebelage, überputzt werden.

2.3.7.6 Aufdopplung

Ist ein älteres WDV-System zwar noch technisch in Ordnung, entspricht aufgrund der Dämmstärken und/oder Wärmeleitfähigkeitsgruppe nicht mehr den heutigen Anforderungen, besteht die Möglichkeit der Aufdopplung. Dadurch entfallen sowohl Entfernung als auch Entsorgung der vorhandenen Materialien, ggf. müssen lediglich lose Stellen des Oberputzes entfernt werden, in jedem Fall muss der Putz gründlich gereinigt werden. Durch die Aufdopplung werden optische Mängel, wie z. B. geringfügige Risse oder Dübelabzeichnungen, gleichzeitig saniert.

Zunächst muss die Tragfähigkeit des alten Systems geprüft werden, da die neuen Aufbauten in einigen Fällen nicht an der Tragkonstruktion, sondern am vorhandenen Aufbau befestigt werden können. Je nach vorhandenem Aufbau empfiehlt sich jedoch eine Dübelung an der Tragkonstruktion durch Alt- und Neusystem hindurch an der tragenden Unterkonstruktion. Zur Prüfung des Alt-Systems muss dieses an mind. fünf Stellen auf eine Fläche von mindestens 0,50 m^2 geöffnet werden. Ist die Haftzugfestigkeit des Oberputzes nicht mehr gewährleistet, muss er komplett entfernt werden. Haften auch in bestimmten Bereichen die Dämmplatten nicht mehr hinreichend am Untergrund, müssen diese ebenfalls entfernt bzw. ersetzt werden. Mehrfach-Aufdopplungen sind nicht zulässig, bei Befestigung des Alt-Systems ausschließlich mit einem Schienensystem ist eine Aufdopplung nicht möglich.

Die Auslegung des Aufbaus und der Schichtdicken, insbesondere der Dämmung mit einem Mindestmaß von 4 cm, erfolgt gem. den Anforderungen des Gebäudeenergiegesetzes. Die gesamte Dämmstoffdicke aus Alt- und Neusystem darf höchstens 20 cm, bei vorhandener EPS- oder HWL-Dämmung mit neuer EPS-Dämmung höchstens 40 cm betragen. Da auf dem Altsystem aufgebaut wird, wird die neue Dämmschicht in der Regel sowohl vollflächig verklebt als auch gedübelt. Als sinnvoll haben sich Dämmplatten mit Nut und Feder zur Überdeckung des vorhandenen Verlegerasters erwiesen. Für Anschlüsse an Öffnungen sowie einbindende Bauteile gelten die gleichen Regeln wie bei einem neu anzubringenden System.

Durch die durch Aufdopplung erreichte Gesamtdämmstoffdicke von mehr als 10 cm sind bei Verwendung brennbarer Dämmstoffe, z. B. EPS, entsprechende Brandschutzmaßnahmen wie umlaufende Brandriegel oder am Sturz angebrachte Mineralwollstreifen erforderlich. In den Bereichen, die Streifen bzw. Brandriegel aus nichtbrennbaren Dämmstoffen erfordern, müssen die vorhandenen Dämmplatten entfernt und in gesamter Dämmdicke bspw. durch Mineralwolle ersetzt werden.

Generell gelten für die Aufdopplung die gleichen Regeln wie für ein Neusystem. Bei Anforderungen an den Brandschutz müssen die

Brandriegel ggf. durch Entfernen der vorhandenen Schichten bis auf die Tragkonstruktion ausgeführt werden.

2.3.7.7 Komplettaustausch

Sind die Dämmplatten durch eine schadhafte Putz- bzw. Beschichtungsschicht bereits durchfeuchtet, ist ein Komplettaustausch unumgänglich. Hierbei ist darauf zu achten, dass die möglicherweise bereits in die Tragkonstruktion eingedrungene Feuchtigkeit vor Anbringen des neuen WDV-Systems abtrocknen kann und/oder konstruktionsbedingte Feuchtigkeitsschäden beseitigt werden.

Bei der Entsorgung der alten Materialien sind die Recyclingmöglichkeiten zu untersuchen. Gemäß einer Forschungsarbeit im Auftrag des Fachverbands Wärmedämmverbundsysteme, gefördert durch das Bundesinstitut für Bau-, Stadt- und Raumforschung, kann der häufig verwendete Dämmstoff EPS durch Zerkleinerungs- oder Konversionsverfahren in andere Stoffe umgewandelt werden bzw. durch Verbrennung Gas, Strom und Dampf erzeugen.

Die hauptsächlich verwendeten Dämmstoffe sind EPS und Mineralwolle. Daneben können weitere organische oder anorganische Stoffe eingesetzt werden, abhängig von den erforderlichen Eigenschaften. EPS, XPS, PUR und Schaumglas sind danach auch für die Perimeterdämmung geeignet.

Tabelle 1: *Eigenschaften der Dämmstoffe für WDVS (Quelle: Ingrid Kaiser)*

Dämmstoff	**Wärmeleitfähigkeit λ [W/K]**	**Brandverhalten gem. DIN 4102-1**[2]	**Wasserdampfdiffusionswiderstand μ [-]**	**Rohdichte ρ [kg/m³]**	**weitere Eigenschaften**
		organisch, porig, künstlich			
EPS	0,020–0,040	B1, B2	20–100	15–30	feuchtebeständig, nicht UV-beständig
XPS	0,030–0,040	B1, B2	80–300	20–60	feuchtebeständig, nicht UV-beständig
PUR	0,025–0,030	B1, B2	30–250	i. M. 30–250	feuchtebeständig, wasserabweisend, schimmel-/fäulnisresistent, temperaturbeständig
		organisch, porig, natürlich			
Kork	0,045	(B2)	5–10	80–500	feuchtebeständig, gute Wärmespeicherfähigkeit/Schalldämmung
		organisch, faserig, natürlich			
Holzfasern	0,040–0,055	B2	5–10	170 – 230	guter Schallschutz, gute Wärmespeicherung

[2] DIN 4102-1:1998-05 – Brandverhalten von Baustoffen und Bauteilen – Teil 1: Baustoffe; Begriffe, Anforderungen und Prüfungen.

Tabelle 1: *Eigenschaften der Dämmstoffe für WDVS (Quelle: Ingrid Kaiser)*

Dämmstoff	Wärmeleitfähigkeit λ [W/K]	Brandverhalten gem. DIN 4102-1[2]	Wasserdampfdiffusionswiderstand μ [-]	Rohdichte ρ [kg/m³]	weitere Eigenschaften
Schilf	0,038–0,055	meistens B2	2	190–225	feuchtebeständig, pilz-/fäulnisresistent, gute Schalldämmung
Hanf	0,040–0,045	B2	1–2	20–42	gute Schalldämmung
Schafwolle	0,040	B2	1–2	20–140	feuchteregulierend, gute Schalldämmung
anorganisch, porig, natürlich					
Perlite	0,050–0,055	A1	5–6	50–100	feuchteregulierend, temperaturbeständig
Schaumglas	0,040–0,060	A1, A2	dampfdicht	100–165	wasserabweisend, frostbeständig
anorganisch, faserig, natürlich					
Mineralwolle	0,030–0,040	A1, A2	1–2	15–80	schimmelresistent, feuchteempfindlich
Aerogel	0,014–0,021	B1, B2	2–18	90–170	hochdämmend

Die Befestigung der Dämmung kann über Kleben, Dübeln und Schienensysteme erfolgen, in Abhängigkeit von der Ebenheit des Untergrunds und den allgemeinen bauaufsichtlichen Zulassungen (abZ) hinsichtlich der Standsicherheit:

- Typ I: geklebt, Polystyrol-Hartschaum
- Typ II: Schienenbefestigung
- Typ III: geklebt und gedübelt
- Typ IV: geklebt, Mineralwolle

Bei Anschlüssen an Öffnungen, insbesondere im Fenster- und Fensterbankbereich und im Übergang zu anderen Bauteilen, werden in der Regel vorkomprimierte Fugendichtbänder zur Aufnahme von Bewegungen in der Konstruktion eingesetzt. Sie müssen vor allem witterungs- und UV-beständig, diffusionsoffen und schlagregendicht sein und gleichzeitig die Luftdichtheit der Gebäudehülle gewährleisten.

Tabelle 2: *Beanspruchungsgruppen von Fugendichtbändern gem. DIN 18542[3]*

Eigenschaft	**Beanspruchungsgruppe**		
	BG 1	**BG 2**	**BG R**
Fugendurchlasskoeffizient, a-Wert [m^3/hm(daPa)^n]	< 1,0		
Luftdichtheit [m^3/hm(daPa)$^{2/3}$]	< 1,0		
Schlagregendichtheit von Fugen bei Δp [Pa]	≥ 600	≥ 300	-
Schlagregendichtheit von Fugenkreuzungen bei Δp [Pa]	≥ 600	-	-
Temperaturbeständigkeit [°C]	-20 bis 80	-20 bis 60	
Beständigkeit gegen Licht- und Feuchteeinwirkung	muss sicher-gestellt sein	-	-
Verträglichkeit mit angrenzenden Baustoffen [°C]	≤ 80	≤ 60	

[3] DIN 18542 – Abdichten von Außenwandfugen mit imprägnierten Fugendichtungsbändern aus Schaumkunststoff – Imprägnierte Fugendichtungsbänder – Anforderungen und Prüfung.

Tabelle 2: *Beanspruchungsgruppen von Fugendichtbändern gem. DIN 18542*[3]

Eigenschaft	**Beanspruchungsgruppe**		
	BG 1	**BG 2**	**BG R**
Beständigkeit gegen Tauwasser, rel. Luftfeuchte [%] bei 85 °C	-	-	100
Wasserdampfdurchlässigkeit, sd-Wert [m]	≤ 0,5		ermittelter Wert
Brandverhalten	B1	B2/E	

Für den Außenbereich sind im Allgemeinen nur Fugenbänder der Beanspruchungsgruppe BG 1 zulässig, bei BG 2 müssen die Fugenbänder durch Abdeckung vor direkten Witterungseinflüssen geschützt werden.

2.3.8 Estrich-Instandsetzung

Bauteile der Kostengruppe 354

Allgemeine Anforderungen und Schadensursachen

Risse im Estrich durch Schwinden, vorwiegend aufgrund thermischer Einflüsse, führen immer wieder bei Mangel- bzw. Schaden-Diskussionen zu Diskrepanzen. In der Regel stellen diese Risse keinen technischen Mangel dar, sondern lediglich einen optischen, soweit die Funktionsfähigkeit nicht eingeschränkt ist. Somit sind sie zunächst auch nicht in die Kategorie der Bauschäden einzureihen. Besonders im Industriebau, wo der Estrich als Nutzschicht dient, kann durch die Risse Feuchtigkeit in den Untergrund gelangen und somit zu Feuchteschäden führen.

Ausgewählte Schadensbilder „Estrich“

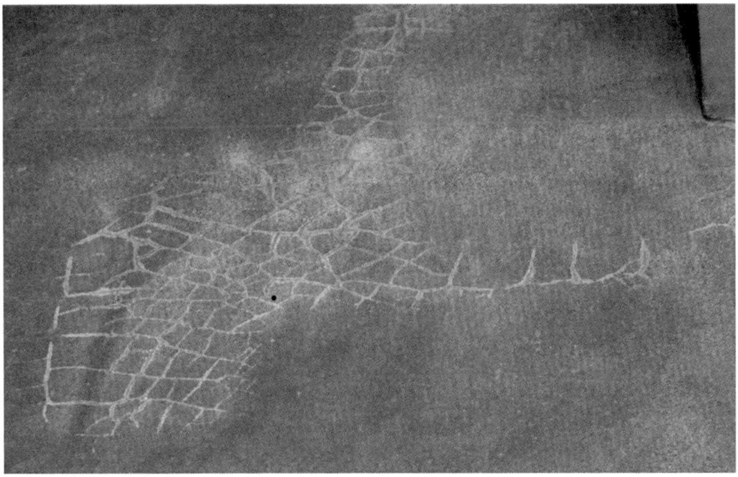

Bild 24: *Netzrisse im Estrich (Quelle: Ingrid Kaiser)*

Ob aus optischen oder Feuchteschutz-Gründen sollten die Risse sach- und fachgerecht verschlossen werden, das bedeutet, einen kraftschlüssigen Verbund herzustellen. Stattdessen werden häufig Spachtelmassen eingebracht, die sich im Laufe der Zeit ablösen und damit auch zur Ablösung aufgebrachter Beschichtungen oder Bodenbeläge führen.

Epoxidharz hat sich zum Schließen der Risse u. a. durch gute Verarbeitbarkeit bewährt. Vor dem Einbringen des Harzes werden die vorhandenen Risse V-förmig aufgeschnitten. Größere Sicherheit bietet die zusätzliche Verwendung von Estrichklammern. Hierzu werden im Abstand von ca. 0,30 m Schnitte rechtwinklig zum Riss mit einer Länge von ca. 0,10 m und einer Breite von ca. 2,5 mm durchgeführt. In diese werden die Estrichklammern eingelegt. Vor dem Verschließen mit Epoxidharz müssen die Risse und Einschnitte staubfrei sein (Absaugen mit Industriesaugern oder Druckluft), um die Haftung zu gewährleisten. Weiterhin muss der Estrich ausreichend trocken sein, andernfalls entstehen später erneut Risse. Das Harz muss die Risse/Einschnitte vollständig bis Oberkante Estrich ausfüllen. Anschließend wird die Oberfläche im Bereich der

Reaktionsharze mit Quarzsand abgestreut, um die Haftung weiterer Schichten zu verbessern.

Alternativ kann Polyurethanharz (PU-Harz) verwendet werden, das eine höhere Dehnungsfähigkeit besitzt. Beide Reaktionsharze sind geeignet für:

- Zement-Estrich (CT)
- Calciumsulfat-Estrich (CA)
- Kunstharz-Estrich (SR)
- Magnesia-Estrich (MA)
- Gussasphalt-Estrich (AS)

Nicht ausreichende Festigkeit, falsche Estrichmischungen oder Trocknung sowie Hohlstellen (unzureichender Untergrund) oder zu hohe Belastung in der Nutzung können zu Brüchen im Estrich führen. In diesem Fall müssen die geschädigten Bereiche vollständig bis auf die darunterliegende Schicht rechteckig ausgeschnitten werden. Hierbei ist bei schwimmenden Estrichen zu prüfen, ob die Dämmung funktionstüchtig, insbesondere nicht durch die Brüche durchfeuchtet ist, ansonsten muss sie in diesem Bereich ebenfalls ausgetauscht werden.

Maßnahmen zur Schadensverhütung und -beseitigung

Bei Zement-Estrichen können die Schnittkanten mit Epoxidharz bestrichen und direkt anschließend der Ausschnitt-Bereich mit Schnellestrich verfüllt werden. Dabei ist auf eine ausreichende Verdichtung der Estrich-Masse zu achten.

Bei Calciumsulfat-Estrichen müssen im Randbereich des Estrich-Ausschnitts Randstreifen mit einer Mindestdicke von 5 mm gestellt werden, bevor der Schnellestrich eingefüllt und verdichtet wird. Ist der Estrich nach ca. ein bis drei Tagen erhärtet, werden die Randstreifen entfernt und – wie bei der Riss-Sanierung – mit Reaktionsharzen vollständig verfüllt.

Bei Gussasphalt-Estrichen können nach dem Ausschneiden der defekten Bereiche aufgrund ihrer geringen Dicke (i. M. 30 mm) die Ausschnitt-Bereiche komplett mit Reaktionsharzen verfüllt werden.

Bei Heizestrichen muss beim Einschneiden die Lage der Heizleitungen berücksichtigt werden, um deren Beschädigung zu vermeiden. Liegen keine Verlegepläne vor, kann ggf. die Lage durch Thermografie zumindest annähernd festgestellt werden.

Die vorgenannten Maßnahmen können auch bei der erforderlichen Ergänzung von Estrichflächen, z. B. durch Abbruch von Innenwänden oder bei nachträglicher Verlegung von Leitungen/Kanälen im Boden, angewandt werden.

Bei allen dargestellten Instandsetzungen wird davon ausgegangen, dass die Risse nur im Estrich entstanden sind. Daher muss jeweils geprüft werden, ob der Untergrund, in der Regel Stahlbeton, riss- und schadensfrei ist.

2.3.9 Innenputz-Schäden

Bauteile der Kostengruppe 345

Allgemeine Anforderungen und Schadensursachen

Nach Ermittlung der Rissursachen ist für die Wahl des Verfahrens zunächst zu klären, ob es sich um ruhende Risse handelt oder ob noch Rissbreitenänderungen zu erwarten sind, wie es bei konstruktionsbedingten Rissen der Fall ist. Bei Schubrissen ist die Instandsetzung der Einzelrisse in der Regel sinnvoll, während bei umfangreichen Rissbildungen meist die flächige Instandsetzung bzw. eine komplette Erneuerung erforderlich ist.

Die Untergrundbeurteilung ist der nächste wichtige Schritt; hierzu sind häufig Analysen der verwendeten Stoffe im Labor erforderlich und/oder die Prüfung des Tragverhaltens der vorhandenen und ggf. erhaltenswerten Materialien.

Zunächst ist die Tragkonstruktion auf Standfestigkeit und Feuchtebelastung zu untersuchen, wobei aus der Ursachenanalyse der Rissbildung hier wichtige Ergebnisse einfließen. Bewegungen im Gebäude wie Durchbiegungen von Decken oder Unterzügen sowie lastabhängige Verformungen (Kriechen) tragender Wände und

Stützen müssen analysiert und durch konstruktive Maßnahmen möglichst weitgehend behoben werden.

Dies ist auch bei Rissbildung durch Erschütterungen erforderlich; zusätzlich müssen bei Dauererschütterungen, z. B. durch Industrieanlagen, Schienenwege, in Bergbau oder erdbebengefährdeten Gebieten, Mittel zum Erschütterungsschutz, z. B. an der Erschütterungsquelle, im Ausbreitungsbereich (Trennung des Ausbreitungswegs durch Bodenschlitze) oder durch seitlichen Schutz mit elastischen Matten, bereitgestellt werden.

Schadensbilder „Innenputz"

Sind Fugenrisse, bei Mauerwerk sogenannte Stein-Putz-Risse aufgetreten, muss der unmittelbare Putzgrund betrachtet werden. Treten dort bereits Risse auf, handelt es sich i. A. um konstruktive Gründe der Rissbildung. Die häufigsten Ursachen von Fugenrissen liegen gem. der Bezeichnung tatsächlich in der Verfugung des Untergrunds. Sind die Fugen nicht vollflächig ausgeführt oder weisen sie Fehlstellen auf, können sie nachbearbeitet werden. Bei mangelhaftem Mauermörtel, Versätzen im Mauerwerk oder anderen größeren Unebenheiten und bei durchfeuchtetem Mauerwerk müssen zusätzliche Maßnahmen bei der Putzinstandsetzung, bspw. Spritzbewurf, Putzbewehrung, Armierungsputz, Putzträger oder Bewegungsfugen im Putz, ergriffen werden. Diese werden im Folgenden näher beschrieben.

Putz- und ausführungsbedingte Risse sind häufig auf zu geringe oder zu große Putzdicken bzw. sprunghafte Wechsel in der Putzdicke zurückzuführen. Je nach Umfang muss hier entschieden werden, ob die Verfahren für Einzelrisse angewendet werden können. Liegen generell Festigkeitsunterschiede zwischen Untergrund und Putz vor, ist meist eine flächige Instandsetzung erforderlich.

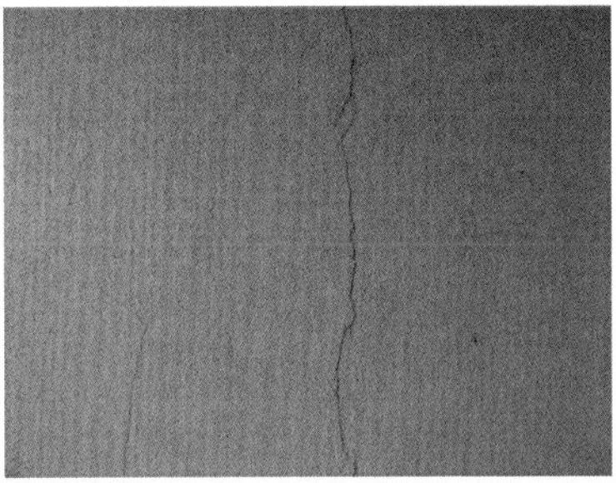

Bild 25: *Ausführungsbedingte Risse im Innenputz (Quelle: Ingrid Kaiser)*

Bei allen Instandsetzungsverfahren müssen die Stoffe aufeinander (Herstellersystem) und auf den Untergrund abgestimmt sein. Hinweise für die Auswahl der entsprechenden Verfahren enthält das WTA-Merkblatt 2-4.

Die generelle Unterteilung der Putze erfolgt nach den Bestandteilen in mineralische und organische Putzmörtel.

Mineralische Putze nach DIN EN 998-1 sind gekennzeichnet durch die Gesteinskörnungen und Füllstoffe, wie Quarzsand, Gesteinsmehle, Ziegelsplitt und Kalkstein; leichte natürliche Gesteinskörnungen, z. B. Blähton, Blähglas, Bims, Perlite, Kork oder künstliche wie expandiertes Polystyrol (EPS), werden den Leichtputzen zugefügt. Die Bindemittel Kalk, Zement oder Gips bewirken die Diffusionsoffenheit, d. h., aufgenommene Feuchtigkeit trocknet schnell wieder ab. Durch den hohen pH-Wert ist eine gute Resistenz gegen Schimmel-, Moos- und Algenbefall gegeben und sie sind i. d. R. nicht brennbar (Baustoffklasse A1 gem. DIN 4102-1). Allerdings benötigen mineralische Putze längere Trocknungszeiten und farbige Putze einen Egalisationsanstrich als Farbschutz.

Organische Putze nach DIN EN 15824 enthalten als Bindemittel neben Gips Kunstharz, Polymerdispersion oder Siliconharzemulsion, wodurch sie elastischer (Aufnahme von Verformungen des Untergrunds) und wasserabweisender sind; gleichzeitig sind sie durch bessere Haftungseigenschaften leichter aufzubringen und trocknen schneller als mineralische Putze. Als Gesteinskörnungen werden auch Glasmehl, Glasfaser oder Stroh eingesetzt. Wegen der geringeren Diffusionsoffenheit, die ein langsameres Abtrocknen nach Feuchteanfall bewirkt, ist zur Vermeidung von Pilz- und Algenbefall ggf. die Zugabe von Fungiziden und Algiziden erforderlich.

Die Trockenrohdichte von Normalputzen (GP) ist $> 1.300\ kg/m^3$, die von Leichtputzen (LW) Typ I liegt zwischen 1.000 und 1.300 kg/m^3 und die von Leichtputzen Typ II (auch: Faserleichtputz, Ultraleichtputz oder Superleichtputz) ist $< 1.000\ kg/m^3$. Leichtputze werden bei entsprechend wärmedämmendem Mauerwerk aufgebracht; Leichtputze Typ II weisen zudem eine höhere Elastizität und damit geringe Schwindverformung auf.

Der Wasseraufnahmekoeffizient bezeichnet die Wassersaugfähigkeit und gibt damit u. a. Auskunft über die Regenschutz-Eigenschaften von Außenputzen nach DIN 4108-3.

Gemessen werden die Saugeigenschaften des Außenputzes durch den Wasseraufnahmekoeffizienten Ww $[kg/m^{2*}h0,5]$, der die Wasseraufnahmemasse pro m^2 und Stunde angibt. Gleichzeitig muss die wasserdampfdiffusionsäquivalente Luftschichtdicke sd [m] berücksichtigt werden.

Maßnahmen zur Schadensverhütung und -beseitigung

Innenputze werden allgemein mit einer Dicke von ca. 1,5 cm, die an einzelnen Stellen auch nur 1 cm betragen darf, ein- oder mehrlagig ausgeführt, aus Werktrockenmörtel einlagig mit einer Dicke von 1 cm und Dünnlagenputze bis 0,6 cm, an Einzelstellen sind Dicken von mindestens 0,3 cm zulässig.

Wenn die Putze nicht mit Bekleidungen versehen werden sollen, können die Oberflächen analog zu den Techniken bei Außenputzen strukturiert werden.

Gipstrockenmörtel können einlagig verarbeitet werden mit einer Dicke von mindestens (nur an einzelnen Stellen) 0,5 cm, im Mittel 1 cm, als Untergrund für Fliesen- und Plattenbeläge mindestens 1 cm und bei Decken mit höchstens 1,5 cm, bei größeren Dicken sind an Decken Putzträger erforderlich. Nach dem Antrocknen der Putzschicht wird die Oberfläche mit einem groben Schwamm überarbeitet, bevor sie geglättet oder gefilzt wird. Bei größeren Putzdicken wird zweilagig verarbeitet; die erste Schicht wird abgezogen, nach dem Abtrocknen mit einer Aufbrennsperre grundiert und nach deren Austrocknen die zweite Schicht aufgebracht. Gipsputze eignen sich auch für normale häusliche Feuchträume, nicht jedoch für hohen Feuchteanfall. Bei Aufbringen auf Beton ist immer eine Haftbrücke aus alkalibeständigen Dispersionen mit einer Trocknungszeit von mindestens einem Tag auf dem trockenen und staubfreien Untergrund empfehlenswert.

Kalkputze können einlagig mit einer Dicke von 1,5 cm oder mehrlagig verarbeitet werden. Hierzu wird ca. 0,5 cm vorgespritzt, „nass in nass" die nächste Schicht mit einer Dicke von ca. 3 bis 4 mm aufgetragen und rabotiert. Nach der erforderlichen Standzeit wird die letzte Schicht aufgebracht und geglättet. Kalkputze weisen gute Wasserdampfdurchlässigkeit und kapillares Saugvermögen auf und können bei üblicher Feuchtebelastung auch in häuslichen Feuchträumen eingesetzt werden.

Kalk-Zement-Putz wird wie Kalkputz verarbeitet, ist aber fester und feuchtebeständiger, weshalb er auch in Nassräumen und auf feuchten Untergründen verwendet werden kann.

Zementputze werden analog verarbeitet, sind sehr druckfest und dadurch sehr dicht und wenig verformbar, sodass sie nur auf Untergründen mit geringer thermischer oder konstruktiver Bewegung verwendet werden können. Dafür haben sie eine hohe Feuchtebeständigkeit und können in allen Feucht- und Nassbereichen eingesetzt werden.

Lehmputz wird meist einlagig oder als Oberputz mit einer Dicke von 1 bis 1,2 cm, bei Dünnputzen 3 bis 5 mm, auf Lehmwänden, Mauerwerk, Trockenbauplatten oder Decken aufgebracht und nach dem Antrocknen geglättet. Bei zweilagiger Verarbeitung hat der Unterputz in der Regel eine Dicke von 1 bis 2 cm und muss gut trocknen, um Schwindrisse zu vermeiden. Aufgrund ihrer Bestandteile – Lehm und Zellulosefasern – besitzen Lehmputze nur einen geringen Widerstand gegen mechanische Belastung und Feuchtigkeit, sind aber für häusliche Feuchträume, außer im Spritzbereich, geeignet.

Als Sonderform wird Stuckmarmor mit Marmorgips und Farbstoffen auf einem Unterputz aus Stuckgips aufgetragen, gespachtelt, poliert und nach dem vollständigen Trocknen gewachst. Stuckmarmor muss in der Regel mindestens der Qualitätsstufe Q3, meist aber Q4 entsprechen.

Dispersionsputz (auch: Kunstharzputz) wird normalerweise zweilagig als Unterputz und Oberputz ausgeführt. Er erhält seine Eigenschaften durch sein Bindemittel Polymerdispersion: geringe Wasseraufnahme, hohe Dehnfähigkeit und Alkalibeständigkeit. Insbesondere die geringe Feuchtaufnahme-Fähigkeit kann in Innenräumen problematisch für den Feuchtehaushalt und damit das Raumklima sein.

Dispersions-Silikatputz (auch: Silikatputz) enthält ebenfalls Polymerdispersion, zusätzlich Kali-Wasserglas und kann nur auf mineralischen Untergründen eingesetzt werden.

Innenputze können feuchte- und damit salzbelastet sein. Vor Beginn von Sanierungsmaßnahmen muss für ausreichende Trocknung und damit Abführung der Luftfeuchtigkeit durch Lüften bzw. Heizen und ggf. Einsatz von Entfeuchtern gesorgt werden. Der Altputz wird abgeschlagen und die Fugen werden ca. 2 cm ausgekratzt, bevor bei geringer bis mittlerer Salzbelastung, einer Durchfeuchtung unter 8 % und einer relativ gleichmäßigen Putzdicke von bis zu 3 cm zunächst ein Haftgrund aufzubringen ist, bevor der mindestens 2 cm dicke Sanierputz aufgetragen wird. Bei höherer Durchfeuchtung und größeren bzw. unregelmäßigen Putzdicken ist der Putzgrund in zwei Lagen, zunächst ca. 1 bis 2 cm dick, dann 2 cm dick aufzubringen; gegebenenfalls ist eine mindestens 1 cm dicke Grundputzschicht mit mehreren Lagen Oberputz erforderlich.

2.3.10 Schäden am Trockenbau

Bauteile der Kostengruppen 342, 353

Allgemeine Anforderungen und Schadensursachen

Wände

Klassisch werden **Gipskarton-Ständerwerkswände** für eine variablere Raumaufteilung eingesetzt, sie sind jedoch Bewegungen und Verschiebungen im Gebäude ausgesetzt. Dies führt zu Rissbildungen, den häufigsten Schäden in Trockenbau-Wänden. Hinzu kommen thermische und (Luft-)Feuchte-Einflüsse, die zu Längen-Änderungen in den Gipskarton-Bekleidungen führen. Insbesondere in langen Fluren kommt es zu nicht unerheblichen Längenänderungen der Platten durch Temperatur-Änderungen und zu einer Ausdehnung der Platten, während die Unterkonstruktion sowie die anschließenden massiven Bauteile nahezu starr bleiben. Dadurch bilden sich häufig Risse. Auch durch schwankende Luftfeuchte, die die Platten aufnehmen bzw. abgeben, entsteht eine Volumenänderung.

Beispielrechnung:

Ausdehnungskoeffizient: 0,013 bis 0,020 mm/m·K

Wandlänge: 15 m, Temperatur-Erhöhung von 15 °C auf 20 °C = 5 K

Längenänderung: 0,013 bis 0,020 x 15 x 5 = 0,975 bis 1,500 mm

Feuchteänderung: 2 % → Längenänderung 0,45 mm/m

Längenänderung: 0,45 x 15 = 6,750 mm

Schadensbilder „Trockenbau“

Bild 26: *Senkrechter Riss in Trockenbauwand (Quelle: Ingrid Kaiser)*

Bei großen Wandlängen in Verbindung mit Temperatur- und/oder Feuchte-Schwankungen müssen daher die Anschlüsse gleitend ausgeführt werden; dauerelastische Fugen reichen nicht aus. Bereits in der Bauphase sowie bei Inbetriebnahme der Räume sollten zur Vermeidung der Schwankungen die Trocknungsphasen aller umgebenden Baustoffe sowie die Aufheiz-Phasen berücksichtigt werden.

Auch Veränderungen, z. B. Durchbiegungen der Tragkonstruktion, wirken sich durch Rissbildung auf die Ständerwerkswände aus.

Ab einer Wandlänge von ca. 15,00 m sollten Bewegungs- bzw. Dehnfugen ausgebildet werden; diese sind auch in der Ebene von Bewegungsfugen der tragenden Konstruktion erforderlich.

Bild 27: *Senkrechter Abriss in der Wand-Eckausbildung (Quelle: Ingrid Kaiser)*

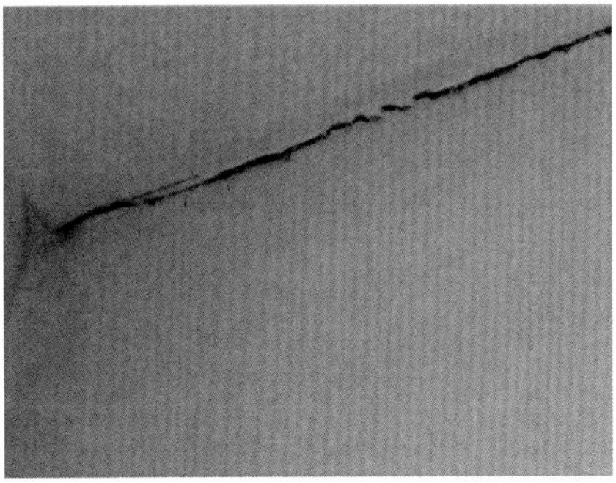

Bild 28: *Waagerechter Abriss im Anschluss Wand/Decke (Quelle: Ingrid Kaiser)*

Fehlen gleitende Anschlüsse bzw. Bewegungsfugen, müssen sie – allerdings mit relativ hohem Aufwand – nachträglich hergestellt werden.

Bei entsprechend ungünstigen Temperatur-Bedingungen bei der Erstellung von Gipskarton-Ständerwerkswänden können zusätzlich Feuchteschäden entstehen, die zunächst nicht unbedingt erkennbar sind und erst später, im laufenden Betrieb mit Beheizung, zu Schäden wie Schimmelpilz-Bildung führen können. Werden die Wände beispielsweise in den Wintermonaten errichtet und tagsüber eine Bauheizung betrieben, können sich die Metall-Ständer in der Nacht merklich abkühlen, sodass die Luftfeuchte an den kalten Ständern kondensiert. Die ggf. bereits teilweise vorhandene Dämmung sowie die Gipskarton-Platten werden dadurch durchfeuchtet. Sind die Wände dann komplett geschlossen, kann die in der Wand enthaltene Feuchte nur noch sehr eingeschränkt nach außen abgegeben werden; es entsteht ein idealer Nährboden für Schimmel. In diesem Fall ist in der Regel das Entfernen und Ersetzen von Beplankung und Dämmung erforderlich.

Eine Alternative bieten **Gips-Wandbauplatten** als nichttragende Innenwände, die nicht verputzt werden müssen und deren Fugen nach der Wand-Herstellung lediglich verspachtelt werden. Die Fugen (Nut-und-Feder-System) werden vollflächig mit Gipskleber erstellt. Diese Bauweise wird auch als massiver Trockenbau bezeichnet.

Standardplatten haben die Abmessungen 500 x 666 mm und sind in Dicken von 60 mm (Wandhöhe max. 3,50 m), 80 mm (Wandhöhe max. 4,50 m) und 100 mm (Wandhöhe max. 7,00 m) erhältlich. Die max. Wandlänge beträgt 15,00 m. Konsollasten bis 0,4 kN/m können ohne Nachweis aufgenommen werden, bei höheren Konsollasten ist z. B. bei einem Waschbecken eine Wanddicke von min. 80 mm, bei wandhängenden WCs von min. 100 mm erforderlich.

Wände aus Gips-Wandbauplatten erreichen abhängig von der Rohdichte (Standard: 850 kg/m^3, erhöht: 1.200 kg/m^3) und der Wanddicke Schalldämm-Werte bis 68 dB. Voraussetzung ist die Schall-Entkopplung zu den flankierenden Bauteilen. Diese erfolgt über elastische Randstreifen aus Bitumenfilz, Presskork und zunehmend durch Polyethylen-Schwerschaum (PE-Schwerschaum) mit einer Rohdichte von 120 kg/m^3 und einer die Wanddicke übersteigenden Breite. Hierbei ist unbedingt darauf zu achten, dass keine Verbindung mit Spachtelmassen entsteht.

Gips gehört zu den nicht brennbaren Baustoffen der Baustoff-Klasse A1 und damit erreichen die Platten die Feuerwiderstandsklasse EI 90-RF1 bei einer Wandhöhe bis 4,00 m und EI 120 bis 3,00 m Höhe gem. DIN EN 13501. Bei entsprechenden Brandschutz-Anforderungen müssen Randstreifen aus Mineralwolle A1 mit einer Dicke ≥ 13 mm eingebaut werden. Damit sind Gips-Wandbauplatten auch für Schachtwände und die Ummantelung z. B. von Stahl-Stützen geeignet.

In durch Spritzwasser belasteten Räumen (Wasser-Einwirkungsklasse W1-I) müssen hydrophobierte Platten in Verbindung mit einer Flächenabdichtung verwendet werden, in Räumen der Wasser-Einwirkungsklassen W2-I und W3-I sollten sie nicht eingesetzt werden.

Schäden treten bei Gips-Wandbauplatten eher selten – am häufigsten durch massive Wassereinbrüche – auf. Die Festigkeit bleibt auch nach starker Durchfeuchtung, z. B. durch Löschwasser u. Ä., und anschließender technischer Trocknung in der Regel erhalten bzw. regeneriert sich wieder. Je nach Dauer des Wassereinflusses kann es jedoch zu Verformungen aufgrund von Gefüge-Veränderungen kommen, sodass die Bauteile ausgetauscht werden müssen.

Wand-Vorsatzschalen (Trockenputz)

Vor vorhandene massive Wände vorgesetzte Trockenbau-Elemente werden entweder zur Herstellung einer ebenen Oberfläche, zur Erhöhung des Schallschutzes, in Verbindung mit einer Innendämmung eingesetzt oder zur Kaschierung von Leitungen auf der Wand. Als Untergrund dienen dieselben Profile wie bei Ständerwerkswänden oder die Platten werden mit Ansetzbinder auf die vorhandene Wand aufgebracht. Auf Unterkonstruktion können sie z. B. mit folgenden Plattenarten beplankt werden:

- Gipskarton-Platten
- Gipsfaser-Platten
- Zementfaser-Platten
- Holzfaser-Platten
- Holzwolle-Leichtbauplatten
- Lehmbau-Platten

Die Unterkonstruktion aus Profilen kann direkt befestigt oder frei stehend angebracht werden. Schäden entstehen analog zu den Wand-Konstruktionen und werden entsprechend vermieden bzw. beseitigt. Auch die Gips-Wandbauplatten können als Vorsatzschale verwendet werden.

Maßnahmen zur Schadenverhütung und -beseitigung

Trockenestrich

Besonders bei Bestandsbauten wird Trockenestrich aufgrund des geringen Flächengewichts ab ca. 25 kg/m^2 gegenüber ca. 95 kg/m^2 bei herkömmlichen Estrichen bei geringen zulässigen Gebrauchslasten (z. B. bei nachträglichem Dachgeschoss-Ausbau) eingesetzt. Die geringe Aufbauhöhe ab ca. 2 cm macht den Einsatz auch bei geringeren Raumhöhen möglich. Auch bei Neubauten mit engen Terminplänen bieten der Wegfall der Trocknungszeiten und damit die sofortige Begehbarkeit Vorteile, ebenso sinnvoll ist der Einsatz bei Holzbauten. Ein weiterer Pluspunkt ist, dass kaum Baufeuchte in das Gebäude eingebracht wird.

Für Böden werden nach der Nutzungsart folgende Anwendungsbereiche unterschieden:

- Anwendungsbereich 1
  - Räume und Flure in Wohngebäuden, Hotelzimmern, inkl. zugehöriger Küchen und Bäder
- Anwendungsbereich 2
  - Flure in Bürogebäuden, Büroflächen, Arztpraxen ohne schweres Gerät, Stationsräume, Aufenthaltsräume einschl. der Flure
  - Flächen von Verkaufsräumen bis 50 m^2 Grundfläche in Wohn-, Büro- und vergleichbaren Gebäuden

- Anwendungsbereich 3
  - Flure und Küchen in Hotels und Altenheimen ohne schweres Gerät, Flure in Internaten usw.; Behandlungsräume in Krankenhäusern einschl. Operationsräume ohne schweres Gerät; Kellerräume in Wohngebäuden
  - Flächen mit Tischen, z. B. Schulräume, Cafés, Restaurants, Speisesäle, Lesesäle, Empfangsräume, Kindertagesstätten, Kinderkrippen, Lehrerzimmer
- Anwendungsbereich 4
  - Flure in Krankenhäusern
  - Flächen in Kirchen, Theatern oder Kinos, Kongresssälen, Hörsälen, Wartesälen
  - Frei begehbare Flächen, z. B. Museumsflächen, Ausstellungsflächen, Eingangsbereiche in öffentlichen Gebäuden und Hotels
  - Flächen für große Menschenansammlungen, z. B. in Gebäuden wie Konzertsälen
  - Flächen in Einzelhandelsgeschäften und Warenhäusern

Bei ebenen Untergründen kann eine Gipsfaserplatte direkt aufgebracht werden (Anwendungsbereiche 1 bis 3 und 4 [min. 25 mm Dicke],) bei Anforderungen an den Trittschall- und/oder Wärmeschutz auf zuvor verlegtem Polystyrol-Hartschaum (Anwendungsbereiche 1 bis 3), auf Holzfaser-Platte (Anwendungsbereiche 1 bis 4) oder Mineralwolle-Platte (Anwendungsbereich 1).

Bei geringeren Unebenheiten können zunächst Nivellier-Materialien (Leichtausgleich-Mörtel) aufgebracht werden. Bei größeren Unebenheiten oder Höhenunterschieden werden Ausgleichsschüttungen eingesetzt.

Bei Massivdecken mit Restfeuchte muss vor dem Einbau des Trockenestrichs eine PE-Folie mit min. 20 cm Überlappung verlegt werden; bei Bodenplatten gegen Erdreich ist die Überprüfung und ggf. Herstellung der Abdichtung gem. DIN 18533 erforderlich. Auf die Folien und Abdichtungen darf keine Nivellier-Masse aufgebracht werden! Bei Holzbalken-Decken ist auf die Tragfähigkeit und einen nichtfedernden Untergrund zu achten.

Ausgleichsschüttungen müssen min. 2 cm und max. 10 cm stark sein; ab 5 cm Dicke werden sie zusätzlich verdichtet. Befinden sich auf der Decke Rohrleitungen, müssen sie min. 1 cm dick überdeckt sein. Insgesamt dürfen keine Hohlräume entstehen. Die Schüttungen bestehen aus feinkörnigen Granulaten, z. B. Porenbeton-Granulat. Nach dem Abziehen der Schüttung darf sie nicht mehr begangen werden. Zum Schutz bei der weiteren Verlegung werden Gipskarton- oder Gipsfaser-Platten als Laufwege verlegt.

In genutzten und damit beheizten Kellergeschossen oder bei nicht unterkellerten Gebäuden hat sich eine Schüttung aus Schaum-Glas bewährt. Sie ist resistent gegen Feuchte und Ungeziefer und kann daher z. B. auch auf gestampftem (Lehm-)Boden eingesetzt werden. Die Schüttung wird auf Folie aufgebracht und verdichtet.

Bild 29: *Schaumglas-Schüttung auf Lehmboden (Quelle: Ingrid Kaiser)*

Bei größeren Höhenunterschieden werden gebundene Schüttungen, z. B. aus Schaumkunststoff vor dem Verdichten als Bindemittel (in der Regel Zement), verwendet. Zur besseren Haftung kann zunächst auf den tragfähigen, sauberen und trockenen Untergrund ein Tiefengrund aufgetragen werden. Die Schüttung wird vor Ort angemischt und ist nach ca. sechs Stunden begehbar und nach ca. 24 Stunden belegbar sowie belastbarer als lose Schüttungen.

Ist der Untergrund nicht fugenfrei, muss ein Rieselschutz verlegt werden, da ansonsten die Schüttung nach unten hinabfallen kann, sodass Hohlräume in der Schüttung entstehen. Hierdurch entstehen Durchbiegungen der darüberliegenden Schichten inkl. Bodenbeläge, die zu „Dellen“ bzw. Rissen und Brüchen führen.

Wie bei den klassischen Estrichen ist ein Randstreifen zu verlegen, der bis über die Höhe des zu verlegenden Bodenbelags reicht und erst nach dessen Verlegung abgeschnitten wird. Andernfalls ist der Schallschutz nicht gewährleistet.

2.3.11 Behandlung von Schäden an Bodenbelägen

Bauteile der Kostengruppe 353

Allgemeine Anforderungen und Schadensursachen

Häufigste Ursachen für Schäden an Bodenbelägen sind Mängel am Untergrund, insbesondere Feuchte von mineralischem wie Estrich (Belegreife). Auch wenn in allen die Verlegung von Bodenbelägen betreffenden Allgemeinen Technischen Vertragsbedingungen (ATV, VOB/C) diese Bedingung als Grund zur Bedenken-Anmeldung aufgelistet ist, werden dennoch die erforderlichen Trocknungszeiten z. B. aufgrund von Zeitstörungen im Bauablauf häufig nicht eingehalten. Bodenleger haben die Pflicht, den Feuchtegehalt des Untergrunds – auch eines nicht neu verlegten! – zu prüfen und durch Prüfprotokolle zu dokumentieren; empfehlenswert ist das Abzeichnen der Protokolle durch die örtliche Bauleitung oder den Auftraggeber.

Die zerstörungsfreie Prüfung der Belegreife erfolgt mit elektrischen Verfahren, die auf Messung der Leitfähigkeit, die bei höheren Wassergehalten steigt, basiert. Für die CM-Methode und die

Darrmethode müssen Estrichproben entnommen werden. Bei der CM-Methode wird der Wassergehalt nach Beimischung von Calciumcarbid durch den Druckanstieg ermittelt. Die Darrmethode wird bei Calciumsulfat-Estrichen bei einer Temperatur von 40 °C und bei Zementestrichen von 105 °C durchgeführt. Der Wassergehalt darf bei CT-Estrichen nicht mehr als 2 CM-% bzw. bei Verlegung von dampfdurchlässigen textilen Belägen oder keramischen und Steinbelägen im Dickbett nicht mehr als 3 CM-%, bei CAF-Estrichen nicht mehr als 0,5 CM-% bzw. bei dampfdurchlässigen textilen Belägen nicht mehr als 1 CM-% betragen.

Ebenso muss die Ebenheit und Festigkeit des Untergrunds vor Beginn der Verlege-Arbeiten geprüft werden. Die Oberflächen-Festigkeit lässt sich einfach mit einer Drahtbürste prüfen: sandet die Oberfläche ab, kann kein verlässlicher Verbund zwischen Estrich und Belag entstehen, sodass sich der Bodenbelag bereits nach kurzer Nutzungszeit ablöst und Blasen und Beulen bzw. Aufschüsselungen/Aufwölbungen entstehen. Ähnliche Folgeerscheinungen treten durch Unebenheit im Untergrund auf. Auch hier hat der Bodenleger die Pflicht, die Eigenschaften des Untergrunds zu prüfen und ggf. Bedenken anzumelden.

Tabelle 3: *Grenzwerte der Ebenheitsabweichungen (Auszug) (Ingrid Kaiser gem. DIN 18202)*

	Messpunktabstände [m]				
	≤ 0,1	**1,00**	**4,00**	**10,00**	**≥ 15,00**
	Grenzwerte der Stichmaße [mm]				
Estriche und Bodenbeläge	2	4	10	12	15
Estriche und Bodenbeläge mit erhöhten Anforderungen	1	3	9	12	15

Die Ebenheit kann nachträglich durch das Aufbringen einer Ausgleichmasse hergestellt werden. Bei den beschriebenen Schaden-Ursachen gibt es in der Regel keine andere Möglichkeit, als den

Bodenbelag zu entfernen, den Untergrund entsprechend instand zu setzen und einen neuen Belag zu verlegen.

Schadensbilder „Bodenbeläge“

Bild 30: *Brüche in Bodenfliesen auf nicht tragfähigem Untergrund (Quelle: Ingrid Kaiser)*

Maßnahmen zur Schadenverhütung und -beseitigung

Textile Bodenbeläge haben in Abhängigkeit von der Qualität und Nutzungsintensität die geringste Lebensdauer der Belagsarten. Zudem sind sie nur eingeschränkt durch Reinigungs- und Pflege-Maßnahmen instand zu halten, z. B. durch partielle Fleck-Entfernung. Somit entstehen die Schäden vorrangig durch die Nutzung.

Bild 31: *Abnutzung eines textilen Bodenbelags durch falsche Stuhlrollen (Quelle: Ingrid Kaiser)*

Bei der Verlegung von elastischen Bodenbelägen soll der Abstand der Bahnen bzw. Fliesen ca. 0,5 mm (nicht normiert!) betragen, bevor sie verschweißt werden. Ist der Abstand größer, entstehen Abrisse an den Nähten, da Spannungen in der Fuge nicht ausreichend aufgenommen werden können.

PVC-Beläge (Design-Beläge, LVT = luxury vinyl tile) werden in der Regel, nach Aufbringen einer ca. 3 mm dicken mineralischen Spachtelmasse, direkt auf Dispersionsklebstoffen (Nassbett-Klebstoffen) verlegt. Wird die Spachtelung und/oder Klebmasse nicht ordnungsgemäß bzw. in ausreichender Dicke aufgebracht, kommt es zu Unebenheiten (Kellenschlägen) und Beulen/Blasen, die den Auftraggeber berechtigen, den Boden entfernen und neu verlegen zu lassen.

Holz ist generell empfindlich gegenüber Feuchtigkeit, Versiegelungen bestehen aus ein-, zwei- oder dreikomponentigen Acrylaten, bei mehreren Komponenten zusätzlich aus Härtern und ggf. UV-Schutz. Versiegelungen machen den Boden relativ unempfindlich gegenüber mechanischen Beschädigungen wie Kratzern o. Ä. Zunehmend wird auf die chemische Oberflächenbehandlung verzichtet und die Holzbeläge werden geölt und gewachst, wodurch die Oberfläche in der Regel weniger resistent gegen Feuchtigkeit und Abnutzung ist. Holzböden werden unterteilt in: **Parkett, Dielen und Holzpflaster**. Schäden entstehen hierbei nicht nur durch fehlende Belegreife des Untergrunds, sondern auch bei schwankender Raumtemperatur und Luftfeuchte. Dies ist besonders bei (längeren) Leerständen zu beachten, wenn bspw. Heizung und/oder Klimatisierung reduziert werden.

Bei nichttextilen Bodenbelägen reichen häufig bestimmte Reinigungsarten häufig aus, um Abnutzungsspuren zu beseitigen.

Elastische Böden wie **PVC-, Elastomer- und Linoleum-Beläge** sind in der Regel mit einer Beschichtung als Oberflächenschutz versehen. Während PVC und Elastomere aus künstlichen Materialien bestehen, ist Linoleum ein Naturprodukt aus Leinöl, Harzen und Holzmehl auf einer Trägerschicht aus Jute. Dadurch ist Linoleum im Gegensatz zu den anderen elastischen Belägen kaum alkalibeständig. Je nach Abnutzungsgrad der Beschichtung bzw. Verfärbungen, u. a. durch eingeschlossene Verschmutzungen oder UV-Einstrahlung, muss der Belag komplett entschichtet oder durch Entfernen der obersten Beschichtung (Top-Stripping) bzw. durch eine Pflegefilm-Sanierung behandelt werden.

Natur- und Kunststeinbeläge mit polierter, glatter Oberfläche können durch Schleifen mit der Einscheibenmaschine mit Diamantscheiben abgetragen werden, wobei Kratzer und kleinere Oberflächen-Beschädigungen beseitigt werden können. Hierbei sind mehrere Arbeitsgänge erforderlich, zunächst mit einer Diamantscheibe mit grober Körnung, dann schrittweise mit feiner werdender Körnung. Da mit den Maschinen nicht alle Stellen, z. B. an Ecken und Kanten, Schwellen usw., hinreichend bearbeitet werden können, ergänzt das Mikrosandstrahlen diese Abtragsmethode. Der entstehende Abrieb muss anschließend mit Wasser entfernt werden. Grundsätzlich handelt sich nicht um eine Reinigungs-, sondern um eine Instandsetzungsmaßnahme.

Auch die inzwischen öfter verwendeten **Sicht-Estriche**, sowohl im Wohn- als auch im Industriebereich, können auf diese Weise für ein Polieren vorbereitet werden.

Das Abschleifen von **Parkett** ist ebenfalls eine Instandsetzungsmaßnahme, bei der spezielle Parkettschleifmaschinn eingesetzt werden und das daher in der Regel von Unternehmen der Parkettleger-Branche durchgeführt wird. Hierbei wird die obere Holzschicht abgeschliffen und so Kratzer, Wasserflecken und Beschädigungen entfernt. Das rohe Holz ist sehr empfindlich gegen Feuchtigkeit und mechanische Beschädigungen, sodass unmittelbar anschließend eine Versiegelung erforderlich wird.

Generell müssen bei der Abnahme von Bodenbelag-Arbeiten dem Auftraggeber die entsprechenden Anleitungen für Reinigung und Pflege der Böden übergeben werden, um Schäden durch unsachgemäße Reinigung, die häufig irreversibel sind, zu vermeiden. Liegen diese nicht vor und/oder ist das Material des Belags nicht bekannt, können folgende einfache Tests Aufschluss geben:

- Sichtprobe

Die einfachste Methode zur Materialerkennung wird insbesondere zur Unterscheidung von Echtholz- und Laminatbelägen angewandt. Da die Maserung von Laminat fotomäßig erstellt wird, sind hier gleichmäßige Wiederholungen erkennbar; meist reicht bereits die optische Analyse von einem Quadratmeter aus, um diese Wiederholungen zu erkennen. 0 bis 2 Wiederholungen lassen darauf schließen, dass es sich um Echtholz mit seinen natürlichen Unregelmäßigkeiten handelt.

- Klangprobe

Ebenfalls zur Unterscheidung von Echtholz und Laminat kann die Klangprobe herangezogen werden. Während bei Echtholz ein dumpfer Ton entsteht, ist bei Laminat ein heller Klick-Ton hörbar.

- Brennprobe

Diese Methode wird bei textilen Fasern, besonders Bodenbelägen, angewandt, indem die Fasern entweder abgeschnitten oder mit einer Pinzette ausgezupft werden und zu einer Art Docht zusammengedreht und mit einem Feuerzeug oder einer Kerze angezündet werden. Streichhölzer mit ihrem Eigengeruch (Schwefel) verfälschen bzw. behindern die Analyse des jeweiligen Materialgeruchs beim Verbrennen. Bei nichttextilen Materialien wird eine Probe ausgestanzt.

Tabelle 4: *Brennprobenmatrix (Ingrid Kaiser)*

Material		Flammenbildung	Reaktion auf Flammen	Geruch	Rückstände
Natürliche Fasern					
Pflanzliche Fasern (Zellulosefasern)	Flachs	Helle, leuchtende Flamme	Schnelles Abbrennen	Verbranntes Papier, Holz	Dunkelgraue Flugasche
	Baumwolle				Feine, graue Flugasche
Tierische Fasern (Eiweißfasern)	Wolle	Erlöschen außerhalb der Zündquelle	Langsames Abbrennen	Verbrannte Haare, Horn	Zerreibbare, poröse Wulste
	Seide			Verbranntes Papier, Holz	Poröse schwarze Klümpchen
Synthetische Fasern					
	Polyacryl		Schmelzend, dann brennend, Rußentwicklung	Blausäure	
	Polyamid (PA)			Verbrannte Haare, Horn	Glasige Schmelztröpfchen, gelb oder dunkel

Tabelle 4: *Brennprobenmatrix (Ingrid Kaiser)*

Material		Flammenbildung	Reaktion auf Flammen	Geruch	Rückstände
	Polyester (PES)		Schmelzend, dann brennend	Unspezifisch duftend	Feste Schmelztröpfchen
	Polypropylen (PP)	Helle, leuchtende Flamme		Harz	
	Polyvinylchlorid (PVC)	Grüner Flammenrand	Schwer entzündlich	Stechend, ätzend (Achtung: Es entstehen Salzsäuregas, Dioxine und Furane!)	Verkohlen

- Kratztest und Säuretest

Natursteinbeläge sind unterschiedlich weich bzw. hart, sodass der Kratztest mit einem Messer oder einem ähnlich harten bzw. scharfen Gegenstand Aufschluss darüber gibt, ob ein Weichgestein zusätzlich mit einem Pflegemittel behandelt und damit geschützt werden sollte. Helle Kratzer (= positiver Kratztest) weisen auf einen weichen Belag hin, der nicht mit abrasiven Geräten und Reinigungsmitteln behandelt werden darf.

Zusätzlich spielt der Kalkgehalt der Natursteine eine wichtige Rolle für die Resistenz gegenüber säurehaltigen Reinigungsmitteln, wobei auch alle Betonwerksteine zu dieser Gruppe gehören. Um den Kalkgehalt zu ermitteln, wird eine saure Flüssigkeit auf den Belag geträufelt; bei kalkhaltigen und damit säureempfindlichen Natursteinbelägen bildet sich eine dünne, milchige Schaumschicht (= positiver Säuretest), die sofort wieder gründlich entfernt werden muss, um irreparable Schäden zu vermeiden.

Weiterhin können die optische Begutachtung (Maserung, Farbe usw.) sowie die häufigsten Verwendungsarten Hinweise auf die Art des Natursteins geben.

Tabelle 5: *Kratztest- und Säuretestmatrix (Ingrid Kaiser)*

Material	Positiver Kratztest	Positiver Säuretest	Aussehen	Verwendung
Basalt	-	X	Dunkelgrau bis schwarzgrau	Boden-, Treppenbeläge
Gabbro	-	-	Dunkelgrau, schwarz, grünlich, bläulich	Boden-, Treppenbeläge, Pflastersteine
Gneis	-	-	Weiß bis grün, gelblich-grau, graugrün, rötlich	Pflastersteine
Granit	-	-	Weißgrau bis graubraun, rötlich, grünlich, schwarze Sprenkel	Boden-, Treppenbeläge, Pflastersteine
Jura	X	X	Gelb bis grau, Fossilieneinschlüsse	Terrassen-, Treppenbeläge
Marmor	X	X	Vielfarbig, oft weiß	Boden-, Wandbeläge
Quarzit	-	-	Häufig hellgrau bis gelblich, vielfarbig	Boden-, Wandbeläge
Schiefer	(X) unterschiedlich	X	Grautöne, silbrig, bläulich	Wandbekleidungen
Solnhofener Plattenkalk	X	X	Beige, gelblich, rötlich, Fossilieneinschlüsse	Boden-, Wandbeläge
Travertin	X	X	Weiß, gelblich, grau, ohne Maserung	Bekleidungen

Tabelle 5: *Kratztest- und Säuretestmatrix (Ingrid Kaiser)*

Material	Positiver Kratztest	Positiver Säuretest	Aussehen	Verwendung
Holz	X			
Laminat	-			

- „Büroklammertest“

Bei den nichttextilen, elastischen Belägen kann, ähnlich der Brennprobe, die Reaktion des jeweiligen Bodens auf Wärme/Hitze Hinweise auf das Material geben. Eine verkupferte Büroklammer wird, z. B. mit einem Feuerzeug, zum Glühen gebracht und dann in den Belag eingestochen.

Tabelle 6: *Büroklammertestmatrix (Ingrid Kaiser)*

Material	Reaktion beim Einstechen	Schmelzfähigkeit	Aussehen nach Einstich	Geruch
Elastomerbeläge (Kautschuk)	Dringt kaum in die Oberfläche ein	Oberfläche schmilzt nicht	Glatte, kleine Lochbildung	Verbranntes Gummi
Linoleum	Dringt leicht in die Oberfläche ein	Oberfläche schmilzt nicht	Schwarze Verfärbung, glatte Lochbildung	Verbranntes Holz, Leinöl, Papier, Haare
Polyolefin	Dringt schwer in die Oberfläche ein	Oberfläche schmilzt	Kraterbildung am Rand, Fäden ziehend	Verbranntes Kerzenwachs
Polyurethan (PUR)	Dringt schwer in die Oberfläche ein	Oberfläche schmilzt nicht	Schwarze Verfärbung, glatte Lochbildung	Stechend
Polyvinylchlorid (PVC)	Dringt sehr leicht in die Oberfläche ein	Oberfläche schmilzt	Kraterbildung am Rand, Fäden ziehend, verkohlt, Rußentwicklung	Stechend (Chlorwasserstoffgas, Salzsäure)

- Mikroskop-Untersuchung

Betrachtet man textile Fasern unter dem Mikroskop, deuten glatte, gerichtete Fasern auf Synthetik hin, während Wolle schuppenförmige und Baumwolle bandförmige Fasern zeigen.

2.3.12 Schäden an Dachdeckungen

Bauteile der Kostengruppe 363

Grundsätze für Dachdeckungen

Während bei **Dachneigungen** bis 3° bzw. bis max. 5° (Flachdächer, siehe Kapitel 2.3.1.) Abdichtungen als Schutzschicht gegen Witterungseinflüsse und als wasserableitende Schicht verwendet werden, werden bei flach geneigten Dächern (5° bis 30°) und Steildächern (30° bis 60°, ggf. steiler) Dachdeckungen aus unterschiedlichsten Materialien, wenn erforderlich mit darunterliegenden Unterdächern, Unterdeckungen oder Unterspannungen (= zusätzliche Maßnahmen), sowie den erforderlichen Dämmschichten eingebaut.

***Tabelle 7:* Tabelle 1**: *Dachdeckungsmaterialien in Abhängigkeit von der Dachneigung (Ingrid Kaiser)*[4]

Gruppe	Material	Neigung	
		ab (Mindestdachneigung, mit zusätzlichen Maßnahmen)	ab (Regeldachneigung empfohlen)
verfalzte Bleche	Bleche aus • Zink • Kupfer • Stahl • Aluminium	3°	5°

[4] generelle Dachneigungen, die in Abhängigkeit von der Form, Größe und Deckungsart abweichen können

Tabelle 7:* Tabelle 1: Dachdeckungsmaterialien in Abhängigkeit von der Dachneigung (Ingrid Kaiser)*[4]

Gruppe	Material	Neigung	
		ab (Mindestdachneigung, mit zusätzlichen Maßnahmen)	ab (Regeldachneigung empfohlen)
Profilierte Tafeln	Trapezblech Wellplatten aus • Faserzement • Bitumen	5°	7°
schuppenartig	• Dachziegel • (Beton-) Dachsteine	12°	22°
	• Holzschindeln • Schieferschindeln • Bitumenschindeln • Faserzement-Platten	15°	25°

Ursachen für Schäden an Dachdeckungen

Die gängigsten Dachdeckungen für geneigte Dächer sind Dachziegel und Dachsteine. **Dachziegel** werden aus Ton hergestellt, getrocknet und anschließend gebrannt. Hierdurch können kleinere Unebenheiten in der Oberfläche und geringe Abweichungen in den Abmessungen entstehen. **Beton-Dachsteine** werden aus Sand, Wasser und Zement gemischt und nach dem Schneiden in Härtekammern getrocknet, wodurch sie maßhaltiger als Ziegel sind. Ergänzend zur obenstehenden Tabelle werden für einige Formen Regeldachneigungen als Mindestmaße empfohlen: Flachziegel bis 25°, Biberschwanzziegel, Strangfalzbiber, Reform- und Doppelmulden-Falzziegel bis 30°, Mönch-und-Nonnen-Deckung bist 40°.

Grundsätzlich gilt, dass Dachdeckungen nicht wasser- nur **regensicher** sein müssen. Durch immer häufiger auftretende Starkregen-Ereignisse wie auch besondere klimatische Verhältnisse wie Schnee-Ablagerungen kann dennoch Feuchte in die darunterliegenden Bereiche eindringen und hier entsprechende Schäden verursachen.

Auch der unmittelbare Befestigungsuntergrund kann durch mangelnde Material-Qualität und oder Ausführungsfehler zu Schäden führen. Für die üblicherweise erforderliche Lattung und Konterlattung müssen entsprechende Hölzer ohne durchgehende Äste, trockenes Holz und mit einem Nennquerschnitt ≥ 30/50 mm verwendet werden.

Für die Wahl der Dachneigung ist zusätzlich zum vorgesehenen Deckungsmaterial die örtliche Witterungssituation ausschlaggebend: Bei reichlichen Schneefällen empfiehlt sich eine steilere Neigung, die wiederum in windreichen Gegenden höheren Belastungen durch Windlasten ausgesetzt sind. Während sich die Schneelasten vorwiegend auf die Dachkonstruktion, also die tragenden Dachteile auswirken, werden durch die Windlasten, insbesondere den Windsog, im Extremfall die kompletten Dachdeckungen abgehoben.

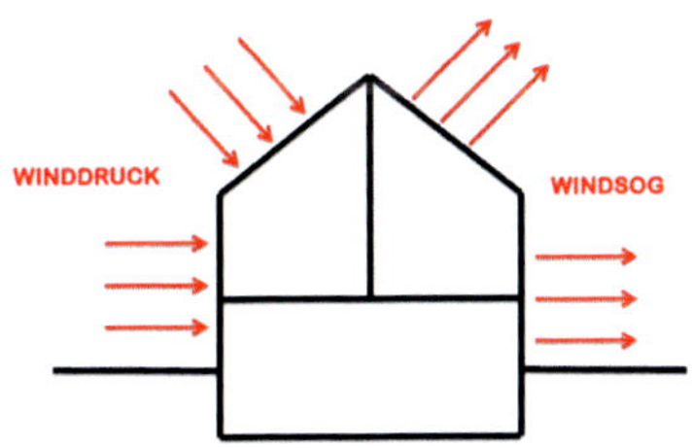

Bild 32: *Windlasten auf Gebäude (Quelle: Ingrid Kaiser)*

Maßnahmen zur Schadenverhütung und -beseitigung

Dachziegel und Dachsteine werden mit Sturmklammern gem. DIN EN 14437 „Bestimmung des Abhebewiderstandes von verlegten Dachziegeln oder Dachsteinen – Prüfverfahren für Dachsysteme“ befestigt. Der zu erwartende Windsog w – abhängig von Windzone, Gebäudehöhe, Luftdichtheit der Dachkonstruktion und

Dachneigung – muss hierbei kleiner sein als die Flächenlast der Dachdeckung und die Befestigungskraft der Klammern. Andernfalls versagen die Klammern und/oder die Dachdeckung brechen bzw. werden abgehoben.

Bild 33: *Lose liegende und defekte Dachdeckung (Quelle: Ingrid Kaiser)*

Hinweis

Lose Dachteile können kurzfristig hinabfallen und Menschen und Sachen schädigen. Hier greift die gesetzliche Verkehrssicherungspflicht (§ 823 (1), BGB) von Gebäudeeigentümern, sodass sofortiges Handeln zur Beseitigung der Gefahr erforderlich ist.

Da die unmittelbare Befestigung in der Regel an der Lattung erfolgt, müssen hierbei Hölzer mit folgenden Eigenschaften verwendet werden:

- trocken sortiert
- Einbau-Feuchte ≤ 20 %
- nicht imprägniert
- Mindest-Querschnitt (Abweichung ≤ -1 / +3 mm)
  - 30/50 mm bis 0,80 m Spannweite
  - 40/60 mm bis 1,00 m Spannweite
- min. Sortierklasse S 10 (visuelle Sortierung gem. DIN 4074-1; keine Durchfalläste, keine Schwindrisse, etc.)

Der Abstand der Lattung ist von den verwendeten Dachziegeln bzw. Dachsteinen (Abmessung und Deckbreite) abhängig.

Bild 34: *Absackung der Dachdeckung durch mangelhafte Unterkonstruktion (Quelle: Ingrid Kaiser)*

Defekte Deckungen müssen in der Regel – mindestens in Teilbereichen – entfernt und nach Beseitigung der Schadensursache neu verlegt werden.

Dachdeckungen mit **gefalzten Blechen** werden häufig aus **Titan-Zink im Doppelstehfalz-System** erstellt. Die Blechstärke beträgt 0,7 bis 3 mm, die Falzung kann per Hand erfolgen oder es werden vorgefertigte, auch konkav oder konvex gerundete (z. B. für Tonnendächer), Bleche (Scharen) mit Breiten von 0,40 bis 0,60 m und Längen von 10,00 m verwendet. Sie werden mit Haften, meist aus Edelstahl, an den Untergründen befestigt.

Wie bei allen Metallen besteht das größte Schadenpotenzial durch Korrosion. So können beispielsweise scharfe Kanten der Hafte durch Reibung die Oberfläche der Bleche zerstören. Der Kontakt von Zink mit Kupfer führt zur Kontakt-Korrosion. Durch mangelnde Wartung können sich Beschichtungen ablösen und dadurch das dann ungeschützte Material korrodieren.

Durchfeuchtungen in unterhalb des Daches befindlichen Räumen können durch unzureichende Überlappungen der einzelnen Bleche und durch Spannungen aufgrund von Maßänderungen durch Temperatur-Schwankungen entstehen.

Bei den **profilierten Deckungen** aus **Trapezblech** gelten die entsprechenden Schadensursachen und Gegenmaßnahmen.

Bild 35: *Abplatzende Beschichtung auf Trapezblech-Dach (Quelle: Ingrid Kaiser)*

Ebenfalls häufig werden **Faserzement-Wellplatten** als profilierte Dachdeckungen auf unterschiedlichen Unterkonstruktionen wie Holz-Pfetten, Profilstählen oder Stahlbeton-Trägern ausgeführt. Durch ihre Zusammensetzung aus Portlandzement, Wasser, Zuschlagstoffe und unterschiedliche Fasern, z. B. Zellulose oder Kunststoff, sind sie empfindlich gegen Witterungseinflüsse, insbesondere Hagel, Frost, große Temperaturunterschiede und dauerhafte Feuchteeinflüsse.

Hinweis

Auch wenn die Gesundheitsgefahr von Asbest spätestens in den 1980er Jahren erkannt wurde, wurde die Produktion asbesthaltiger Baustoffe erst ca. 1990 eingestellt und 1993 die Verwendung endgültig verboten. Unbekannt ist allerdings, inwieweit von da an noch vorhandene Lagerbestände eingebaut wurden. In älteren Bestandsbauten muss daher immer mit einer Asbest-Belastung gerechnet werden.

Rein optisch sind asbesthaltige Wellplatten nicht unbedingt zu erkennen, sodass eine entsprechende Analyse erforderlich ist. Solange das Asbest fest im Bauteil gebunden ist, besteht keine Gesundheitsgefahr, da die Fasern nicht in die Atemwege gelangen können. Letzteres geschieht erst durch Beschädigungen des Materials, z. B. durch Hagelschlag und/oder mechanische Einwirkungen.

Bild 36: *Wellasbestzement-Deckung mit starker Bemoosung (Quelle: Ingrid Kaiser)*

Je flacher geneigt die Dächer sind, desto eher bilden sich Ablagerungen, insbesondere Moose, auf den Dachflächen, die den Abfluss von Regenwasser behindern.

Schuppenartige Dachdeckungen folgen einem Prinzip aus der Natur und sind damit die ältesten Deckungsarten überhaupt – ca. 3.000 Jahre alt.

Bild 37: *„Schindel-Prinzip" eines Fichten-Zapfens*
(Quelle: Ingrid Kaiser)

Holzschindeln sind mit die ältesten Dachdeckungen und unterliegen wie viele Holz-Baustoffe den Einwirkungen der Witterung, sodass kontinuierliche Inspektionen erforderlich sind. Eine kontinuierliche Hinterlüftung ist notwendig, um die konstante Aufnahme von Feuchtigkeit bei längeren Niederschlagsperioden abzuführen.

Schiefer-Bedachungen unterliegen der Gefahr der Rissbildung durch Temperaturwechsel, sodass Feuchte in darunterliegende Bereiche – insbesondere Dämmungen – eindringen kann. Generell ist Schiefer jedoch wetterfest und einzelne beschädigte Schindeln können ausgetauscht werden. Die Bildung von Moosen und Algen ist im Gegensatz zu anderen Deckmaterialien wesentlich geringer.

2.3.13 Schäden an Fenster, Türen und Toren

Bauteile der Kostengruppe 334

Fenster

Als **Materialien** stehen im Wesentlichen Holz, Kunststoff und Leichtmetalle (Aluminium) zur Verfügung.

Bei Aufenthalts- und Arbeitsräumen geben die Bauordnungen der Länder bestimmte Vorgaben für die natürliche **Belichtung** der Räume. Je nach Bundesland müssen die Rohbau-Öffnungen min. 1/10 bis 1/8 der Grundfläche des Raumes betragen, damit eine ausreichende Tageslicht-Beleuchtung möglich ist.

Dienen die Fenster auch ausschließlich der **Belüftung** eines Raumes, sind die Anforderungen bei Arbeitsstätten an die Öffnungsfläche gem. Technischer Regel für Arbeitsstätten, ASR A3.6 „Lüftung", abhängig von der Raumgröße, Raumhöhe und der Personenzahl im Raum:

Tabelle 8: *Mindestöffnungsflächen von Fenstern (Ingrid Kaiser gem. ASR A3.6)*

	max. Raumtiefe t [m] bez. auf Raumhöhe h [m]	**Erforderliche Öffnungsfläche**	
		kontinuierliche Lüftung [m²/ Person]	**Stoßlüftung [m2/10 m2 Grundfläche**
einseitige Lüftung	z. B. $t = 2{,}5 \times h$, $h > 4 \rightarrow t_{max} = 10$	0,35	1,05
Querlüftung	z. B. $t = 5{,}00 \times h$, $h > 4 \rightarrow t_{max} = 20$	0,20	0,60

Dies muss besonders bei raumhohen Fenstern mit Öffnungsbegrenzung zum Ausschluss der Absturz-Gefahr berücksichtigt werden.

Die meisten Mängel und/oder daraus entstehenden Schäden sind auf einen mangelhaften Einbau der Fenster mit entsprechendem Anschluss an die umliegenden Bauteile zurückzuführen. So wie die Wärmedämm-Ebene durchgängig im Gebäude verlaufen soll, muss auch die Luftdichtheit an der Innenseite der Dämmung ununterbrochen um das gesamte Gebäude herum gewährleistet sein.

Beim Anschluss der Fenster und Türen liegt die Dichtheitsebene zum einen im Innenputz zum anderen an der Innenoberfläche des Rahmens, d. h. hier ist der luftdichte Übergang zu gewährleisten. Dichtanschlussbänder aus Polypropylen- oder Polyethylenvlies mit Spezialmembran können hierzu eingesetzt werden.

Auf den Rahmen befestigte Anputzleisten können anschließend im Laibungsbereich eingeputzt werden. Diese Anschlüsse müssen Bewegungen durch unterschiedliche thermische Ausdehnungen sowie die mechanische Belastung beim Öffnen und Schließen der Fenster aufnehmen können.

Eine weitere Anschlussmöglichkeit bieten Putzschienen, durch die eine Fuge gebildet und mit dauerelastischer Fugenmasse geschlossen wird.

Sowohl bei Außentüren als auch raumhohen Fenstern ist der untere Anschluss im Schwellenbereich ein Schwachpunkt. Insbesondere bei Haustüren wird in der Regel ein tritt- und formstabiles Schwellenprofil eingebaut, das zudem thermisch getrennt ist, um die Dämmwirkung zu gewährleisten.

Im Bereich der Dachflächen bilden zunächst Dachflächenfenster Schwachstellen. Bei Berücksichtigung der Herstellerangaben können diese durch entsprechende Bahnenverbindungen eliminiert werden.

Der Fenster- und Türen-Einbau erfordert somit eine hohe Intensität der Bauleitung/Bauüberwachung.

Es werden drei **Einbau-Ebenen** mit unterschiedlichen Funktionen unterschieden:

- Äußere Ebene – Witterungsschutz
  - Schlagregendichtheit
  - Winddichtheit
- Mittlere Ebene (Funktionsebene) – Wärme-/ Schallschutz – in der Regel Befestigungsebene
- Innere Ebene – Luftdichtheit
  - Dampfdiffusion-Bremse
  - Anschluss an Luftdichtheitsebene

Die DIN 4108 stellt Prinzip-Lösungen dar:

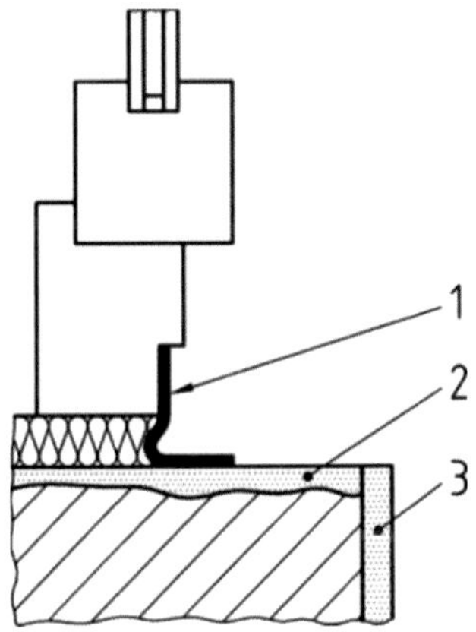

Legende

1 Klebeband
2 Glattstrich vor Fenstereinbau
3 Putz

Bild 38: *Abdichtung mit vlieskaschiertem Klebeband (Quelle: Ingrid Kaiser gem. DIN 4108-7)*

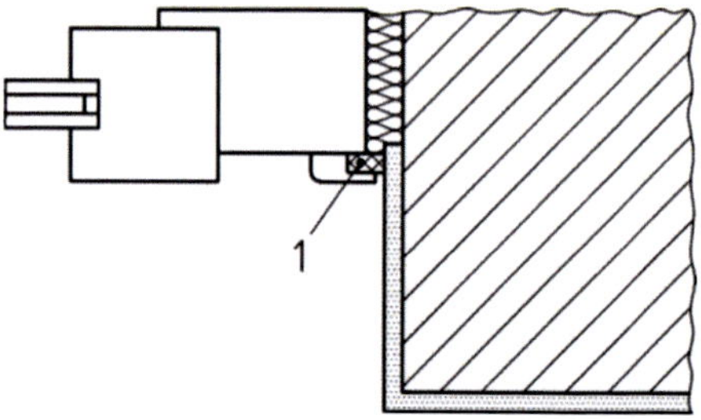

Legende

1 vorkomprimiertes Dichtband in Verleistung

Bild 39: *Abdichtung mit „Kompri-Band“*
(Quelle: Ingrid Kaiser gem. DIN 4108-7)

Nach ihrem Bewegungsvermögen und damit der zulässigen Gesamtverformung klassifiziert die DIN EN ISO 11600 **Dichtstoffe** mit niedrigem (LM) und hohem (HM) Dehnspannungswert bzw. elastische (E) und plastische (P) Stoffe.

Klasse	Zulässige Gesamtverformung (ZGV)
7,5 P	7,5 %
12,5 P	12,5 %
12,5 E	
20 LM	20 %
20 HM	
25 LM	25 %
25 HM	

Im Innenbereich, also der Luftdichtheitsebene, muss die ZGV min. 12,5 % betragen. Der Industrieverband Dichtstoffe e. V. (IVD) hat zu den unterschiedlichen Stoffen jeweils Merkblätter herausgegeben, die als Stand der Technik gelten.

Auf die Fenster und damit auf die Fugen wirken innenseitig sowohl Bewegungen der Gebäudekonstruktion, der Rahmenkonstruktion und durch Nutzung als auch die jeweilige Raumtemperatur und -feuchte ein. Diese Bewegungen und Längenänderungen müssen von den jeweiligen Dichtstoffen aufgenommen werden.

Die Fugenbreite ist von unterschiedlichen Aspekten insbesondere hinsichtlich der temperatur-bedingten Längendehnung abhängig:

- Anschlagart
- Elementlänge
- Material des Fensterprofils
- Oberflächenhelligkeit

Die Fugentiefe von innen nach außen kann überschläglich ermittelt werden und sollte min. 6 mm betragen und kann dann mit dem 0,5-fachen der Fugenbreite ermittelt werden.

Für den Innenbereich ergeben sich folgende Fugenbreiten und -dicken:

Tabelle 9: *Verhältnis Fugenbreite/Fugentiefe (Ingrid Kaiser gem. IVD-Merkblatt 9)*

Fugenbreite [mm]	10	15	20	25	30
Fugentiefe [mm]	8	10	12	15	

Detaillierter stellt das IVD-Merkblatt unter Berücksichtigung aller Einflussaspekte für die Fugenbreiten [mm] folgende Werte dar:

Tabelle 10: *Fugenbreiten (Ingrid Kaiser gem. IVD-Merkblatt 9)*

<table>
<tr><th rowspan="3"></th><th colspan="7">Anschlagsart</th></tr>
<tr><th colspan="4">stumpf</th><th colspan="3">innen</th></tr>
<tr><th colspan="7">Rahmenprofillänge</th></tr>
<tr><th>Profil-material</th><td>≤ 1,5 m</td><td>≤ 2,5 m</td><td>≤ 3,5 m</td><td>≤ 4,5 m</td><td>≤ 2,5 m</td><td>≤ 3,5 m</td><td>≤ 4,5 m</td></tr>
<tr><th>PVC weiß</th><td rowspan="3">10</td><td rowspan="3">15</td><td rowspan="3">20</td><td rowspan="3">25</td><td rowspan="3">10</td><td rowspan="3">10</td><td rowspan="3">15</td></tr>
<tr><th>Holz-Metall dunkel</th></tr>
<tr><th>Alu-Kunststoff dunkel</th></tr>
<tr><th>PVC/ PMMA dunkel</th><td>15</td><td>20</td><td>25</td><td>30</td><td>10</td><td>15</td><td>20</td></tr>
<tr><th>PUR</th><td rowspan="3">10</td><td rowspan="3">10</td><td rowspan="3">15</td><td rowspan="3">20</td><td rowspan="3">10</td><td rowspan="3">10</td><td rowspan="3">15</td></tr>
<tr><th>Holz-Metall hell</th></tr>
<tr><th>Aluminium-Kunststoff dunkel</th></tr>
<tr><th>Holz</th><td>10</td><td>10</td><td>10</td><td>10</td><td>10</td><td>10</td><td>10</td></tr>
</table>

Spritzbare Dichtstoffe aus Silikon, Polysulfid, Polyurethan oder Acryldispersion werden auf nicht saugende Hinterfüll-Profile – üblicherweise PE-Rundschnur – aufgebracht. Da Bauwerksbewegungen nur in sehr geringem Maß aufgenommen werden können, sind an die örtliche Bausituation bestimmte Bedingungen für wirksame und mängelfreie Abdichtung gestellt.

Imprägnierte, vorkomprimierte Dichtungsbänder aus Polyurethan-Schaumstoff (Kompri-Bänder) werden in der Regel für die äußeren Fugen verwendet und in die Beanspruchungsgruppen BG1 und BG2 für den Außenbereich und BG R für die Raumseite eingeteilt. Sie können als Multifunktionsdichtbänder jedoch für alle drei Ebenen des Fensteranschlusses (siehe vorherige Abschnitte) verwendet werden. Sie werden vorkomprimiert und selbstklebend in Rollen geliefert.

Hinweis

Multifunktionsdichtbänder haben je eine Seite für die Innen- und die Außenanwendung (s. Kennzeichnung) mit unterschiedlicher Dampfdiffusionsdichte. Da die dichtere Seite innen liegen muss, ist hierauf unbedingt zu achten.

Durch die Vorkomprimierung die beim Einbau aufgeht, sind diese Dichtbänder auch für problematischere, unebene Untergründe geeignet. Dennoch sollten die Fugen von losen Stoffen gereinigt werden. Weiterhin muss die erforderliche Fugenbreite (siehe Tabelle 4) gewährleistet und gegebenenfalls hergestellt werden. Hierzu erforderliche Arbeiten – Erweiterung der Fuge oder Nacharbeiten mit Reparaturmörtel sind Besondere Leistungen und müssen zusätzlich vergütet werden.

Entsprechend der Fugenbreite inkl. Toleranzen und unter Berücksichtigung der zu erwartenden Bewegung der Bauteile, bspw. ± 1 mm, muss das entsprechende Dichtband eingesetzt werden: Fugenbreite 9 bis 11 mm mit Bewegungsanteil ergibt einen Breitenbereich von 8 bis 12 mm; geeignet ist damit z. B. ein Dichtband mit der Angabe 64/6-16.

Zur Vermeidung von Überdehnungen wird das Dichtband von unten nach oben verlegt. Dabei ist auf den optimalen Temperaturbereich von ca. +5° C bis max. +30° C zu achten, ebenso wie bei der Lagerung.

Türen

Schäden an **Innentüren**, wie Kratzer, absplitternde Beschichtungen, etc., entstehen in der Regel durch die Nutzung und das Alter der Türen. Bei Feuchte-Einflüssen, insbesondere in feuchten Kellergeschossen oder nach Baumaßnahmen mit „nassen" Baustoffen (Estrich, Putz, Mörtel), können sich Tür-Blätter aus Holz oder Holz-Werkstoffen komplett verziehen, sodass sie nicht mehr schließen. Gegebenenfalls kann dies durch Trocknung und Abwarten einer Heizperiode behoben werden, andernfalls muss das Tür-Blatt ausgetauscht werden.

Brand- und Rauchschutz-Türen, besonders in Fluchtwegen, unterliegen nur dann nicht dem Bestandsschutz, wenn sie einmal jährlich geprüft werden. Veränderungen dürfen an ihnen nicht vorgenommen werden, insbesondere das Schweißen an Bändern oder Befestigungslaschen, da die Türen damit ihre Zulassung (abZ = bauaufsichtliche Zulassung) verlieren. Dagegen dürfen bspw. Schilder oder Trittschutzplatten im unteren Türblatt-Bereich aufgeklebt oder angeschraubt werden; auch optische Spione dürfen im Einzelfall eingebaut werden. Bei entsprechenden Türen ohne Offenhalte-Vorrichtung, die im Brand-/Rauchfall automatisch schließen, führt das „Unterkeilen" zum Offenhalten nicht nur zu Gefahren im Brandfall, sondern durch die punktuelle Anhebung des Türblatts entstehen auch Schäden am Türblatt selbst und an den Bändern. Dadurch schließt die Tür nicht mehr korrekt und verliert damit ebenfalls die Zulassung.

Für **Außentüren** gelten die Anforderungen an Fenster analog. **Tore** werden wie Außentüren eingestuft und von diesen nur durch die Abmessungen abgegrenzt.

Prüfungen an Fenstern und Türen

Beschläge und Schlösser werden durch mehrfaches Betätigen auf Funktion und Gängigkeit geprüft. Abschließbare Fensterbeschläge müssen ebenso geprüft werden.

Der Anpressdruck der Fensterflügel und damit der ordnungsgemäße Einbau der Dichtungen wie auch die Bodenabsenkdichtung von Hauseingangstüren kann einfach mit einem Papierstreifen geprüft werden. Er wird bei geöffnetem Fenster/geöffneter Tür zwischen Blend- und Flügelrahmen bzw. auf die Türschwelle gelegt. Lässt sich der Papierstreifen bei geschlossenem Fenster/geschlossener Tür nicht oder nur sehr schwer herausziehen sind die Dichtungen ordnungsgemäß eingebaut.

Aufbau (Verbundsicherheitsglas (VSG), Scheibenzwischenraum (SZR) und Einscheibensicherheitsglas (ESG)) und Dicke von Verglasungen können mit einem Laser-Glasdickenmesser überprüft werden. Zur Einschätzung der energetischen Qualität ist häufig im Glas-Zwischenraum das Baujahr eingestanzt.

2.4 Besonderheiten bei erhaltenswerter Bausubstanz und im Denkmalschutz

Denkmalschutz

Der Denkmalschutz ist in Deutschland durch die entsprechenden Gesetze der Bundesländer im Rahmen ihrer Kulturhoheit geregelt. Als Baudenkmal gelten Gebäude, wenn sie eine historische, künstlerische oder städtebauliche Bedeutung haben. Das bedeutet nicht unbedingt, dass sie alt oder sogar sehr alt sein müssen. So wurden u. a. in Berlin sog. Plattenbauten (errichtet zwischen 1970 und 1990) unter Denkmalschutz gestellt. „Diese Bauten sind gewissermaßen auch eine politische Aussage der damaligen Zeit.“ (Zitat: Christoph Rauhut, Landeskonservator und Direktor des Landesdenkmalamts Berlin) Die meisten Bundesländer haben Denkmal-Listen, in die die jeweiligen Gebäude eingetragen werden, in einigen wird das Landeswappen mit der Beschriftung „Denkmal“ am Haus angebracht.

Der Denkmalschutz kann sich auf unterschiedliche Bereiche beziehen:

- Einzelne Gebäudeteile, wie Fassaden, Treppenhäuser, Dächer etc.
- Komplette Gebäude
- Gebäude-Ensemble, d. h. räumlich und architektonisch im Zusammenhang stehende Gebäude, z. T. inkl. der zugehörigen Freiräume

Stehen Gebäude unter Denkmalschutz, müssen alle Baumaßnahmen, aber auch Instandhaltungs- und Instandsetzungsmaßnahmen mit der jeweiligen Denkmalschutz-Behörde abgestimmt werden.

Aber auch Gebäude, die nicht unter Denkmalschutz stehen, können und sollen in ihrer individuellen Bauart erhaltenswert sein. Viele Eigentümer gerade älterer Gebäude entscheiden sich dazu, das Erscheinungsbild auch z. B. bei energetischer Sanierung zu berücksichtigen. Um hierbei Schäden zu vermeiden, ist die Kenntnis alter Bauweisen unabdingbar.

2.4.1 Fachwerk-Instandsetzung

Bauteile der Kostengruppe 331

Bild 1: *Ältestes Gebäude in Rotenburg a.d.W.: Rudolf-Schäfer-Haus, Baujahr 1675 (Quelle: Ingrid Kaiser)*

Klassische Fachwerkhäuser wurden im Wesentlichen seit dem 13. bis zum 19. Jahrhundert errichtet, die Ursprünge reichen wesentlich weiter zurück. In vielen historischen Innenstädten sind hiervon beeindruckende Ensembles erhalten. Die tragende Grundkonstruktion bilden die senkrechten, durchgehenden Pfosten, waagerechten Riegel bzw. Pfetten, waagerechten Schwellen im Sockelbereich und die diagonalen Streben. Zum Schutz der Holzkonstruktion wurde der Sockel häufig aus Bruchstein- oder Feldstein-Mauerwerk erstellt, der gegenüber der Holzkonstruktion um einige Zentimeter zurücksprang, um eine Tropfkante für die Schwelle zu bilden. Die Gefache zwischen den Elementen der Holzkonstruktion wurden zunächst aus Lehm mit Strohgeflecht, in einigen Fällen auf einem Flechtwerk aus dünnen Ästen, später auch mit Mauerwerk aus Lehmsteinen oder Ziegeln, teilweise verputzt, gefüllt.

Die Holz-Tragkonstruktion wurde zunächst aus Eiche, später auch aus Fichte hergestellt. Durch die Bewitterung über teilweise lange Zeiträume sowie Schädlingsbefall kann das Holz mehr oder minder stark angegriffen sein.

***Bild 2:** Schäden an der Pfette (Quelle: Ingrid Kaiser)*

Bild 3: *Starke Schäden am Eckpfosten (Quelle: Ingrid Kaiser)*

Bild 4: *Ausgetauschter Eckpfosten (Quelle: Ingrid Kaiser)*

Die Grundschwellen und die Balkenköpfe sind im besonderen Maß der Feuchte ausgesetzt. Wenn durch nicht diffusionsoffene Anstriche versucht wurde, Nässe fernzuhalten, kann das Holz nicht trocknen und verrottet. Noch gravierender sind Anhebungen des Boden- oder Wegeniveaus bis zur Grundschwelle oder darüber hinaus. Auch fehlender Spritzwasserschutz an der Bodenschwelle führt zur Schädigung.

Bild 5: *Balkenköpfe im Mauerwerk (Quelle: Ingrid Kaiser)*

Geschädigte Elemente können durch Austausch bzw. Ergänzung instandgesetzt werden. Verrottete Balkenköpfe werden innerhalb des Hauses abgeschnitten und durch Blattverbindungen mit neuen Balkenköpfen statisch tragend verbunden. Die vollständige Tragfähigkeit wird so wiederhergestellt, obwohl der Balken und der Balkenkopf an der Blattverbindung nur die Hälfte des ursprünglichen Querschnitts haben, weil nahe der Auflage im Wesentlichen nur vertikal wirkende Querkräfte vom Balken getragen werden. Der Balken ist für die Biegemomente dimensioniert, die in der Mitte zwischen den Auflagern wirken. Zum Auflager hin nehmen diese Biegemomente bis auf null am Auflager ab. Nahe dem Auflager sind die vom Balken aufzunehmenden Biegespannungen klein. Die durch die Querkräfte verursachten Schubspannungen sind im Verhältnis zu den Biegespannungen gering. Zusammengefasst kann im Gegensatz zu Betondecken eine Balkendecke an der Auflagerung instandgesetzt werden.

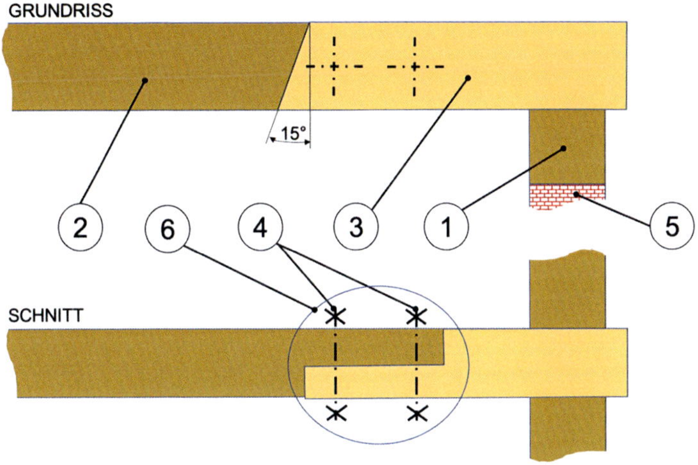

Bild 6: *Instandsetzung von Balkenköpfen (Quelle: Dr.-Ing. Norbert Götschmann)*

Legende:
1. Wandrähm
2. Alter Deckenbalken
3. Erneuerter Balkenkopf
4. Gewindebolzen mit Stahlunterlage-Platten, Unterleg-Scheiben und Gewinde-Muttern
5. Ausfachung
6. Blattverbindung zwischen altem Deckenbalken und erneuertem Balkenkopf

Auch durch Feuchtigkeit geschädigte Bodenschwellen können unter den darauf stehenden Stielen erneuert werden. Hierbei ist darauf zu achten, dass nur stehende, d. h. keine liegenden (waagerechte) Fugen angeordnet werden, in denen sich Wasser stauen kann.

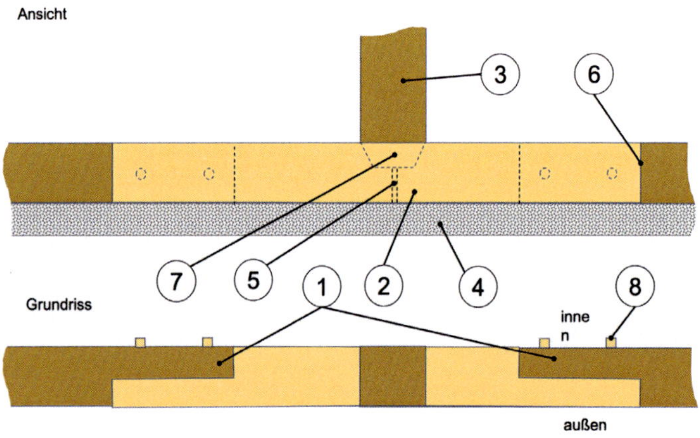

Bild 7: *Grundschwellen-Sanierung (Quelle: Dr.-Ing. Norbert Götschmann)*

Legende:
1. Alte Grundschwelle
2. Erneuerter Grundschwellenabschnitt
3. Ständer
4. Sockel
5. Wasserablaufbohrung
6. Senkrechte Trennfuge (Wasserablauf)
7. Zapfen
8. Holznagel von innen gesetzt

Müssen mehrere Teile des Fachwerks ausgetauscht werden, helfen die alten Abbund-Zeichen, die häufig noch an vorhandenem Fachwerk zu finden sind. Sie sind an die römischen Ziffern angelehnt, jedoch zur Vermeidung von Verwechslungen leicht abgewandelt. Auf dem Abbund-Platz wurden die einzelnen Bauteile 1:1 ausgelegt und überprüft. Durch die Markierungen mit den verschiedenen Zeichen entstand so ein Montageplan für die endgültige Errichtung.

Bild 8: *Abbund-Zeichen an einem Holzbalken (Quelle: Ingrid Kaiser)*

Insbesondere bei denkmalgeschützten Fachwerk-Gebäuden ist die Kenntnis der zimmermannsmäßigen Holz-Verbindungen, die ohne die heute üblichen Stahlblech-Formteile auskommen, unabdingbar.

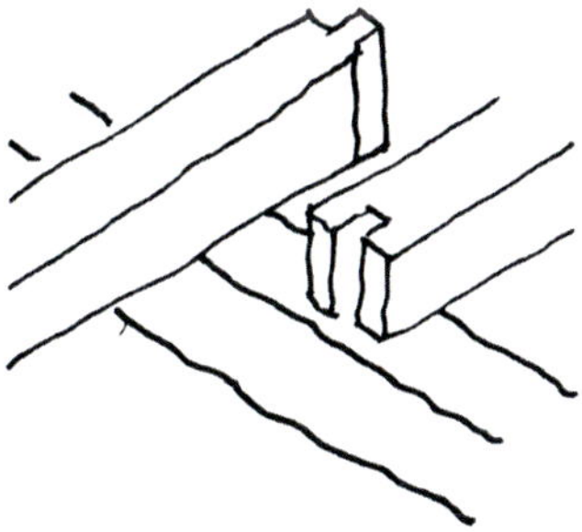

Bild 9: *Zapfen-Verbindung (Quelle: Ingrid Kaiser)*

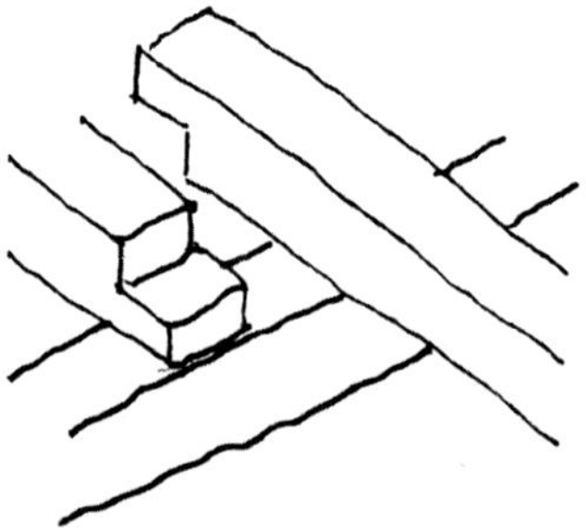

Bild 10: *Blattstoß (Quelle: Ingrid Kaiser)*

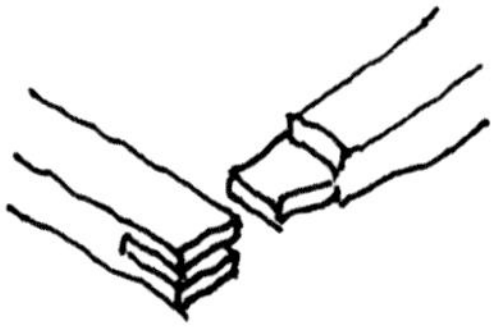

Bild 11: *Scherzapfen (Quelle: Ingrid Kaiser)*

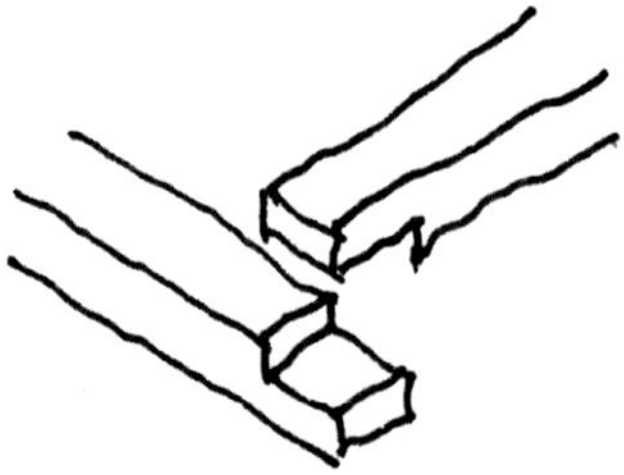

Bild 12: *Eckblatt (Quelle: Ingrid Kaiser)*

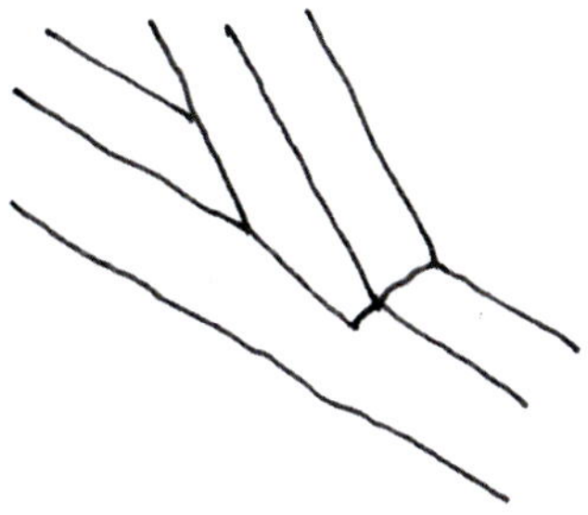

Bild 13: *Stirnversatz (Quelle: Ingrid Kaiser)*

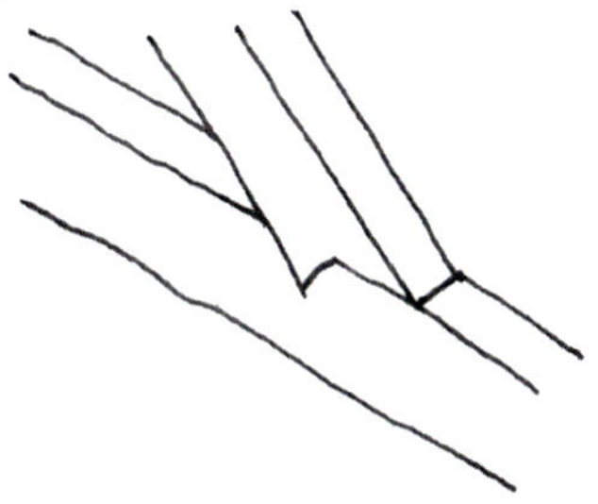

Bild 14: *Fersenversatz (Quelle: Ingrid Kaiser)*

2.4.2 Historische Fassaden

Bauteile der Kostengruppe 335

Putz und Stuck

Fassaden, insbesondere wenn sie Jahrzehnte oder sogar Jahrhunderte alt sind, unterliegen – je nach durchgeführtem Instandhaltungsaufwand – Witterungs- und Umwelt-Einflüssen. Die Instandsetzung von Schäden an Putz-Fassaden erfordert zunächst die Kenntnis alter Techniken. Da Material-Transporte über große Distanzen zum einen sehr teuer, zum anderen teilweise nicht möglich waren, orientierte sich die Baustoff-Auswahl an den örtlich verfügbaren Materialien. Als Grundstoff wurde häufig Lehm, der aus der Baugrube gewonnen wurde, verwandt; als Bindemittel dienten Kalk, Zement oder Gips, je nach Gegend und damit Verfügbarkeit. Gesteinskörnungen (damals: Zuschlagstoffe) waren ebenfalls örtlich verfügbare Sande aus Flüssen oder Gruben. Das Hinzufügen von Heu und Stroh, Holzspänen und Haaren wurde zur Bewehrung verwandt.

Häufig sind durch mangelnde Instandhaltung bei historischen Gebäuden die ursprünglichen Putze nur rudimentär und/oder geschädigt vorhanden. Unterliegen die jeweiligen Gebäude dem Denkmalschutz, wird von den jeweiligen Behörden häufig die Verwendung der ursprünglichen Materialien bis hin zu Pigmentierungen verlangt, die ggf. schwer zu beschaffen sind.

Im Folgenden sind einige Putzstrukturen nach den Haupteinsatzzeiten (die zeitliche Einordnung kann regional abweichen) dargestellt, die in folgenden Epochen oft ein Wiederaufleben erfuhren.

- Romanik (ca. 1000–1250)

Als älteste Putztechnik wurde der Putz lediglich mit Kelle oder Löffel an die Wand geworfen und nicht weiterbearbeitet, sodass die Struktur durch die Wurftechnik entstand. Später wurde der Putz nach dem Anwerfen auf eine Dicke von mindestens 1,5 cm glattgezogen und daher als Kellen-Glattstrich bezeichnet. Unter Rasa Pietra wird eine Technik verstanden, den beim Mauern herausquellenden Mauerwerksmörtel auf das Mauerwerk, meist Naturstein, zu verstreichen.

- Gotik (ca. 1250–1500)

Der Stippputz erhält seine Oberflächengestaltung durch Eindrücken von stumpfen Reisigbesen, Bürsten, Pinseln o. Ä.

- Renaissance (1500–1600)

Spritzputz (nicht zu verwechseln mit dem gleichnamigen Putz, der heute maschinell aufgebracht wird) oder -bewurf wird 2–4 mm dick auf einen abgeriebenen Unterputz aufgebracht. Beim Besenspritzputz erfolgt dies durch Eintauchen eines Reisigbesens in den Putzmörtel, der auf einen Stock geschlagen wird, sodass der Putz an die Wand spritzt. Steinputze mit sehr harten Oberflächen werden nach dem Erhärten steinmetzartig bearbeitet. Beim Sgrafitto, das in Kratztechnik erstellt wird, wird auf den Unterputz ein Kratzgrund mit lichtechten Pigmenten in mehreren Schichten von ca. 5 mm Dicke aufgebracht, bevor die obere Kratzschicht mit speziellem Sgrafittowerkzeug ausgekratzt wird. Eine weitere Putztechnik wird als Stuccolustro bezeichnet, bei der ein Kalkputz in zwei Schichten und ein pigmentierter Marmorputz als dritte Schicht aufgebracht und nach dem Erhärten mit erwärmtem Strahl geglättet und gewachst wird. Stuccolustro muss in der Regel mindestens der Qualitätsstufe Q3, meist aber Q4 entsprechen.

- Barock, Rokoko (ca. 1600–1780)

Bei Stempel- und Walzputzen werden mit Holzstempeln oder strukturierten Walzen regelmäßige Muster in den feuchten Putz eingedrückt.

- Klassizismus (ca. 1770–1840) und Historismus (ca. 1850–1900)

Die Oberfläche des sehr feinkörnigen Oberputzes, der auf den noch feuchten Unterputz aufgebracht wird, wird mit Kämmen (Kamm(zug) putz) oder Reisigbesen (Besenstrichputz) bestrichen, um die Oberfläche zu strukturieren.

Der zweilagige Schleppputz oder Kellenstechputz entsteht durch schuppenartiges Ausheben von ca. 1 cm tiefen Stellen aus dem angeworfenen und geglätteten, ca. 1 bis 1,5 cm dicken Oberputz. Wird die Kelle in den relativ steifen Oberputz eingedrückt, ergibt sich der Kellen-druckputz.

- Jugendstil (ca. 1890–1910)

Ähnlich dem Kellenwurfputz wird der Tränenputz mit der Kelle an die Wand geworfen, durch dünnflüssige Konsistenz entsteht die tropfenförmige Struktur.

Im Innenbereich sind Stuckprofile in der Regel unproblematisch, während sie im Außenbereich durch die Witterungseinflüsse stark belastet sind. Generell werden gezogene, vorgefertigte und geformte Stuckprofile unterschieden. Im Innenbereich werden meist Gipsputze, im Außenbereich Putze aus Gips, Gips-Sand, Gips-Kalk, Kalk-Gips, Kalk, Kalk-Zement oder Zement verwendet.

Sind an Fassaden Profile wie Stuckelemente, aber auch Gesimse oder Lisenen, nur teilweise ausgebrochen oder verwittert, können sie abschnittweise durch Feinzug, bei größeren Fehlstellen zunächst durch Grobzug, auf Grundierung restauriert werden. Den Abschluss auf dem Feinzug bildet eine schützende, ein- oder zweilagige hydrophobe Beschichtung. Wichtigste Voraussetzung ist auch hier die Vorbereitung des Untergrunds durch Abschlagen von losen Stellen, gründliche Reinigung und Aufrauen mit anschließendem Vornässen des Untergrunds.

Besteht keine Möglichkeit des Anarbeitens an vorhandene Profile, müssen sie komplett neu erstellt werden. Als Vorlage dienen ggf. noch vorhandene Bruchstücke oder alte Zeichnungen oder Fotos.

Bild 15: *Instand gesetzte Putzfassade auf Basis alter Fotos am Gutshaus Niekrenz (Quelle: Ingrid Kaiser)*

Feldstein-Mauerwerk

Bauteile der Kostengruppe 331

Als Sockel und Fundamente – mit geringer Einbinde-Tiefe in das Erdreich (keine Frostsicherheit) – für Fachwerk-Gebäude wurden häufig Feldsteine verwandt, da sie in ländlichen Gegenden direkt im Umfeld zur Verfügung standen und nicht wie Ziegel, Sand- oder Kalksteine aus größeren Entfernungen beschafft werden mussten. Die Geschiebe-Mergel sind durch eiszeitliche Gletscher-Verschiebungen von Skandinavien in die nördlichen Regionen Deutschlands gelangt. Durch diese Verschiebungen sind sie in unterschiedlichen Größen größtenteils abgerundet. Häufig sind sie aus Granit, Basalt, Porphyr, Diabas u. Ä., die hart bis sehr hart mit hoher Druckfestigkeit sind. Sie treten nach der Frost-Periode im Frühjahr an die Oberfläche von Äckern und wurden/werden abgesammelt. Heute werden sie vorwiegend als niedrige Mauern zur Garten-Gestaltung verwandt.

Die Bearbeitung ist durch die Härte der Steine schwierig, auch das Mauern als Zyklopen-Mauerwerk erfordert spezifische Kenntnisse. Aufgrund der runden Form ist der Anteil des Fugen-Mörtels relativ hoch, teilweise kann erst nach dem Aushärten einiger Schichten weitergearbeitet werden. Ein weiterer Nachteil des hohen Fugen-Anteils ist das Verwittern der Fugen, sodass Feuchte eindringen kann. Bei Frost führt dies zu zusätzlichen Absprengungen des Mörtels. Für die Instandsetzung der Fugen haben sich mineralische Mörtel mit gutem Wasseraufnahme- und -abgabe-Verhalten bewährt.

Komplett mit Feldsteinen wurden häufig Nebengebäude von Hofanlagen errichtet, teilweise kombiniert mit Ziegel-Mauerwerk.

Bild 16: *Wiederaufbau/Instandsetzung und Umbau einer Feldstein-Scheune zum Wohngebäude (Quelle: Ingrid Kaiser)*

Ähnlich wie Feldstein-Mauerwerk wird Bruchstein-Mauerwerk errichtet. Bruchsteine werden i. d. R. in Steinbrüchen gewonnen. Sie sind entstanden durch die Verwitterung von Felsformationen. Der Einsatz, die Verarbeitung und Instandsetzung sind analog zum Feldstein-Mauerwerk zu betrachten.

Schiefer-Fassaden

Bauteile der Kostengruppe 335

Schiefer wird in den entsprechenden Gebieten in Deutschland im Tage- oder Tiefbau abgebaut und in dünne Platten gespalten. Verwendung fand er – wiederum aufgrund teurer Transport-Kosten – üblicherweise in den jeweiligen Regionen. Im Rheinland geht die Gewinnung und Verwendung bis auf die Römerzeit zurück. Das frostbeständige und wasserundurchlässige Material ist ebenso für die Dachdeckung geeignet. Bei geringem Instandhaltungsaufwand erreichen Schiefer-Fassaden und -Dachdeckungen Lebensdauern von über 100 Jahren.

Aufgrund der Dauerhaftigkeit sind Instandsetzungen meist nur hinsichtlich des Austauschs einzelner Schieferplatten, z. B. nach Hagel-Einwirkungen, erforderlich. Haben sich Befestigungen verschoben, sodass Feuchte in die Unterkonstruktion eindringen konnte, muss die Fassade ggf. großflächig erneuert werden. Die größte Problematik bei der Instandhaltung von Schiefer-Fassaden und -Dachdeckungen ist der Mangel an Handwerkern, die die alten Techniken beherrschen.

Bild 17: *Turm in Bruchstein-Mauerwerk und Schieferfassade, Wohnhaus (Quelle: Ingrid Kaiser)*

2.4.3 Deckenkonstruktionen

Bauteile der Kostengruppe 351

Kappen-Decken

Während Holzbalken-Decken in den Obergeschossen eingebaut wurden, kamen Kappen-Decken als Decken über dem Kellergeschoss zum Einsatz sowie in landwirtschaftlichen und gewerblichen Bauten. Als gewölbte Beton-Decken zwischen Eisenträgern kamen sie bereits vor 1900 und bis ca. 1930, als sie durch Stahlbeton-Decken ersetzt wurden, zum Einsatz. Auch mit Ziegeln oder Hohlsteinen wurden die Bögen ausgeführt.

Die Bögen wurden als scheitrechte Bögen, d. h. mit einer geringen Stichhöhe, i. M. ca. 0,10 m, zwischen Eisen- bzw. Stahlträgern errichtet. Gewölbte Massivdecken, auch Preußische Kappendecke oder Schienengewölbe genannt, sind eine gute Lösung zur Minimierung des Rohstoffverbrauchs und des Energieeinsatzes. Oft wurden alte Eisenbahnschienen (= Recycling) als Längsträger weiterverwendet, die bei der Umstellung, weg von den Schmalspurbahnen, anfielen. Eine Betonbewehrung ist zumeist nicht erforderlich, da der Beton des Gewölbes zwischen den Längsträgern auf Druck und nicht auf Zug beansprucht wird. Waagerechte Zuganker nehmen die Horizontal-Kräfte zwischen den jeweils letzten Feldern auf.

Bild 18: *Kappendecke mit Zuganker (Quelle: Ingrid Kaiser)*

Wegen der hohen Tragfähigkeit wurde u. a. Quarzsand als Wärmedämmung verwendet, der mehrere Dezimeter hoch über dem Gewölbe, unter dem Holzfußboden, geschichtet wurde. Im trockenen Quarzsand kann Ungeziefer sich weder ansiedeln noch Gänge graben.

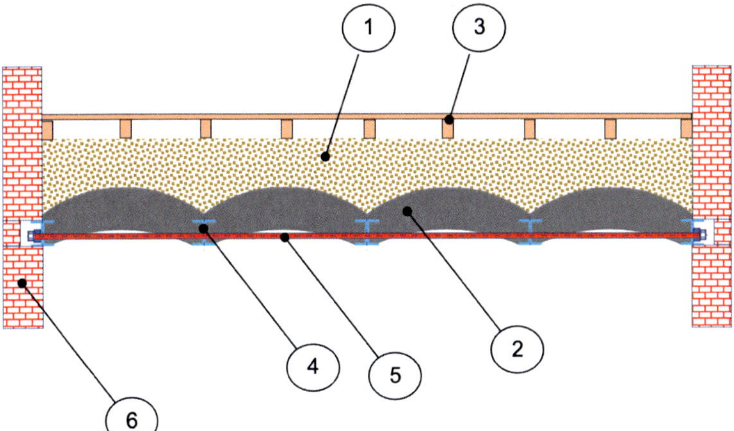

Bild 19: *Schnittzeichnung Kappendecke (Quelle: Dr.-Ing. Norbert Götschmann)*

Legende:
1. Quarzsand
2. Gewölbe
3. Holzfußboden
4. Längsträger
5. Zuganker
6. Wand

Die Druckspannungen bewirken horizontale Kräfte quer zu den Längsträgern, die mit den Kräften der benachbarten Gewölbe im Gleichgewicht stehen. Die Kräfte des ersten und des letzten Gewölbes müssen an den Längsträgern von der Wand oder durch Zuganker aufgenommen werden. Ein Großteil der Kappendecken wurde im 19. Jahrhundert errichtet und Feuchtigkeit hat oft über mehr als ein Jahrhundert diese Zuganker erheblich durch Korrosion geschwächt.

Bild 20: *Korrosion an einem Zuganker (Quelle: Ingrid Kaiser)*

Bild 21: *Querschnittsreduzierung des Zugankers durch Korrosion und Rissbildung (Quelle: Ingrid Kaiser)*

Risse im Gewölbe deuten darauf hin, dass ein Verschieben der Längsträger quer zur Trägerachse stattfindet.

Bei der im Bild „*Querschnittsreduzierung*" gezeigten Korrosion ist der Durchmesser des Zugankers von 16 auf 11 mm verringert worden. Somit ist die noch vorhandene Querschnittsfläche weniger als die Hälfte der ursprünglichen und feine Risse sind im Gewölbe sichtbar. Zu diesem Zeitpunkt ist eine Instandsetzung durch eine alternative Aufnahme der Kräfte möglich. Verschiebungen quer zur Längsachse können wegen der großen Massen auf dem Gewölbe nicht rückgängig gemacht werden. Das Maß zwischen der Unterkante des Trägers bis zur Oberfläche der Quarzsandschüttung beträgt 0,80 m.

Eine Methode der Instandsetzung ist ein neuer Zuganker unterhalb der Längsträger, mit dem die äußeren Längsträger der äußeren Gewölbe verbunden werden, siehe Bild *„Zuganker mit Momentenwippe"*. Dieser Zuganker muss nach dem Einbau vorgespannt werden. Wegen des parallelen Versatzes der Kraftwirkungslinien der horizontalen Gewölbekräfte und der Zugkraft im Zuganker muss zusätzlich dem entstehenden Kippmoment entgegengewirkt werden. Der alte Zuganker liegt auf der Wirklinie der horizontalen Gewölbekräfte und braucht deshalb kein Momentenlager.

Das Kippmoment ergibt sich aus dem Produkt des parallelen Versatzes LV (s. Bild *„Zuganker mit Momentenwippe"*) und der Zugkraft des Zugankers F_Z. Der Zuganker mit dem Durchmesser von 16 mm kann bei einer Streckgrenze von 235 MPa 47 kN aufnehmen. Im konkreten Beispiel beträgt der Versatz der Mittelachsen 90 mm. Mit dem neuen Zuganker ergibt dies mit der maximalen Zugankerkraft ein Kippmoment von 4,3 kNm.

Je länger das Maß L_W der Momentenwippe ist, umso kleiner ist die Kraft F_W, die mit einem Anker von der Wand aufgenommen werden muss:

$$F_W = \frac{F_Z \cdot L_V}{L_W}$$

Um die vom Mauerwerk aufzunehmende Kraft F_W auf 10 % (4,7 kN) der Zugkraft des Zugankers zu reduzieren, ist eine Momentenwippe erforderlich, bei der die Länge F_W 900 mm beträgt.

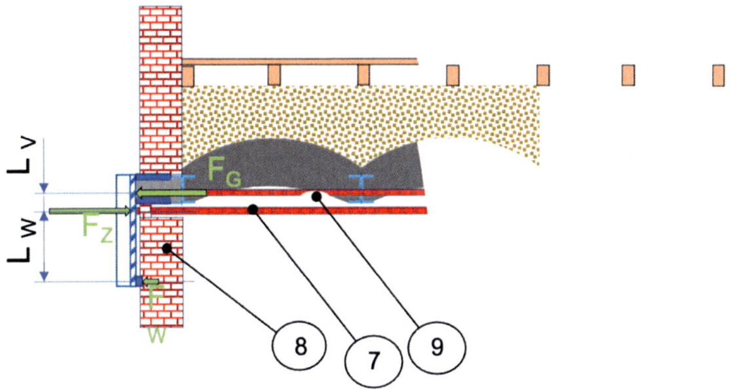

Bild 22: *Neuer Zuganker mit Momentenwippe (Quelle: Dr.-Ing. Norbert Götschmann)*

Legende:
7. Neuer Zuganker
8. Momentenwippe
9. Querschnittsverringerung durch Korrosion

Oft wurden in den Räumen unterhalb der Kappendecken (Kellergeschoss) Rüben und Kartoffeln gelagert oder es waren Viehställe. Die daraus resultierende Feuchtigkeit hat in einigen Fällen auch den tragenden Querschnitt der Untergurte der Längsträger durch Korrosion verringert. Wenn der tragende Restquerschnitt bedenklich klein ist, kann der Untergurt mit Flachstahl verstärkt werden. Zwischen dem verstärkenden Flacheisen und dem alten Längsträger müssen dabei die Schubkräfte übertragen werden, die aus der Biegebeanspruchung des Längsträgers resultieren. Die Biegespannungen des Untergurts werden im Flachstahl selbst aufgenommen. Bei dieser Instandsetzung darf die Tragfähigkeit des gewalzten Trägers nicht durch die Schweißwärme geschädigt werden. Aus diesem Grund sind Schweißnähte quer zur Walzrichtung der Bramme nicht zulässig. Schweißnähte sind ausschließlich entlang der Längsträger-Achse zulässig und erforderlich für die Übertragung der Schubkräfte.

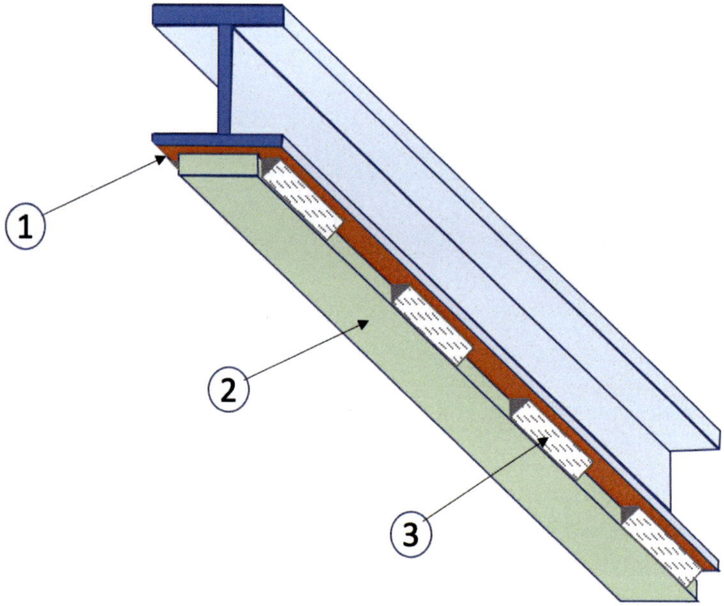

Bild 23: *Instandsetzung Untergurt (Quelle: Dr.-Ing. Norbert Götschmann)*

Legende:
1. Korrodierter Untergurt
2. Flachstahl zur Verstärkung
3. Schweißnähte (abschnittsweise) zur Aufnahme der Schubspannungen zwischen vorhandenem und neuem Untergurt

2.5 Häufige Schäden nach Baualter und Bauteilen

2.5.1 Baualtersklassen

Sowenig es eine Definition für Altbau versus Neubau gibt, sind auch Baualtersklassen nicht normiert, sodass unterschiedliche Zuordnungen existieren, z. B.:

Tabelle 1: *Gebäude-Baujahrsklassen analog Normalherstellungskosten (NHK 2020, außer Kraft)*

vor 1925	1925-1945	1946-1959	1960-1969	1970-1984	1985-1999	ab 2000

Statistisch erhobene Kennwerte liegen insbesondere hinsichtlich der Energie-Effizienz, insbesondere für Wohngebäude, seltener für Nichtwohngebäude vor.

Tabelle 2: *Baualtersklassen Gebäude gem. wirtschaftlicher Lage und Wärmeschutz-Anforderungen*

AK 1	AK 2	AK 3	AK 4	AK 5
Vor 1835	1835-1870	1871-1918	1919-1933	1934-1949
AK 6	**AK 7**	**AK 8**	**AK 9**	**AK 10**
1950-1964	1965-1976	1977-1994	1995-2001	ab 2002

Generell lassen sich dennoch verwendete Baustoffe und Baukonstruktionen grob den unterschiedlichen Baujahren zuordnen und die baujahrstypischen Schäden und deren Beseitigung beschreiben.

Während zunächst vorrangig Holz, Natursteine und Backsteine mit handwerklichen Werkzeugen verarbeitet wurden, kam mit dem Beginn der Industrialisierung Eisen und später Stahl hinzu. Die jeweils verarbeiteten Stoffe waren aufgrund langer Transportwege immer auch von den örtlichen Vorkommen abhängig. Im Weiteren traten industriell gefertigte Baustoffe in den Vordergrund, bis hin zu vorgefertigten Bauteilen zur Verkürzung der Bauzeit.

2.5.2 Gründungen und Bodenplatten

Bauteile der Kostengruppen 323 und 324

Problematisch ist in der Regel der Baugrund, sei es, dass er eine geringe Tragfähigkeit hat, sei es, dass im Laufe der Jahrzehnte oder sogar Jahrhunderte Bewegungen und/oder Veränderungen durch Anschüttungen, Nachbarbebauung etc. entstanden sind. Auch Veränderungen des Grundwasserstands, Baumwurzeln in direkter Umgebung oder Erdbewegungen wirken sich auf die Gründung aus. Baumwurzeln bspw. entziehen dem Boden Wasser, sodass es zu Schrumpfungen des Baugrunds kommen kann. Auf Bodenuntersuchungen vor der Errichtung wurde meist verzichtet, stattdessen wurden Erfahrungswerte bereits bestehender Bebauung herangezogen.

Zunächst wurden die Fundamente aus Feldsteinen oder Bruchsteinen geschichtet, teilweise ohne Verfugung bzw. Vermörtelung, später mit Ziegeln gemauert.

Bestehen Bedenken hinsichtlich der Standsicherheit des Gebäudes, z. B. aufgrund von Rissbildungen in aufgehenden Wänden, können die Fundamente verstärkt werden. Hierbei sollte die ursprüngliche Konstruktion erhalten bleiben und Verstärkungen nur ober-/unterhalb oder seitlich vorgesehen werden.

Harzinjektionen (Polyurethan o. Ä.) oder durch Bohrungen eingebrachte mineralische Stoffe, z. B. Sand, in den die Fundamente umgebenden Boden, verfestigen diesen und füllen Hohlräume, sodass eine höhere Belastbarkeit erreicht wird. Hierbei muss die Zusammensetzung des Bodens genau bekannt sein und das Setzungsverhalten kontinuierlich überwacht werden.

Seitliche Fundament-Verbreitungen, ggf. zusätzlich mit Verstärkung der Außenwände durch eine innen vorgesetzte Schale, stellen die übliche Maßnahme dar.

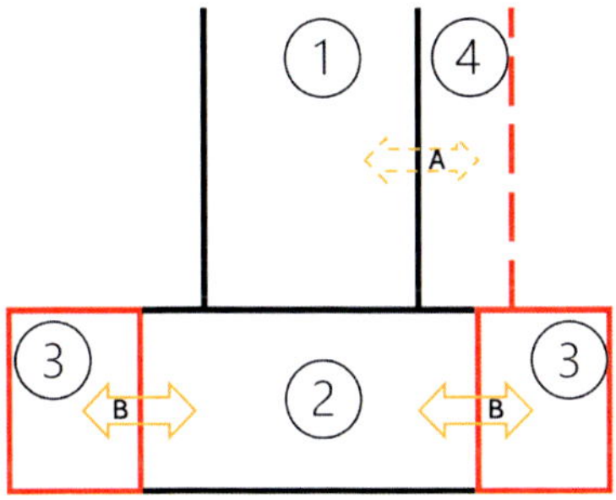

Bild 1: *Fundament-Verbreiterung in vorhandener Fundament-Ebene (Quelle: Ingrid Kaiser)*

Legende:
1 – vorhandene Wand
2 – vorhandenes Fundament
3 – Fundament-Verbreiterung (Stahlbeton)
4 – ggf. Wand-Verstärkung
A – ggf. Verzahnung vorhandene/neue Wand
B – Verzahnung + Bewehrung/(vorgespannte) Anker vorhandenes/ neues Fundament

Die neuen, verstärkenden Bauteile müssen sicher mit den vorhandenen verbunden werden. Bei der Fundamentierung ist eine ausschließliche Verzahnung nicht ausreichend. Bei höheren Lasten muss stattdessen die Verbindung mit Ankern, die hohen Lasten vorgespannt werden, hergestellt werden.

Alternativ kann das neue Fundament auch oberhalb des vorhandenen eingebaut werden.

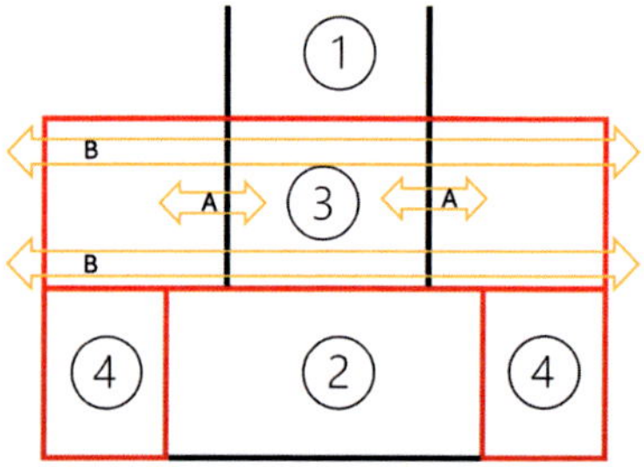

Bild 2: *Fundament-Verstärkung über vorhandener Fundament-Ebene (Quelle: Ingrid Kaiser)*

Legende:
1 – vorhandene Wand
2 – vorhandenes Fundament
3 – Fundament-Verstärkung (Streichbalken, Stahlbeton)
4 – Fundament-Verbreiterung (Bankett, unbewehrter Beton)
A –Verzahnung vorhandene Wand / Fundament-Verstärkung
B – vorgespannte Anker durch gesamtes neues Fundament

Dieses Verfahren setzt eine ausreichende Festigkeit des vorhandenen Mauerwerks voraus, damit die Schubkräfte aus der Fundament-Verstärkung auf das Mauerwerk übertragen werden können. Die Verbindung zwischen den Banketten und der Fundamentverstärkung wird durch Einpressen einer mineralischen Schlämme gewährleistet.

Hinweis

Alle Arbeiten im Baugrund und an Fundamenten müssen – analog zu Unterfangungen gem. DIN 4123 – abschnittsweise durchgeführt werden. Die Abschnitte dürfen nicht breiter als 1,25 m sein und müssen im sog. Pilgerschritt-Verfahren durchgeführt werden. Das heißt: Nach Aushub, Unterfangung und Verfüllung mit nur geringer Verdichtung des ersten Abschnitts wird der dritte Abschnitt, nach dessen Fertigstellung der zweite, anschließend der vierte erstellt etc.

Bodenplatten wurden, besonders im ländlichen Raum, häufig aus gestampftem Lehm oder Ziegelplatten ausgebildet, im städtischen Bereich auch aus Stampfbeton. Aufgrund der Nutzung zur Lagerung von Lebensmitteln und/oder als Waschküchen wurde eine Feuchteabdichtung in der Regel vernachlässigt und die Nutzschicht lag direkt auf dem Erdreich auf. Durch Kapillarwirkung konnte die Feuchtigkeit zum einen von unten in die Kellerräume, zum anderen damit auch in den Wänden aufsteigen (siehe Kapitel 2.3.1.).

Bei Lehmböden und Ziegelplatten wird häufig das Entfernen der vorhandenen Schichten, waagerechter Abdichtung nach unten und Betonierung einer Bodenplatte mit anschließend aufgebrachtem Estrich und Nutzschicht empfohlen. Insbesondere durch die Betonage und den Einbau eines klassischen Estrichs wird jedoch einerseits umfangreiche Feuchte in das Bestandsgebäude eingebracht, zum anderen kann – abhängig vom Baugrund – durch den asymmetrischen Druckaufbau innen durch die Betonplatte gegenüber dem Druck im Außenbereich auf den Baugrund ein Kippen der Außenwand nach außen bewirkt werden.

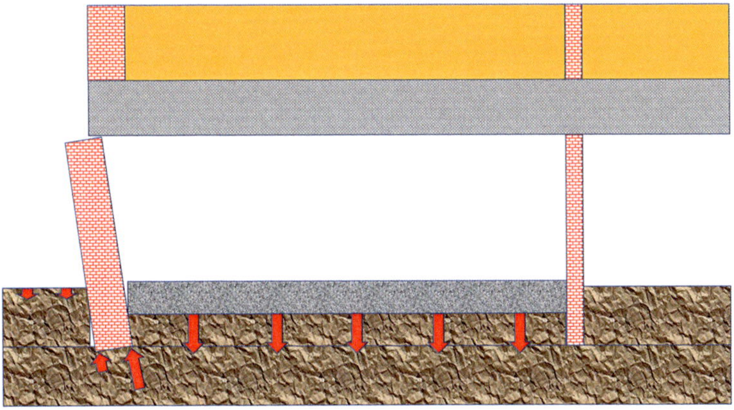

Bild 3: *Problematik des Einbringens einer Beton-Bodenplatte (Quelle: Dr. Norbert Götschmann)*

Weiterhin besteht bei Ausgraben des vorhandenen Aufbaus über mehr als 10 cm über Oberkante der Fundamente die Gefahr des Grundbruchs und damit des Einsturzes.

Eine Alternative stellt das Einbringen von Schaumglas-Schotter dar. Hierbei wird auf dem vorhandenen Boden(-Belag) eine Trennlage aus Geotextil mit 10 cm Überlappung verlegt. Die darauf aufgebrachte Schüttung aus Schaumglas-Schotter wird mit einer leichten Rüttelplatte verdichtet und dient als Untergrund für unterschiedliche Nutzschichten. Gleichzeitig wird durch die Schüttung ein Wärmedämmwert erreicht, der je nach Dicke (hierbei muss die vorhandene lichte Höhe des Geschosses berücksichtigt werden) bis zu den für Neubauten geforderten Werten erreichen kann.

Bei Stampfbetonböden kann die Nutzschicht entfernt und darauf eine Abdichtung aus Bitumen oder einer Dichtschlämme und Estrich auf Trennlage aufgebracht werden. Die Abdichtung muss mit einer Hohlkehle und mindestens 15 cm hoch an den Außenwänden hochgeführt werden. Bei ausreichender Raumhöhe kann auch hier eine Dämmung unterhalb der Nutzschicht aufgebracht werden.

Zur Erhaltung von intakter Stampfbeton-Sohle und Nutzschicht ist alternativ eine Schleier-Injektion möglich. Hierbei werden im Abstand von 30 bis 40 cm Bohrungen in die Bodenplatte gesetzt, in die entsprechende Gele injiziert werden. Unsicherheit besteht bei dieser Instandsetzung hinsichtlich der gleichmäßigen und vollständigen Verteilung der Gele unterhalb der Bodenplatte.

Alle Abdichtungsmaßnahmen an der Bodenplatte müssen immer im Zusammenhang mit den Außenwänden und deren Feuchte-Bedingungen bzw. -Abdichtungen (s. Kap. 2.3.1.) betrachtet werden.

2.5.3 Decken und Treppen

Bauteile der Kostengruppen 351 und 353

Decken

Wichtig sind zunächst die in den jeweiligen Epochen angesetzten Nutzlasten (früher: Verkehrslasten) hinsichtlich aktueller Nutzungen oder geplanter Nutzungsarten i. A. für Zwischendecken, die im Lauf der Jahrzehnte schwankten und für aktuelle Nutzungen zu berücksichtigen sind:

Tabelle 3: *Nutzlasten von Gebäudedecken*
(Ingrid Kaiser analog „Typische Baukonstruktionen von 1860 bis 1960“[1])

	Lastannahme i. M. [kN/m²][2]		
Baujahr	**Bis ca. 1900**	**Ca. 1900 - 1930**	**Ca. 1930 - 1950**
Nutzungsart			
Normale Räume/Wohnräume	1,50 bis 2,50	2,00 bis 3,50	2,00
Tanzsäle/ Versammlungsräume	2,53 bis 4,50	5,00	5,00
Schulräume	2,00 bis 2,50	3,00 bis 3,50	
Geschäftshäuser		3,50 bis 5,00	2,00
Fabriken/ Werkstätten		3,00 bis 10,00	

Weiterhin müssen die energetischen Anforderungen an Bauteile aus den jeweiligen Zeiträumen mitberücksichtigt werden, da das Gebäudeenergie-Gesetz bei Instandsetzungen ab einem bestimmten Umfang – in der Regel 10 % der Gesamtfläche – die Anpassung an die jeweiligen Anforderungen festschreibt. Darüber hinaus können durch mangelnde Wärmedämmung, u. U. in Verbindung mit Feuchte-Einflüssen, unterschiedliche Bauschäden entstehen.

Bei der obersten Geschossdecke von beheizten Geschossen gegen unbeheizten Dachraum gilt generell die gesetzliche Anforderung, einen Wärmedurchgangseffizienten (U-Wert) von max. 0,24 W/m²K bei Innentemperaturen ≥ 19°C und von max. 0,35 W/m²K bei Innentemperaturen < 19°C und ≥ 12°C, unabhängig von eventuellen Instandsetzungen. Die Forderung entfällt, wenn das Dach entspre-

1 Auszug Band 2, Beuth Verlag, 7. Auflage, 2014
2 Angaben abhängig vom Bundesland (regionale Bauordnungen/Bauvorschriften)

chend gedämmt ist oder andere Befreiungen, wie Denkmalschutz, Ein- und Zweifamilienhäuser, wirtschaftliche Härtefälle etc., zum Tragen kommen.

Bei Kellerdecken gilt bei Erneuerung des Fußbodenaufbaus auf der beheizten Seite ein max. U-Wert von 0,50 W/m²K bei Innentemperaturen ≥ 19°C.

Bei Gebäuden mit einem Baujahr bis 1959 wurden für Decken mit zeitlich abnehmendem Umfang vorwiegend Holzbalkendecken eingebaut (siehe Kapitel 2.4.3.), für Decken über dem Kellergeschoss i. A. bis 1918. Diese können je nach Konstruktion und Abmessungen durch folgende Maßnahmen sowie die im Bestand möglichen Aufbaudicken und Wärmedämmeigenschaften der jeweiligen Maßnahmen auf den erforderlichen energetischen Standard gebracht werden:

- Erdgeschoss-Fußboden (über Keller) – i. M. 1,10–1,13 W/m²K
  - Einblas-Dämmung – ca. 0,29 W/m²K
  - unterseitige Dämmung – ca. 0,29–0,42 W/m²K
- oberste Geschossdecke (gegen unbeheizten Dachraum) – i. M. 1,16–1,21 W/m²K
  - oberseitige Dämmung – ca. 0,24 W/m²K
  - oberseitige Dämmung mit Trockenstrich – ca. 0,24 W/m²K

Bis ca. 1948 wurden **Kappendecken** (s. Kap. 2.4.3.) vorrangig als Kellerdecken – U-Wert ca. 0,80 bis 1,35 W/m²K – verwendet. Durch die relativ großen Bereiche mit Sandschüttung oberhalb der Kappen ist hier eine Schüttdämmung eine Möglichkeit, den U-Wert auf ca. 0,49 W/m²K zu reduzieren, gegeben. Hierzu ist allerdings das Aufnehmen des vorhandenen Bodenbelags – häufig Holzdielenbelag – erforderlich. Wenn dieser noch gut erhalten ist, bietet sich die unterseitige Dämmung mit biegsamen Wärme-Dämmstoffen an, die ebenfalls einen U-Wert von ca. 0,49 bis 0,28 W/m²K erreichen.

Ab ca. 1949 wurden **Stahlbetondecken** zum Standard, sowohl als Kellerdecken als auch für Geschossdecken einschließlich oberster Geschossdecke, obwohl für letztere aufgrund der zimmermannsmäßigen Dachkonstruktion weiterhin Holzbalkendecken gängig waren. Da die Estrich-Beläge bis ca. 1959 weitgehend noch als Verbund-Estrich ohne Dämmung ausgeführt wurden, erreichten Decken mit Estrich U-Werte von ca. 2,03 W/m^2K bzw. ohne Estrich (bei den obersten Geschoss-Decken) von ca. 2,8 W/m^2K. Durch unterseitige Dämmung sind bei Kellerdecken Dämmwerte von ca. 0,28 bis 0,30 W/m^2K, bei obersten Geschossdecken von ca. 0,20 W/m^2K durch Aufbringen einer oberseitigen Dämmung in Verbindung mit Trockenestrich zu erreichen. Diese Werte sind analog auch für die darauffolgenden Baujahre bis in die 1970er/1980er Jahre und teilweise darüber hinaus, abhängig von der Bauweise, zu erzielen.

Schäden an Stahlbeton-Decken sind häufig auf die Korrosion der Bewehrung durch zu geringe Beton-Deckung zurückzuführen (s. Kap. 2.3.2.). Auch Alterungsprozesse, insbesondere aufgrund unzureichender Instandhaltung, führen zu zum Teil irreparablen Schäden. Parallel müssen aus Nutzungsänderungen resultierende Erhöhungen der Belastung berücksichtigt werden. Überschneiden sich die Schadensursachen, muss das Sanierungskonzept entsprechend erstellt werden. Gegebenenfalls sind Sofortmaßnahmen erforderlich.

Bild 4: *Freiliegende Bewehrung an Stahlbeton-Decke (Quelle: Ingrid Kaiser)*

Bei in den 1950er Jahren errichteten Stahlbetondecken wurde ein einfaches Drei-Stoff-Gemisch – Zement, Zuschlagstoffe (heute: Gesteinskörnungen) und Wasser – ohne weitere Zusatzstoffe verwendet. Durch die Baustoffknappheit der Nachkriegszeit und den Zeitdruck aufgrund des erforderlichen Wiederaufbaus waren Qualität und Zusammensetzung der Stoffe häufig mangelhaft, sodass zusätzliche Schäden, bis hin zu nicht ausreichender Tragfähigkeit, die Folge waren.

Als **Bodenbeläge** wurden bis in die 1940er Jahre, insbesondere auf Holzbalkendecken, Holzdielen verlegt. Viele dieser Beläge sind bis heute gut erhalten, andere können durch Abschleifen, Verfüllen von Rissen und anschließender Neubeschichtung aufgearbeitet werden.

Bild 5: *Aufgearbeiteter Dielenboden, eingebaut ca. 1930-er (Quelle: Ingrid Kaiser)*

Treppen

Auch wenn Holztreppen bis zum Ende der 1940er Jahre die am häufigsten eingebauten waren, wurden bereits vor 1918 Stahlstein- oder Stahlbetontreppen gebaut. Seltener gab es Konstruktionen aus Eisen-Werkstoffen, z. B. Guss-Eisen. Die auftretenden Schäden entsprechen denen der jeweiligen Baustoffe. Hinsichtlich des Brandschutzes forderten die Baupolizei-Ordnungen der Länder (heute: Bauordnungen) je nach Gebäudegröße und Nutzungsart schon früh nicht brennbare Baustoffe.

Auszug aus Berlin, 1853:

„... Alle Treppen eines Gebäudes müssen feuersicher gebaut, d. h. von massiven Wänden umschlossen und mindestens mit gerohrten und geputzten Decken versehen sein, ...“

Ausnahmen wurden in einigen Baupolizei-Ordnungen für (Wohn-) Gebäude geringer Höhe zugelassen. Sind heute bei einem geplanten Umbau in den Gebäuden Holztreppen vorhanden, kann es sein, dass die Bauaufsichtsbehörde eine brandschutztechnische Ertüchtigung verlangt.

Die heutige Schrittmaß-Regel für das Steigungsverhältnis a + 2s ≈ 63 cm wurde bereits ab den 1880er Jahren von unterschiedlichen Autoren mit ähnlichen Werten angegeben. Problematisch kann es sein, wenn die Auftritte aus Holz, aber auch Beton oder mit Steinbelägen, durch die jahrzehntelange Nutzung „ausgetreten" sind. In dem Fall ist nicht nur das Begehen erschwert, es besteht u. U. auch Unfallgefahr, sodass Holzauftritte ausgetauscht und andere Materialien egalisiert werden müssen. Gegebenenfalls sind zusätzlich Maßnahmen zum Rutschschutz erforderlich.

***Bild 6:** „Ausgetretene" Auftritte Treppe, Baujahr 1875 (Quelle: Ingrid Kaiser)*

Auch die Geländer und insbesondere die Auflager-Bereiche der Treppenläufe unterliegen der Abnutzung und müssen regelmäßig auf Stabilität geprüft werden.

2.5.4 Außenwände und Fassaden

Bauteile der Kostengruppen 331, 332, 335 und 337

Neben dem lange üblichen Fachwerk (s. Kap. 2.4.1.) wurden Außenwände in der zweiten Hälfte des 19. Jahrhunderts aus massivem **Ziegel-Mauerwerk** errichtet, teils mit Außenputz oder Stuck, teils als Sichtmauerwerk oder mit einer Verblend-Schicht. Die Ziegel wurden als Vollziegel oder Lochziegel hergestellt; mit Zuschlägen aus z. B. Staubkohle oder Sägemehl entstanden Ziegel mit einem höheren Poren-Anteil.

Im gleichen Zeitraum wurden bereits **Kalksand-Steine** aus Quarzsand und Kalk durch Lufttrocknung oder Dampf-Härtung mit einer Festigkeit von 14 N/mm^2 hergestellt.

Im Rahmen der Industrialisierung wurden Stoffe aus der Roheisengewinnung, wie Hochofenschlacke, verwendet. **Hütten-Steine** erreichten dabei Festigkeiten von bis zu 25 N/mm^2, **Schlacken-Steine** nur bis 5 N/mm^2, da sie leichter und poröser waren. Eine noch geringere Festigkeit bis 2 N/mm^2 hatten die **Schwemm-Steine**, die mit Naturbims, später mit Kalk, mit teilweise höheren Festigkeiten, hergestellt wurden. Aufgrund der nicht ausreichenden Festigkeit konnten nicht alle Steinarten für tragende Außenwände eingesetzt werden.

Sind die Außenwände aus dieser Epoche mit Außenputz versehen, ist dieser häufig stark beeinträchtigt und muss instandgesetzt bzw. ersetzt werden (s. Kap. 2.3.5.).

Bild 7: *Mauerwerk mit Ausbrüchen, teilweise verputze (Quelle: Ingrid Kaiser)*

Die Fugen von Sicht- bzw. Verblend-Mauerwerk sind oft teilweise ausgebrochen, auch die einzelnen Steine können Schäden aufweisen, sodass sie ersetzt werden müssen. Meist ist eine komplette Neuverfugung erforderlich. Handelt es sich nur um Teilflächen, wie auch meist bei geschädigten Mauersteinen, empfiehlt es sich, einen Teil der intakten Fassaden intensiv zu reinigen, um die Abstimmung der farblichen Gestaltung der neuen Baustoffe möglichst korrekt anpassen zu können.

***Bild 8:** Sichtmauerwerk … (Quelle: Ingrid Kaiser)*

***Bild 9:** ... instandgesetzt (Quelle: Ingrid Kaiser)*

Die U-Werte von Ziegel-Mauerwerk aus dieser Bauzeit betragen, abhängig von der Dicke und den Eigenschaften der Steine, 1,18 bis 1,71 W/m^{2}K und können mit WDVS auf U = 0,24 W/m^{2}K, mit Innendämmung auf U = 0,50 W/m^{2}K verbessert werden.

In der Zeit von 1919 bis 1969 wurde weiterhin Ziegel-Mauerwerk und zunehmend **Bimshohlblock- oder Ziegelsplitt-Mauerwerk**, weitgehend mit Außenputz, erstellt. Die Schadensbilder sind vergleichbar mit denen aus den Jahren davor, die U-Werte betragen 0,99 bis 1,40 W/m^{2}K mit einer Verbesserungsmöglichkeit mit WDVS auf 0,14 bis 0,24 W/m^{2}K.

Bei in der Nachkriegszeit errichteten bzw. wieder aufgebauten Außenwänden muss bei der Ermittlung der U-Werte berücksichtigt werden, dass sie aus „**Mischmauerwerk**", d. h. aus unterschiedlichen Steinen, die in den Trümmern zu finden bzw. neu hergestellt wurden, errichtet wurden. Dadurch lässt sich der Wärme-Durchgang in der Regel nicht einheitlich bestimmen, sodass sicherheitshalber größere Dämm-Dicken vorgesehen werden sollten.

Die in den 1970er Jahren errichteten Außenwände, ebenfalls weitgehend mit Außenputz, wurden erstmalig mit einer Außendämmung errichtet, womit bei der Verwendung von Poren-Ziegeln oder Poren-Betonsteinen U-Werte von 0,5 bis 0,7 W/m^{2}K erreicht wurden und durch WDVS auf 0,20 bis 0,22 W/m^{2}K verändert werden können.

Naturstein-Fassaden haben eine sehr lange Geschichte. Je nach Material sind sie unterschiedlicher Erosion (= „Verwitterung") unterworfen. Für Fassadenbekleidungen werden meist Dolomit, Granit, Marmor, Muschelkalk, Sandstein oder Schiefer verwendet. Die Befestigung erfolgt im Allgemeinen als vorgehängte, hinterlüftete Fassade mit entsprechender Wärmedämmung.

Naturstein

gestern ... **... heute**

Bild 10: *Naturstein-Fassaden (Quelle: Ingrid Kaiser)*

Einflüsse auf Fassaden sind neben der Witterung u. A.:

- Physikalische
  - Temperatur-Änderungen
  - Änderung des Feuchte-Gehalts
- Biologische
  - Algen (s. Kap. 2.1.1.), Pilze, Flechten
  - Fett, Ruß
  - Vogelkot, Hundeurin

Vor umfangreichen Instandsetzungen sind häufig zunächst Reinigungsmaßnahmen sinnvoll. Die Auswahl ist abhängig von den Materialien und sollte unbedingt eingehalten werden, um zusätzliche Schäden zu vermeiden.

Tabelle 4: *Eignung von Reinigungsverfahren für Fassaden (Ingrid Kaiser)*

Fassadenart **Reinigungsart**	**Verblend-Mauerwerk**	**Sichtbeton**	**Außenputz**	**Naturstein-(Werkstein-) Fassaden**	**Holz-Fassaden**
Mechanische Reinigungsverfahren					
Wasser-Reinigung			x	x	x
Hochdruck-Reinigung	x	x	x nicht bei WDVS und Stuck	x	x
Sandstrahlen	x	x	x nicht bei WDVS und Stuck	x	
Trockeneisstrahlen	x	x	x nicht bei WDVS und Stuck		
Laser-Reinigung	x	x	x	x	x
Chemische Reinigungsverfahren					
Säuren	x	x	x	x	
Laugen	x	x	x nur kalkhaltige	x	
organische Lösungsmittel	x	x			

3 Umgang mit Bauschäden in der Zukunft

Der Gebäude-Bestand in Deutschland ist – aus unterschiedlichen Gründen – deutlich überaltert und weist damit die in Kap. 2.5. jeweils spezifischen Mängel auf.

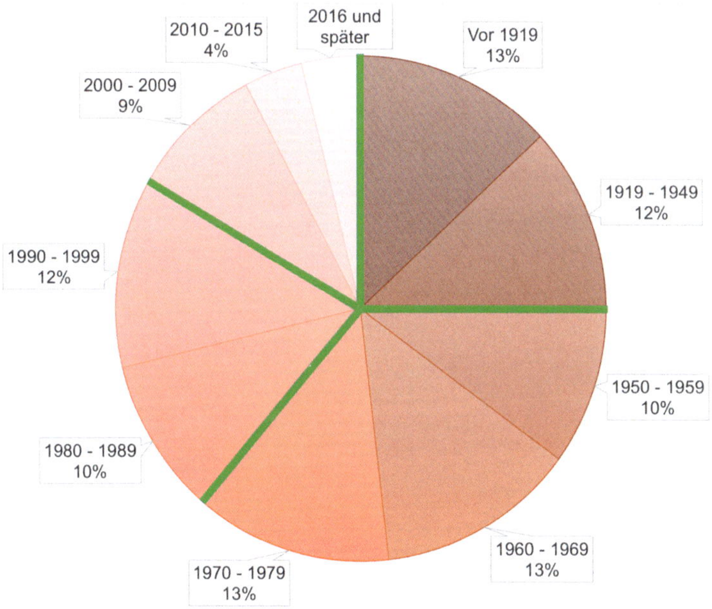

***Bild 1:** Gebäudebestand nach Baujahr (Quelle: Ingrid Kaiser gem. zensus DATENBANK, Stand 23.09.2025, Statistische Ämter des Bundes und der Länder)*

Aus der Statistik lassen sich die vier Hauptgruppen ableiten, die Aufschluss über den aktuellen Zustand der Gebäude erlauben:

- vor 1919 bis 1949 – Vorkriegs-/Kriegszeit – 25 %
- 1950 bis 1979 – Nachkriegszeit und Einsatz neuer Bauweisen, z. B. Fertigteile – 36 %
- 1980 bis 1999 – Beginn der Berücksichtigung von Energie-Effizienz – 22 %
- 2000 bis nach 2016 – aktuelle Bauweisen mit zunehmendem Bedarf an Schaffung von Wohnungsbauten – 17 %

3.1 Energetischer Zustand

Aktuell wird davon ausgegangen, dass über 40 % der bestehenden Gebäude nicht dem aktuellen, erforderlichen Energie-Effizienz-Standard entsprechen. Lediglich 14 % (Baujahr ab 2016) sollten auf Basis der EnEV 2014/2026 bereits bei Errichtung den energetischen Anforderungen entsprechen.

Mangelhafte oder fehlende Dämmmaßnahmen in Verbindung mit ausreichendem Feuchteschutz führen zu massiver Beeinträchtigung der Bausubstanz, sodass die Beseitigung dieser Mängel bereits den Schutz vor zukünftigen Bauschäden gewährleistet.

3.2 Klimatische Veränderungen und Einflüsse

Die Erhöhung der Temperaturen führt zu vielfältigen weiteren Veränderungen der Witterungseinflüsse auf Gebäude und hat zum Teil gravierende Schäden zur Folge. Daher sind die Anpassung des Gebäudebestands und veränderte Bauweisen bei Neubauten zwingend erforderlich.

3.2.1 Starkregen

Der Deutsche Wetterdienst (DWD) klassifiziert drei Stufen von Starkregen:

1. 15 bis 20 l/m^2 in einer Stunde oder 20 bis 35 l/m^2 in sechs Stunden
2. 25 bis 40 l/m^2 in einer Stunde oder 35 bis 60 l/m^2 in sechs Stunden
3. > 40 l/m^2 in einer Stunde oder > 60 l/m^2 in sechs Stunden

Da die kommunalen Abwassersysteme in der Regel hierfür nicht ausgelegt sind, kommt es zu Überflutungen, die sich massiv auf die Gebäude auswirken (z. B. Kellerüberflutungen). Daher sind entsprechende Retentionsflächen erforderlich, die das Wasser speichern und so die Kanalisation entlasten. Hierbei ist die Wasserdurchlässigkeit des Bodens zu berücksichtigen, sodass die Versickerung ggf. über Mulden, Rigolen oder Rückhaltebecken erfolgen muss. Dabei sollten gleichzeitig möglichst wenige Außenflächen versiegelt werden. Auch Dachbegrünungen verzögern durch die Versickerungszeit die Einleitung in die Kanalisation.

Gleichzeitig muss der Feuchteschutz der Gebäudehülle besonders sorgfältig ausgeführt und regelmäßig überprüft werden. In jedem Fall ist das Herstellen einer vom Gebäude abfallenden Geländeoberfläche erforderlich, ggfs. unterstützt von Bodenschwellen, die den Wasserzufluss verhindern. Bei starker Gefährdung können auch temporäre Barrieresysteme eingesetzt werden.

3.2.2 Stürme

Auch hier legt der DWD drei Stufen für „Wind mit großer Heftigkeit" fest:

1. Windstärke[1] 9 – 75 bis 88 km/h – Sturm
2. Windstärke 10 – 89 bis 102 km/h – schwerer Sturm
3. Windstärke 11 – 103 bis 117 km/h – orkanartiger Sturm

Betroffen sind in erster Linie Dächer bzw. Dachdeckungen (s. Kap. 2.3.12) und Fassadenbekleidungen. Besonders in windreichen Gegenden, in der Regel in Küstennähe, müssen die Befestigungen entsprechend angepasst werden, ggfs. über die Anforderungen der entsprechenden Normen hinaus. Regelmäßige Überprüfungen, insbesondere nach Sturmereignissen, sichern die Bauteile zusätzlich.

3.2.3 Hitze-Perioden

Mit den ansteigenden Temperaturen gehen länger andauernde Zeiten mit starker Hitze und Dürre auf. Der DWD spricht ab 32 °C von einer starken Wärmebelastung, ab 38 °C von einer extremen Wärmebelastung. Die hohen Temperaturen wirken sich zum einen auf Bauteiloberflächen durch Austrocknung bis zum Bruch aus, zum anderen steigen in den Innenräumen die Temperaturen entsprechend an, sodass entsprechende Verschattungen erforderlich werden.

[1] nach Beaufort-Skala

Da dunkle Oberflächen der Gebäudehülle die Einstrahlung nur wenig reflektieren, sollten möglichst helle Farben gewählt werden. Indikator ist hier der Hell(igkeits)bezugswert (HBW). Je höher er ist (max. 100 = absolut weiß), desto besser ist die Reflektion. Er muss min. 20 betragen, besser sind entsprechend Werte zwischen 60 und 70 oder höher. Verunreinigungen der Fassade (s. Kap. 2.5.4.) beeinträchtigen diesen Wert um ca. 5.

3.3 Alternative Bauweisen

Gerade durch das Bauwesen werden durch mineralische Baustoffe, z. B. Beton, und Stahl sowie Zement hohe CO_2-Emissionen erzeugt. Beispielsweise bewirkt eine Holz-Hybrid-Konstruktion lediglich ca. 20 % des CO_2-Äquivalents gegenüber einer klassischen Beton-Tragkonstruktion.

3.3.1 Verwendung nachwachsender Rohstoffe

Durch den Einsatz natürlicher Baustoffe wird einerseits die Umwelt-Verträglichkeit verbessert, andererseits entstehen hieraus neue Quellen von Bauschäden.

Neben Holz-Konstruktionen und Holz-Werkstoffen werden auch zunehmend Lehm-Baustoffe, vorwiegend bei Fachwerk-Bauten, aber auch im Ausbau, z. B. als Wandputze, eingesetzt. Ein eindeutiger Vorteil ist die Schaffung eines guten Raumklimas durch Feuchte- und Wärmespeicherung und ein guter Brandschutz. Allerdings ist im Außenbereich der Witterungsschutz zu berücksichtigen. Bei Fassaden ist dies in der Regel durch größere Dachüberstände bedingt möglich. Schlagregen und Spritzwasser führen zu Auswaschungen und bei Frost zu Abplatzungen, sodass entsprechende Beschichtungen erforderlich sind und die Außenwände bereits während der Erstellung geschützt werden müssen.

Auch der Strohballenbau bzw. die -dämmung werden immer wieder propagiert. Kritisch ist hier allerdings der Brandschutz.

Weitere – alte und neue – natürliche und nachwachsende Baustoffe werden in Zukunft weiter in den Fokus rücken und hinsichtlich ihres Schadenspotenzials geprüft werden (müssen).

3.3.2 Wiederverwendung vorhandener Materialien

Kreislaufwirtschaft ist nicht nur in der Abfallbehandlung ein wiederkehrender Begriff, sondern auch beim Rückbau von Gebäuden. Beim Gebäudebestand kann sich durchaus herausstellen, dass eine Instandsetzung aufgrund des Gesamtzustands nicht wirtschaftlich ist, wobei die verwendeten Baustoffe durchaus Ressourcen für neue Gebäude bilden können. Das Recycling hat sich inzwischen in vielen Bereichen etabliert, z. B. die Zerkleinerung von Beton und Weiternutzung in Tragschichten für den Straßenbau oder Recycling-Gesteinskörnung für neue Betone. Bei Letzteren darf der Anteil gem. DIN EN 12620 jedoch je nach Expositionsklasse max. 45 Vol.-% der gesamten Gesteinskörnung betragen.

Mauersteine von zurückgebauten Gebäuden können ebenfalls wieder verwendet werden, insbesondere in anderen historischen Gebäuden. Hierbei sollten folgende Eigenschaften[1] der Steine nicht unterschritten werden:

- Druckfestigkeit - $\geq 10\ N/mm^2$
- Scherbenrohdichte – > $1{,}86\ g/cm^3$
- Wasseraufnahme - ≤ 16 M-%

[1] Quelle: S. Freytag, Schadensmechanismen an historischem Ziegelmaterial, 1998

Bild 1: *Wiederverwendete Ziegel für eine Innenstütze aus Abbruch für größere Fensteröffnungen (Quelle: Ingrid Kaiser)*

Da die Baustoffeigenschaften der rückgebauten Materialien in der Regel nicht bekannt sind, müssen sie in Baustofflaboren geprüft werden, um die Standsicherheit der neuen Bauteile zu gewährleisten. Andernfalls ist mit teilweise massiven Bauschäden zu rechnen.

Stichwortverzeichnis

A

B

D

T

U

V

W

Z